土木工程类专业应用型人才培养系列教材

工程流体力学泵与风机

主　编　陶　进

副主编　于　艳　马　爽　卞彩侠

参　编　陈　颖　王一凡　王　迪　步红丽
　　　　李　双　张　微　吴　珊

北京理工大学出版社
BEIJING INSTITUTE OF TECHNOLOGY PRESS

内 容 简 介

本书主要讲述流体的力学性质，流体静力学，一元流体动力学，流动阻力和能量损失，孔口、管嘴出流及管路流动，明渠流动，堰流，渗流，气体射流，一元可压缩流动（气体动力学），不可压缩流体的三元流动，绕流运动，离心式泵与风机的理论基础，离心式泵与风机的工况分析及调节，泵或风机的安装方法与选择。

本书定位服务于应用型本科的专业基础课，本着"必需够用为度、覆盖面广、理论联系实际"的原则，阐述通俗易懂，精简理论推导，对重要的概念和原理刻意附加与生活或工程相关的实例，同时辅以实验和大量的习题，以便于学习、理解和掌握。

本书可作为应用型本科建筑环境与能源应用工程、给排水科学与工程、新能源科学与工程、能源与动力工程、环境工程、安全工程等专业的专业基础课教材，还可作为土木类（土建、道桥等）专业的选修课教材。

版权专有　侵权必究

图书在版编目（CIP）数据

工程流体力学泵与风机/陶进主编 . —北京：北京理工大学出版社，2021.8

ISBN 978 - 7 - 5763 - 0233 - 2

Ⅰ.①工… Ⅱ.①陶… Ⅲ.①工程力学 - 流体力学 - 高等学校 - 教材 ②泵 - 高等学校 - 教材 ③鼓风机 - 高等学校 - 教材 Ⅳ.①TB126 ②TH3

中国版本图书馆 CIP 数据核字（2021）第 172981 号

出版发行 / 北京理工大学出版社有限责任公司
社　　址 / 北京市海淀区中关村南大街 5 号
邮　　编 / 100081
电　　话 / （010）68914775（总编室）
　　　　　 （010）82562903（教材售后服务热线）
　　　　　 （010）68944723（其他图书服务热线）
网　　址 / http://www.bitpress.com.cn
经　　销 / 全国各地新华书店
印　　刷 / 北京紫瑞利印刷有限公司
开　　本 / 787 毫米 × 1092 毫米　1/16
印　　张 / 22.5
字　　数 / 528 千字　　　　　　　　　　　　责任编辑 / 江　立
版　　次 / 2021 年 8 月第 1 版　2021 年 8 月第 1 次印刷　责任校对 / 刘亚男
定　　价 / 56.00 元　　　　　　　　　　　　责任印制 / 李志强

图书出现印装质量问题，请拨打售后服务热线，本社负责调换

前　言

　　本书主要包括流体的力学性质，流体静力学，一元流体动力学，流动阻力和能量损失，孔口、管嘴出流及管路流动，明渠流动，堰流，渗流，气体射流，一元可压缩流动（气体动力学），不可压缩液体的三元流动，绕流运动，离心式泵与风机的理论基础，离心式泵与风机的工况分析及调节，泵或风机的安装方法与选择等内容。

　　通过学习，掌握流体的性质，流体在静止和运动情况下的受力分析和工程计算方法，流速和压力的分布规律，能量转换规律，管流和渠流的分析计算，泵与风机的原理、调节及选择等的基本理论和计算方法，了解可压缩流动和多元流动的基本知识。能应用流体力学原理对相关工程问题做简要分析、计算流动阻力、进行相关实验，培养学生理论与实际相结合并用以解决工程问题的初步能力。

　　本书以应用型本科为使用定位，作为多个相关应用型本科专业的专业基础课，编者本着"必需够用为度、覆盖面广、理论联系实际"的原则，阐述通俗易懂，精简理论推导，对重要的概念和原理刻意附加与生活或工程相关的实例，同时辅以实验和大量的习题，以便于学习理解和掌握，为学生更好地学习专业课和从事专业工作，奠定必要的专业理论基础。

　　高等数学和工程力学应为本课程的前续，热工理论课可与本课程同时讲授。为更好地掌握流体力学泵与风机的基本理论和测试方法，开设本课应有必要的配套实验条件。

　　本书可作为应用型本科建筑环境与能源应用工程、给排水科学与工程、新能源科学与工程、能源与动力工程、环境工程、安全工程等专业的专业基础课教材，还可作为土木类（土建、道桥等）专业的选修课教材。

　　本书由吉林建筑科技学院、长春工程学院和长春建筑学院三校联合编写，陶进为主编，于艳、马爽和卞彩侠为副主编。全书依托陶进主编的讲义进行编写，共分15章。第一章由马爽、陶进编写；第二章由步红丽、于艳、吴珊编写；第三章由陈颖、卞彩侠、吴珊编写；第四章由步红丽、马爽编写；第五章由陈颖、马爽编写；第六、七、八章由李双、于艳编写；第九章由卞彩侠、马爽编写；第十章由张微、陈颖、卞彩侠编写；第十一章由陈颖、陶进编写；第十二章由王迪、步红丽编写；第十三章由王迪、陶进编写；第十四章由王一凡、马爽编写；第十五章由王一凡、卞彩侠编写。

由于编者水平有限，书中难免存在不足和疏漏之处，敬请广大读者和同行批评指正。

编者

目 录

第一章 绪论 ·· (1)

第一节 作用在流体上的力 ·· (2)

一、质量力 ··· (2)

二、表面力 ··· (2)

第二节 流体的主要力学性质 ·· (3)

一、流动性 ··· (3)

二、惯性 ··· (3)

三、黏性（黏滞性） ·· (4)

四、压缩性和热胀性 ·· (7)

五、表面张力 ··· (8)

第三节 流体的力学模型 ·· (9)

一、流体是连续介质 ·· (9)

二、无黏性流体 ··· (9)

三、不可压缩流体 ··· (10)

本章小结 ·· (10)

第二章 流体静力学 ·· (12)

第一节 流体静压强及其特性 ·· (12)

一、流体静压强的定义 ······································ (12)

二、流体静压强的特性 ······································ (13)

第二节 流体静压强的分布规律 ······································ (15)

一、液体静压强基本方程 ……………………………………（15）

二、液体静压强的重要规律 …………………………………（18）

三、流体静力学基本方程式的物理意义和几何意义 ………（18）

第三节 压强的计算基准和量度单位 …………………………（19）

一、压强的计算基准 …………………………………………（19）

二、压强的量度单位 …………………………………………（21）

第四节 液柱式测压计 …………………………………………（22）

一、测压管 ……………………………………………………（22）

二、压差计 ……………………………………………………（23）

三、微压计 ……………………………………………………（24）

第五节 流体平衡微分方程 ……………………………………（25）

一、流体平衡微分方程式及其积分 …………………………（25）

二、流体平衡微分方程的积分 ………………………………（26）

三、等压面及其特性 …………………………………………（27）

第六节 液体的相对平衡 ………………………………………（28）

一、等加速直线运动中液体的平衡 …………………………（28）

二、容器等角速旋转运动中液体的平衡 ……………………（29）

第七节 作用于平面的液体压力 ………………………………（31）

一、静压强分布图 ……………………………………………（31）

二、平面静压力的大小 ………………………………………（32）

三、平面静压力的压力中心 …………………………………（33）

第八节 作用于曲面的液体压力 ………………………………（35）

一、水平分力、垂直分力及压力体 …………………………（35）

二、潜体和浮体 ………………………………………………（37）

本章小结 …………………………………………………………（38）

第三章 一元流体动力学 …………………………………………（44）

第一节 描述流体运动的两种方法 ……………………………（44）

一、拉格朗日法 ………………………………………………（45）

二、欧拉法 ……………………………………………………（45）

第二节 描述流场的五个概念 …………………………………（45）

一、恒定流与非恒定流 ………………………………………（46）

二、流线与迹线 ………………………………………………（46）

三、一元流动、二元流动和三元流动 ………………………（48）

四、元流与总流 ………………………………………………（49）

　　五、流量、断面平均流速 ·· (49)

　第三节　连续性方程 ··· (50)

　第四节　恒定元流能量方程 ·· (53)

　第五节　恒定总流能量方程 ·· (56)

　　一、恒定总流能量方程的推证 ·· (56)

　　二、恒定总流能量方程的物理意义和几何意义 ··································· (58)

　　三、水头线 ··· (59)

　第六节　能量方程的应用 ··· (62)

　　一、方程的应用条件 ··· (62)

　　二、实际工程问题的三种类型 ·· (63)

　　三、流量和流速的测量 ·· (66)

　第七节　恒定气流能量方程式 ·· (69)

　　一、常温气流能量方程 ·· (69)

　　二、高温烟气流能量方程 ·· (72)

　第八节　恒定流动量方程 ··· (74)

　　一、恒定流动量方程推导 ·· (74)

　　二、恒定流动量方程的应用 ·· (76)

　　三、恒定流动的动量矩方程 ·· (77)

　本章小结 ··· (79)

第四章　流动阻力和能量损失 ·· (86)

　第一节　沿程损失和局部损失 ·· (86)

　　一、流动阻力和能量损失的分类 ··· (86)

　　二、能量损失的计算公式 ·· (87)

　第二节　层流与紊流、雷诺数 ··· (88)

　　一、两种流态 ··· (88)

　　二、沿程损失与流速的关系实验 ··· (88)

　　三、流态的判断准则——临界雷诺数 ·· (89)

　第三节　均匀流及其沿程损失 ·· (90)

　第四节　圆管中的层流运动 ··· (92)

　　一、圆管层流流速分布 ·· (92)

　　二、层流运动的沿程损失 ·· (94)

　第五节　圆管中的紊流运动 ··· (95)

　　一、紊流脉动与时均流速 ·· (95)

　　二、紊流阻力 ··· (96)

三、紊流核心与层流底层 ·· (97)

四、紊流的流速分布 ·· (98)

第六节 紊流沿程阻力系数 ·· (99)

一、尼古拉兹实验 ·· (99)

二、莫迪实验 ·· (101)

三、紊流的 λ 半经验公式 ·· (103)

第七节 非圆管流的沿程损失 ······································ (107)

第八节 管流的局部损失 ·· (109)

一、突然扩大处的局部损失 ·· (109)

二、管流的其他局部阻力系数 ······································ (111)

第九节 减小阻力的措施 ·· (115)

本章小结 ·· (118)

第五章 孔口、管嘴出流及管路流动 ···························· (121)

第一节 孔口出流 ·· (121)

一、孔口自由出流 ·· (121)

二、孔口淹没出流 ·· (122)

第二节 管嘴出流 ·· (126)

一、圆柱形管嘴 ·· (126)

二、其他类型管嘴 ·· (128)

第三节 简单管路 ·· (129)

一、液流简单管路 ·· (130)

二、气流简单管路 ·· (130)

三、泵送管路 ·· (131)

四、虹吸管 ·· (132)

第四节 管路的串联与并联 ·· (135)

一、串联管路 ·· (136)

二、并联管路 ·· (137)

第五节 管网计算基础 ·· (140)

一、枝状管网 ·· (140)

二、环状管网 ·· (142)

本章小结 ·· (145)

第六章 明渠流动 ·· (149)

第一节 概述 ·· (149)

一、明渠的定义 ················· (149)

二、明渠的几何形态 ················· (150)

第二节　明渠均匀流 ················· (153)

一、明渠均匀流的水力特征 ················· (153)

二、明渠均匀流的形成条件 ················· (154)

三、明渠均匀流的水力计算 ················· (155)

四、梯形断面明渠均匀流的水力计算 ················· (157)

五、无压圆管均匀流 ················· (161)

六、明渠的组合粗糙率断面及复式断面明渠的水力计算 ················· (166)

第三节　明渠非均匀流——明渠流动状态 ················· (168)

一、明渠流动的运动学分析 ················· (169)

二、明渠流动的动力学分析 ················· (171)

三、缓流、急流、临界流及其判别标准 ················· (176)

第四节　水跃和水跌 ················· (178)

一、水跃 ················· (179)

二、水跌 ················· (184)

本章小结 ················· (186)

第七章　堰流 ················· (191)

第一节　堰流及其特征 ················· (191)

一、堰和堰流 ················· (191)

二、堰的分类 ················· (192)

第二节　宽顶堰溢流的水力计算 ················· (193)

第三节　薄壁堰和实用堰溢流的水利计算 ················· (197)

一、薄壁堰流的水力计算 ················· (197)

二、实用堰流的水力计算 ················· (199)

第四节　小桥孔径的水力计算 ················· (199)

一、小桥孔过流的水力计算 ················· (200)

二、小桥孔径的水力计算 ················· (201)

本章小结 ················· (203)

第八章　渗流 ················· (206)

第一节　渗流的基本概念 ················· (207)

一、土壤的分类 ················· (207)

二、水在土中的存在形式 ················· (207)

三、渗流模型 ·· (208)

四、无压渗流和有压渗流 ·· (208)

第二节 渗流基本定律——达西定律 ······························ (209)

一、达西定律 ·· (209)

二、达西定律的适用范围 ·· (210)

三、渗流系数 ·· (210)

第三节 地下水的渐变渗流 ··· (211)

一、裘皮依（J. Dupuit）公式 ······································ (211)

二、渐变渗流基本方程 ·· (212)

三、渐变渗流浸润曲线的分析 ·· (212)

第四节 井和井群 ··· (215)

一、普通完整井 ··· (215)

二、承压完整井 ··· (217)

三、井群 ··· (217)

第五节 渗流对建筑物安全稳定的影响 ······························ (219)

一、扬压力 ·· (219)

二、地基渗透变形 ·· (220)

本章小结 ·· (222)

第九章 气体射流 ··· (226)

第一节 无限空间淹没紊流射流的特征 ······························ (226)

一、射流结构 ·· (226)

二、几何特征 ·· (227)

三、运动特征 ·· (228)

四、动力特征 ·· (230)

第二节 圆断面与平面射流 ··· (231)

一、圆断面射流分析 ·· (231)

二、平面射流分析 ·· (232)

第三节 温差和浓差射流 ·· (233)

一、轴心温差 ΔT_m ·· (234)

二、质量平均温差 ΔT_2 ······································· (235)

三、起始段质量平均温差 ΔT_2 ······························· (235)

四、射流弯曲 ·· (236)

本章小结 ·· (239)

第十章 一元可压缩流动（气体动力学） ·············· （242）

第一节 一元可压缩流动的基本方程 ·············· （242）
一、连续性方程 ·············· （242）
二、运动方程 ·············· （242）

第二节 理想气体典型流动的能量方程 ·············· （243）
一、气体一元定容流动 ·············· （243）
二、气体一元等温流动 ·············· （243）
三、气体一元绝热流动 ·············· （244）

第三节 声速和马赫数 ·············· （246）
一、声速 ·············· （246）
二、马赫数 ·············· （248）

第四节 气体参数与通道断面的关系 ·············· （249）
一、连续方程的另一形式 ·············· （249）
二、气体参数与通道断面的关系 ·············· （250）
三、拉伐尔喷管（Laval Nozzle） ·············· （251）

本章小结 ·············· （252）

第十一章 不可压缩流体的三元流动 ·············· （254）

第一节 流体微团运动的分析 ·············· （254）

第二节 三元不可压缩流动的连续性方程 ·············· （258）

第三节 三元不可压缩流动的运动微分方程 ·············· （260）
一、运动方程的分析 ·············· （260）
二、运动微分方程（N-S 方程） ·············· （260）

第四节 理想流体运动微分方程及其积分 ·············· （262）
一、静止流场 ·············· （262）
二、恒定流场 ·············· （263）
三、质量力只有重力的恒定流场 ·············· （264）

本章小结 ·············· （265）

第十二章 绕流运动 ·············· （268）

第一节 平面无旋流动 ·············· （268）
一、平面流动及其流函数 ·············· （268）
二、无旋流动及其势函数 ·············· （269）
三、几种典型的平面无旋流动 ·············· （271）

第二节 绕流运动的基本概念 ……………………………………… （273）

一、平面边界层 ……………………………………………… （274）

二、曲面边界层 ……………………………………………… （275）

三、卡门涡街 ………………………………………………… （277）

第三节 绕流阻力和升力 …………………………………………… （278）

一、绕流阻力 ………………………………………………… （278）

二、绕流升力 ………………………………………………… （279）

本章小结 …………………………………………………………… （280）

第十三章 离心式泵与风机的理论基础 …………………………… （282）

第一节 工作原理与性能参数 ……………………………………… （282）

一、离心式泵与风机的基本结构 …………………………… （282）

二、离心式泵与风机的工作原理 …………………………… （285）

三、离心式泵与风机的性能参数 …………………………… （285）

第二节 离心式泵与风机的基本方程 ……………………………… （287）

一、速度三角形和理想叶轮 ………………………………… （287）

二、基本方程——欧拉方程 ………………………………… （288）

三、方程的修正和理论扬程 ………………………………… （289）

第三节 叶形及其对性能的影响 …………………………………… （289）

一、出口安装角与叶形 ……………………………………… （289）

二、叶形对机械性能的影响 ………………………………… （290）

第四节 离心式泵与风机的理论性能曲线 ………………………… （291）

一、流量与扬程之间的关系 ………………………………… （291）

二、流量与功率之间的关系 ………………………………… （292）

第五节 离心式泵与风机的实际性能曲线 ………………………… （293）

一、水力损失 ………………………………………………… （293）

二、容积损失 ………………………………………………… （293）

三、机械损失 ………………………………………………… （294）

四、泵与风机的全效率 ……………………………………… （294）

五、实际性能曲线 …………………………………………… （294）

第六节 相似定律与比转数 ………………………………………… （295）

一、泵与风机的力学相似 …………………………………… （296）

二、相似定律 ………………………………………………… （296）

三、比转数 …………………………………………………… （297）

四、相似定律的应用 ………………………………………… （298）

本章小结 ·· (299)

第十四章　离心式泵与风机的工况分析及调节 ······················· (301)

第一节　泵与风机管路系统中的工况点 ······························· (301)

一、管路特性曲线 ··· (301)

二、泵或风机的工作点 ·· (302)

第二节　泵或风机的联合工作 ·· (304)

一、并联运行 ··· (304)

二、串联运行 ··· (305)

第三节　离心式泵或风机的工况调节 ·································· (307)

一、改变管路性能曲线的调节方法 ································· (307)

二、改变泵或风机性能曲线的调节方法 ·························· (308)

三、改变并联泵台数的调节方法 ···································· (311)

四、泵与风机的启动 ··· (311)

本章小结 ·· (315)

第十五章　泵或风机的安装方法与选择 ······························· (317)

第一节　离心泵的构造特点 ··· (317)

一、离心泵的类型 ·· (317)

二、离心泵主要部件结构形式 ······································· (319)

三、离心式泵装置的管路和附件 ···································· (321)

第二节　泵的气蚀与安装高度 ·· (322)

一、泵安装于各种管路时的扬程计算 ······························ (322)

二、泵的气蚀现象 ·· (325)

三、泵的吸水高度 ·· (325)

四、按气蚀余量确定泵的吸水高度 ································· (327)

五、泵的几种不同的吸入管段装置 ································· (329)

六、离心泵的安装与运行 ··· (331)

第三节　离心风机的构造特点 ·· (331)

一、吸入口 ··· (332)

二、叶轮 ·· (332)

三、机壳 ·· (332)

四、支承与传动方式 ··· (333)

第四节　通风机的安装 ·· (333)

第五节　风机通用性能曲线图与选择性能曲线图 ·················· (334)

　一、风机的通用性能曲线图 ······························（334）

　二、8-23-11No. 3～5型离心式通风机选择性能曲线 ······（335）

　三、风机的静压与静压效率 ·····························（336）

　四、离心通风机的命名 ·································（336）

第六节　泵或风机的选择 ·································（337）

　一、类型选择 ···（337）

　二、选机流量及压头的确定 ·····························（337）

　三、型号大小和转数的确定 ·····························（337）

　四、选电动机及传动配件或风机转向及出口位置 ·········（339）

　五、几点注意事项 ·····································（339）

本章小结 ···（341）

参考文献 ···（344）

绪论

在我们的日常生活中，处处可以看到流体的物理现象，例如，抬头仰望云彩在空中飘浮、鸟儿在天上飞翔、水在河中流淌、风雨光临大地等。伴随着人类的文明进步，在掌握流体的力学规律后，人类开始利用这些规律为自身服务，例如，天气预报、港珠澳跨海大桥、高速铁路、超音速飞机、火箭发射等。人类把流体的这些规律总结归纳形成流体力学，它是力学的一个重要分支，主要研究流体静止和运动的力学规律及其应用。如果重点研究在工程中的应用，则常被称为工程流体力学，这是工科专业需要主要学习的。

流体通常包括气体和液体，而最常见的气体是空气，最常用的液体是水。流体力学的研究通常可分为流体力学的内部问题，即研究流体在通道内的力学规律，如通过管道定向输送流体，研究血液在人体中的流动等，是建筑环境与能源应用、化工、医学等专业研究的重点；流体力学的外部问题，则是研究流体与其绕流的固体表面相互作用的力学规律，这是桥梁、车辆、船舶、航天航空等专业研究的侧重点。流体力学还与润滑、燃烧、地质、气象和海洋等领域相关，甚至许多体育项目，如高尔夫球、帆船、赛车以及悬挂滑翔等也要运用流体力学的知识。综上所述，流体力学与人们日常的生活、生产密切相关，应用十分广泛。

流体力学在建筑能源类专业、给水排水等专业工程中有着重要作用。如建筑的供暖与供冷、城镇自来水的供应、燃气的输配、消防灭火、工厂的除尘降温等，都是以流体作为工作介质，通过流体的各种物理作用，有效组织流体流动来实现的。因此流体力学是重要的专业基础课。

关于流体力学的发展简史，一些书籍中记录了很多古代文明已经应用了流体力学的知识，特别是在修建灌溉渠道和造船领域。古罗马人很懂得修建输水道和浴场，有些设施虽建在公元前，但至今还能使用。希腊人知道对流体做有关测量，最有名的人物就是阿基米德，他在公元前3世纪发现并用公式表达了浮力定理。

达·芬奇不仅仅是一名伟大的画家，他在流体力学方面也做了许多实验，研究并思考了波浪、喷流、涡旋以及使物体流线化，甚至对飞行器也做了研究，他还提出了一元流动的质量守恒公式。

牛顿运用微积分对流体运动定律和黏性定律进行了精确的表述，为流体力学的许多重大发展奠定了重要基础。

1904 年，路德维希·普朗特发表了一篇关键性文章，提出了小黏度流体的流场可以划分成两个区域，即边界层理论，为解决工程中复杂的流动问题提供了极其重要而有效的分析手段。

综上，我们只有学习掌握流体力学的基本概念、基本理论和基本方法，才能很好地运用理论分析我们专业工程中的各种流体力学问题，从而做出正确的定性判断或定量设计计算。

第一节　作用在流体上的力

一、质量力

作用在流体上的力，按其物理性质来看，有重力、摩擦力、弹性力、表面张力、惯性力等。但在流体力学中分析流体运动时，主要是从流体中取出一封闭表面所包围的流体，作为隔离体来分析，从这一角度出发，可将作用在流体上的力分为质量力和表面力两大类，也可以称为非接触力和表面接触力。

质量力是作用在流体的每一个质点（或微团）也可以称为是隔离体内的质点（或微团上）的力，质量力大小与质量成正比，单位是 N（牛）。在均质液体中，质量力又称体积力。质量力作用在所研究的流体质量中心，最常见的质量力是重力和惯性力，还有电场力、磁场力等。

设流体的质量为 m，加速度为 a，则其所受质量力如下：

惯性力：$F_1 = -ma$；重力：$F_2 = mg$。

设流体质量力为 F，则单位质量力 $\vec{f} = \dfrac{\vec{F}}{m}$。

在直角坐标系中，x、y、z 方向的单位向量力为 $\vec{i}$、$\vec{j}$、$\vec{k}$，$\vec{F}$ 与它的 3 个分量 F_x、F_y、F_z 的关系为

$$\vec{F} = F_x\vec{i} + F_y\vec{j} + F_z\vec{k} \qquad 则 \qquad \vec{f} = \frac{\vec{F}}{m} = X\vec{i} + Y\vec{j} + Z\vec{k}$$

对只受重力作用的流体 $X = Y = 0$，$Z = -g$。

质量力的单位为 N。在国际单位（SI 制）中有 3 个基本单位：长度（m）、时间（s）、质量（kg）。力是导出单位：$N = kg \cdot m/s^2$。

单位质量力：$N/kg = m/s^2$，与加速度同单位。

二、表面力

作用在流体上的第二种力——表面力，在流体中取出一块由封闭表面所包围的一部分流体，称为分离体或隔离体。表面力是作用在所考虑的流体即分离体表面上的力，与表面积大小成正比。在流体力学里分析问题时，常常从流体内部取出一个分离体，研究其受力状态，这时与分离体相接触的周围流体对分离体作用的内力变成了作用在分离体表面上的外力。它是相邻流体之间或其他物体与流体之间相互作用的结果，通过物体（流体）间的直接接触，

施加在接触表面上的力。因为流体是连续介质，表面力连续分布在隔离体表面上，因此，在分析时常采用应力的概念。

设在流体分离体的表面上，围绕任意点 A 取一面积 ΔA，设 ΔA 的外法线方向为 n，可将作用在该面上的表面力向量 ΔF 分解为表面法线方向的分力 ΔP 和切线方向的分力 ΔT，因为流体不能承受拉力，所以法线方向只有沿内法线方向的压力。

$$\left.\begin{aligned} p &= \lim_{\Delta A \to 0} \frac{\Delta P}{\Delta A} = \frac{\mathrm{d}p}{\mathrm{d}A} \\ \tau &= \lim_{\Delta A \to 0} \frac{\Delta T}{\Delta A} = \frac{\mathrm{d}T}{\mathrm{d}A} \end{aligned}\right\}$$

式中　p——法向应力（压强）；

　　　τ——切向应力（切应力）。

与作用面正交的应力称为正应力（也称为法向应力）或压强 p 为单位面积的压力取极限，与作用面平行的切线方向的应力称为切应力或剪切力为单位面积的切力取极限。表面应力（压强和剪切力）的单位为帕斯卡，以 Pa 表示，$1\ \mathrm{Pa} = 1\ \mathrm{N/m^2}$。

表面力有一个很重要的属性——传递性，这一点会在介绍压强时进行讲解。

第二节　流体的主要力学性质

与流体运动有关的流体的主要力学性质，是研究流体相对平衡和机械运动的基本出发点。

一、流动性

在生产和生活中，有许多流体流动的现象，如水从龙头流出，风从门窗流入，燃气从喷孔喷出等，这些现象表明了流体不同于固体的基本特征，就是它的流动性。流体的抗拉能力极弱，抗切能力也很微小，静止时不能承受切力，只要受到切力作用，不管此切力怎样微小，流体都要发生不断的变形，各质点发生不断的相对运动。流体的这个性质，称为流动性，这也是它便于用连续管道、渠道进行输送，适宜做供热、供冷等工作介质的主要原因。

案例 1-1：水装进瓶子中，容器的下部就会聚积水，而容器上方则会充满空气，虽然我们用眼睛看不到，但将这个容器倾斜，水和空气的形状很容易就会发生变化。

二、惯性

惯性是物体维持或保持原有运动状态的能力的性质。物体运动状态的任何改变，都必须克服惯性的作用。表示某一流体惯性大小的物理量可用该流体的密度，密度的表达式对于均质流体，即是单位体积的质量 $\left(\rho = \dfrac{m}{V}\right)$，对于各点密度不完全相同的流体，称为非均质流体，则 $\rho = \lim\limits_{\Delta V \to 0} \dfrac{\Delta m}{\Delta V}$，表示微小体积 ΔV 内具有流体质量 Δm。

流体的密度会随温度和压强的变化而变化，但液体的密度随温度和压强的变化甚微，绝大多数实际流体力学问题中，可以将液体的密度视为一个常数，一个标准大气压下，常见的密度有 4 ℃时的水为 1 000 kg/m³，20 ℃时的空气为 1.2 kg/m³，水银（汞）$\rho = 13\,600$ kg/m³。

此外，工程中，常用密度和重力加速度的乘积，称为重度或重率，用符号 γ 表示，即 $\gamma = \rho g$，单位 N/m³。

三、黏性（黏滞性）

黏性是运动状态下，流体产生内摩擦力以抵抗相对运动（剪切变形）的特性。

内摩擦力（黏滞力）：在剪切变形过程中，流体内部流层间出现的成对的剪切力。这个内摩擦力称为黏滞力或黏性力，在流体力学中，黏性十分重要。

以牛顿平板实验为例进行说明，装置如图 1-1（a）所示。

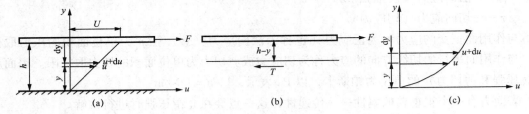

图 1-1 牛顿平板实验

实验结论：当速度 U 不很大时，沿 y 轴方向液体中各点流速 U 一般呈线性分布，黏滞力（T）与拖动速度（U）和接触面积（A）成正比、与液体层厚度（h）成反比，即

黏滞力 $\qquad\qquad\qquad\qquad T \propto AU/h$

将 U/h（$\mathrm{d}u/\mathrm{d}y$）称为流速梯度，由此有

$$\left.\begin{array}{l} T = \mu A \dfrac{U}{h} = \mu A \dfrac{\mathrm{d}u}{\mathrm{d}y} \\[3mm] \tau = \dfrac{T}{A} = \mu \dfrac{\mathrm{d}u}{\mathrm{d}y} = \mu \dfrac{U}{h} \end{array}\right\} \quad \text{牛顿内摩擦定律}$$

引入比例系数 μ，称为动力黏滞系数，单位 Pa·s。

当流体在管中缓缓流动时，紧贴管壁的流体质点黏附在管壁上，流速为零，位于管轴上的流体质点离管壁的距离最远，受管壁的影响最小，因而流速最大，介于管壁和管轴之间的流体质点，将以不同的速度向右移动，它们的速度将从管壁至管轴线，由 0 增加至最大。由这个流速分布图（图 1-2），我们看到各流层的速度不相同，各质点间便产生了相对运动，从而产生内摩擦力以抗拒相对运动。

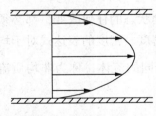

图 1-2 圆管中速度分布图

在流体做层流（层流和紊流的概念，将在第四章具体讲述，这里先引用一下）剪切流动时，内摩擦力（或切力）T 的大小，经过无数的试验证明：

（1）与两流层间的速度差（相对速度）$\mathrm{d}u$ 成正比，和流层间距离 $\mathrm{d}y$ 成反比；

（2）与流层的接触面积 A 的大小成正比；

（3）与流体的种类有关；

（4）与压力大小无关。

内摩擦力 $$T = \mu A \frac{\mathrm{d}u}{\mathrm{d}y}$$

这就是牛顿内摩擦定律，以牛顿命名是因为这是他首先提出的，人们知道得更多的是他对运动基本定律和引力定律的描述以及发明了微积分，但是这位英国数学家和自然哲学家也对流体力学做出了许多开创性的研究。

那么若以 τ 代表单位面积上的内摩擦力，称为切应力，则

$$\tau = \frac{T}{A} = \mu \frac{\mathrm{d}u}{\mathrm{d}y}$$

切应力 τ，常用单位为 Pa，它不仅有大小，还有方向，对于相接触的两个流层来讲，作用在不同流层上的切应力，必然是大小相等、方向相反的。内摩擦力虽是流体抗拒相对运动的性质，但它不能从根本上制止流动的发生。流体流动性的特性，不因有内摩擦力存在而消失。流体质点间没有相对运动时，也就没有内摩擦力表现出来。

计算中有时还采用运动黏度 $\nu = \dfrac{\mu}{\rho}$，单位 $\mathrm{m^2/s}$。

动力黏度 μ，它的概念是单位速度梯度作用下的切应力，与流体性质有关，不同流体有不同的 μ 值，同一流体的 μ 值越大，黏性越强。

运动黏度 ν 的物理意义是单位速度梯度作用下的切应力对单位体积质量作用产生的阻力加速度，单位为 $\mathrm{m^2/s}$。流体流动性是运动学的概念，所以衡量流体流动性应用运动黏度 ν 而不用动力黏度 μ。

表 1-1 和表 1-2 列举了不同温度时水和空气的黏度，从中可以看出，水和空气的黏度随温度变化的规律不同，水的黏性随温度升高而减小，空气的黏性随温度升高而增大，这是因为黏性是分子间的吸引力和分子不规则的热运动产生动量交换的结果。温度升高，分子间吸引力降低，动量增大，反之，温度降低，分子间吸引力增大，动量减小。对于液体，分子间的吸引力是决定性因素，所以液体的黏性随温度的升高而减小。对于气体，分子间的热运动产生动量交换是决定性因素，所以气体的黏性随温度升高而增大。

表 1-1　不同温度水的黏度

温度 $t/℃$	黏度 $\mu/(10^{-3}\ \mathrm{Pa \cdot s})$	温度 $t/℃$	黏度 $\mu/(10^{-3}\ \mathrm{Pa \cdot s})$	温度 $t/℃$	黏度 $\mu/(10^{-3}\ \mathrm{Pa \cdot s})$	温度 $t/℃$	黏度 $\mu/(10^{-3}\ \mathrm{Pa \cdot s})$
0	1.792 1	10	1.307 7	20	1.005 0	29	0.818 0
1	1.731 3	11	1.271 3	20.2	1.000 0	30	0.800 7
2	1.672 8	12	1.236 3	21	0.981 0	31	0.784 0
3	1.619 1	13	1.202 8	22	0.957 9	32	0.767 9
4	1.567 4	14	1.170 9	23	0.935 9	33	0.752 3
5	1.518 8	15	1.140 4	24	0.914 2	34	0.737 1
6	1.472 8	16	1.111 0	25	0.893 7	35	0.722 5
7	1.428 4	17	1.082 8	26	0.873 7	36	0.708 5
8	1.386 0	18	1.055 9	27	0.854 5	37	0.694 7
9	1.346 2	19	1.029 9	28	0.836 0	38	0.681 4

续表

温度 $t/℃$	黏度 $\mu/(10^{-3}\ Pa\cdot s)$	温度 $t/℃$	黏度 $\mu/(10^{-3}\ Pa\cdot s)$	温度 $t/℃$	黏度 $\mu/(10^{-3}\ Pa\cdot s)$	温度 $t/℃$	黏度 $\mu/(10^{-3}\ Pa\cdot s)$
39	0.668 5	55	0.506 4	71	0.400 6	87	0.327 6
40	0.656 0	56	0.498 5	72	0.395 2	88	0.323 9
41	0.643 9	57	0.490 7	73	0.390 0	89	0.320 2
42	0.632 1	58	0.483 2	74	0.384 9	90	0.316 5
43	0.620 7	59	0.475 9	75	0.379 9	91	0.313 0
44	0.609 7	60	0.468 8	76	0.375 0	92	0.309 5
45	0.598 8	61	0.461 8	77	0.370 2	93	0.306 0
46	0.588 3	62	0.455 0	78	0.365 5	94	0.302 7
47	0.578 2	63	0.448 3	79	0.361 0	95	0.299 4
48	0.568 3	64	0.441 8	80	0.356 5	96	0.296 2
49	0.558 8	65	0.435 5	81	0.352 1	97	0.293 0
50	0.549 4	66	0.429 3	82	0.347 8	98	0.289 9
51	0.540 4	67	0.423 3	83	0.343 6	99	0.286 8
52	0.531 5	68	0.417 4	84	0.339 5	100	0.283 8
53	0.522 9	69	0.411 7	85	0.335 5		
54	0.514 6	70	0.406 1	86	0.331 5		

表1-2 不同温度干空气的物理性质

温度 $t/(t\cdot℃^{-1})$	密度 ρ $/(kg\cdot m^{-3})$	比定压热容 $c/$ $[kJ\cdot(kg\cdot℃)^{-1}]$	导热系数 $\lambda\times10^{2}/$ $[W\cdot(m\cdot℃)^{-1}]$	黏度 $\mu\times10^{5}$ $/(Pa\cdot s)$	普兰德数 Pr
−50	1.584	1.009	2.035	1.46	0.728
−40	1.515	1.009	2.117	1.52	0.728
−30	1.453	1.013	2.198	1.57	0.723
−20	1.395	1.013	2.279	1.62	0.716
−10	1.342	1.013	2.360	1.67	0.712
0	1.293	1.017	2.442	1.72	0.707
10	1.247	1.017	2.512	1.76	0.705
20	1.205	1.017	2.593	1.81	0.703
30	1.165	1.022	2.675	1.86	0.701
40	1.128	1.022	2.756	1.91	0.699
50	1.093	1.022	2.826	1.96	0.698
60	1.060	1.026	2.896	2.01	0.696
70	1.029	1.026	2.966	2.06	0.694
80	1.000	1.026	3.047	2.11	0.692
90	0.972	1.034	3.128	2.15	0.690

续表

温度 $t/$ (t·℃ $^{-1}$)	密度 ρ / (kg·m^{-3})	比定压热容 $c/$ [kJ·(kg·℃)$^{-1}$]	导热系数 $\lambda \times 10^2/$ [W·(m·℃)$^{-1}$]	黏度 $\mu \times 10^5$ / (Pa·s)	普兰德数 Pr
100	0.946	1.034	3.210	2.19	0.688
120	0.898	1.043	3.338	2.28	0.686
140	0.854	1.009	3.489	2.37	0.684
160	0.815	1.009	3.640	2.45	0.682
180	0.779	1.013	3.780	2.53	0.681
200	0.746	1.013	3.931	2.6	0.680
250	0.674	1.043	4.268	2.74	0.677

【例1-1】 流体在相距 2 mm 的两平行平板之间，当作用于其中某一平板上的切应力为 30 Pa 时，该板相对于另一平板的线速度为 2 m/s，求该流体的动力黏度。

解：
$$\tau = \mu du/dy = \mu v/\delta = \mu \times 2/0.02 = 30$$
$$\mu = 0.03 (Pa \cdot s)$$

案例1-2： 当被大风吹着，或是顶风骑自行车的时候，我们能够明显感受到空气的阻力，但在平时的日常生活中，我们基本不会感觉到空气是一种障碍。同样，在游泳池或浴池里移动身体的时候，能够明显感受到水的阻力。

四、压缩性和热胀性

流体受压，体积缩小，密度增大的性质，称为流体的压缩性；流体受热，体积膨胀，密度减小的性质，称为流体的热胀性。

（一）液体的压缩性和热胀性

某一体积 V 的液体，密度为 ρ，当压强增加 dp 时，体积减小 dv，密度增大 dρ，密度增加率为 dρ/ρ，则 dρ/ρ 与 dp 的比值称为流体的压缩系数，用 α_p 表示。在一定温度下，密度的变化率与压强的变化成正比。

$$\alpha_p = \frac{d\rho/\rho}{dp}$$

因为液体被压缩时，质量并不改变，所以压缩系数还可以表示成

$$\alpha_p = -\frac{dV/V}{dp}$$

压缩系数的倒数称为流体的弹性模量，用 E 表示，$E = \dfrac{1}{\alpha_p}$。

液体的热胀性与压缩系数相反，当温度增加 dT 时，液体的密度减小率为 $-d\rho/\rho$，热胀系数用 α_V 表示。

$$\alpha_V = \frac{dV/V}{dT}$$

在一定压强下，体积的变化率与温度的变化成正比。

在一个大气压下，压强每升高 1 个大气压，水的密度约增加 1/20 000。在温度较低时，

温度每增加 1 ℃，水的密度减小约为 1.5/10 000；在温度较高时，水的密度减小只有 7/10 000，说明水的热胀性和压缩性是很小的，一般情况下均可以忽略不计。只有在某些特殊情况下，例如水击等问题时，才需要考虑水的压缩性和热胀性。

【例1-2】 某热水供暖系统内存水量 10 t，在常压下水温从 5 ℃ 升高到 85 ℃，问水的体积膨胀了多少？

已知：水的质量 $M = 10 \times 1\,000 = 10\,000$（kg），$t_1 = 5$ ℃，$t_2 = 85$ ℃。

求：水加热后体积膨胀量 $\Delta V = ?$

解：查资料，$t_1 = 5$ ℃，$\rho_1 = 1\,000$ kg/m³；$t_2 = 85$ ℃，$\rho_2 = 968.7$ kg/m³。

$V = M/\rho$，$\Delta V = V_2 - V_1 = 0.323$ m³ $= 323$ L，热水供暖系统需要膨胀罐（膨胀水箱）容纳温升产生的"膨胀水"。

水在温差 80 ℃ 下的膨胀率 $\Delta V/V_1 = 3.23\%$。

水的热膨胀系数 $\alpha = \mathrm{d}V/V/\mathrm{d}T = \Delta V/V_1/\Delta T = 0.032\,3/80 \approx 0.000\,4$。

（二）气体的压缩性和热胀性

相对于液体而言，气体的压缩性和热胀性是特别显著的。在温度不过低，压强不过高时，气体密度、压强和温度三者之间的关系服从理想气体状态方程，即 $\dfrac{p}{\rho} = RT$。

具体内容由热工理论讲述。气体虽然是可以压缩和热胀的，但是，我们分析任何一个具体流动中，主要关心的问题是压缩性是否起显著的作用。对于气体流动速度较低的情况，在流动过程中压强和温度的变化较小，密度仍然可以看作常数，这种气体称为不可压缩气体。反之，对于气体速度较高的情况，在流动过程中其密度的变化很大，密度已经不能视为常数，称为可压缩气体。

在供热通风工程中，遇到的大多数气体流动，速度远小于音速，可当作不可压缩流体对待。在实际工程中，有些情况是需要考虑气体压缩性的，例如燃气的远距离输送。

案例1-3：充满液体的管道中会发生局部过热的现象，导致液体中包含的气体膨胀而产生气泡，如果这个气泡一直变大，并增大到阻塞管道的程度，就算是向管道中施加压力，气泡也只会收缩变小一些，并不能够打碎气泡，从而阻止压力的传播，导致异常现象的出现，这一现象被称为气塞现象。这一现象会出现在高温高压的液体中，对于流体机械来说，气塞是个非常棘手的问题。

五、表面张力

表面张力是由分子的内聚力引起的，由于分子间的吸引力，在液体的自由表面上能够承受极其微小的张力，这种张力称为表面张力。它发生在液气接触的周界、液固接触的周界、不同液体接触的周界。但气体不存在表面张力。因为气体分子的扩散作用，不存在自由表面，所以表面张力是液体的特有性质。对于液体，表面张力在平面上并不产生附加压力，因为那里力处于平衡状态，只有在曲面上才产生。例如，液体中的气泡，气体中的液滴，液体的自由射流，液体表面和固体壁面相接触等，但一般影响比较微弱。

由于表面张力的作用，如果把两端开口的玻璃细管竖立在液体中，液体就会在细管中上升或下降一定高度的现象，称为毛细管现象。

如图 1-3 所示，如果把玻璃细管竖立在水中，液固间附着力大于液体的内聚力，水在管中上升一段高度。如果把玻璃细管竖立在水银中，液固间附着力小于液体的内聚力，水银在管中下降一段高度。

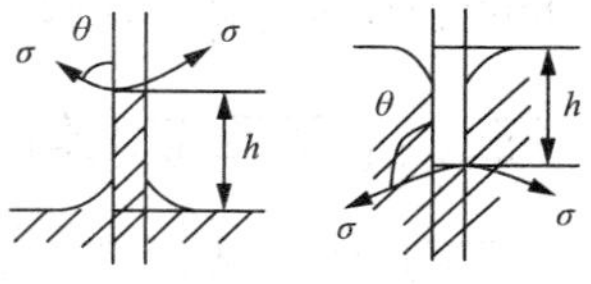

图 1-3 表面张力现象

这段高度值可以通过重力与表面张力产生的附加压力的竖向分力相平衡的表达式计算得出。通过这个表达式，也表明液面上升或下降的高度与管径成反比，即玻璃管的内径越小，毛细管现象引起的误差越大。因此，实验室中通常要求测压管的内径不小于 10 mm，以减小误差。

第三节 流体的力学模型

从流体整体角度，介绍流体的力学模型。因为客观存在的实际流体，物质结构和物理性质非常复杂，如果全面考虑它的所有因素，将很难提出它的力学关系式。因此，在分析考虑流体力学问题时，根据抓主要矛盾的观点，建立力学模型，对流体加以科学地抽象，简化流体的物质结构和物理性质，以便于列出流体运动规律的数学方程式。

一、流体是连续介质

第一个力学模型我们将流体视为连续介质，这个概念是由瑞士学者欧拉在 1753 年首先提出的，它作为一种假说在流体力学的发展史上起了巨大的作用，如果流体可视为连续介质，那么其宏观物理量（如压力、温度、密度等）在流动空间（流场）中连续分布，而且可以对它们进行观测。通过大量的实验也表明，当研究流体的宏观机械运动时，连续介质假说是正确的。

因构成流体分子之间存在间隙，而且分子也在不停地运动，如果从微观角度来看待流体，不仅它是不连续的，而且流体的运动也是随机的，这必将给研究带来极大的困难。但是流体力学所研究的并非某个流体分子的微观运动，而是大量分子运动的宏观表现（流体的宏观机械运动），而且分子的间隙相对于流动空间完全可以忽略。因此，从宏观上完全可以把流体看成由无限多质点组成的连续介质，就是说，质点（而不是分子）是组成宏观流体的最小基元，质点与质点之间没有间隙，这就是连续介质模型。因此，万米高空以下的大气层均可视为"充满连续的空气介质"。

同时我们也需要注意，连续介质模型毕竟只是为研究方便而人为提出的宏观流体模型，当分析流体黏性的产生原因时，还必须考虑流体的微观结构和分子的微观运动。另外，当研究稀薄空气流动和冲波结构时，这一假说也不再适用，取而代之的是统计力学和运动理论。

二、无黏性流体（理想流体 $\mu = 0$）

提出无黏性流体，是对流体物理性质的简化，因为在某些问题中，黏性不起作用或者说不起主要作用，这种不考虑黏性作用的流体，称为无黏性流体（或理想流体），如果在某些问题中，黏性影响较大，不能忽略时，我们也用"两步走"的办法，先当作无黏性流体分析，得出主要结论，然后采用实验的方法考虑黏性的影响，加以补充和修正。那么这种考虑黏性的流体称为黏性流体。

三、不可压缩流体（$\rho = \text{const}$）

不可压缩流体模型，这是不计压缩性和热胀性对流体物理性质的简化。通过上一节的学习，我们知道液体的压缩性和热胀性均很小，密度可视为常数，通常用不可压缩流体模型。而气体在大多数情况下，也可以采用不可压缩流体模型，只有在某些情况下，例如速度接近或超过声速时，在流动过程中其密度变化很大时，才必须用可压缩流体模型。所以，采用不可压缩模型，就表示该流体的密度不变，即 $\rho = C$。在多数工程应用情况下，可忽略流体的压胀性，并不影响工程计算精度。

本章小结

本章主要介绍了作用在流体上的力、流体的主要力学性质、连续介质模型、无黏性流体以及不可压缩流体的概念，重要内容小结如下：

（1）作用在流体上的力归为两类：表面力和质量力。质量力是作用在流体的每一个质点（或微团），也可以称为是隔离体内的质点或微团上的力，单位是 N（牛）。表面力是作用在所考虑的流体即分离体表面上的力，与表面积大小成正比。单位面积上的表面力称为应力。

任意点的压强和切应力的定义式为

$$\left.\begin{aligned} P &= \lim_{\Delta A \to 0} \frac{\Delta P}{\Delta A} = \frac{\mathrm{d}P}{\mathrm{d}A} \\ \tau &= \lim_{\Delta A \to 0} \frac{\Delta T}{\Delta A} = \frac{\mathrm{d}T}{\mathrm{d}A} \end{aligned}\right\}$$

P 为法向应力（压强）；τ 为切向应力（切应力），它们的国际单位为 Pa。

（2）流体的基本特性是流动性。任何微小的切力作用，都使流体产生连续不断的变形，这就是流动性的力学解释。

（3）黏性是指运动状态下，流体产生内摩擦力以抵抗相对运动（剪切变形）的特性。牛顿内摩定律揭示了切应力与速度梯度或剪切变形速度之间的内在关系。

（4）无黏性（理想）流体 $\mu = 0$；不可压缩均质流体上 $\rho = C$（C 为常数），两者都是对流体力学性质的简化。

本章习题

1. 为什么水和空气的黏度随温度变化的规律不同？（水的黏度随温度升高而减小，空气的黏度随温度升高而增大）

2. 表面张力会发生在什么位置？

3. 有一个底面面积为 60 cm × 40 cm 的平板，质量为 5 kg，沿一与水平面成 20°的斜面下滑，平面与斜面之间的油层厚度为 0.6 mm，若下滑速度为 0.84 m/s，求油的动力黏度 μ。

4. 黏性流体在静止时有没有切应力？理想流体在运动时有没有切应力？静止流体没有

黏性吗？

5. 两无限大的平板，间隙为 d，假定液体速度分布呈线性分布，液体动力黏度 $\mu = 0.651 \times 10^{-3}$ Pa，密度 $\rho = 897.12$ kg/m³，计算：

（1）求以 m³/s 为单位的流体运动黏度；

（2）求以 Pa 为单位的上平板所受剪切应力及其方向；

（3）求以 Pa 为单位的下平板所受剪切应力及其方向。

6. 底面积为 1.5 m² 薄板在液面上水平移动速度为 16 m/s，液层厚度为 4 mm，假定垂直于油层的水平速度为直线分布规律，如果：

（1）液体为 20 ℃的水（$\mu_{水} = 0.001$ Pa·s）；

（2）液体为 20 ℃，相对密度为 0.921 的原油（$\mu_{油} = 0.07$ Pa·s）。

试分别求出移动平板的力有多大。

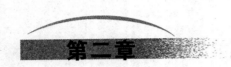

第二章

流体静力学

流体静力学是研究流体处于静止或相对静止时的力学规律，包括压强的分布规律和固体壁面所受到的液体总压力。

当流体处于静止或相对静止时，各质点之间均不产生相对运动，因而流体的黏滞性不起作用。所以，研究流体静力学必然用无黏性流体的力学模型。

第一节　流体静压强及其特性

一、流体静压强的定义

因为在静止流体中不存在切力，所以只有垂直于受压面（也称作用面）的压力。作用在受压面各面积上的压力称为总压力或压力，作用在单位面积上的压力是压力强度，称压强。

在图 2-1 所示的静止流体中，如果以水平面 abcd 将此流体分为 I、II 两部分，并假想将第 I 部分流体移走，若要保持第 II 部分流体的平衡，则需在截面 abcd 上加上第 I 部分流体等效的作用力，即流体静压力。

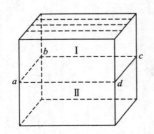
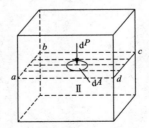

图 2-1　静止流体中的隔离体

从平面 $abcd$ 上任取一面积 ΔA，a 点是该面积的中心。令力 ΔP 为移除部分作用在 ΔA 上的静压力，则面积 ΔA 上的平均静压强，以 $\bar{P}$ 表示为

$$\bar{P} = \frac{\Delta P}{\Delta A} \tag{2-1}$$

当面积 ΔA 无限缩小到中心点 a 时，比值趋近于某一极限值，此极限值称为该点的静压强，以 P 表示为

$$P = \lim_{\Delta A \to a} \frac{\Delta P}{\Delta A} \tag{2-2}$$

可以看出，流体的平均静压强是作用面上各点静压强的平均值，而点静压强则精确地反映了作用面上各点的静压强。压强在国际单位制中常用单位是帕，以 Pa 表示，1 Pa = 1 N / m²；更大的单位用巴，以 bar 表示，1 bar = 10^5 Pa。在工程单位制中常用的单位为 kgf/m²、tf/m²、kgf/cm²。

二、流体静压强的特性

流体静压强有如下两个特性：

（1）流体静压强的方向与作用面垂直，并指向作用面。

（2）任意一点各方向的流体静压强大小相等，与作用面的方位无关。

证明第一特性：用反证法。

从静止流体中取一任意体积，设作用在该体积表面上任意流体质点的静压强不与作用面垂直，则 P_n 可以分解为一个法向应力 p 和一个切向应力 τ，如图 2-2（a）所示。由于流体的易流动性，切向分力 τ 的存在必然使流体产生运动，这就违背了流体静止的前提条件，因此，切向应力 τ 必等于零，从而说明流体静压强与作用面垂直。又假设作用在正方体表面任意点 B 的压强方向是外法线方向，如图 2-2（b）所示，而又由于流体不能承受拉力，所以静压强的方向只能是作用面的内法线方向，如图 2-2（c）所示。因此，流体静压强的方向指向作用面。

证明第二特性：在静止流体中任取一微小三棱柱，如图 2-3 所示，由于静止或相对静止流体不存在拉力和切力，作用于微小三棱柱 $OABC$ 上的表面力只有压力。用 P_x、P_y、P_z、P_n 分别表示垂直于 x、y、z 轴的平面及倾斜面上的流体静压力，其大小等于作用面积和流体静压强的乘积。即

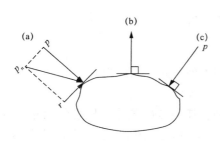

图 2-2　流体静压强方向

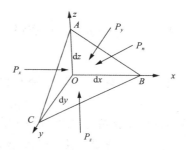

图 2-3　微小三棱柱平衡

$$P_x = p_x \cdot \frac{1}{2}\mathrm{d}y\mathrm{d}z$$

$$P_y = p_y \cdot \frac{1}{2}\mathrm{d}x\mathrm{d}z$$

$$P_z = p_z \cdot \frac{1}{2}\mathrm{d}x\mathrm{d}y$$

$$P_n = p_n \cdot \mathrm{d}A\,(\mathrm{d}A\ \text{为倾斜面}\ ABC\ \text{的面积})$$

作用在微小三棱柱上的质量力在各轴向的分力等于单位质量力在各轴向的分力与流体质量的乘积。而流体质量又等于流体密度与微小三棱柱的体积 $\frac{1}{6}\mathrm{d}x\mathrm{d}y\mathrm{d}z$ 的乘积。设单位质量力在 x、y、z 轴的分力分别为 X、Y、Z，则质量力在各轴向的分力为

$$F_x = \rho \cdot \frac{1}{6}\mathrm{d}x\mathrm{d}y\mathrm{d}z \cdot X$$

$$F_y = \rho \cdot \frac{1}{6}\mathrm{d}x\mathrm{d}y\mathrm{d}z \cdot Y$$

$$F_z = \rho \cdot \frac{1}{6}\mathrm{d}x\mathrm{d}y\mathrm{d}z \cdot Z$$

微小三棱柱在上述两类力（表面力和质量力）的作用下处于静止或相对静止状态，其外力的轴向平衡关系式可以写成

$$P_x - P_n\cos(\overset{\wedge}{n,x}) + F_x = 0 \tag{2-3}$$

$$P_y - P_n\cos(\overset{\wedge}{n,y}) + F_y = 0 \tag{2-4}$$

$$P_z - P_n\cos(\overset{\wedge}{n,z}) + F_z = 0 \tag{2-5}$$

式中，$(\overset{\wedge}{n,x})$、$(\overset{\wedge}{n,y})$、$(\overset{\wedge}{n,z})$ 分别表示倾斜面外法线方向与 x、y、z 轴方向的夹角。正负号代表力方向的不同。以 x 方向上的力平衡方程为例，式（2-3）可写成

$$P_x\frac{1}{2}\mathrm{d}y\mathrm{d}z - P_n\mathrm{d}A\cos(\overset{\wedge}{n,x}) + \rho\frac{1}{6}\mathrm{d}x\mathrm{d}y\mathrm{d}z \cdot X = 0$$

式中 $\mathrm{d}A\cos(\overset{\wedge}{n,x})$ 为 $\triangle ABC$ 在 yoz 坐标面上的投影，即 $\frac{1}{2}\mathrm{d}y\mathrm{d}z$，代入上式，得

$$P_x - P_n + X \cdot \rho \cdot \frac{1}{3}\mathrm{d}x = 0$$

其中的高阶小量 $X \cdot \rho \cdot \frac{1}{3}\mathrm{d}x$ 省略，化简移项得

$$p_x = p_n$$

同理，通过式（2-4）、式（2-5）也可得到类似等式，因此得到

$$p_x = p_y = p_z = p_n \tag{2-6}$$

式（2-6）说明在静止或相对静止的流体中，任一点的流体静压强的大小与作用面的方向无关，只与该点的位置有关，这就是流体静压强的第二个特性。这个特性告诉我们：各点的位置不同，压强可能不同；位置一定，则不论取哪个方向，压强的大小完全相等。因此，流体静压强只是空间位置的函数。这样，研究流体静压强的根本问题即研究流体静压强的分

布规律问题，就简化为研究压强函数 $p = f(x, y, z)$ 的问题。

【例 2-1】 在实际工程中进行受力分析时，依据流体静压强的特性，画出下面不同作用面上流体静压强的方向。

【解】 平面中：流体静压强的方向与各平面垂直；曲面中：流体静压强的方向与各点切向平面垂直。

第二节 流体静压强的分布规律

由于实际工程中重力是最常见的质量力，因此，在研究流体平衡的基础上，研究重力场中的流体静压强的分布规律更有实际意义。

一、液体静压强基本方程

设有一重力作用下的静止液体，选直角坐标系 $oxyz$，如图 2-4 所示，自由液面的位置高度为 z_0，压强为 p_0。

对于静止液体，液面下任意深处（h）的静压强，由式（2-7）计算：

$$\mathrm{d}p = \rho(X\mathrm{d}x + Y\mathrm{d}y + Z\mathrm{d}z) \tag{2-7}$$

质量力只有重力，$X = Y = 0$，$Z = -g$，代入上式，得

$$\mathrm{d}p = -\rho g\mathrm{d}z$$

对于均质液体，密度 ρ 是常数，将上式积分，得到

$$p = C_0 - \rho g z_p = \rho g z + c' \tag{2-8}$$

由边界条件 $z = z_0, p = p_0$ 定出积分常数：

$$C_0 = p_0 + \rho g z_0$$

代回原始数据，得 $p = p_0 + \rho g(z_0 - z)$，即压强求解公式为

$$p = p_0 + \gamma h \tag{2-9}$$

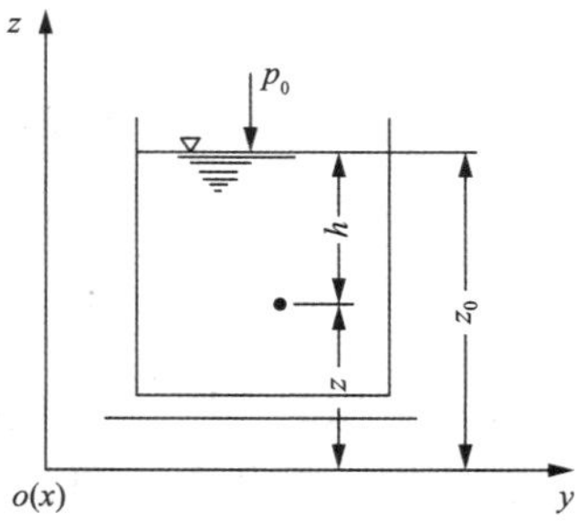

或以单位体积液体的重量 $\gamma(\rho g)$ 去除式（2-8）各项，得

$$\frac{p}{\gamma} = -z + \frac{C_0}{\gamma}$$

即

$$z + \frac{p}{\gamma} = C \tag{2-10}$$

式（2-6）、式（2-7）中：

p——静止液体内某点的压强 [Pa(N / m²)]；

p_0——液体表面压强，对于液面通大气的开口容器，p_0 即为大气压强，并以 p_a 表示 [Pa(N / m²)]；

图 2-4 开敞水箱

h ——该点到液面的距离，称淹没深度（m）；

Z ——该点在坐标平面以上的高度（m）。

式（2-9）、式（2-10）以不同形式表示重力作用下液体静压强的分布规律，均称为流体静力学基本方程式。流体静力学基本方程式的应用除了要满足同一静止流体条件，还要是只受重力和不可压缩的流体。

式（2-10）是常用的水静压强分布规律的一种形式。它表示在同一种静止液体中，不论哪一点的 $z + \dfrac{p}{\gamma}$ 总是一个常数。式中 z 为该点的位置相对于基准面的高度，称位置水头，$\dfrac{p}{\gamma}$ 是该点在压强作用下沿测压管所能上升的高度，称压强水头。所谓测压管是一端和大气相通，另一端和液体中某一点相接的管子，如图 2-5 所示，两水头相加 $z + \dfrac{p}{\gamma}$ 称测压管水头，$z + \dfrac{p}{\gamma} = C$，其水头意义：重力作用下、不可压缩静止流体中，各点的测压管水头保持一致。

因此，在同一容器的静止液体中，所有各点的测压管水面必然在同一水平面上。水平面高度线即为测压管水头线，其为管网压力分析的依据。

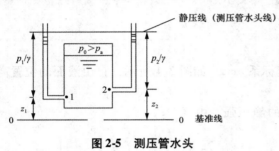

图 2-5 测压管水头

z—位置水头；$\dfrac{p}{\gamma}$—压强水头；$z + \dfrac{p}{\gamma}$—测压管水头

测压管水头中的压强必须采用相对压强表示，即暴露在大气压下的液面，液面相对压强为零；液面以下为正值；液面以上为负值。下节进行详细介绍。

由静力学基本方程可知，静止液体任意边界面上压强的变化，将等值地传递到液体中每一点（只要静止不被破坏），这就是水静压强等值传递的帕斯卡定律。该定律在水压机、液压传动、气动阀门、水力闸门等水力机械中得到广泛应用。

如过水坝的船闸，船要通过有上下游水位差的河段时，如图 2-6 所示，由于存在水位差，行道中有好几个船闸，每两个船闸形成一个隔水池，船进入第一个隔水池，然后放水，

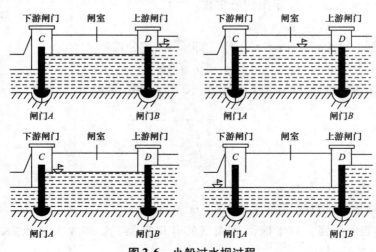

图 2-6 小船过水坝过程

降低水位和第二个水池一样高，然后进入第二个隔水池，再放水降水位，再进入下一个，直到最后一个降到和下游水位一样高了，船就出来了。船要是反向走的话重复相反的过程。

【例2-2】试求图2-7（a）、（b）、（c）中，A、B、C各点相对压强，图中 p_0 是绝对压强，大气压强 1 Pa = 1 atm。

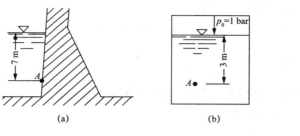

(a)　　　　　　(b)　　　　　　(c)

图2-7　例2-2图

【解】（1）$P_A = \gamma h = 9.807 \times 10^3 \times 7 = 68.65(\text{kPa})$

（2）$P_A = P_0 - P_a + \gamma h = (100 - 101.325) \times 10^3 + 9.807 \times 10^3 \times 3$

$\qquad = (-1.325 + 29.421) \times 10^3 = 28.096(\text{kPa})$

（3）$P_A = -\gamma h_1 = -9.807 \times 10^3 \times 3 = -29.421(\text{kPa})$

$\qquad P_B = 0$

$\qquad P_C = \gamma h_2 = 9.807 \times 10^3 \times 2 = 19.614(\text{kPa})$

【例2-3】一封闭水箱如图2-8所示，液面上压强 $p_0 = 120 \text{ kN/m}^2$，求液面以下 $h = 0.4\text{m}$ 处 A 点的压强。

【解】由式 $p = p_0 + \gamma h$，可得

$$p_A = p_0 + \gamma h = 120 + 9.8 \times 0.4 = 123.92(\text{kN/m}^2)$$

【例2-4】水池中盛水如图2-9所示，已知液面压强 $p_0 = 98.07 \text{ kN/m}^2$，求水中 C 点以及池壁 A、B 和池底 D 点所受的水静压强。

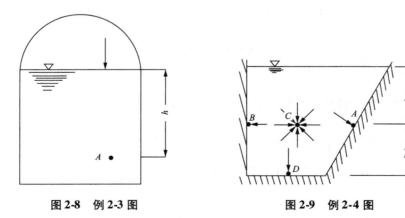

图2-8　例2-3图　　　　**图2-9　例2-4图**

【解】$\because A$、B、C 三点在同一水平面上，水深 h 均为1m，所以压强相等——位于等压面。

$$\therefore p_A = p_B = p_C = p_0 + \gamma h_1$$

式中：$p_0 = 98.07 \text{ kN/m}^2$

$\gamma = \rho g = 9\,800 \text{ N/m}^2$

$h_1 = 1 \text{ m}$

则 $p_A = p_B = p_C = 98.07 + 98 = 196.07(\text{kN/m}^2)$

$p_D = p_0 + \gamma(h_1 + h_2) = 98.07 + 98 \times (1 + 0.6) = 254.87(\text{kN/m})^2$

二、液体静压强的重要规律

此处结合液体静压强基本方程及工程应用，加深对液体静压强基本方程的认识。

1. 静压强 (p) 随深度 (h) 呈线性分布

由液体静压强基本方程：

$$p = p_0 + \gamma h$$

可知：h 增大，压强 p 将随着 h 线性升高。工程上水坝、蛟龙号等就是依此规律进行的设计。生活上，我们也发现海拔升高，压强 p 减小，所谓的高原反应，也是此规律的体现。

2. 同一高度，各点静压强相等

两种密度不同互不混合的液体，在同一容器中处于静止状态，一般是重的在下，轻的在上，两种液体之间形成分界面。这种分界面既是水平面又是等压面。

3. 工程计算中（水利工程）的假设

气体的密度 ρ 很小，对于一般的仪器、设备，它们的高度是有限的，重力对气体压强的影响很小，可以忽略。故可认为各点的压强相等，即

$$p = p_0$$

例如，贮气罐内各点的压强都相等。

三、流体静力学基本方程式的物理意义和几何意义

1. 静力学基本方程的物理意义

$z = \dfrac{mg \cdot z}{mg}$ —— 单位质量流体的位能；

$\dfrac{p}{\gamma} = \dfrac{p}{\rho g} = \dfrac{p}{\dfrac{m}{v}g} = \dfrac{pv}{mg}$ ——单位质量流体的压能；

$z + \dfrac{p}{\gamma}$ ——单位质量流体的总势能；

$z + \dfrac{p}{\gamma} = C$ ——重力下，均匀不可压缩静止流体的总势能守恒。

2. 静力学基本方程的水头意义（参照图2-5）

z——位置水头；

$\dfrac{p}{\gamma}$ ——压强水头；

$z + \dfrac{p}{\gamma}$ ——压管水头。

静力学基本方程的水头意义是管网压力分析的依据。另外，在重力、均质、不可压缩静止流体中，各点的测压管水头保持一致。

【例2-5】 重度为 γ_a 和 γ_b 的两种液体，装在图2-10所示的容器中，各液面深度如图所示。若 $\gamma_b = 9.807 \ \text{kN/m}^3$，大气压强 $p_a = 98.07 \ \text{kN/m}^3$，求 γ_a 及 p_A。

【解】（1）由等压面两侧压强相等

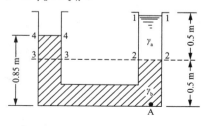

图2-10 例2-5图

$$p_a + \gamma_b(h_3 - h_2) = p_a + \gamma_a h_1$$

$$\gamma_a = \gamma_b \frac{h_3 - h_2}{h_1} = 6\,865\,(\text{N/m}^3)$$

（2）A 点压强由下式计算得到

$$p_A = p_a + \gamma_b h_3$$

或 $p_A = p_a + \gamma_a h_1 + \gamma_b h_2$

$$p_A = 106.41 \ \text{kN/m}^2$$

第三节 压强的计算基准和量度单位

在工程技术上，量度流体中某一点或某一空间点的压强，可以用不同的基准和量度单位。

一、压强的计算基准

压强有两种计算基准：绝对压强和相对压强。

以毫无一点气体存在的绝对真空为零点起算的压强，称为绝对压强。以 p' 表示。当问题涉及流体本身的性质，例如采用气体状态方程进行计算时，必须采用绝对压强。

以当地同高程的大气压强 p_a 为零点起算的压强，则称为相对压强，以 p 表示。

采用相对压强基准，则大气压强的相对压强为零。即

$$p_a = 0$$

相对压强、绝对压强和大气压强的相互关系是

$$p_a = p' - p'k_a \tag{2-11}$$

某一点的绝对压强只能是正值，不可能出现负值。但是，某一点的绝对压强可能大于大气压强，也可能小于大气压强，因此，相对压强可正可负。当相对压强为正值时，称该压强为正压（压力表读数），为负压时，称为负压。负压的绝对值又称为真空度（真空表度数），以 p_v 表示。即当 $p < 0$ 时：

$$p_v = -p = -(p' - p'k_a) = p'k_a - p' \tag{2-12}$$

为了区别以上几种压强，现以 A 点（$p'k_A - p'k_a$）和 B 点（$p'k_B - p'k_a$）为例，将它们的关系表示在图2-11上。

今后，在不引起混淆的情况下，也可用 p 表示绝对压强。

为了理解相对压强的实际意义，现以图2-12的气体容器中的几种情况来说明：

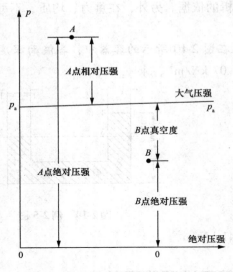

图 2-11 压强的图示   图 2-12 相对压强的力学作用

（1）假定容器的活塞打开，容器内外气体压强相同，$p_0 = p_a$，相对压强为零。容器内（或外）壁所承受的气体压强为大气压强，约等于 98.07 kN/ m²。但是，器壁两边同时作用着大小相等方向相反的力，力学数应相互抵消，等于没有受力。

（2）假定容器的压强 $p_0 > 0$，这个超过大气压强的部分，对器壁产生的力学效应，使器壁向外扩张。如果打开活塞，气流向外流出，而且流出的速度与相对压强的大小有关。

（3）假定容器压强 $p_0 < 0$。同样的，也正是这个低于大气压强的部分，才对器壁产生力学效应，使容器向内压缩。如果打开活塞，空气一定会吸入，吸入的速度也和负的相对压强大小有关。

上例说明，引起固体和流体力学效应的只是相对压强的数值，而不是绝对压强的数值。

此外，绝大部分测量压强的仪表，都是与大气相通的或者是处于大气压的环境。因此工程技术中广泛采用相对压强。以后讨论所提压强，如未说明，均指相对压强。

现以图 2-13 开口容器中静止流体的 A 点为例，说明相对压强的计算。设容器外与 A 点

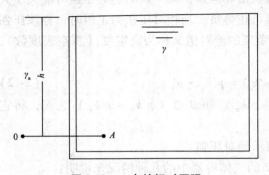

图 2-13 A 点的相对压强

同高程点的大气压为 0，应用流体静止压强基本方程式，利用分界面是压强关系的联系面，则 A 点的相对压强为

$$p_A = p_B + \gamma h = (0 - \gamma_a h) + \gamma h = (\gamma - \gamma_a)h$$
$$(2\text{-}13)$$

如果容器中的流体为液体，我们知道，液体的重度远大于大气重度 γ_a，在工程计算中可以忽略空气柱产生的压强变化，则 A 点的相对压强简化为

$$p_A = \gamma h \qquad (2\text{-}14)$$

这说明，计算液体相对压强，可以将同高程的大气压强为 0，简化成液面大气压强为 0。这就是实际工程中最常用的计算公式。

容器中流体为气体的情况，我们将在第三章气流能量方程式一节中全面阐述。

二、压强的量度单位

第一种单位是从压强的基本定义出发，用单位面积上的力表示，即力/面积。国际单位为 N/m^2，以符号 Pa 表示，工程单位为 kgf/m^2 或 kgf/cm^2。

第二种单位是用大气压的倍数来表示。国际上规定标准大气压用符号 atm 表示（温度为 0 ℃时海平面上的压强，即 760 mmHg），为 101.325 kPa，即 1atm = 101.325 kPa。工程单位中规定大气压用符号 at 表示（相当于海拔 200 m 处正常大气压），为 kgf/cm^2，即 1at = 1kgf/cm²，称为工程大气压。例如，某点绝对压强为 303.975 kPa，则称绝对压强为三个标准大气压，或称相对压强为两个标准大气压。

第三种单位是用液柱高度来表示，常用水柱高度或汞柱高度，其单位为 mH_2O、mmH_2O 或 mmHg，这种单位可从式（2-14）改写成

$$h = \frac{p}{\gamma} \tag{2-15}$$

只要知道液柱重度 γ，h 和 p 的关系就可以通过式（2-15）表现出来。因此，液柱高度也可以表示压强，例如一个标准大气压相应的水柱高度为

$$h = \frac{101\ 325}{9\ 807} = 10.33(\text{m})$$

相应的汞柱高度为

$$h' = \frac{101\ 325}{133\ 375} = 0.76(\text{m}) = 760\ \text{mm}$$

又如一个工程大气压相应的水柱高度为

$$h = \frac{10\ 000}{1\ 000} = 10(\text{m})$$

相应的汞柱高度为

$$h' = \frac{10\ 000}{13\ 600} = 0.735(\text{m}) = 735\ \text{mm}$$

压强的上述三种量度单位是我们经常用到的，不仅要求读者熟记，而且要求能灵活掌握应用。

在通风工程中常遇到较小的压强，对于较小的压强可用 mmH_2O 来表示：

对于国际单位，根据 101 325 N/m^2 = 10.33 mH_2O 的关系换算为

$$1\ mmH_2O = 9.807\ N/m^2$$

对于工程单位，也可以根据 10 000 kgf/m^2 = 10 mH_2O 的关系换算为

$$1\ mmH_2O = 1\ kgf/m^2$$

为了掌握上述单位的换算，兹将国际单位制和工程单位制中各种压强的换算关系列入表 2-1，以供换算使用。

表 2-1　国际单位与工程单位

压强名称	Pa/ $(N \cdot m^{-2})$	kPa/ $(10^3 N \cdot m^{-2})$	bar/ $(10^5 N \cdot m^{-2})$	mmH$_2$O/ $(kgf \cdot m^{-2})$	al/ $(10^4 kgf \cdot m^{-2})$	标准大气压/ $(1.0332 \times 10^4 kgf \cdot m^{-2})$	mmHg
换算关系	9.807	9.807×10^{-3}	9.807×10^{-5}	1	10^{-4}	9.678×10^{-5}	0.07356
	9.807×10^4	9.807×10	9.807×10^{-1}	10^4	1	9.678×10^{-1}	735.6
	101325	101.325	1.01325	10332.3	1.03323	1	760
	133.332	0.13333	1.3333×10^{-3}	13.595	1.3595×10^{-3}	1.316×10^{-3}	1

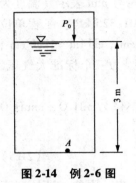

图 2-14　例 2-6 图

【例 2-6】 封闭水箱如图 2-14 所示。自由面的绝对压强 $p_0 = 122.6 \text{ kN/m}^2$，水箱内水深 $h = 3 \text{ m}$，当地大气压 $p_a = 88.26 \text{ kN/m}^2$，求：

（1）水箱内绝对压强和相对最大压强。

（2）如果 $p_0 = 78.46 \text{ kN/m}^2$，求自由面上的相对压强、真空度或负压。

解：（1）$p'_{max} = p'_A = p'_0 + \gamma h = 122.6 \times 10^3 + 9.81 \times 10^3 \times 3 = 152 \text{(kPa)} = 152 \text{ mH}_2\text{O} = 1.5 \text{ atm}$

$p_{max} = p'_A - p_a = 64 \text{ kPa} = 6 \text{ mH}_2\text{O} = 0.6 \text{ atm}$

$p_0 = p'_0 - p_a = -9.8 \text{ kPa}$

$p_{0.v} = 9.8 \text{ kPa} = 1 \text{ mH}_2\text{O}$

第四节　液柱式测压计

测量流体的压强是工程上极其普遍的要求，如锅炉、压缩机、水泵、风机、鼓风机等均装有压力计及真空计。常用的有弹簧金属式、电测式和液柱式三种。由于液柱式测压计直观、方便和经济，因而在工程上得到广泛的应用。

下面介绍几种常用的液柱式测压计。

一、测压管

测压管是一根玻璃直管或 U 形管，一端连接在需要测定的器壁孔口上，另一端开口，直接和大气相通，如图 2-15 所示。由于相对压强的作用，水在管中上升或下降，与大气相接触的液面相对压强为零。这就可以根据管中水面到所测点的高度直接读出水柱高度。

图 2-15（a）中，测压管水面高于 A 点，p_A 为正值。即

$$p_A = \gamma h_A$$

图 2-15（b）中，测压管水面低于 A 点，以 1—1 为等压面，则

$$p_A + \gamma h k'_A = 0 \tag{2-16}$$

故 A 点的负压或真空度为

$$p_A = -\gamma h k'_A \text{ 或 } p_v = \gamma h k'_A \tag{2-17}$$

如果需要测定气体压强，可以采用 U 形管盛水，如图 2-15（c）所示。因为空气的密度

远小于水的密度，一般容器中的气体高度又不十分大，因此，可以忽略气柱高度所产生的压强，认为静止气体充满的空间各点压强相等。现仍以 1—1 为等压面，则

$$p_A = \gamma h_A$$

可见，右端测压管水面高于左端时，液柱高度就是容器气体压强的正压。

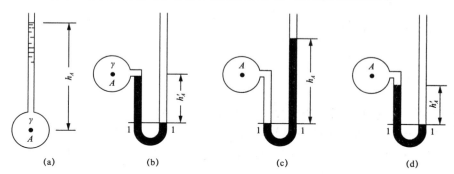

图 2-15　测压管

图 2-15（d）中，测压管水面低于 A 点，现仍以 1—1 为等压面，则

$$p_A + \gamma h'_A = 0$$

故容器内气体压强的负压或真空度为

$$p_A = - \gamma h'_A \text{ 或 } p_v = \gamma h'_A$$

如果测压管中液体的压强较大，测压水柱过高，观测不便，可在 U 形管中装入水银，如图 2-16 所示。根据等压面规律，U 形管 1、2 两点的压强相等，即 $p_1 = p_2$。所以

$$p_A + \gamma_a = \gamma' h_m$$

故得

$$p_A = \gamma' h_m - \gamma_a$$

或

$$\frac{p_A}{\gamma} = \frac{\gamma'}{\gamma} h_m - a$$

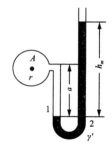

图 2-16　水银测压

还应指出，在观测精度要求高，或所用管径较小时，需要考虑毛细管作用对液柱高度读数产生的影响。

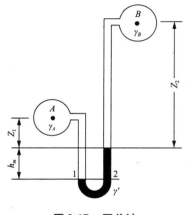

图 2-17　压差计

二、压差计

压差计是测定两点间压强差的仪器，常用 U 形管制成。根据压差的大小，U 形管中采用空气或各种不同密度的液体，仍然应用等压面规律进行压差计算。

图 2-17 为测定 A、B 两处液体压强差的空气压差计，由于气柱高度不大，可以认为两液面为等压面，故得

$$p_A + \gamma_A (h_m + Z_1) = p_B + \gamma_B Z_2 + \gamma_{Hg} h_m$$

压差 $\Delta p = p_B - p_A = - \gamma_B Z_2 - \gamma_{Hg} h_m + \gamma_A (h_m + Z_1)$

$$(2-18)$$

（1）若 A、B 两处为同种液体，则

$$\gamma_A = \gamma_B = \gamma$$

$$\Delta p = \gamma(h_m + Z_1 - Z_2) - \gamma_{Hg}h_m \tag{2-18a}$$

（2）若 A、B 两处为同种液体，且在同一高程，则

$$\gamma_A = \gamma_B = \gamma, \quad h_m + Z_1 = Z_2 + h_m$$

$$\Delta p = h_m(\gamma_{Hg} - \gamma) \tag{2-18b}$$

（3）若 A、B 为气体，则

$$\Delta p = \gamma_{Hg}h_m \tag{2-18c}$$

三、微压计

当被测压强或压差很小时，为了提高测量精度，可采用微压计。常用的一种是斜管微压计，如图 2-18 所示。左边测压杯与需要测量压强的点相连，右边测压管的倾角为 α，设测压杯与测压管液面的高差 h 在倾斜测压管中的读数为 l，而 $l\sin\alpha = h$，则

$$\Delta p = p_1 - p_2 = \gamma l\sin\alpha \tag{2-19}$$

在测定时，α 为定值，只需测得倾斜长度 l，就可得出压强或压差。由于 $l = h/\sin\alpha$，表明 l 比 h 放大 $1/\sin\alpha$ 倍，倾角 α 越小，放大倍数就越大，测量的精度就越高。由上式还可知，γ 越小，读数 l 也就越大。因此，工程上常用密度比水更小的液体作为测压工作液体，例如酒精。

【例 2-7】对于压强较高的密封容器，可以采用复式水银测压计，如图 2-19 所示。测压管中各液面高程为

$\nabla_1 = 1.5\ \mathrm{m}, \nabla_2 = 0.2\ \mathrm{m}, \nabla_3 = 1.2\ \mathrm{m}, \nabla_4 = 0.4\ \mathrm{m}, \nabla_5 = 2.1\ \mathrm{m}$。求液面压强 p_5。

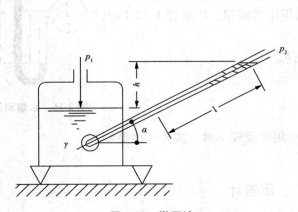

图 2-18 微压计

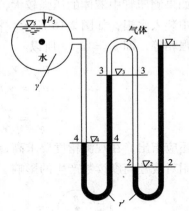

图 2-19 复式水银测压计

解： 根据等压面的规律，2—2，3—3 及 4—4 都分别为等压面。则

$$p_2 = \gamma'(\nabla_1 - \nabla_2)$$

根据气体密度远小于液体密度，因此，2—2 及 3—3 间气柱所产生的压强可以忽略不计，即认为 $p_2 = p_3$。于是

$$p_4 = p_3 + \gamma'(\nabla_3 - \nabla_4) = p_2 + \gamma'(\nabla_3 - \nabla_4)$$

$$= \gamma'(\nabla_1 - \nabla_2) + \gamma'(\nabla_3 - \nabla_4)$$

$$= \gamma'(\nabla_1 - \nabla_2 + \nabla_3 - \nabla_4)$$

$$p_5 = p_4 - \gamma(\nabla_5 - \nabla_4) = \gamma'(\nabla_1 - \nabla_2 + \nabla_3 - \nabla_4) - \gamma(\nabla_5 - \nabla_4)$$

$$= 133.4 \times 10^3 \times (1.5 - 0.2 + 1.2 - 0.4) - 9.807 \times 10^3 \times (2.1 - 0.4)$$

$$= 263.5(\text{kPa})$$

第五节　流体平衡微分方程

以上讨论了质量力仅为重力作用时流体静压强分布规律及压力计算问题。现在，进一步讨论质量力除重力外，还有其他质量力作用时的流体平衡问题。讨论的方法是首先建立平衡微分方程式，然后进一步解决其压强分布规律及压力计算问题。

一、流体平衡微分方程式及其积分

设平衡流体中，任取一点 $o'(x, y, z)$ 的压强为 p，并以 o' 点为中心取一微小正六面体，各边长为 dx、dy、dz，并分别与相应的直角坐标轴平行，如图 2-20 所示。我们对六面体建立外力平衡关系式，便可以得出流体平衡微分方程式。

为了建立外力平衡关系式，首先分析作用于正六面体上的外力——质量力和表面力。

（1）作用于六面体的表面力，由于流体静压强是空间坐标的连续函数，沿 x 轴向作用于边界面 $abcd$ 和 $a'b'c'd'$ 中心处的压强，根据泰勒级数展开，并取前两项分别为

$$\left(p - \frac{1}{2}\frac{\partial p}{\partial x}dx\right) \text{和} \left(p + \frac{1}{2}\frac{\partial p}{\partial x}dx\right)$$

式中 $\frac{\partial p}{\partial x}$ 为压强沿 x 轴向的递增率；$\frac{1}{2}\frac{\partial p}{\partial x}dx$ 为由于 x 轴向的位置变化而引起的压强差。根据中心处的压强，便可以得出边界面 $abcd$ 和 $a'b'c'd'$ 的压力为

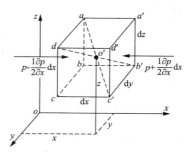

图 2-20　微小正六面体

$$\left(p - \frac{1}{2}\frac{\partial p}{\partial x}dx\right)dy \cdot dz \text{和} \left(p + \frac{1}{2}\frac{\partial p}{\partial x}dx\right)dy \cdot dz$$

（2）作用于六面体的质量力，设作用于六面体的单位质量力在 x 轴向的分力为 X，则作用于六面体的质量力在 x 轴向的分力为

$$X\rho dxdydz$$

处于平衡状态的液体，以上两种力必须互相平衡，对于 x 轴向的平衡可以写为

$$\left(p - \frac{1}{2}\frac{\partial p}{\partial x}dx\right)dydz - \left(p + \frac{1}{2}\frac{\partial p}{\partial x}dx\right)dydz + X\rho dxdydz = 0$$

用 $dxdydz$ 除以上式，并化简得

同理对 y、z 轴方向可得

$$\left.\begin{array}{l} \rho X - \dfrac{\partial p}{\partial x} = 0 \\[2mm] \rho Y - \dfrac{\partial p}{\partial y} = 0 \\[2mm] \rho Z - \dfrac{\partial p}{\partial z} = 0 \end{array}\right\} \qquad (2\text{-}20a)$$

这就是流体平衡微分方程式，也称欧拉平衡方程。它指出流体处于平衡状态时，作用于流体上的质量力与压强递增率之间的关系。它表示单位体积质量力在某一轴的分力，与压强沿该轴的递增率相平衡。如果，单位体积的质量力在某两个轴向分力为零，则压强在该平面就无递增率，则该平面为等压面。如果质量力在各轴向的分力均为零，就表示无质量力作用，则静止流体空间各点压强相等。

将式（2-20a）除以 ρ，分别移项得

$$\left.\begin{aligned} X &= \frac{1}{\rho}\frac{\partial p}{\partial x} \\ Y &= \frac{1}{\rho}\frac{\partial p}{\partial y} \\ Z &= \frac{1}{\rho}\frac{\partial p}{\partial z} \end{aligned}\right\} \tag{2-20b}$$

可以看出，单位质量力在各轴向的分力和压强递增率的符号相同。这说明质量力作用的方向就是压强递增率的方向。例如，静止液体，压强递增的方向就是重力作用的铅直向下的方向。

方程式（2-20a），还可以有另一种形式。现将式（2-20a）依次乘以 $\mathrm{d}x$、$\mathrm{d}y$、$\mathrm{d}z$，并相加得

$$\frac{\partial p}{\partial x}\mathrm{d}x + \frac{\partial p}{\partial y}\mathrm{d}y + \frac{\partial p}{\partial z}\mathrm{d}z = \rho(X\mathrm{d}x + Y\mathrm{d}y + Z\mathrm{d}z)$$

式中左边是平衡液体压强 p 的全微分。这样

$$\mathrm{d}p = \rho(X\mathrm{d}x + Y\mathrm{d}y + Z\mathrm{d}z) \tag{2-21}$$

如果流体是不可压缩的，即 ρ 为常数。因此，上述右边的括号内的数值必然是某一函数 $W_{(x,y,z)}$ 的全微分，即

$$\mathrm{d}W = X\mathrm{d}x + Y\mathrm{d}y + Z\mathrm{d}z \tag{2-22}$$

而

$$\mathrm{d}W = \frac{\partial W}{\partial x}\mathrm{d}x + \frac{\partial W}{\partial y}\mathrm{d}y + \frac{\partial W}{\partial z}\mathrm{d}z$$

因此

$$\left.\begin{aligned} \frac{\partial W}{\partial x} &= X \\ \frac{\partial W}{\partial y} &= Y \\ \frac{\partial W}{\partial z} &= Z \end{aligned}\right\} \tag{2-23}$$

满足式（2-21）的函数 $W_{(x,y,z)}$ 称为势函数。具有这样势函数的质量力称为有势的力。例如重力、牵连惯性力都是有势的力。因此，可以得出结论：液体只有在有势的质量力的作用下才能平衡。

将式（2-22）代入式（2-21）得

$$\mathrm{d}p = \rho\mathrm{d}W \tag{2-24}$$

二、流体平衡微分方程的积分

对流体平衡微分方程的积分，即将式（2-24）进行积分，得

$$p = \rho W + C \tag{2-25}$$

式中 C 为积分常数，当已知流体内某一点的势函数 W_0 和压强 p_0 时，代入上式得 $C p_0 - \rho W_0$。于是，式（2-25）为

$$p = p_0 + \rho(W - W_0) \tag{2-26}$$

这就是不可压缩流体平衡微分方程式积分后的普遍关系式。

当质量力仅为重力时，作用于液体的重力为

$$G = -mg$$

式中负号是因为重力的方向与 z 轴的负向一致的缘故。而重力的单位质量力为 G/mg，它在各轴向的分力为

$$X = 0$$
$$Y = 0$$
$$Z = -g$$

将以上各力代入式（2-21）得

$$dp = -\rho g dz = -\gamma dz$$

积分上式得

$$p = -\gamma Z + C$$

或者

$$Z + \frac{p}{\gamma} = C$$

这就是前面已证明的流体静力学的基本方程式。

三、等压面及其特性

流体中压强相等的各点组成的面称为等压面，由于等压面上各点压强相同，即 $p = C$，则

$$dp = \rho dW = 0$$

式中 $\rho \neq 0$，故必然 $dW = 0$，即

$$W = \text{const}$$

可见，等压面就是等势面，代入式（2-21）得到等压面方程：

$$X dx + Y dy + Z dz = 0 \tag{2-27}$$

上式中 X、Y、Z 是单位质量力在各轴上的投影；dx、dy、dz 是等压面上微元长度在各轴上的投影，则 $X dx + Y dy + Z dz$ 表示单位质量力在等压面内移动微元长度所做的功。式（2-27）表明这个功等于零，但单位质量力和微元长度均不等于零，所以只有当质量力与位移垂直时，式（2-27）才成立，据此可知等压面的特征是，等压面与质量力正交。

当然，在不同形式的平衡流体中，质量力的作用方向不同，因而将会形成不同形式的等压面。

由流体平衡微分方程式（2-20）可以看出，静止流体内出现压强差仅仅是质量力作用的结果，哪个方向没有质量力作用，那个方向就不会有压强差。因此在与质量力垂直的方向，压强必然相等，这样我们就从物理概念上理解了等压面与质量力正交的原因。

第六节　液体的相对平衡

现在，我们以流体的平衡微分方程式为基础，讨论质量力除重力外，还有牵连惯性力同时作用下的液体平衡规律，在这种情况下，液体相对于地球虽是运动的，但是，液体质点之间，及质点与器壁之间都没有相对运动。所以，这种运动称为相对平衡。

研究处于相对平衡状态液体中的压强分布规律，最方便的做法是把坐标系取在运动的容器上，液体相对于这一坐标系不动，这样就可以将这种情况当作静止问题来处理。这样处理问题时，液体质点所受的质量力除重力外，还有牵连惯性力。本节讨论两种相对平衡的例子。

一、等加速直线运动中液体的平衡

一敞开的容器盛有液体，以等加速 a 向前做直线运动，液体的自由面将由原来静止时的

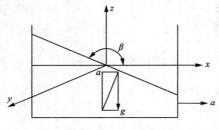

图 2-21　容器等加速直线运动

水平面变成倾斜面，如图 2-21 所示。假如，观察者随容器而运动，他将看到容器和液体都没有运动，如凝固的整体一样。这种平衡就是相对平衡。

这时，作用在每一个质点的质量力除重力外，还有牵连惯性力。设自由液面的中心为坐标原点，x 轴正向和运动方向相同，z 轴向上为正，现分析任一质点所受的单位质量力。

单位质量的重力在各轴向的分力为

$$X_1 = 0, \ Y_1 = 0, \ Z_1 = -g$$

由于质点受牵连而随容器作等加速直线运动，则作用在质点上的牵连惯性力为

$$F = -ma$$

式中　m ——质点的质量；

　　　a ——等加速度；负号表示牵连惯性力的方向与 x 轴负向一致。

而单位质量的牵连惯性力在各轴向的分力为

$$X_2 = -a, \ Y_2 = 0, \ Z_2 = 0$$

因此，单位质量力在各轴向的分力为

$$X = X_1 + X_2 = -a$$
$$Y = Y_1 + Y_2 = 0$$
$$Z = Z_1 + Z_2 = -g$$

所以，流体平衡微分方程式（2-21）可写为

$$dp = \rho(-a dx - g dz)$$

积分上式得

$$p = \rho(-ax - gz) + C \tag{2-28}$$

式中，C 为积分常数，由已知边界条件确定。这就是作等加速直线运动容器中，液体相对平衡时压强分布规律的一般表达式。设在坐标原点处，$x = z = 0$，$p = p_a$，代入上式得 $C = p_a$。

以此再代入式（2-28），则得液面下任一点处的压强为

$$p = p_a + \rho(-ax - gz) = p_a + \gamma\left(-\frac{a}{g}x - z\right) \tag{2-29}$$

其相对压强为

$$p = \gamma\left(-\frac{a}{g}x - z\right) \tag{2-30}$$

对于自由液面，$p = 0$，则上式为

$$z = -\frac{a}{g}x \tag{2-31}$$

此即等加速直线运动液体的自由面方程。从方程可知，自由面是通过坐标原点的一个倾斜面，它与水平面的夹角为 β，则 $\tan\beta = -\frac{a}{g}$。在这种运动情况下，各质点所受的牵连惯性力和重力，不仅大小相等而且方向相同。它们的合力也是不变的，不仅大小不变而且方向也不变。根据质量力和等压面正交的特性，所以，等压面是倾斜平面。

自由面确定后，我们可以根据自由面求任一点的压强。其方法是求出该点沿铅直线在液面下的深度 h［当然也可用 $h = -\frac{a}{g}x - z$ 计算出该点在自由面下的深度，代入式（2-29）进行计算，不过这样较复杂］，然后用水静力学方程进行计算。即用

$$p = p_a + \gamma h$$

为什么这种运动也可以用水静力学方程求压强呢？我们对比两者的平衡微分方程式来说明：

<table>
<tr><td align="center">静止液体</td><td align="center">等加速直线运动液体</td></tr>
<tr><td align="center">$\dfrac{1}{\rho}\dfrac{\partial p}{\partial x} = 0$</td><td align="center">$\dfrac{1}{\rho}\dfrac{\partial p}{\partial x} = -a$</td></tr>
<tr><td align="center">$\dfrac{1}{\rho}\dfrac{\partial p}{\partial y} = 0$</td><td align="center">$\dfrac{1}{\rho}\dfrac{\partial p}{\partial y} = 0$</td></tr>
<tr><td align="center">$\dfrac{1}{\rho}\dfrac{\partial p}{\partial z} = -g$</td><td align="center">$\dfrac{1}{\rho}\dfrac{\partial p}{\partial z} = -g$</td></tr>
</table>

可见，两者所受的单位质量力在铅直轴向的分力是完全一致的。也就是说，它们在铅直轴向的压强递增率相同，都服从于同一形式的水静力学方程。但是，我们也看到 x 轴向的压强递增率不同，所以，等加速直线运动液体的等压面，不再像静止液体那样是水平面，而是倾斜平面。

二、容器等角速旋转运动中液体的平衡

一直立圆筒形容器盛有液体，绕其中心轴作等角速旋转运动，如图 2-22 所示。由于液体的黏性作用，液体在器壁的带动下，也以同一角速度旋转运动，液体的自由面将由原来静止时的水平面变成绕中心轴的旋转抛物面，这种平衡也是相对平衡。这时，作用在每一个质点上的质量力除重力外，还有牵连离心惯性力。

将坐标设在旋转圆筒上，并使原点与旋转抛物面顶点重合，z 轴铅直向上为正，如图 2-22 所示。现在，分析距 z 轴半径为 r 处的任一质点 A 所受的单位质量力。

单位质量的重力在各轴向的分力为

$$X_1 = 0,\ Y_1 = 0,\ Z_1 = -g$$

由于质点 A 受牵连而随容器作等角速旋转运动，则作用在质点上的牵连离心惯性力为

$$F = m\frac{v^2}{r} = m\frac{(\omega r)^2}{r} = m\omega^2 r$$

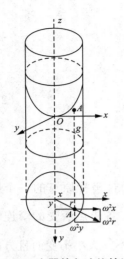

式中　m —— 质点的质量；

ω —— 旋转角速度；

r —— A 点距 z 轴的半径，即 $r = \sqrt{x^2 + y^2}$。

此牵连离心惯性力在各轴向的分力为

$$F_x = m\omega^2 x,\ F_y = m\omega^2 y,\ F_z = 0$$

而单位质量的离心惯性力在各轴向的分力为

$$X_2 = \omega^2 x,\ Y_2 = \omega^2 y,\ Z_2 = 0$$

因此，单位质量力在各轴向的分力为

$$X = X_1 + X_2 = \omega^2 x$$
$$Y = Y_1 + Y_2 = \omega^2 y$$
$$Z = Z_1 + Z_2 = -g$$

图 2-22　容器等角速旋转运动

所以，流体平衡微分方程式（2-21）可写成

$$\mathrm{d}p = \rho(\omega^2 x \mathrm{d}x + \omega^2 y \mathrm{d}y - g\mathrm{d}z)$$

上式积分后得

$$p = \rho\left(\frac{1}{2}\omega^2 x^2 + \frac{1}{2}\omega^2 y^2 - gz\right) + C = \rho\left(\frac{1}{2}\omega^2 r^2 - gz\right) + C \tag{2-32}$$

式中 C 为积分常数，由已知的边界条件确定。

上式中，令 $p = $ 常数，即得等压面方程。

$$\frac{\omega^2 r^2}{2g} + C' = z$$

此式表明，等压面是一族以 z 为轴的旋转抛物面。

【例 2-8】 一个半径 $R = 30$ cm 的圆柱形容器中盛满水，然后用螺栓连接的盖板封闭，盖板中心开有一个圆形小孔，如图 2-23 所示。当容器以 $n = 300$ r/min 的转速旋转，求作用于盖板螺栓上的拉力。

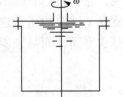

解：顶盖中心处：　　$x = 0,\ y = 0,\ z = 0$

$$p = p_a = 0 \Rightarrow C = 0$$

顶盖处压强分布：

$$p = \rho\left(\frac{\omega^2 x^2}{2} + \frac{\omega^2 y^2}{2}\right) = \rho\frac{\omega^2 r^2}{2}\ (z = 0)$$

转化成 $p = f(r)$。

取微小环形面 $\mathrm{d}A$，求静压力：

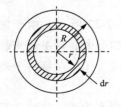

图 2-23　例 2-8 图

$$\mathrm{d}P = p\mathrm{d}A = \rho\,\frac{w^2 r^2}{2} \cdot 2\pi r \mathrm{d}r$$

顶盖压力 $\qquad P = \int_A p \mathrm{d}A = \int_0^R \rho\pi\omega^2 r^3 \mathrm{d}r = \frac{\rho\pi\omega^3}{4}R^4, \omega = \frac{2\pi n}{60}$

盖板螺栓拉力即为顶盖压力 $\qquad P = \frac{\rho\pi}{4}\left(\frac{\pi n}{30}\right)^2 R^4 = 6.26\ \mathrm{kN}$

第七节 作用于平面的液体压力

前几节研究了静止液体中的压强分布规律。但在工程实际中进行结构物（如水箱、水闸门等）设计时，还需要求出液体对整个受压面的总作用力（包括力的大小、方向和作用点）。在已知静压强分布规律后，求总压力的问题实质上是一个求受压面上分布力的合力问题。受压面可以是平面，也可以是曲面，本节先介绍平面上液体总压力的计算，下一节讨论曲面上的液体总压力问题。

计算平面上的液体总压力有压强分布图法和解析法两种方法。

一、静压强分布图

为了形象地表示受压面上的压强分布，可在其上绘制压强分布图。它是用按一定比例尺确定的直线段长度表示点压强的大小，用线端的箭头表示压强的作用方向。这些垂直指向受压面的线段组成的图形就是压强分布图。由于各点压强中的表面压强 p_0 部分，在受压面上是均匀分布的，所以一般只给出余压强 vh 的分布图。余压强沿水深是直线分布的，对于底边与液面平行的矩形受压面，只要把最高和最低两点的压强用线段标出，中间以直线连接，就可给出该受压面上的压强分布图。下面给出几种常见情况的压强分布图，如图 2-24 所示。

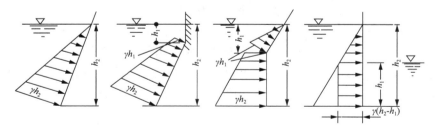

图 2-24 斜面、折面及铅直面上的水静压强分布图

现在，根据作用于平面水静压力公式 $p = p_0 + \gamma$，利用压强分布图法求底边平行于水平面的矩形平面上的总压力。设有一矩形平面，其宽为 b，与水平面的夹角为 α，底边的淹没深度为 H，如图 2-25 所示。

作余压强分布图 ABC。当液面为大气压时，余压强即为相对压强。于水深 h 处，在平面上取一高为 $\mathrm{d}y$、宽为 b 的微元面积。该面积上的微小压力为

$$\mathrm{d}P = p \mathrm{d}A = \gamma h b \mathrm{d}y$$

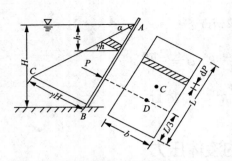

图 2-25　静压力的图解法

由图可见，γh 为所取微元面积处压强分布图上压强坐标，而 $\gamma h \mathrm{d}y$ 为该处压强分布图的微小面积 $\mathrm{d}s$。因此：

$$\mathrm{d}P = b\mathrm{d}s$$

则作用在该平面上的液体总静压力为

$$P = \int_A \mathrm{d}P = \int_s b\mathrm{d}s = bS$$

式中 S 为压强分布图的面积。

由此可见，液体作用在矩形平面上的总静压力等于压强分布图的面积 S 与矩形平面宽度 b 的乘积。

由于压强分布图所表示的正是力的分布情况，而总静压力则是平面上各微元面积上所受液体压力的合力。故压力中心必然通过压强分布图的形心。其方向垂直于受压面。如压强分布图为三角形，则压力中心位于距底 $\dfrac{L}{3}$ 处。L 为平板 AB 的长度。

二、平面静压力的大小

如图 2-26 所示，取一任意形状的倾斜平面壁，面积为 A，与水平面夹角为 α，形心为 C 点。液面为大气压。选 xoy 坐标系对平面进行受力分析，为使受压平面能展示出来，在图中将平面绕 oy 轴旋转 $90°$，如图 2-26 中所示的 xoy 坐标。

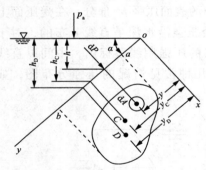

图 2-26　平面液体压力

由于流体静压强的方向沿着作用面的内法线方向，所以，作用在平面上各点的水静压强的方向相同，其合力可按平行力系求和的原理解决。设在受压平面上任取一微小面积 $\mathrm{d}A$，其中心点在液面下的深度为 h，采用相对压强计算，$\mathrm{d}A$ 上的压强 $p = h$，则作用在微小面积上的水静压力为

$$\mathrm{d}P = p\mathrm{d}A = \gamma h \mathrm{d}A = \gamma y \sin\alpha \mathrm{d}A$$

整个受压面作用着一系列的同向平行力，根据平行力系求和原理，将各微小压力 $\mathrm{d}P$ 沿受压面进行积分，则得作用在受压平面上的水静压力为

$$P = \int \mathrm{d}P = \gamma \sin\alpha \int_A y\mathrm{d}A$$

式中，$\int_A y\mathrm{d}A$ 为受压面积对 ox 轴的静矩，根据力学原理，它等于受压面积 A 与其形心坐标 y_c 的乘积，因此：

$$\int_A y\mathrm{d}A = y_c A$$

代入总压力表达式，得

$$P = \gamma \sin\alpha y_c A = \gamma h_c A = p_c A \tag{2-33}$$

式中　P ——作用于平面的液体总静压力（N 或 kN）；

γ ——液体重度（N/m³）；

h_C ——受压面形心在液面下深度（m）；

p_C ——受压面形心处压强（N/m² 或 kN/m²）。

式（2-33）表明，作用在平面上的液体总静压力等于受压面面积与受压面形心处静压强的乘积，其方向是垂直且指向受压面。

三、平面静压力的压力中心

求平面静压力的压力中心（总压力 P 的作用点），即求图 2-26 中 D 点的位置，点 D 又称为压力中心。可利用力学中的合力矩定理，即合力对某轴的力矩等于各分力对同一轴力矩的代数和。则

$$P \cdot y_D = \int dp \cdot y = \gamma \sin\alpha \int_A y^2 dA = \gamma \sin\alpha J_x$$

式中，$J_x = \int_A y^2 dA$ 是受压面面积 A 对 ox 轴的惯性矩，单位为 m^4，则

$$y_D = \frac{J_x}{y_C A}$$

为计算方便，将受压面面积 A 对 ox 轴的惯性矩 J_x，变化成对平行于 ox 轴且通过形心轴的惯性矩，即由惯性矩平行移轴定理：

$$J_x = J_C + y^2 A$$

得

$$y_D = y_C + \frac{J_C}{y_C A}$$

式中　y_D ——压力中心到 ox 轴的距离（m）；

y_C —— 受压面形心到 ox 轴的距离（m）；

A ——受压面面积（m²）；

J_C ——受压面对通过形心且平行于 ox 轴的轴之惯性矩（m²）。

由于 $\frac{J_C}{y_C A}$ 总是正值，所以 $y_D > y_C$。说明压力中心 D 的位置在形心 C 之下。

D 点在 x 轴上的位置即 x_D 取决于受压面的形状。在实际工程中，受压面常是对称平面，则 D 点在 x 轴上的位置就必然在平面的对称轴上，这就完全确定了 D 点的位置。常见图形的面积、形心位置及惯性矩见表 2-2。

表 2-2　常见图形的 A、y_C 及 J_C 值

图　形	面　积 A	形心位置 y_C	惯性矩 J_C
	$A = bh$	$y_C = \dfrac{h}{2}$	$J_C = \dfrac{bh^3}{12}$
	$A = \dfrac{\pi d^2}{4}$	$y_C = \dfrac{d}{2}$	$J_C = \dfrac{\pi d^4}{64}$

续表

图　形	面　积 A	形心位置 y_C	惯性矩 J_C
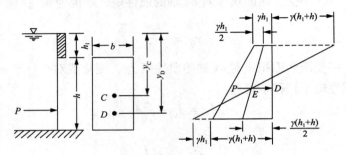	$A = \dfrac{\pi d^2}{8}$	$y_C = \dfrac{4d}{6\pi}$	$J_C = \dfrac{\pi d^4}{128}$
	$A = \dfrac{1}{2}bh$	$y_C = \dfrac{2}{3}h$	$J_C = \dfrac{bh^2}{36}$
	$A = \dfrac{h}{2}(a+b)$	$y_C = \dfrac{h}{3}\left(\dfrac{a+2b}{a+b}\right)$	$J_C = \dfrac{h^3}{36}\left(\dfrac{a^2+4ab+b^2}{a+b}\right)$

【例 2-9】 一铅直矩形闸门，如图 2-27 所示，顶边水平，所在水深 $h_1 = 1$ m，闸门高 $h = 2$ m，宽 $b = 2$ m，试用图解法求水静压力 P 的大小及作用点。

图 2-27　例 2-9 图

解：

$$P = \gamma h_C A = \gamma\left(h_1 + \frac{h}{2}\right)bh = 58.8 \text{ kN}$$

$$y_D = h_D = h_C + \frac{J_C}{h_C A} = \left(h_1 + \frac{h}{2}\right) + \frac{\frac{1}{12}bh^3}{\left(h_1 + \frac{h}{2}\right)bh} = 2.17 \text{ m}$$

$$(\alpha = 90°) \qquad h_C = 2 \text{ m}$$

【例 2-10】 密封方形柱体容器中盛水，如图 2-28 所示，底部侧面开 0.5 m × 0.6 m 的矩形孔，水面绝对压强，当地大气压强 $p_a = 98.07$ kN/m^2，求作用于闸门的水静压力及作用点。

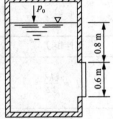

图 2-28　例 2-10 图

解： $p_0 = p_0' - p_a = (117.7 - 98.07) \times 10^3 = 19.63 (\text{kPa}) > 0$

$$p_0 = 117.7 \text{ kN/m}^2 \text{ 正压}$$

$$\frac{p_0}{\gamma} = 2 \text{ mH}_2\text{O}$$

大小：$P = p_C A = \left[p_0 + \gamma\left(h_1 + \frac{h_2}{2}\right)\right]bh_2$

$$= [19.63 + 9.81 \times (0.8 + 0.6/2)] \times 10^3 \times 0.5 \times 0.6$$

$$= 9.126(\text{kN})$$

压力中心：$y_D = h_D = h_C + \dfrac{J_C}{h_C A}$

式中：$h_C = \dfrac{p_0}{\gamma} + h_1 + \dfrac{h_2}{2}, J_C = \dfrac{1}{12}bh_2{}^3, A = bh_2$

代入：$y_D = h_D = 3.11 \text{ m}$

第八节　作用于曲面的液体压力

一、水平分力、垂直分力及压力体

作用于曲面任意点的流体静压强都沿其作用面的内法线方向垂直于作用面，但曲面各处的内法线方向不同，彼此不平行，也不一定交于一点，其总压力是一空间力。求曲面上的水静压力时，一般将其分为水平方向和铅直方向的分力分别进行计算。本节主要研究工程中常见的柱体曲面，然后将结论推广到空间曲面。

图 2-29 所示为垂直于纸面的柱体，其长度为 l，受压曲面为 AB，其左侧承受水静压力。设在曲面 AB 上，水深 h 处取一微小面积 $\mathrm{d}A$，作用在 $\mathrm{d}A$ 上的水静压力为

$$\mathrm{d}P = p\mathrm{d}A = \gamma z \cdot b\mathrm{d}s$$

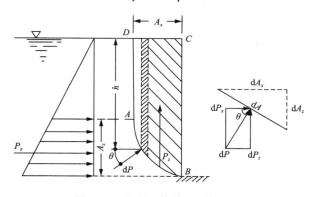

图 2-29　作用于柱体曲面的压力

该力垂直于面积 $\mathrm{d}A$，并与水平面的夹角为 θ，此力可分解为水平和铅直两个方向的分力。

水平分力：$\mathrm{d}P_x = \mathrm{d}p\cos\theta = \gamma bz\mathrm{d}s\cos\theta = \gamma bz\mathrm{d}z$；

垂直分力：$\mathrm{d}P_y = \mathrm{d}p\sin\theta = \gamma bz\mathrm{d}s\sin\theta = \gamma bz\mathrm{d}x$。

所以作用在整个受压曲面上的液体总静压力之水平分力 P_x 为

$$P_x = \int \mathrm{d}p_x = \int_{z_A}^{z_B} \gamma bz\mathrm{d}z = \frac{1}{2}\gamma b(z_B{}^2 - z_A{}^2)$$

$$= \frac{1}{2}\gamma b(z_B - z_A)(z_B + z_A)$$

$$= \gamma bh\left(z_A + \frac{h}{2}\right)$$

$$= \gamma h_c A_z \tag{2-34}$$

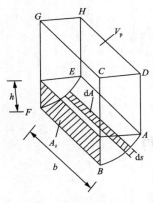

图 2-30　柱体曲面

式（2-34）表明：作用在曲面上的液体总静压力之水平分力，等于受压曲面在铅直面上的投影平面所受到的静压力。

总静压力的铅直分力 P_z 为

$$P_z = \int \mathrm{d}p_z = \int_{x_B}^{x_A} \gamma b z \mathrm{d}x = \gamma b \int_{x_B}^{x_A} z \mathrm{d}x$$

式中，$\int_{x_B}^{x_A} z \mathrm{d}x$ 为曲面梯形 $ABCD$ 的面积，$b \int_{x_B}^{x_A} z \mathrm{d}x$ 为柱体 $ABC\text{-}DEFGH$ 的体积（图 2-30），称为压力体，体积用 V_0 表示，则

$$P_z = \gamma V_0 \tag{2-35}$$

上式表明，作用于曲面上水静压力的铅直分力 P_z 等于其压力体内液体的质量。可见，正确绘制压力体是求解铅直分力的关键。压力体一般是由三种面所组成的封闭几何体：即底面是受压曲面，顶面是受压曲面在自由面（或其延长面）上的投影面，中间是由受压曲面边界线所作的铅垂面。

P_z 的方向决定于液体及压力体与受压曲面间的相互位置。当液体及压力体位于曲面的同侧时（图 2-31），P_z 向下，此时的压力体称为实压力体，当液体及压力体位于曲面的异侧时，如图 2-32 所示，P_z 向上，这样的压力体称为虚压力体。但不论 P_z 方向如何，它在数值上都等于压力体内的液体质量，其作用线均通过压力体的形心。

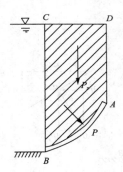

图 2-31　实压力体

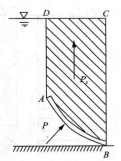

图 2-32　虚压力体

在求出 P_x 和 P_z 后，如需要求出合力 P，则

$$P = \sqrt{p_x{}^2 + p_y{}^2}$$

合力 P 的作用线与水平线的夹角 θ 为

$$\theta = \arctan \frac{p_z}{p_x}$$

P 的作用线必然通过 P_x 和 P_z 的交点，这个交点一般不落在曲面上。

【例 2-11】 贮水容器上有 3 个半球形盖，如图 2-33 所示。已知 $H = 2.5\ \mathrm{m}$，$h = 1.5\ \mathrm{m}$，$R = 0.5\ \mathrm{m}$，求作用于 3 个半球形盖的水静压力。

解：（1）水平分力。

A、B 在 yoz 面（铅垂面）上投影为直线，故

$A_{A,Z} = A_{B,Z} = 0$，$P_{A,x} = A_{B,x} = 0$ 也可视为相互抵消。

C 盖：$p_{c,x} = p_c \cdot A_{c,z} = \gamma h_c A_{c,z} = \gamma h_c \cdot \pi R^2$。

（2）垂直分力：压力体如图 2-33 所示。

A 盖（$p_{A,z}\uparrow$）：$V_A = $ 圆柱体 - 半球体 $= \pi R^2 (H - \dfrac{h}{2}) - \dfrac{2}{3}\pi R^3$。

B 盖（$p_{B,z}\downarrow$）：$V_B = $ 圆柱体 + 半球体 $= \pi R^2 (H + \dfrac{h}{2}) + \dfrac{2}{3}\pi R^3$。

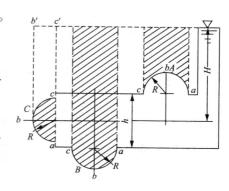

图 2-33　例 2-11 图

C 盖（$\sum p_{C,z}\downarrow$）：$V_C = $ 半球体。

（3）C 盖的合力：$P_C = \sqrt{p_{C,x}^2 + p_{C,z}^2}$。

【例 2-12】 如图 2-34 所示，一水管的压强为 4 903.5 kPa，管内径 $D = 1$ m，管材的允许拉应力 $[\sigma] = 147.1$ MPa，求管壁应有的厚度。

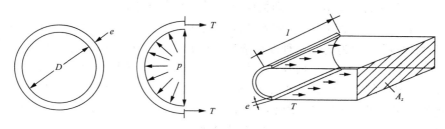

图 2-34　例 2-12 图

解：$\because p = 4.9$ MPa $= 49$ atm $= 490$ mH$_2$O

$\therefore$ 重力影响忽略，p 视为均匀体。

$p_z = 0$

$p_x = p_c \cdot A_z = p \cdot Dl = 2T$

则：$T = \dfrac{1}{2}pD$

又 $\because T = [\sigma] \cdot el = [\sigma] \cdot e$

$e = \dfrac{pD}{2[\sigma]} = \dfrac{4.9 \times 10^6 \times 1}{2 \times 147 \times 10^6} = 17$（mm）

二、潜体和浮体

下面，讨论曲面压力的特例——作用于如图 2-35 所示的潜体或浮体（物体全部或部分浸入水中）的压力计算问题。

先讨论水平分压力 $P_x = \rho g h_c A_z$，只要求出铅直投影面积 A_z，P_x 的大小就可用式（2-34）算出。潜体的受压曲面是物体表面的封闭曲面，没有受压曲面的边界线，铅直投影面积为零。没有受压曲面的边界线，铅直投影面积为零。而浮体的受压曲面虽然不封闭，但受压曲面边界线在同一水平面上，所以，铅直投影面积也为零。因此，无论是潜体或浮体，水平分

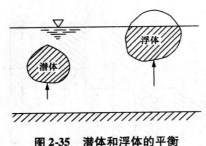

图2-35　潜体和浮体的平衡

压力均为零。

再讨论铅直分压力 $P_z = \rho g V$。

只要求出压力体，P_z 的大小可用式（2-35）算出。潜体的压力体是物体表面的封闭曲面所包围的体积。而浮体的压力体，是以受压曲面为底，物体与液面的交面为顶面之间的体积，即物体浸入液体部分的体积。因此，无论潜体或浮体的压力体均为物体浸入液体的体积，也就是物体排开液体的体积。所以，$P_z = \rho g V$，就是物体排开液体所受的重力。这就是阿基米德原理。

由此可见，作用于潜体或浮体的液体压力，只有铅直向上的压力，称浮力。浮力作用点称浮心，浮心就是排开液体的质心。对于均质液体而言，浮心就是排开液体体积的形心。

潜体或浮体在重力 G 和浮力 P 的作用下，可能有下列三种情况：

（1）重力大于浮力，即 $G > P$，则物体下沉至底。

（2）重力等于浮力，即 $G = P$，则物体可在任一水深处维持平衡。

（3）重力小于浮力，即 $G < P$，则物体浮出液体表面，直至液面下部分所排开的液体所受重力等于物体所受重力为止。这种浮在液体上的物体称浮体，船就是浮体的一个例子。

而潜水艇属于潜体的一种。由我国自行设计、自主集成研制的蛟龙号载人深海潜水器，曾多次执行深海潜水任务，潜入太平洋（马里亚纳海沟）万米深处，相当于承受约 1 000 个大气压，此下潜深度对探测器外壳材料、探测控制、深海人工环境等，提出了极高要求，充分彰显我国世界领先的深海探测和现代制造业技术。

本章小结

本章主要介绍了流体静力学的基本知识，重要内容小结如下：

1. 流体静压强及其特性

（1）流体静压强定义式：$\vec{P} = \dfrac{\Delta P}{\Delta A}$。

（2）流体静压强的特性：

1）流体静压强的方向与作用面垂直，并指向作用面。

2）任意一点各方向的流体静压强大小相等，与作用面的方位无关。

2. 流体静压强分布规律

（1）液体静压强基本方程：$z + \dfrac{p}{\gamma} = C$。

（2）液体静压强的重要规律：

1）静压强（p）随深度（h）呈线性分布。

2）同一高度，各点静压强相等。

3）工程计算中（水利工程）忽略气体的密度，可认为各点的压强相等。

（3）流体静力学基本方程式的物理意义和几何意义。

1）物理意义。

$z = \dfrac{mg \cdot z}{mg}$ ——单位重量流体的位能；

$\dfrac{p}{\gamma} = \dfrac{p}{\rho g} = \dfrac{p}{\dfrac{m}{v}g} = \dfrac{pv}{mg}$ ——单位重量流体的压能；

$z + \dfrac{p}{\gamma}$ ——单位重量流体的总势能；

2）水头意义。

Z——位置水头；

$\dfrac{p}{\gamma}$ ——压强水头；

$z + \dfrac{p}{\gamma}$ ——测压管水头。

3. 压强的计算基准和量度单位

（1）压强的计算基准。压强有绝对压强和相对压强两种计算基准。

（2）压强的量度单位。

第一种单位：N/m^2，以符号 Pa 表示；

第二种单位：用大气压的倍数来表示，atm；

第三种单位：用液柱高度来表示，mH_2O、mmH_2O 或 mmHg 等。

4. 液柱式测压计

根据连通器原理测量液体各点的压力。

5. 流体平衡微分方程

（1）流体平衡微分方程式：$dp = \rho dW$。

（2）流体平衡微分方程的积分：$Z + \dfrac{p}{\gamma} = C$。

（3）等压面及其特性：

1）等压面就是等势面；

2）等压面与质量力正交。

6. 液体的相对平衡

（1）等加速直线运动中液体的平衡：$\dfrac{1}{\rho}\dfrac{\partial p}{\partial x} = -a$；$\dfrac{1}{\rho}\dfrac{\partial p}{\partial y} = 0$；$\dfrac{1}{\rho}\dfrac{\partial p}{\partial z} = -g$。

（2）容器等角速旋转运动中液体的平衡：$p = \rho\left(\dfrac{1}{2}\omega^2 r^2 - gz\right) + C$。

7. 作用于平面的液体压力

（1）静压强分布图。它是用按一定比例尺确定的直线段长度表示点压强的大小，用线端的箭头表示压强的作用方向。这些垂直指向受压面的线段组成的图形就是压强分布图。

（2）平面静压力的大小：$P = \gamma\sin\alpha y_c A = \gamma h_c A = p_c A$。

（3）平面静压力的压力中心：$y_D = y_c + \dfrac{J_c}{y_c A}$。

8. 作用于曲面的液体压力

（1）水平分力：$P_x = \gamma h_c A_z$。

（2）垂直分力：$P_z = \gamma V_0$。

（3）压力体：一般是由三种面所组成的封闭几何体：即底面是受压曲面，顶面是受压曲面在自由面（或其延长面）上的投影面，中间是由受压曲面边界线所作的铅垂面。

（4）合力：$P = \sqrt{p_x^2 + p_y^2}$。

（5）合力 P 的作用线与水平线的夹角 θ 为：$\theta = \arctan \dfrac{P_z}{P_x}$。

9. 潜体或浮体

潜体或浮体在重力 G 和浮力 P 的作用下，可能有下列三种情况：

（1）重力大于浮力，即 $G > P$，则物体下沉至底。

（2）重力等于浮力，即 $G = P$，则物体可在任一水深处维持平衡。

（3）重力小于浮力，即 $G < P$，则物体浮出液体表面，直至液面下部分所排开的液体所受重力等于物体所受重力为止。

本章习题

1. 正常成人的血压是收缩压 100～120 mmHg，舒张压 60～90 mmHg，用国际单位制表示是多少 Pa？

2. 图 2-36 所示为密闭容器，测压管液面高于容器内液面 $h = 1.8$ m，液体的密度为 850 kg/m³，求液面压强。

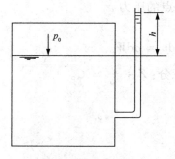

图 2-36 习题 2 图

3. 水箱形状如图 2-37 所示，底部有 4 个支座，试求水箱底面上总压力和 4 个支座的支座反力，并讨论总压力和支座反力不相等的原因。

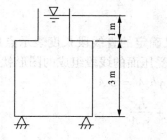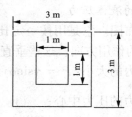

图 2-37 习题 3 图

4. 用多管水银测压计测压,图2-38中标高的单位为m,试求水面的压强 p_0。

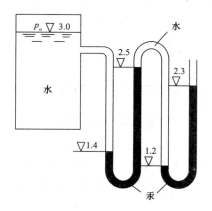

图2-38 习题4图

5. 绘制图2-39中 AB 面上的压强分布图。

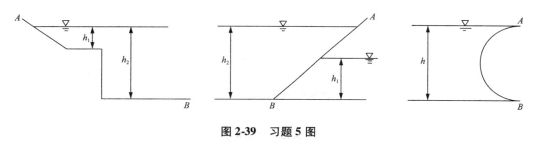

图2-39 习题5图

6. 如图2-40所示,矩形闸门高 $h = 3$ m,宽 $b = 2$ m,上游水深 $h_1 = 6$ m,下游水深 $h_2 = 4.5$ m,试求:(1)作用在闸门上的静水总压力;(2)压力中心的位置。

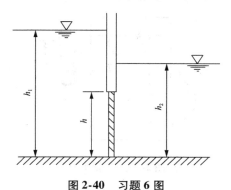

图2-40 习题6图

7. 如图2-41所示,一弧形闸门,宽2 m,圆心角 $\alpha = 30°$,半径 $R = 3$ m,闸门转轴与水平齐平,试求作用在闸门上的静水总压力的大小和方向。

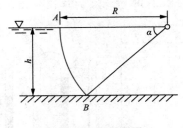

图 2-41　习题 7 图

8. 如图 2-42 所示，在水箱的竖直壁面上，装置一均匀的圆柱体，该圆柱体可无摩擦地绕水平轴旋转，其左半部淹没在水下，试问圆柱体能否在上浮力作用下绕水平轴旋转，并加以论证。

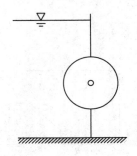

图 2-42　习题 8 图

9. 如图 2-43 所示，密闭盛水容器，水深 $h_1 = 60$ cm，$h_2 = 100$ cm，水银测压计读值 $\Delta h = 25$ cm，试求半径 $R = 0.5$ m 的半球形盖 AB 所受总压力的水平分力和铅垂分力。

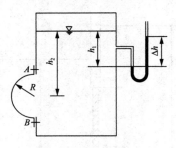

图 2-43　习题 9 图

10. 如图 2-44 所示，洒水车以等加速度 $a = 0.99$ m/s^2 在平地行驶，水车静止时，B 点位置为 $x = 1.8$ m，水深 $h = 2.3$ m，求运动后该点的水静压强。

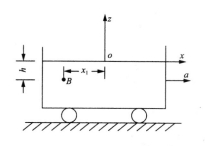

图 2-44　习题 10 图

11. 如图 2-45 所示，直径 $D = 650$ mm，高度 $H = 500$ mm 的圆柱形容器，盛水深至 $h = 0.4$ m，剩余部分装以相对密度为 0.8 的油，封闭容器上部盖板中心有一小孔。假定容器绕中心轴等角速旋转时，容器转轴和分界面的交点下降 0.4 m，直至容器底部。求必需的旋转角速度及盖板、器底上最大最小压强。

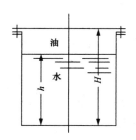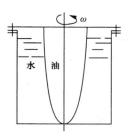

图 2-45　习题 11 图

第三章

一元流体动力学

流体力学问题，除静止流体外，更为广泛的是运动着的流体力学问题，因此进一步研究流体的运动规律具有更重要和更普遍的意义。

研究流体运动时的规律及其与固体间的相互作用是流体动力学的任务。流体的运动规律及其与固体的相互作用主要是通过流体流动的参数间的关系表现出来，如压强、密度、流速、黏滞力与质量力等参数间的关系。而在这些参数中起主导作用的是压强和流速，而流速又更为重要。因此，流体动力学的基本问题是流速问题，有关流动的一系列概念和分类，也都是围绕流速提出来的。

流体由静止到运动，对于理想流体，没有黏滞力的作用，流体中任一点的静压强特性仍保持不变，压强仅与位置有关而与方向无关。对于实际流体，由于黏滞力作用，流体的静压强特性会发生变化，压强不仅是空间位置的函数，且与方向有关。但由于黏滞力对压强随方向变化的影响很小，而且又从理论上能证明任一点在随意的 3 个正交方向上的压强平均值是一个常数（不同的位置有不同的常数）。将这个平均值作为该点的动压强值。动力学中所指的动压强就是这个平均值，与静力学中静压强概念是不同的，然而，在下面的讨论中，都一律用"压强"这同一名称。本章主要讲述一元流体动力学。

第一节　描述流体运动的两种方法

流体运动所占据的全部空间称为流场。占据管道或明渠的空间构成的流场称为"通道流场"或"径流流场"，如水管、河流中水的流动，气体在管道中的流动；绕过物体流动构成的流场称为"绕流流场"，如水流过桥墩、风绕建筑物流动、空气流过飞机等。流体动力学主要任务就是研究流场中的流动流场的整体运动是由许多流体质点的运动所组成，因此研究流场运动，可通过对流动质点运动的研究得到，描述流体质点运动，常采用拉格朗日法和欧拉法两种方法。

一、拉格朗日法

拉格朗日法是对流场中所有单个流体质点的位置、速度、压强等参数随时间的变化进行研究，而后将所有质点的运动综合起来，从而得到整个流场运动的一种研究方法。这种方法实际上就是在全部运动时间内跟踪每个流体质点的运动轨迹。拉格朗日法的基本特点是追踪流体质点的运动，它的优点就是可以直接运用理论力学中早已建立的质点或质点系动力学来进行分析。但是这样的描述方法过于复杂，实际上很难实现，由于流体质点极多，显然这种方法太复杂，同时本课程也不采用这种方法，这里就不再做进一步论述了。

二、欧拉法

欧拉法是对流场中各空间点上流体质点运动的速度、压强等参数随时间的变化进行研究，而后将所有空间点上的结果综合起来，从而得到整个流场运动的一种研究方法。这种方法实际上是研究在固定空间位置处，不同瞬时、不同流体质点的运动。与拉格朗日法不同的是，欧拉法不是以固定流体质点为研究对象，而是以确定的空间为对象。因此，欧拉法不能描述单个质点从始到终的全部运动过程，它能表示出同一瞬时整个流场的流动参数。

在实际工程中，绝大多数的问题并不要求追踪质点的来龙去脉，只是着眼于流场的各固定断面或固定空间的流动，例如，扭开龙头，水从管中流出；打开窗门，风从窗门流入；开动风机，风从工作区间抽出。我们并不追踪水的各个质点的前前后后，也不探求空气的各个质点的来龙去脉，而是要知道，水从管中以怎样的速度流出；风经过门窗，以什么流速流入；风机的抽风，工作区间风速如何分布。也就是只要知道一定地点（水龙头处），一定断面（门窗洞口断面），或一定区间（工作区间）的流动状况，而不需要了解某一质点，某一流体集团的全部流动过程。因此，工程中广泛采用欧拉法。

由欧拉法的实质，可引用"速度场"概念来描述流体的运动。"速度场"就是表示流速在流场中的分布和随时间变化的参数场。流体运动的流速参数在 x、y、z 轴上的投影分量为 u_x、u_y、u_z，于是流体运动的描述用"速度场"表示即为

$$\left.\begin{array}{l} u_x = u_x(x,y,z,t) \\ u_y = u_y(x,y,z,t) \\ u_z = u_z(x,y,z,t) \\ u = \sqrt{u_x{}^2 + u_y{}^2 + u_z{}^2} \end{array}\right\} \qquad (3\text{-}1)$$

式中，x、y、z 和 t 称为欧拉变量。由"速度场"可推得其他流动参数的分布和变化规律，这样整个流场的运动也就完整地被描述出来。显然，用欧拉法全面描述流场，实际上也是难以办到的。

第二节 描述流场的五个概念

自然界中所存在的流体运动是极其复杂的。为了便于研究，找出运动规律，必须建立有关流动的几个基本概念。

一、恒定流与非恒定流

当我们用欧拉方法来观察流场中各固定点、固定断面或固定区间流动的全过程时，我们可以看出，流速经常要经历若干阶段的变化：打开龙头，破坏了静止水体的重力和压力的平衡，在打开的过程以及打开后的短暂时间内，水从喷口流出。喷口处流速从零迅速增加，到达某一流速后，即维持不变。这样，流体从静止平衡（流体静止），通过短时间的运动不平衡（喷口处流体加速），达到新的运动平衡（喷口处流速恒定不变），出现三阶段性质不同的过程。运动不平衡的流动，在流动中各点流速随时间变化，各点压强、黏性力和惯性力也随着速度的变化而变化。这种流速等物理量的空间分布与时间有关的流动称为非恒定流动。室内空气在打开窗门和关闭窗门瞬间的流动，河流在涨水期和落水期的流动，管道在开闭时间所产生的压力波动，都是非恒定流动。前节提出的函数：

$$\left.\begin{array}{l} u_x = u_x(x,y,z,t) \\ u_y = u_y(x,y,z,t) \\ u_z = u_z(x,y,z,t) \end{array}\right\} \tag{3-2}$$

就是非恒定流的全面描述。这里，不仅反映了流速在空间的分布，也反映了流速随时间的变化。

运动平衡的流动，流场中各点流速不随时间变化，由流速决定的压强、黏性力和惯性力也不随时间变化。这种流动称为恒定流动。在恒定流动中，欧拉变量中时间 t 不出现，式（3-2）简化为

$$\left.\begin{array}{l} u_x = u_x(x,y,z) \\ u_y = u_y(x,y,z) \\ u_z = u_z(x,y,z) \end{array}\right\} \tag{3-3}$$

这样，要描述恒定流动，只需了解流速在空间的分布即可，这比非恒定流还要考虑流速随时间变化简单得多，恒定流动与非恒定流动示意如图 3-1、图 3-2 所示。

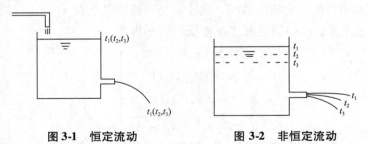

图 3-1　恒定流动　　　　图 3-2　非恒定流动

我们以后的研究，主要是针对恒定流动。这并不是说非恒定流没有实用意义，某些专业中常见的流体现象，例如水击现象，必须用非恒定流进行计算。但工程中大多数流动，流速等参数不随时间而变，或变化甚缓，只需用恒定流计算，就能满足实用要求。

二、流线与迹线

迹线是流场中某一质点运动的轨迹。例如在流动的水面上撒一片木屑，木屑随水流漂流的途径就是某一水点的运动轨迹，也就是迹线。流场中所有的流体质点都有自己的迹线，迹

线是流体运动的一种几何表示，可以用它来直观形象地分析流体的运动，清楚地看出质点的运动情况。迹线的特点是：对于每个质点都有一个运动轨迹，所以迹线是一簇曲线。迹线的研究是属于拉格朗日法的内容，其数学表达式为

$$\frac{\mathrm{d}x}{u} = \frac{\mathrm{d}y}{v} = \frac{\mathrm{d}z}{w} = \mathrm{d}t \tag{3-4}$$

式（3-4）就是迹线微分方程，t 是自变量。

流线是在某一瞬时，在流场中所作的一条处处与在该曲线上所有质点的速度矢量相切的曲线，如图 3-3 所示。

流线可以形象地给出流场的流动状态。通过流线，可以清楚地看出某时刻流场中各点的速度方向，由流线的密集程度，也可以判定出速度的大小。流线的引入是欧拉法的研究特点。例如在流动水面上同时撒一大片木屑，这时可看到这些木屑将连成若干条曲线，每一条曲线表示在同一瞬时各水点的流动方向线，就是流线。

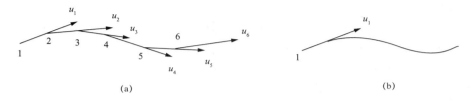

图 3-3　流线的绘制

从下面流线的绘制过程来理解上述流线的概念。

设在某一瞬时 t_1，任取流场内点 1 处的流体质点，现我们作出在此时刻通过点 1 处质点的流线。点 1 处的质点流速为 $\vec{u_1}$，其方向如图 3-3 所示，沿 $\vec{u_1}$ 方向取与点 1 相距极近的点，点 2 的坐标与点 1 不同，点 2 处质点流速 $\vec{u_2}$ 的大小和方向也将与点 1 不同，如图 3-3 所示，再沿 $\vec{u_2}$ 方向取与点 2 极近的点 3，画出在此刻的 $\vec{u_3}$，…就得到如图 3-3（a）所示的一条 1—2—3…的折线。当使相邻两点如 1—2、2—3、…的线段无线缩小时，这条折线的极限将是一条曲线，这条曲线就是在 t_1 时刻各流体质点的流动方向线，即流线［图3-3（b）］，显然，在这条曲线上的流体质点，其速度矢量必与质点所在曲线位置处的切线重合。由于点 1 处质点是流场中任取的，因而对于流场每个流体质点都可作出相应的流线，构成布满流场的流线簇，如图 3-4 所示。

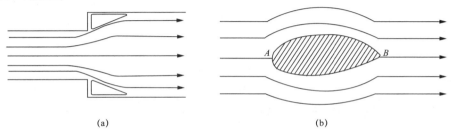

图 3-4　流线示意图

（a）突然管流线簇；（b）绕流流线簇

由此，整个流场在 t_1 时刻的流动就形象化地显示出来，流体的运动状况也就一目了然。流场中任一点处质点的流速方向就是所在流线处的切线方向，流速的大小可由流线的密集程度而定，流线越密处流速越大，流线越稀疏，流速越小。

由流线的定义，可导出它的微分方程。流线上任一点处的速度矢量与曲线在该点的切线重合的数学条件为

$$\frac{\mathrm{d}x}{u_x} = \frac{\mathrm{d}y}{u_y} = \frac{\mathrm{d}z}{u_z} \qquad (3-5)$$

式中 $\mathrm{d}x$、$\mathrm{d}y$、$\mathrm{d}x$ 为对应点处曲线的微元线段矢量 ds 在 x、y、z 轴上的分量；u_x、u_y、u_z 为对应点质点的速度矢量在 x、y、z 轴的分量。式（3-5）就是流线的微分方程式。

由流线定义可知，流场中的流线不能相交。但以下三种情况例外：

（1）速度为零的点，如图 3-4（b）中 A 点，称为驻点；

（2）流线相切点，如图 3-4（b）中 B 点；

（3）速度为无穷大的点，称为奇点。

流线也不能是折线，只能是一条不相交的光滑曲线或直线。在恒定流动中，各质点的速度矢量是不随时间而改变的，故由速度矢量构成的流线其形状也不会随时间发生变化，然而在非恒定流中，流线的形状当然要随时间发生变化，而不同的时刻，通过同一点的流线形状不同。流线与迹线可从图 3-5 中直观区分。

因此，得出结论：在恒定流中，流线和迹线是重合的；而在非恒定流中，流线和迹线不重合，所以只有在恒定流的条件下，才能用迹线代替流线。

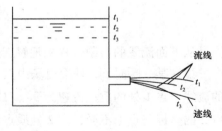

图 3-5　流线与迹线图示

三、一元流动、二元流动和三元流动

用欧拉法表示的速度场，一般情况下，流动参数是空间位置 x、y、z 和时间的函数，因此，根据流动中的流动参数与空间位置 x、y、z 坐标间的函数关系，流场的流动可以为一元、二元和三元三种流动情况。

当流场中的流动参数由三个方向坐标变量来描述的流动，就为三元流动，又称为空间流动，如图 3-6 所示。一般情况下，大多数流场都是三元流动流场。如空气流动形成的风、江河中的水流、旋风除尘器中的气流流动等，都是三元流动。

当所有流动参数与坐标中某一方向的变量无关，且在这个方向的分量也不存在的流动就为二元流动，又称平面流动，如图 3-6 所示，其速度表示为（与 z 坐标方向无关）

$$\left.\begin{array}{l} u_x = u_x(x,y,z) \\ u_y = u_y(x,y,z) \\ u_z = 0 \end{array}\right\} \qquad (3-6)$$

两块平行平板间的流体流动，当其速度在垂直板壁方向上没有速度分量时，就是二元流动。

当所有流动参数的变化仅与一个坐标变量有关的流动，就是一元流动，其速度表示为

$$u = u(s,t) \qquad (3-7)$$

式中　u——流动速度；

　　　s——速度方向坐标上的位置变量。

若 s 坐标与直角坐标中 x（或 y，z）坐标平行，则式（3-7）写为

$$u = u\ (x,\ t) \tag{3-8}$$

在管道中运动的流体，同一横截面上各点速度实际上是不相同的，然而在工程实际中，感兴趣的是管流整体的平均趋势，即横截面上的平均流速，因而可认为横截面上所有流体质点的流速都以相同平均流速运动，于是将管道流动看作流速在每个横截面上处处相同而仅沿管道长度方向而变化的流动，速度参量满足式（3-7）。因此所有管道或渠道的流动都可认为是一元流，如图 3-6 所示，一元流是本课程讨论的重点。

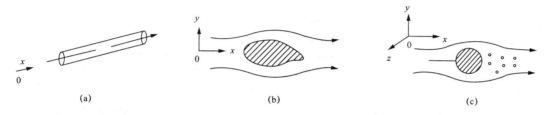

（a）　　　　　　　　　　　　　（b）　　　　　　　　　　　　　（c）

图 3-6　一元、二元、三元流动示意图

（a）管内一元流动；（b）绕机翼二元流动；（c）绕球体三元流动

四、元流与总流

在流场中任意画出一条封闭曲线（曲线本身不能是流线），经过曲线上每一点作流线，则这些流线组成一个管状的表面，称为流管，如图 3-7 所示，由于流管的表面是由流线所围成，因此流体不能穿出或穿入流管表面，这样，流管就好像真实管子一样把流动限制在流管之内或流管之外。

充满流管内的运动流体（流管内流线之总体）称为流束，垂直于流束的横断面，称为过流断面，当流线相互平行时，过流断面为平面；当流线不相互平行时，过流断面为曲面。

过流断面无限小的流束称为元流。无数元流的总和称为总流，像河流、水渠、水管中的水流，风管中的气流以及输油管中的油流等均属总流。

引入元流和总流的意义在于，第一，恒定流时，根据流束的定义，元流形状不变，即它本身构成一个流动单元，又由于元流过流断面无限小，任一点的流速就代表了全部断面的值。如沿流动方向取 s 坐标，则全部元流问题就简化成点流速 u 随坐标 s 变化的一元流问题，即 $u = f(s)$。第二，总流是由无穷多元组成，元流过流断面上流动参数可认为是均匀分布，这样可以先从分析元流入手，得出其运动规律后，再利用积分的方法推广到总流，这种方法在本章中经常用到。

五、流量、断面平均流速

单位时间内流经元流或总流的过流断面的流体量，称为流量，通常可用流体的体积、质量和重量来表示流量，分别称为体积流量 Q、质量流量 M 和重量流量 G，其相应的单位是

m³/s、kg/s 和 N/s。

　　设元流过流断面积为 dA，经过时间 dt，元流以流速 u 相对于断面 1—1 的位移为 udt，如图 3-8 所示，则该时段内通过元流断面 1—1 的流体体积：

$$dV = udtdA$$

将等式两边同除以 dt，可得元流的体积流量

$$\frac{dV}{dt} = dQ = udA$$

总流的体积流量 Q 则应是元流流量 dQ 对总流过流断面面积 A 的积分，即

$$Q = \int_A dQ = \int_A udA \qquad (3\text{-}9)$$

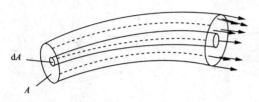

图 3-7　元流与总流

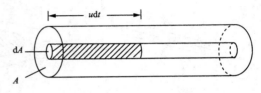

图 3-8　流量的计算

　　本书多用体积流量，以后表示流量时，如不加说明，即指流体的体积流量。

　　由于流体黏滞性的影响，过流断面上各点的流速不相等，而且流速分布规律一般难以用数学式表达，这给流量的计算带来困难，为此，引入断面平均流速的概念。

　　断面平均流速是过流断面上各点流速的平均值，假想对过流断面 A，用断面平均流速 v 所计算的流量与用实际流速所计算的流量相等，如图 3-9 所示，则有

$$vA = \int_A udA$$

$$v = \frac{\int_A udA}{A} \qquad (3\text{-}10)$$

　　上式即为断面平均流速的定义式，也可将其表示为

$$v = \frac{Q}{A} \text{ 或 } Q = vA \qquad (3\text{-}11)$$

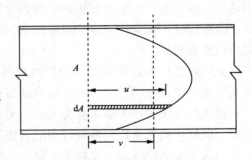

图 3-9　断面平均流速

　　可见，断面平均流速可由流量与过流断面面积的比值求得。用断面平均流速代替实际流速，就将总流的流动问题简化为断面平均流速沿流向变化的问题。如从总流某起始断面起沿流动方向取坐标 s，则有 $v = f(s)$，这就得出了总流的一元流动模型。

第三节　连续性方程

　　我们认为流体是连续介质，它在流动时连续地充满整个流场。连续性方程是质量守恒定律在流体力学中的应用。

在总流中取两断面探讨两断面间流动空间（两端在中部为管壁侧面所包围的全部空间）的质量收支平衡（图3-10）。在总流中取一小段元流段1—2，dt 时间内，1—1 断面流入的质量 $dM_1 = \rho_1 u_1 dA_1 dt$，2—2 断面流出的质量 $dM_2 = \rho_2 u_2 dA_2 dt$，在恒定流时两断面间流动空间内流体质量不变，流动是连续的，根据质量守恒流入断面1的流体质量必等于流出断面2的流体质量。

$$\rho_1 u_1 dA_1 dt = \rho_2 u_2 dA_2 dt$$

当流体不可压缩时密度为常数，$\rho_1 = \rho_2$，消去 dt，便得出不同断面密度相同时反映两元流断面流动空间的质量平衡的连续性方程，即不可压缩流体的连续性方程：

$$u_1 dA_1 = u_2 dA_2 \tag{3-12}$$

或
$$dQ_1 = dQ_2 \tag{3-13}$$

将上式积分推广到总流：$\int_{A_1} u_1 dA_1 = \int_{A2} u_2 dA_2 = \cdots = \int_A u dA$

即
$$v_1 A_1 = v_2 A_2 = \cdots v A \tag{3-14}$$

或
$$Q_1 = Q_2 = \cdots = Q \tag{3-15}$$

式（3-14）、式（3-15）都是不可压缩流体恒定流动连续性方程式。方程式表明：在不可压缩流体一元流动中，平均流速与断面面积成反比变化。

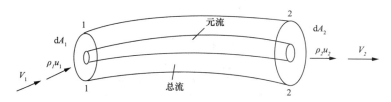

图3-10　总流的质量平衡

连续性方程的适用条件：不可压缩流体恒定单管（无分出或合入）流动。

讨论：（1）对于恒定的"可压缩流动"密度不是常数，此时连续性方程变为

$$\rho_1 v_1 A_1 = \rho_2 v_2 A_2 \tag{3-16}$$

（2）以上所列连续性方程，只反映了两断面之间的空间的质量收支平衡。应当注意，这个质量平衡的观点，还可以推广到任意空间。三通管的合流和分流、车间的自然换气、管网的总管流入和支管流出，都可以从质量平衡和流动连续观点，提出连续性方程的相应形式。例如三通管道在分流和合流时（图3-11），质量守恒定律显然可推广如下：

当流动有分流时，连续性方程变为

$$Q_1 = Q_2 + Q_3 \tag{3-17}$$

或
$$v_1 A_1 = v_2 A_2 + v_3 A_3 \tag{3-18}$$

当流动有合流时，连续性方程变为

$$Q_1 + Q_2 = Q_3 \tag{3-19}$$

或
$$v_1 A_1 + v_2 A_2 = v_3 A_3 \tag{3-20}$$

单纯依靠连续性方程，虽然并不能求出断面平均流速的绝对值，但它的相对比值是完全确定了的。所以，只要总流的流量已知，或任意断面的流速已知，则其他任何断面的流速均可算出。

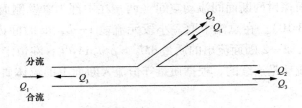

图 3-11　分流、合流

【**例 3-1**】 如图 3-12 所示的管段，$d_1 = 5$ cm，$d_2 = 10$ cm，$d_3 = 15$ m。求：

（1）当流量为 5 L/s 时，各管段的平均流速。

（2）旋动阀门，使流量增加至 15 L/s 或使流量减少至 3 L/s 时，平均流速如何变化？

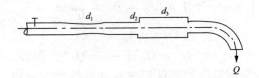

图 3-12　平均流速与断面面积

【**解**】（1）根据连续性方程

$$Q = v_1 A_1 = v_2 A_2 = v_2 A_2$$

$$v_1 = \frac{Q}{A_1} = \frac{5 \times 10^{-3}}{\frac{\pi}{4} \times (5 \times 10^{-2})^2} = 2.55(\text{m/s})$$

$$v_2 = v_1 \frac{A_1}{A_2} = v_1 \left(\frac{d_1}{d_2}\right)^2 = 2.55 \times \left(\frac{5}{10}\right)^2 = 0.638(\text{m/s})$$

$$v_3 = v_1 \frac{A_1}{A_3} = v_1 \left(\frac{d_1}{d_3}\right)^2 = 2.55 \times \left(\frac{5}{15}\right)^2 = 0.28(\text{m/s})$$

（2）各断面流速比例保持不变，流量增加至 15 L 时，即流量增加为 3 倍，则各段流速也增加至 3 倍。即

$$v_1 = 7.65 \text{ m/s}, \ v_2 = 1.914 \text{ m/s}, \ v_3 = 0.84 \text{ m/s}$$

流量减小至 3 L 时，即流量减小至 3/5，各流速也为原值的 3/5。即

$$v_1 = 1.53 \text{ m/s}, \ v_2 = 0.382 \ 8 \text{ m/s}, \ v_3 = 0.168 \text{ m/s}$$

【**例 3-2**】 断面为（70×70）cm² 的送风管，通过 a、b、c、d 四个（50×50）cm² 的送风口向室内输送空气（图 3-13）。送风口气流平均速度均为 5 m/s，求通过送风管 1—1、2—2、3—3 各断面的流速和流量。

【**解**】 每一送风口流量 $Q = 0.5 \times 0.5 \times 5 = 1.25$（m³/s）。

分别以 1—1、2—2、3—3 各断面以右的全部管段作为质量平衡收支运算空间，写连续性方程。

$$Q_1 = 3Q = 3 \times 1.25 = 3.75 (\text{m}^3/\text{s})$$
$$Q_2 = 2Q = 2 \times 1.25 = 2.5 (\text{m}^3/\text{s})$$
$$Q_3 = Q = 1 \times 1.25 = 1.25 (\text{m}^3/\text{s})$$

各断面流速：

$$v_1 = \frac{3.75}{0.7 \times 0.7} = 7.7 (\text{m}/\text{s})$$

$$v_2 = \frac{2.5}{0.7 \times 0.7} = 5.1 (\text{m}/\text{s})$$

$$v_3 = \frac{1.25}{0.7 \times 0.7} = 2.55 (\text{m}/\text{s})$$

【例 3-3】 图 3-14 的氨气压缩机用直径 $d_1 = 96.8$ mm 的管子吸入密度 $\rho_1 = 6$ kg/m³ 的氨气，经压缩后，由直径 $d_2 = 36.2$ mm 的管子以 $v_2 = 12$ m/s 的速度流出，此时密度增至 $\rho_2 = 24$ kg/m³。求：（1）质量流量；（2）流入流速 v_1。

【解】（1）可压缩流体的质量流量为

$$M = \rho Q = \rho_2 v_2 A_2 = 24 \times 12 \times \frac{\pi}{4} \times (0.0362)^2 = 0.296 (\text{kg}/\text{s})$$

（2）根据连续性方程：

$$\rho_1 v_1 A_1 = \rho_2 v_2 A_2 = 0.296 \text{ kg/s}$$
$$v_1 = \frac{0.296}{6 \times \dfrac{\pi}{4} \times (0.0968)^2} = 6.71 (\text{m}/\text{s})$$

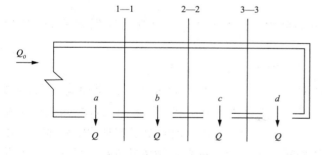

图 3-13　送风管断面流速

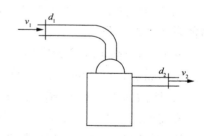

图 3-14　气流经过压缩机

生活小常识：在江河中，经常看到河道狭窄处水流湍急，河道宽阔处水流平缓，这是因为单位时间流过的水量恒定，断面面积大，流速小；断面面积小，流速大。故在河道狭窄处行船需谨慎。

第四节　恒定元流能量方程

连续性方程是运动学方程，它只给出了沿一元流长度上，断面流速的变化规律，完全没有涉及流体的受力性质。所以它只能决定流速的相对比例，却不能给出流速的绝对数值。如果需要求出流速的绝对值，还必须从动力学着眼，考虑外力作用下，流体是按照什么规律来运动的。流体的能量方程是能量转换与守恒定律在流动中的体现。

我们现在从功能原理出发，取不可压缩流体恒定流动这样的力学模型，推证元流的能量方程式。

功能原理：外力（表面力）对流体所做的功等于流体机械能的改变。

$$\sum dW = dE = dE_u + dE_z$$

式中　dW——外力做功：

　　　dE_u——动能的变化：

　　　dE_z——位能的变化。

在流场中选取元流如图 3-15 所示。在元流上沿流向取 1、2 两断面，两断面的高程和面积分别为 z_1、z_2 和 dA_1、dA_2，两断面的流速和压强分别为 u_1、u_2 和 P_1、P_2。

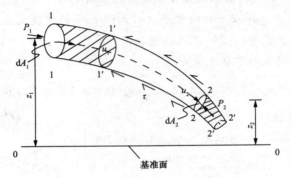

图 3-15　元流能量方程的推证

以两断面间的元流段为对象，写出 dt 时间内，该段元流外力（压力）做功等于流段机械能量增加的方程式。

dt 时间内断面 1、2 分别移动 u_1dt、u_2dt 的距离，到达断面 1′、2′。

压力做功，包括断面 1 所受压力 P_1dA_1，所做的正功 $P_1dA_1u_1dt$，和断面 2 所受压力 P_2dA_2，所做的负功 $P_2dA_2u_2dt$。做功的正或负，根据压力方向和位移方向是否相同或相反确定。元流侧面压力和流段正交，不产生位移，不做功。流体运动时由于有黏性的阻滞，导致流动机械能减少，减少的机械能转换成热能耗散于环境，黏性力做负功 dW_τ。所以表面力做功为

$$\sum dW = P_1dA_1u_1dt - P_2dA_2u_2dt - dW_\tau = (P_1 - P_2)\,dQdt - dW_\tau \qquad (3\text{-}21)$$

流段所获得的能量，可以对比流段在 dt 时段前后所占有的空间。流段在 dt 时段前后所占有的空间虽然有变动，但 1、2 两断面间空间则是 dt 时段前后所共有。在这段空间内的流体，不但位能不变，动能也由于流动的恒定性，各点流速不变，也保持不变。所以，能量的增加，只应就流体占据的新位置 2—2′所增加的能量，和流体离开原位置 1—1′所减少的能量来计算。

由于流体不可压缩，新旧位置 1—1′、2—2′所占据的体积等于 $dQdt$，质量等于 $\rho dQdt = \dfrac{\gamma dQdt}{g}$。根据物理公式，动能为 $\dfrac{1}{2}mu^2$，位能为 mgz。所以动能增加为

$$\frac{\gamma \mathrm{d}Q\mathrm{d}t}{g}\left(\frac{u_2^2}{2} - \frac{u_1^2}{2}\right) = \gamma \mathrm{d}Q\mathrm{d}t\left(\frac{u_2^2}{2g} - \frac{u_1^2}{2g}\right) \tag{3-22}$$

位能的增加为

$$\gamma \mathrm{d}Q\mathrm{d}t(z_2 - z_1) \tag{3-23}$$

根据压力做功等于机械能量增加原理，式（3-21）＝式（3-22）＋式（3-23）。即

$$(p_1 - p_2)\mathrm{d}Q\mathrm{d}t - \mathrm{d}W_\tau = \gamma \mathrm{d}Q\mathrm{d}t(z_2 - z_1) + \gamma \mathrm{d}Q\mathrm{d}t\left(\frac{u_2^2}{2g} - \frac{u_1^2}{2g}\right)$$

各项除以 $\mathrm{d}t$，并按断面分别列入等式两方：

$$\left(p_1 + \gamma z_1 + \gamma \frac{u_1^2}{2g}\right)\mathrm{d}Q = \left(p_2 + \gamma z_2 + \gamma \frac{u_2^2}{2g}\right)\mathrm{d}Q + \frac{\mathrm{d}W_\tau}{\mathrm{d}t} \tag{3-24}$$

称为总能量方程式，表示全部流量的能量平衡方程。

将上式除以 $\gamma \mathrm{d}Q$，得出单位重量的能量方程，或简称为单位能量方程：

$$z_1 + \frac{p_1}{\gamma} + \frac{u_1^2}{2g} = z_2 + \frac{p_2}{\gamma} + \frac{u_2^2}{2g} + h'_{l1-2} \tag{3-25}$$

这就是不可压缩流体恒定流元流能量方程，或称为伯努利方程。在方程的推导过程中，两断面的选取是任意的，所以，很容易把这个关系推广到元流的任意断面。

式中，各项值都是断面值，它的物理意义、水头名称和能量解释，分述如下：

z 是断面对于选定基准面的高度，水力学中称为位置水头，表示单位质量流体的位置势能，称为单位位能。

$\frac{p}{\gamma}$ 是断面压强作用使流体沿测压管所能上升的高度，水力学中称为压强水头，表示压力做功所能提供给单位重量流体的能量，称为单位压能。

$\frac{u^2}{2g}$ 是以断面流速 u 为初速的铅直上升射流所能达到的理论高度，水力学中称为流速水头，表示单位重量流体的动能，称为单位动能。

h'_{l1-2} 表示单位重量流体机械能损失，水力学中称为水头损失。

前两项相加，以 H_p 表示：

$$H_p = \frac{p}{\gamma} + z \tag{3-26}$$

表示断面测压管水面相对于基准面的高度，称为测压管水头，表明单位重量流体具有的势能称为单位势能。

三项相加，以 H 表示

$$H = \frac{p}{\gamma} + z + \frac{u^2}{2g} \tag{3-27}$$

称为总水头，表明单位重量流体具有的总能量，称为单位总能量。

元流能量方程表明：恒定元流中机械能的三种形式（位置势能、压强势能、动能）可以相互转换，同时有部分机械能（h'_{l1-2}）不可逆地转化为热能耗散于环境。即沿着流动方向，机械能不断减少，减少的机械能转化为热能，但总能量保持不变（能量守恒）。

理想流体的流动中，无黏性做负功，即无流体的能量衰减，则单位重量方程式将改变为

$$z_1 + \frac{p_1}{\gamma} + \frac{u_1^2}{2g} = z_2 + \frac{p_2}{\gamma} + \frac{u_2^2}{2g} = C \tag{3-28}$$

这就是理想不可压缩流体恒定元流能量方程。能量方程式说明，理想不可压缩流体恒定元流中，各断面总水头相等，单位重量的总能量保持不变。

生活小常识：熟练的服务员在倒啤酒时会将杯子尽可能倾斜，将瓶口紧靠杯沿，让啤酒缓慢地沿杯壁流向杯底，随着杯子里啤酒增多，再慢慢将杯子倾角调整到竖直的位置，这样可以倒满一杯啤酒而不产生多少泡沫。根据理想不可压缩流体恒定元流能量方程可知，速度大的地方，压强小，就会产生大量的二氧化碳气泡。所以在倒啤酒过程中尽量减小倒啤酒的相对速度，尽可能使注满杯子的过程为准静态。

第五节 恒定总流能量方程

我们已经提出了元流能量方程式。现在进一步把它推广到总流，以得出在工程实际中，对平均流速和压强计算极为重要的总流能量方程式。

一、恒定总流能量方程的推证

在图 3-16 的总流中，选取两个渐变流断面 1—1 和 2—2。总流既然可以看作无数元流之和，总流的能量方程就应当是元流能量方程（3-22）在两断面范围内的积分：

$$\int_Q \left(z_1 + \frac{p_1}{\gamma} + \frac{u_1^2}{2g}\right)\gamma dQ = \int_Q \left(z_2 + \frac{p_2}{\gamma} + \frac{u_2^2}{2g}\right)\gamma dQ + \int_Q h'_{l1-2}\gamma dQ \tag{3-29}$$

现在将以上七项，按能量性质，分为三种类型，分别讨论各类型的积分。

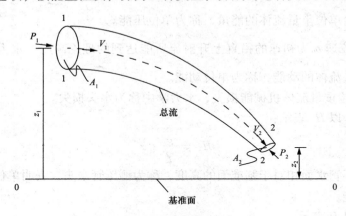

图 3-16 总流能量方程的推证

（一）势能积分

$\int_Q \left(z + \frac{p}{\gamma}\right)\gamma dQ$ 表示单位时间通过断面的流体势能。由于断面在渐变流段，根据上节的论证，$z + \frac{p}{\gamma}$ 在断面上保持不变，可以提出积分符号以外。则两断面的势能积分可写为

$$\int_Q \left(z + \frac{p}{\gamma}\right)\gamma dQ = \left(z + \frac{p}{\gamma}\right)\gamma \int_Q dQ = \left(z + \frac{p}{\gamma}\right)\gamma Q \tag{3-30}$$

（二）动能积分

$\int_Q \dfrac{u^2}{2g}\gamma dQ = \dfrac{\gamma}{2g}\int_A u^3 dA$ 表示单位时间通过断面的流体动能。我们建立方程的目的，是要求出断面平均流速，必须使平均流速 v 出现在方程内，为此，断面动能流量也应当用 v 表示，即以 $\dfrac{\gamma}{2g}\int_A v^3 dA$ 来代替 $\dfrac{\gamma}{2g}\int_A u^3 dA$。但实际上 $\int_A v^3 dA$ 并不等于 $\int_A u^3 dA$，为此，需要乘以修正系数 α。

$$\alpha = \frac{1}{v^3 A}\int_A u^3 dA \tag{3-31}$$

α 称为动能修正系数。有了修正系数，两断面动能可写为

$$\frac{\gamma}{2g}\int_A u^3 dA = \frac{\gamma}{2g}\cdot\alpha v^3 A = \frac{\alpha v^2}{2g}\gamma Q \tag{3-32}$$

α 值根据流速在断面上分布的均匀性来决定。流速分布均匀，$\alpha = 1$；流速分布越不均匀，α 值越大。在管流的紊流流动中，$\alpha = 1.05 \sim 1.1$。在实际工程计算中，常取 α 等于 1。

（三）能量损失积分

$\int_Q h'_{l1-2}\gamma dQ$ 表示单位时间内流过断面的流体克服 1—2 流段的阻力做功所损失的能量。总流中各元流能量损失也是沿断面变化的。为了计算方便，设 h_{l1-2} 为平均单位能量损失。则

$$\int_Q h'_{l1-2}\gamma dQ = h_{l1-2}\gamma Q \tag{3-33}$$

现在将以上各个积分值代入原积分式（3-29）：

$$\left(z_1 + \frac{p_1}{\gamma} + \frac{\alpha_1 v_1^2}{2g}\right)\gamma Q = \left(z_2 + \frac{p_2}{\gamma} + \frac{\alpha_2 v_2^2}{2g}\right)\gamma Q + h_{l1-2}\gamma Q \tag{3-34}$$

这就是总流总能量方程式。方程式表明，若以两断面之间的流段作为能量收支平衡运算对象，则单位时间流入上游断面的能量，等于单位时间流出下游断面的能量，加上流段所损失的能量。

如用 $H = \dfrac{p}{\gamma} + z + \dfrac{\alpha v^2}{2g}$ 表示断面全部单位机械能量，则两断面间能量的平衡可表示为

$$H_1\gamma Q = H_2\gamma Q + h_{l1-2}\gamma Q \tag{3-35}$$

现将式（3-35）各项除以 γQ，得出单位重量流体的能量方程：

$$z_1 + \frac{p_1}{\gamma} + \frac{\alpha_1 v_1^2}{2g} = z_2 + \frac{p_2}{\gamma} + \frac{\alpha_2 v_2^2}{2g} + h_{l1-2} \tag{3-36}$$

这就是实用上极其重要的恒定总流能量方程式，或恒定总流伯努利方程式。

式中 z_1、z_2——选定的 1、2 渐变流断面上任一点相对于选定基准面的高程；

p_1、p_2——相应断面同一选定点的压强，同时用相对压强或同时用绝对压强；

v_1、v_2——相应断面的平均流速；

α_1、α_2——相应断面的动能修正系数；

h_{l1-2}——1、2 两断面间的平均单位水头损失。

二、恒定总流能量方程的物理意义和几何意义

（一）方程的能量意义（物理意义）

z——单位重量流体的位置势能；

$\dfrac{p}{\gamma}$——单位重量流体的压力势能；

$z + \dfrac{p}{\gamma}$——单位重量流体的势能；

$\dfrac{\alpha v^2}{2g}$——单位重量流体的动能；

$z + \dfrac{p}{\gamma} + \dfrac{\alpha v^2}{2g}$——单位重量流体的机械能；

h_{l1-2}——单位重量流体的机械能损失。

（二）方程的水头意义

z——位置水头；

$\dfrac{p}{\gamma}$——压强水头；

$z + \dfrac{p}{\gamma}$——测压管水头；

$\dfrac{\alpha v^2}{2g}$——流速水头；

$z + \dfrac{p}{\gamma} + \dfrac{\alpha v^2}{2g}$——总水头；

h_{l1-2}——水头损失。

水头损失 h_{l1-2} 一般分为沿管长均匀发生的均匀流损失（称为沿程水头损失）和局部障碍（如管道弯头、各种接头、闸阀、水表等）引起的急变流损失（称为局部水头损失）。两种损失均为流速水头的倍数，具体计算将在下章讨论。

关于流速水头如图 3-17 所示，由测压管与两端开口的 90°弯管组合，可测得液体流速，液柱高 h_u 是由流速水头转化而来（动能→势能）。法国科学家 Pitot（皮托）利用此原理，于 1773 年首次测出巴黎塞纳河的水流速度。故称该装置为皮托管。

皮托管是广泛用于测量水流和气流的一种仪器，如图 3-17 所示，管前端开口 a 正对气流或水

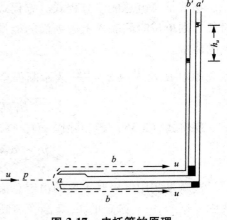

图 3-17　皮托管的原理

流。a 端内部有流体通路与上部 a' 端相通。管侧有多个开口 b，它的内部也有流体通路与上部 b' 端相通，当测定水流时，a'、b' 两管水面差 h_v 即反映 a、b 两处压差。当测定气流时，a'、b' 两端接液柱差压计，以测定 a、b 两处的压差。

液体流进 a 端开口，水流最初从开口处流入，沿管上升，a 端压强受上升水柱的作用而升高，直到该处质点流速降低到零，其压强为 P_a。然后由 a 分路，流经 b 端开口，流速恢复原有速度 u，压强也降至原有压强。

沿 ab 流线写能量方程：

$$\frac{p_a}{\gamma} + 0 = \frac{p_b}{\gamma} + \frac{u^2}{2g}$$

得出

$$u = \sqrt{2g\frac{p_a - p_b}{\gamma}} \tag{3-37}$$

由管的开口端液柱差 h_u，测定 $\frac{p_a - p_b}{\gamma}$，用下式计算速度：

$$u = \varphi\sqrt{2gh_u}$$

式中，φ 为经实验校正的流速系数，它与管的构造和加工情况有关，其值近似等于 1。

如果用皮托管测定气流，则根据液体压差计所量得的压差，$p_a - p_b = \gamma'h_u$，代入式（3-37）计算气流速度：

$$u = \varphi\sqrt{2g \times \frac{\gamma'}{\gamma}h_u} \tag{3-38}$$

式中　γ'——液体压差计所用液体的重度；

　　　γ——流动气体本身的重度。

【例 3-4】用皮托管测定：（1）风道中的空气流速；（2）管道中水流速。两种情况均测得水柱 $h = 4$ cm。空气的重度 $\gamma = 11.8$ N/m^3；φ 值取 1。

【解】（1）风道中空气流速：

$$u = \varphi\sqrt{2g \times \frac{9\,807}{11.8} \times 0.04} = 25.5(\text{m/s})$$

（2）水管中的水流速：

$$u = \sqrt{2g \times 0.04} = 0.885(\text{m/s})$$

三、水头线

用能量方程计算一元流动，能够求出水流某些个别断面的流速和压强，但并未回答一元流的全线问题。现在，我们用总水头线和测压管水头线来求得这个问题的图形表示总水头线和测压管水头线，直接在一元流上绘出，以它们距基准面的铅直距离，分别表示相应断面的总水头和测压管水头，如图 3-18 所示。它们是在一元流的流速水头已算出后绘制的。

我们知道，位置水头、压强水头和流速水头之和，$H = \frac{p}{\gamma} + z + \frac{v^2}{2g}$，称为总水头。

能量方程写为上下游两断面总水头 H_1、H_2 的形式是

$$H_1 = H_2 + h_{l1-2}$$

或

$$H_2 = H_1 - h_{l1-2}$$

即每一个断面的总水头，是上游断面总水头，减去两断面之间的水头损失。根据这个关系，

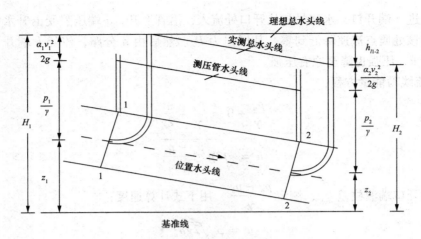

图 3-18 总水头线和测压管水头线

从最上游断面起,沿流向依次减去水头损失,求出各断面的总水头,一直到流动的结束。将这些总水头,以水流本身高度的尺寸比例,直接点绘在水流上。这样连成的线,就是总水头线。由此可见,总水头线是沿水流逐段减去水头损失绘出来的。

在绘制总水头线时,需注意区分沿程损失和局部损失在总水头线上表现形式的不同。沿程损失假设为沿管线均匀发生,表现为沿管长倾斜下降的直线。局部损失假设为在局部障碍处集中作用,一般地表现为在障碍处铅直下降的直线。对于渐扩管或缩渐管等,也可近似处理成损失在它们的全长上均匀分布,而非集中在一点。

测压管水头是同一断面总水头与流速水头之差。

$$H = H_p + \frac{v^2}{2g}$$

$$H_p = H - \frac{v^2}{2g}$$

根据这个关系,从断面的总水头减去同一断面的流速水头,即得该断面的测压管水头。将各断面的测压管水头连成的线,就是测压管水头线。所以,测压管水头线是根据总水头线减去流速水头绘出的。

【例 3-5】水流由水箱经前后相接的两管流入大气。大小管断面的比例为 2:1。全部水头损失的计算式如图 3-19 所示。(1)求出口流速 v_2;(2)绘总水头线和测压管水头线;(3)根据水头线求 M 点的压强 p_M。

【解】(1)划分 0—0 断面及出流断面 2—2,基准面通过管轴出口。则

$$p_1 = 0; \quad z_1 = 8.2 \text{ m}; \quad v_1 = 0; \quad p_2 = 0; \quad z_2 = 0$$

列 0—0 和 2—2 断面的能量方程,以求得 v_2(取 $\alpha = 1$):

$$H + 0 + 0 = 0 + 0 + \frac{v_2^2}{2g} + h_{lA} + h_{lA-B} + h_{lB} + h_{lB-C}$$

根据图 3-19

$$H = \frac{v_2^2}{2g} + 0.5 \frac{v_1^2}{2g} + 3.5 \frac{v_1^2}{2g} + 0.1 \frac{v_2^2}{2g} + 2 \frac{v_2^2}{2g}$$

由于两管断面之比为 $2:1$，两管流速之比为 $1:2$，$v_2 = 2v_1$，则 $\frac{v_1^2}{2g} = \frac{1}{4}\frac{v_2^2}{2g}$。代入得

$$H = 4.1\frac{v_2^2}{2g}，\frac{v_2^2}{2g} = 2\text{ m}，\frac{v_1^2}{2g} = 0.5\text{ m}，v_2 = 6.26\text{ m/s}$$

（2）现在从 1—1 断面开始绘制总水头线，水箱静水水面高 $H = 8.2$ m，总水头线就是水面线。入口处有局部损失，$0.5\frac{v_1^2}{2g} = 0.5 \times 0.5 = 0.25$（m）。从 A 到 B 的沿程损失为 $3.5\frac{v_1^2}{2g} = 1.75$ m，则 b 低于 a 的铅直距离为 1.75 m。以此类推直至水流出口，图 3-19 中 $1—a—b—b_0—c$ 即为总水头线。

测压管水头线在总水头线之下，距总水头线的铅直距离：在 $A—B$ 管段为 $\frac{v_1^2}{2g} = 0.5$ m，在 $B—C$ 管段的距离为 $\frac{v_2^2}{2g} = 2$ m。由于断面不变流速水头不变。两管段的测压管水头线，分别与各管段的总水头线平行。图 3-19 中 $1—a'—b'—b'_0—c$ 即为测压管水头线。

（3）列 $M—M$ 和 2—2 断面的能量方程：

$$z_M + \frac{p_M}{\gamma} + \frac{v_2^2}{2g} = 0 + 0 + \frac{v_2^2}{2g} + \frac{1}{2}h_{lB-C}$$

$$\frac{p_M}{\gamma} = \frac{1}{2} \cdot 2\frac{v_2^2}{2g} - h_M = 1\text{m}$$

$$p_M \approx 100\text{ kPa}$$

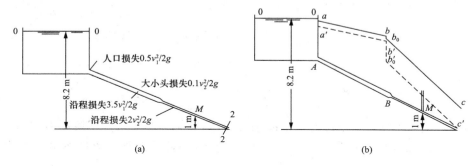

图 3-19　水头损失计算及水头线的绘制

（a）水头损失计算；（b）水头线的绘制

从上例可以看出绘制测压管水头线和总水头线之后图形上出现 4 根有能量意义的线：总水头线、测压管水头线、水流轴线（管轴线）和基准面线。这四根线的相互铅直距离反映了全线各断面的各种水头值。这样水流轴线到基准线之间的铅直距离就是断面的位置水头。测压管水头线到水流轴线之间的铅直距离就是断面的压强水头。而总水头线到测压管水头线之间的铅直距离就是断面流速水头 。

第六节 能量方程的应用

能量方程在解决流体力学问题上有决定性的作用，它和连续性方程联立，全面地解决元流动的断面流速和压强的计算，在用此方程分析一维流动时，应掌握能量方程的灵活性和适应性。

一、方程的应用条件

（1）方程的推导是在恒定流前提下进行的。客观上虽然并不存在绝对的恒定流，但多数流动，流速随时间变化缓慢，由此所导致的惯性力较小，方程仍然适用。

（2）方程的推导是以不可压缩流体为基础的，但它不仅适用压缩性极小的液体流动，也适用专业上所碰到的大多数气体流动，只有压强变化较大，流速很高，才需要考虑气体的可压缩性。

（3）方程的推导是将断面选在渐变流段。这在一般条件下是要遵守的，特别是断面流速很大时，更应严格遵守。例如，管路系统进口处在急变流段一般不能选作建立能量方程的断面。但在某些问题中，断面流速不大，离心惯性力不显著，或者断面流速项在能量方程中所占比例很小，也允许将断面设在急变流处，近似地求流速或压强。

（4）方程的推导是在两断面间没有能量输入或输出的情况下提出的。如果有能量的输出（例如中间有水轮机或汽轮机）或输入（例如中间有水泵或风机），如图 3-20 所示，则可以将输入的单位能量项 H_i 加在方程（3-36）的左方：

$$z_1 + \frac{p_1}{\gamma} + \frac{\alpha_1 v_1^2}{2g} + H_i = z_2 + \frac{p_2}{\gamma} + \frac{\alpha_2 v_2^2}{2g} + h_{l1-2} \tag{3-39}$$

或将输出的单位能量项 H_0，加在方程（3-36）的右方：

$$z_1 + \frac{p_1}{\gamma} + \frac{\alpha_1 v_1^2}{2g} = z_2 + \frac{p_2}{\gamma} + \frac{\alpha_2 v_2^2}{2g} + H_0 + h_{l1-2} \tag{3-40}$$

以维持能量收支的平衡。将单位能量乘以 γQ，回到总能量的形式，则换算为功率，在前一种情况下，流体机械的输入功率为 $P_i = \gamma Q H_i$。在后一种情况下，流体机械的输出功率为 $P_0 = \gamma Q H_0$。

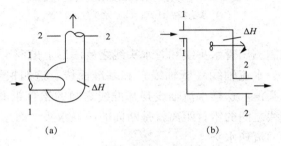

图 3-20 有能量输入或输出

（a）泵与风机；（b）水轮机或汽轮机

（5）方程的推导是根据两断面间没有分流或合流的情况下推得的。如果两断面之间有分流或合流，应当怎样建立两断面的能量方程呢？

若 1、2 断面间有分流，如图 3-21 所示，纵然分流点是非渐变流断面，而离分流点稍远的 1、2 或 3 断面都是均匀流或渐变流断面，可以近似认为各断面通过流体的单位能量在断面上的分布是均匀的。而 $Q_1 = Q_2 + Q_3$，即 Q_1 的流体一部分流向 2 断面，一部分流向 3 断面。无论流到哪一断面的流体，在 1 断面上单位重量流体所具有的能量都是 $\dfrac{p_1}{\gamma} + z_1 +$

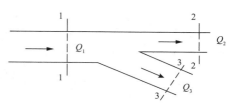

图 3-21　流动分流

$\dfrac{\alpha v_1{}^2}{2g}$，只不过流到 2 断面时产生的单位能量损失是 h_{l1-2}，而流到 3 断面的流体的单位能量损失是 h_{l1-3} 而已。能量方程是两断面间单位能量的关系，因此可以直接建立 1 断面和 2 断面的能量方程：

$$Z_1 + \frac{p_1}{\gamma} + \frac{\alpha_1 v_1{}^2}{2g} = Z_2 + \frac{p_2}{\gamma} + \frac{\alpha_2 v_2{}^2}{2g} + h_{l1-2}$$

或 1 断面和 3 断面的能量方程：

$$Z_1 + \frac{p_1}{\gamma} + \frac{\alpha_1 v_1{}^2}{2g} = Z_3 + \frac{p_3}{\gamma} + \frac{\alpha_3 v_3{}^2}{2g} + h_{l1-3}$$

可见，两断面间虽分出流量，但能量方程的形式并不改变，自然，分流对单位能量损失 h_{l1-2} 的值是有影响的。

同样，可以得出合流时的能量方程。

（6）由于方程的推导用到了均匀流过流断面上的压强分布规律，因此，断面上的压强 p 和位置高度 z 必须取同一点的值，但该点可以在断面上任取。例如在明渠流中，该点可取在液面，也可取在渠底等，但必须在同一点取值。

二、实际工程问题的三种类型

一是求流速，二是求压强，三是求流速和压强。这里，求流速是主要的，求压强必须在求流速的基础上，或在流速已知的基础上进行。其他问题，例如流量问题、水头问题、动量问题，都是和流速、压强相关联的。

求流速的一般步骤：分析流动，划分断面，选择基面，写出方程。

分析流动，要明确流动总体。就是要把需要研究的局部流动和流动总体联系起来。

【例 3-6】如图 3-22 所示，用直径 $d = 200$ mm 的管道从水箱中引水。如水箱中的水面恒定，水面高出管道出口中心的高度 $H = 4$ m，管道的损失假设沿管长均匀发生 $= 5\dfrac{v^2}{2g}$。要求：

（1）通过管道的流速 v 和流量 Q；（2）管道中点 M 的压强 p_M。

解：整个流动是从水箱水面通过水箱水体经管道流入大气，它和大气相接的断面是水箱水面 1—1 和出流断面 2—2，这就是我们取断面的对象。基准水平面 0—0 通过出口断面形心是流动的最低点。

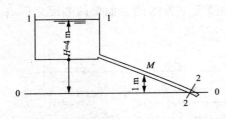

图 3-22 管中流速和压强的计算

（1）列 1—1 和 2—2 断面的能量方程：

$$z_1 + \frac{p_1}{\gamma} + \frac{\alpha_1 v_1^2}{2g} = z_2 + \frac{p_2}{\gamma} + \frac{\alpha_2 v_2^2}{2g} + h_{l1-2}$$

式中，$p_1 = 0$，$v_1 \approx 0$，$z_1 = H$，$z_2 = 0$，因 2—2 断面为射流断面 $p_2 = 0$，1—1 断面的速度水头即水箱中的速度水头，对于管流而言常称为行近流速水头。当水箱断面积比管道断面积大得多时，行近流速较小，行近流速水头数值更小，一般可忽略不计，则

$$\frac{\alpha v_1^2}{2g} \approx 0 , \quad v_2 = v , \quad \frac{\alpha v_2^2}{2g} = \frac{\alpha v^2}{2g} , \quad h_{l1-2} = 5\frac{v^2}{2g}$$

代入方程则有

$$H = \frac{\alpha v^2}{2g} + 5\frac{v^2}{2g}$$

取 $\alpha = 1$，则

$$\frac{v^2}{2g} = \frac{2}{3}\ \text{m}$$

$$v = \sqrt{\frac{4g}{3}} = 3.6\ \text{m/s}, \quad Q = v\frac{\pi}{4}d^2 = 0.113\ \text{m}^3/\text{s}$$

（2）为求 M 点的压强，必须在 M 点取断面。另一截面取在和大气相接的水箱水面或管流出口断面，现在选择出口断面。

列 M—M 和 2—2 断面的能量方程：

$$z_M + \frac{p_M}{\gamma} + \frac{\alpha v^2}{2g} = 0 + 0 + \frac{\alpha v^2}{2g} + h_{lM-2}$$

式中

$$z_M = h_M = 1 \quad h_{lM-2} = \frac{1}{2}\cdot 5\frac{v^2}{2g}$$

则

$$\frac{p_M}{\gamma} = \frac{5}{2}\frac{v^2}{2g} - h_M = 0.653\ \text{m}, \quad p_M \approx 6.4\ \text{kPa}$$

讨论一：当管道内为理想流动时，求：（1）通过管道的流速 v 和流量 Q；（2）管道中点 M 的压强 p_M。

（1）由于是理想流动，$h_{l1-2} = 0$，上述能量方程变为

$$H = \frac{v^2}{2g}$$

此时水面位能全部转化为出口动能，所以

$$v = \sqrt{2gH} = 8.9\ \text{m/s}$$

流速增加一倍，流量也增加一倍为 0.069 6 m^3/s。

（2）由上述能量方程：

$$\frac{p_M}{\gamma} = -h_M = -1\text{m}$$

表明管中点处于真空状态，压能转化为动能。

（3）设管道与水平面夹角为 α，取坐标轴 ox（由出口逆流向为正），列任意断面 x—x 和 2—2 的能量方程（图 3-23）：

$$z_x + \frac{p_x}{\gamma} = 0$$

$$\frac{p_x}{\gamma} = -z_x = -x\sin\alpha$$

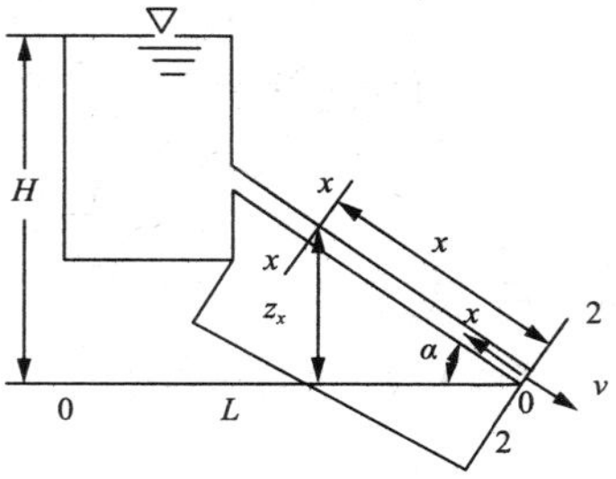

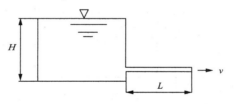

图 3-23　管道与水平面夹角 x

① 当 $x = L$，$p = -\gamma L\sin\alpha$（管入口 p 最小）；当 $x = 0$，$p = 0$（管出口 p 最大）。

② 管道水平（图 3-24）：$\alpha = 0$，$\dfrac{p_x}{\gamma} = -x\sin\alpha = 0$。

图 3-24　管道水平

等径水平管内的理想流动，管内各点的压强相等。

③ 管道垂直（图 3-25）：$\alpha = 90°$，$p_x = -\gamma x$。

管入口 $p = -\gamma L$；管出口：$p = 0$。

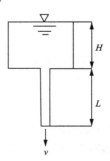

图 3-25　管道垂直

讨论二：绘制水头线。

（1）实际水头线：管中压强沿流向 $p\searrow$，总水头线与测压管水头线平行，两线间距为

$\dfrac{v^2}{2g}$，如图 3-26 所示。

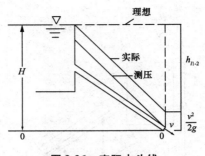

图 3-26 实际水头线

（2）理想水头线：测压管水头线与基准线（0—0）重合，压强水头线与管轴线形成对称三角形，沿流程 $p \nearrow$，如图 3-27 所示。

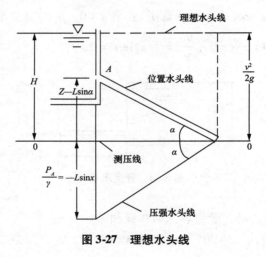

图 3-27 理想水头线

三、流量和流速的测量

在工程中，伯努利方程广泛应用于管道中流体的流速、流量的测量和计算，下面介绍皮托管和文丘里流量计的测量原理。

（一）皮托管

如图 3-28 所示，在被测流体管道某截面装一个测压管和一个皮托管，皮托管一端正对来流，一端垂直向上，此时皮托管内液柱比测压管内液柱高 h，这是因为流体流到皮托管入口 A 点受到阻滞，速度降为零，流体的动能转化为压强势能，形成驻点 A，A 处的压强 p_A 称为总压，而与 A 位于同一流线且在 A 上游的 B 点未受皮托管的影响，其压强与 A 点测图压管测得的压强 p_B 相等，称为静压。管道内流速与压强的关系可应用伯努利方程来分析。取同一水平流线上的 B、A 两点列伯努利方程，则有

$$Z_B + \frac{p_B}{\gamma} + \frac{u_B^2}{2g} = Z_A + \frac{p_A}{\gamma} + \frac{u_A^2}{2g}$$

其中

$$Z_B = Z_A, \frac{u_A^2}{2g} = 0$$

则

$$\frac{p_B}{\gamma} + \frac{u^2}{2g} = \frac{p_A}{\gamma}$$

$$u = \sqrt{2g \frac{p_A - p_B}{\gamma}} = \sqrt{2gh} \tag{3-41}$$

可见，对于流场中的一点，若其静压为 p，流速为 u，则当这点的流动状态变为静止状态、流速全部转化为压强时，其总压为 $p + \frac{\rho u^2}{2}$。只要测量出流体的全压和静压的水头差值 h，就可以确定流体的流速 v，这就是皮托管的测速原理。实际工作中测定时，实际流速比式（3-41）理论计算出的有一定偏差，因此，实际流速为

$$u = \varphi \sqrt{2gh} \tag{3-42}$$

式中 φ 为流速修正系数，由实验确定，近似为 1。

如果测定气体的流速，则把皮托管和静压管两根管子连接到 U 形差压计上，从差压计上的液面差来求得流速，如图 3-29 所示，由式（3-41）知

$$u_B = \sqrt{2 \frac{p_A - p_B}{\rho}}$$

另外，由差压计可知

$$p_A - p_B = h_{液} g (\rho_{液} - \rho)$$

代入上式，得

$$u_B = \sqrt{2g \frac{\rho_{液} - \rho}{\rho} h_{液}} = \sqrt{2gh_{液} \left(\frac{\rho_{液}}{\rho} - 1 \right)} \tag{3-43}$$

式中　$\rho_{液}$——差压计所用液体密度；

ρ——流动气体本身的密度。

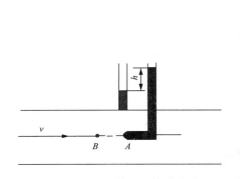

图 3-28　皮托管测量管道流速

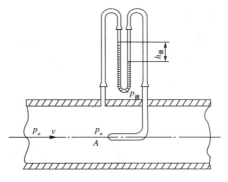

图 3-29　测量气体流速示意

（二）文丘里（Venturi）流量计

文丘里流量计经常用于测量管道中流体的流量，如图 3-30 所示，主要是由收缩段、喉

部和扩张段三部分组成。其工作原理是利用收缩段，造成文丘里管前收缩段前的直管段 1 与喉部 2 之间的压强差，用 U 形管差压计测量出压强差，从而求出通过管道的流量。

取截面 1 和截面 2 列伯努利方程，假设截面 1 和截面 2 上的流速、压力和截面面积分别是 v_1、p_1、A_1 和 v_2、p_2、A_2，以文丘里管的水平轴线所在水平面作为基准面，则有

$$0 + \frac{p_1}{\gamma} + \frac{v_1{}^2}{2g} = 0 + \frac{p_2}{\gamma} + \frac{v_2^2}{2g}$$

同时，根据连续性方程有

$$v_1 = \frac{A_2}{A_1} v_2$$

于是从上式可得流速为

$$v_2 = \sqrt{\frac{2(p_1 - p_2)}{\rho[1 - (A_2/A_1)^2]}}$$

则通过管道的流量为

$$Q = A_2 \sqrt{\frac{2(p_1 - p_2)}{\rho[1 - (A_2/A_1)^2]}} \tag{3-44}$$

在实际应用中，考虑到实际流体具有黏性引起截面速度分布不均及能量损失，造成实际通过流量比理论流量略小，故引入修正系数 β，得

$$Q = \beta A_2 \sqrt{\frac{2(p_1 - p_2)}{\rho[1 - (A_2/A_1)^2]}} \tag{3-45}$$

式中 β 由实验确定，一般为 $0.98 \sim 0.99$。

当用 U 形管压差计来测量压差 $(p_1 - p_2)$ 时，可知

$$p_1 - p_2 = (\rho_{液} - \rho)gh_{液}$$

这时，则得

$$Q = \beta A_2 v_2 = \beta \frac{\pi}{4} d_2{}^2 \sqrt{\frac{2g(\rho_{液} - \rho)h_{液}}{\rho[1 - (A_2/A_1)^2]}} \tag{3-46}$$

可见，若 $\rho_{液}$、ρ、A_2、A_1 已知，只要测量出 $h_{液}$，就可以确定流体的速度及流量，但文丘里流量计属于节流装置，必然带来一定的能量损失。除此之外，与此相类似的还有孔板流量计等。

【例 3-7】 如图 3-30 所示，水箱有一水平出流管，直径 $D = 60$ mm，管道收缩处的直径 $d = 30$ mm，差压计的读数 $h = 1$ mH$_2$O，$\Delta h = 300$ mm，差压计的工作液体为水银。当阻力损失不计时，试求：

（1）收缩处的表压力。

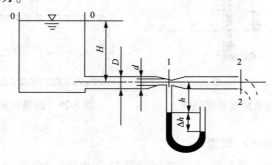

图 3-30 文丘里流量计测流量

（2）管道中的流量。

（3）水箱中水面的高度 H 为多少？

解：（1）由静力学基本方程得

$$p_1 + \rho_{Hg}gh + \rho_{H_2O}g\Delta h = 0$$

所以

$$p_1 = -\rho_{H_2O}gh - \rho_{Hg}g\Delta h = -1\,000 \times 9.81 \times 1 - 13\,600 \times 9.81 \times 0.3 = -4.98 \times 10^4 \text{（Pa）}$$

（2）列收缩处 1 截面与管道出口 2 截面的伯努利方程为

$$\frac{p_1}{\gamma} + \frac{v_1^2}{2g} = \frac{v_2^2}{2g}$$

又由连续方程

$$v_1 A_1 = v_2 A_2$$

得

$$v_1 = 4v_2$$

两式联立求解得

$$v_2 = 2.58 \text{ m/s}, \quad v_1 = 4 \times 2.58 = 10.32 \text{（m/s）}$$

（3）列水池液面 0—0 截面和管道出口 2—2 截面的伯努利方程为

$$H + 0 + 0 = 0 + 0 + \frac{v^2}{2g}$$

得

$$H = \frac{v^2}{2g} = \frac{2.58^2}{2 \times 9.81} = 0.34（\text{m}）$$

生活小常识：在高速公路或高铁两侧，因车速很快，带动周围空气快速流动，导致周边气压下降，会吸附周边的物体，路过的行人务必非常小心，以免造成不必要的伤亡事故。

第七节 恒定气流能量方程式

前面已经讲到，总流能量方程式为

$$z_1 + \frac{p_1}{\gamma} + \frac{\alpha_1 v_1^2}{2g} = z_2 + \frac{p_2}{\gamma} + \frac{\alpha_2 v_2^2}{2g} + h_{l1-2}$$

虽然它是在不可压缩这样的流动模型基础上提出的，但在流速不高（小于 68 m/s），压强变化不大的情况下，气流可视为不可压缩流体，能量方程同样可以应用于气体。通常应用于常温低速气流的通风空调系统、高温低速的烟气流以及燃气输配管流中，本节介绍其中的两种。

一、常温气流能量方程

当能量方程用于通风空调系统中，气流通常都在水平管道中流动，管道进出口位置势能差 $\Delta z\,(z_2 - z_1)$ 不是很大，变化可忽略；且管道系统内外温度相差较低，故密度差 $\Delta\rho$ 很小，气体流动时，由于水头概念没有像液体流动那样明确具体，我们将方程各项乘以重度 γ，转变为压强的因次。这样，式（3-36）可改写为

$$p_1 + \frac{\rho v_1^2}{2} = p_2 + \frac{\rho v_2^2}{2} + p_{l1-2} \tag{3-47}$$

其中，$\alpha_1 = \alpha_2 = 1$，$p_{l1-2} = \gamma h_{l1-2}$，称为两断面间的压强损失。

式（3-47）即为常温气流能量方程，压强单位为 N/m^2。

方程各项物理意义：

p——单位体积气流的压能，常称为"静压"；

$\dfrac{\rho v^2}{2}$——单位体积气流的动能，常称为"动压"；

$p_q = p + \dfrac{\rho v^2}{2}$——单位体积气流的机械能，工程称"全压"；

p_l——单位体积气流的机械能损失，工程称"压头损失"。

为了反映气流沿程的能量变化，我们用总水头线和测压管水头线相对应的全压线和静压线来求得其图形表示。

气流能量方程各项单位为压强，气流的全压线和静压线一般可在选定零压线（第二断面相对压强为零的线）的基础上，对应于气流各断面进行绘制。

以风机吸入管段至压出管段为例（图3-31），分析常温气流能量方程的意义。

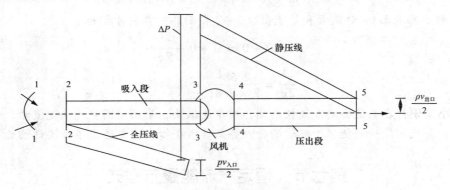

图3-31　全压线和静压线

选取风机吸入段进口为2—2断面，进口之前为1—1断面，吸入段末端为3—3断面，压出段始端为4—4断面，压出段出口为5—5断面。分别列1—1断面和2—2断面常温气流能量方程，2—2断面和3—3断面常温气流能量方程，4—4断面和5—5断面常温气流能量方程，方程如下：

$$p_1 + \frac{\rho v_1^2}{2} = p_2 + \frac{\rho v_2^2}{2} + p_{l1-2} \tag{3-48}$$

$$p_2 + \frac{\rho v_2^2}{2} = p_3 + \frac{\rho v_3^2}{2} + p_{l2-3} \tag{3-49}$$

$$p_4 + \frac{\rho v_4^2}{2} = p_5 + \frac{\rho v_5^2}{2} + p_{l4-5} \tag{3-50}$$

由于1—1断面在进口之前，所以 $p_1 = 0, \dfrac{\rho v_1^2}{2} = 0$，故式（3-48）变为

$$0 = p_2 + \frac{\rho v_2^2}{2} + p_{l1-2} \tag{3-51}$$

由于5—5断面在压出段出口，所以 $p_5 = 0$，故式（3-50）变为

$$p_4 + \frac{\rho v_4^2}{2} = \frac{\rho v_5^2}{2} + p_{l4-5} \tag{3-52}$$

分析可得吸入段：全压、静压均为负值；压出段：全压、静压均为正值，如图 3-31 所示，从 3—3 断面到 4—4 断面压强的骤然增大是由风机提供的压头，列 3—3 断面和 4—4 断面的常温气流能量方程：

$$p_3 + \frac{\rho v_3^2}{2} + \Delta p = p_4 + \frac{\rho v_4^2}{2} \tag{3-53}$$

所以风机提供的压头 $\qquad\qquad\qquad \Delta p = p_{q4} - p_{q3}$

列 1—1 断面和 5—5 断面的常温气流能量方程：

$$0 + \Delta p = \frac{\rho v_5^2}{2} + \sum p_{l1-2} \tag{3-54}$$

所以风机提供的压头 $\Delta p = \frac{\rho v_5^2}{2} + \sum p_{l1-2}$，即风机所提供的压头克服了气流在管道中流动的所有阻力，并让气流以一定的速度流出管道。

【例 3-8】密度 $\rho = 1.2 \ \text{kg/m}^3$ 的空气，用风机吸入直径为 15 cm 的吸风管道，在喇叭形进口处测得水柱吸上高度为 $h_0 = 12 \ \text{mm}$（图 3-32）。不考虑损失，求流入管道的空气流量。

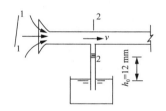

图 3-32 喇叭形进口的空气流量

解：气体由大气中流入管道。大气中的流动也是气流的一个部分，但它的压强只有在距喇叭口相当远、流速接近零处，才等于零，此处取为 1—1 断面。2—2 断面也应该选取在接有测压管的地方，因为这是压强已知，和大气压有联系的断面。12 mmH_2O 等于 118 N/m^2。

取 1—1、2—2 断面写能量方程：

$$0 + 0 = 1.2 \times \frac{v^2}{2} - 118$$

$$v = 14 \ \text{m/s}$$

$$Q = vA = 14 \times \frac{\pi}{4} \times 0.15^2 = 0.25 \ (\text{m}^3/\text{s})$$

【例 3-9】图 3-33 所示为开式试验风洞，射流喷口直径 $d = 1.5 \ \text{m}$，若在直径 $D = 6 \ \text{m}$ 的进风口壁侧装测压管，其读数为 $h = 120 \ \text{mmH}_2\text{O}$，空气密度 $= 1.29 \ \text{kg/m}^3$，不计损失，求喷口风速。

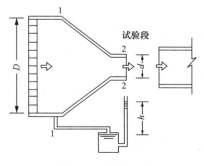

图 3-33 风洞试验

解：列 1—1 断面和 2—2 断面的气流能量方程

$$p_1 + \frac{\rho v_1^2}{2} = p_2 + \frac{\rho v_2^2}{2} \tag{a}$$

$$p_1 = \gamma_{H_2O} h = 120 \text{ mmH}_2\text{O} = 1\,177.5 \text{ N/m}^2$$

$$p_2 = 0$$

$$v_1 = v_2 \left(\frac{d}{D}\right)^2 \tag{b}$$

联立（a）和（b），求得

$$v_2 = 42.81 \text{ m/s}$$

二、高温烟气流能量方程

对于气体流动，特别是在高差较大，气体重度和空气重度不等的情况下，必须考虑大气压强因高度不同的差异。我们将方程（3-47）考虑位置引起的压强变化，式（3-47）可改写为

$$p_1' + \gamma z_1 + \frac{\rho v_1^2}{2} = p_2' + \gamma z_2 + \frac{\rho v_2^2}{2} + p_{l1-2} \tag{3-55}$$

式中，两断面压强写为 p_1'、p_2'，表示它们是绝对压强，与相对压强 p_1、p_2 相区别。

此时 1、2 断面绝对压强和相对压强的关系将不同，如图 3-34 所示。设断面在高程为 z_1 处，大气压强为 p_a；在高程为 z_2 的断面，大气压强将减至 $p_a - \gamma_a(z_2 - z_1)$。式中，$\gamma_a$ 为空气重度。因而，如果 1—1 断面绝对压强 p_1' 和相对压强 p_1 之间的关系为

$$p_1' = p_a' + p_1$$

则 2—2 断面的绝对压强和相对压强的关系为

$$p_2' = p_a' - \gamma_a(z_2 - z_1) + p_2$$

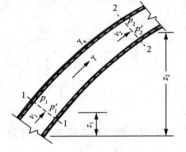

图 3-34　气流的相对压强与绝对压强

将 p_1' 和 p_2' 代入式（3-55）得

$$p_a + p_1 + \gamma z_1 + \frac{\rho v_1^2}{2} = p_a' - \gamma_a(z_2 - z_1) + p_2 + \gamma z_2 + \frac{\rho v_2^2}{2} + p_{l1-2}$$

消去 p_a'，经整理得出

$$p_1 + \frac{\rho v_1^2}{2} + (\gamma_a - \gamma)(z_2 - z_1) = p_2 + \frac{\rho v_2^2}{2} + p_{l1-2} \tag{3-56}$$

上式即用相对压强表示的气流能量方程式。方程与液体能量方程比较，除各项位为压强，表示气体单位体积的平均能量外，对应项有基本相近的意义：

p_1、p_2——断面 1、2 的相对压强，专业上习惯称为静压。但不能理解为静止流体的压强。它与管中水流的压强水头相对应。应当注意，相对压强是以同高程处大气压强为零点计算的，不同的高程引起大气压强的差异，已经计入方程的位压项了。

$\frac{\rho v_1^2}{2}$、$\frac{\rho v_2^2}{2}$——专业中习惯称为动压。它反映断面流速无能量损失地降低至零所转化的压强值。

$(\gamma_a - \gamma)(z_2 - z_1)$——重度差与高程差的乘积，称为位压，与水流的位置水头差相对应。位压是以 2—2 断面为基准量度的 1—1 断面的单位体积位能。我们知道 $(\gamma_a - \gamma)$ 为单位体积气体所承受的有效浮力，气体从 z_1 至 z_2，顺浮力方向上升 $(z_2 - z_1)$ 铅直距离时，气体所损失的位能为 $(\gamma_a - \gamma)(z_2 - z_1)$，因此 $(\gamma_a - \gamma)(z_2 - z_1)$ 即为断面 1—1 相对于断面 2—2 的单位体积位能。式中 $(\gamma_a - \gamma)$ 的正或负，表征有效浮力的方向为向上或向下；$(z_2 - z_1)$ 的正或负表征气体向上或向下流动。位压是两者的乘积，因而可正可负。当气流方向（向上或向下）与实际作用力（重力或浮力）方向相同时，位压为正，当两者方向相反时，位压为负。

在讨论 1—1、2—2 断面之间管段内气流的位压沿程变化时，任一断面 z 的位压是 $(\gamma_a - \gamma)(z_2 - z)$，仍然以 2—2 断面为基准。

应当注意，气流在正的有效浮力作用下，位置升高，位压减小；位置降低，位压增大。这与气流在负的有效浮力作用下，位置升高，位压增大；位置降低，位压减小正好相反。

p_{l1-2}——1—1、2—2 两断面间的压强损失。

静压和位压相加，称为势压，以 p_s 表示。下标 s 表示"势压"的第一个注音符号。势压与管中水流的测压管水头相对应。

$$p_s = p + (\gamma_a - \gamma)(z_2 - z_1)$$

静压和动压之和，专业中习惯称为全压，以 p_q 表示。表示方法同前。

$$p_q = p + \frac{\rho v^2}{2}$$

静压、动压和位压三项之和以 p_z 表示，称为总压，与管中水流的总水头相对应。

$$p_z = p + \frac{\rho v^2}{2} + (\gamma_a - \gamma)(z_2 - z_1)$$

由上式可知，存在位压时，总压等于位压加全压。位压为零时，总压就等于全压。

【例 3-10】如图 3-35 所示，空气由炉口 a 流入，通过燃烧后，废气经 b、c、d 由烟囱流出，烟气 $\rho = 0.6\ \mathrm{kg/m^3}$，空气 $\rho = 1.2\ \mathrm{kg/m^3}$，由 a 到 c 的压强损失换算为出口动压为 $9 \times \frac{\rho v^2}{2}$，$c$ 到 d 的损失为 $20 \frac{\rho v^2}{2}$。求：（1）出口流速 v；（2）c 处静压 p_c。

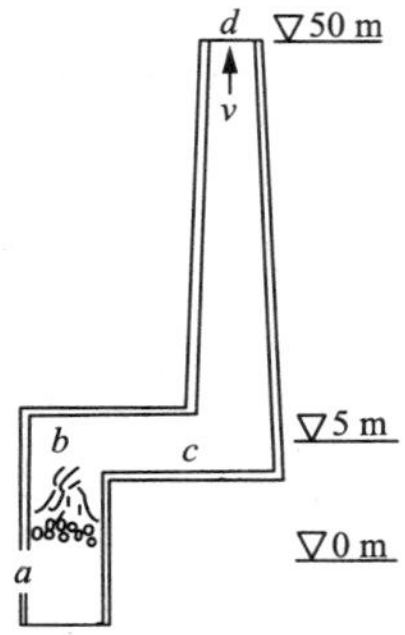

图 3-35 烟囱内烟气流

解：（1）在进口前零高程和出口 50 m 高程处两断面写能量方程：

$$0 + 0 + 9.8 \times (1.2 - 0.6) \times 50 = 20 \times 0.6 \times \frac{v^2}{2} +$$

$$9 \times 0.6 \times \frac{v^2}{2} + 0.6 \times \frac{v^2}{2} = 30 \times 0.6 \times \frac{v^2}{2} = 294\ (\mathrm{N/m^2})$$

$$0.6 \times \frac{v^2}{2} = 9.8\ (\mathrm{N/m^2})$$

$$v = \sqrt{9.8 \times 2/0.6} = 5.7\ (\mathrm{m/s})$$

（2）计算 p_c，取 c、d 断面

$$0.6 \times \frac{v^2}{2} + p_c + 9.8 \times (50 - 5) \times 0.6 = 0 + 0.6 \times \frac{v^2}{2} + 20 \times 0.6 \times \frac{v^2}{2}$$

$$p_c = 20 \times 0.6 \times \frac{v^2}{2g} - 264.6 = 20 \times 9.75 - 264.6 = -68.6 \ (\text{N/m}^2)$$

第八节　恒定流动量方程

前面我们讨论了连续性方程、能量方程，这些方程可以用来解决许多实际问题，如确定管截面面积，计算流体的流速、流量和压力分布等。当流速大小发生变化、流动方向发生改变以及产生旋转力矩如图 3-36 所示时，需要解决流体与固体间相互作用力的问题，所以本节中将要讨论动量方程和动量矩方程的推导及应用。

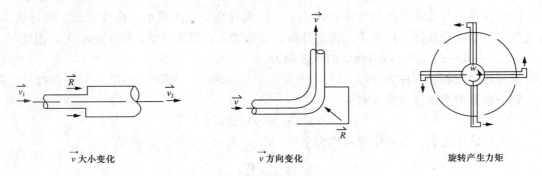

$\vec{v}$ 大小变化　　　　　　$\vec{v}$ 方向变化　　　　　　旋转产生力矩

图 3-36　流体与固体的作用力关系

一、恒定流动量方程推导

在固体力学中，我们知道，物体质量 m 和速度 v 的乘积 mv 称为物体的动量。作用于物体的所有外力的合力 $\sum F$ 和作用时间 dt 的乘积 $\sum F \cdot dt$ 称为冲量，动量定律指出，作用于物体的冲量，等于物体的动量增量，即

$$\sum \vec{F} dT = d(m\vec{v})$$

动量定律是矢量方程。为强调用符号→表示矢量。

现将此方程用于一元流动。所考察的物质系统取某时刻两断面间的流体，参看图 3-37，研究流体在 dt 时间内的动量增量和外力的关系。

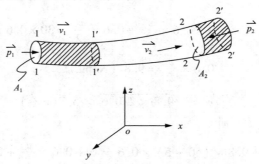

图 3-37　动量方程的推证

为此，类似元流能量方程的推导，在恒定总流中，取 1 和 2 两渐变流断面。两断面间流段 1—2 在 dt 时间后移动至 1′—2′。由于是恒定流，dt 时段前后的动量变化，应为流段新占有的 2—2′体积内的流体所具有的动量减流段退出的 1—1′体积内流体所具有的动量；而 dt 前后流段共有的空间 1—2′内的流体，尽管不是同一部分流体，但它们在相同点的流速大小和方向相同，密度也未改变，因此，动量也相同。

仍用平均流速的流动模型，则动量增量为

$$d(m\vec{v}) = \rho_2 A_2 v_2 \cdot dt \cdot \vec{v_2} - \rho_1 A_1 v_1 \cdot dt \cdot \vec{v_1}$$
$$= \rho_2 Q_2 dt \vec{v_2} - \rho_1 Q_1 dt \vec{v_1}$$

由动量定理：

$$\sum \vec{F} dt = d(m\vec{v}) = \rho_2 Q_2 dt \vec{v_2} - \rho_1 Q_1 dt \vec{v_1}$$
$$\sum \vec{F} = \rho_2 Q_2 \vec{v_2} - \rho_1 Q_1 \vec{v_1}$$

这个方程是以断面各点的流速均等于平均流速这个模型来写出的。实际流速的不均匀分布使上式存在着计算误差，为此，以动量修正系数 α_0 来修正。α_0 定义为实际动量和按照平均流速计算的动量的比值，即

$$\alpha_0 = \frac{\int_A \rho u^2 dA}{\rho Q v} = \frac{\int_A u^2 dA}{A v_2} \tag{3-57}$$

α_0 取决于断面流速分布的不均匀性。不均匀性越大，α_0 越大，一般取 $\alpha_0 = 1.05 \sim 1.02$，为了简化计算，常取 $\alpha_0 = 1$。考虑了流速的不均匀分布，上式可写为

$$\sum \vec{F} = \alpha_{02} \rho_2 Q_2 \vec{v_2} - \alpha_{01} \rho_1 Q_1 \vec{v_1} \tag{3-58}$$

这就是恒定流动量方程。

方程表明，将物质系统的动量定理应用于流体时，动量定理的表述形式之一：对于恒定流动，所取流体段（简称流段，它由流体构成）的动量在单位时间内的变化，等于单位时间内流出该流段所占空间的流体动量与流进的流体动量之差；该变化率等于流段受到的表面力与质量力之和，即外力之和。

动量定理本身是针对特定的物质系统而言的，是拉格朗日的描述方法，而式（3-58）的表述中，"流出"和"流进"的流体不属于同一系统，这种表述是欧拉法的。此外虽然我们讨论的是一元流动，实际上，这种表述对三元流动同样适用，具有普遍性。

我们将流段占有的空间称为控制体。控制体的一般定义：控制体是根据问题的需要所选择的相对于坐标系为固定的空间体积。控制体的整个表面称为控制面。控制体可以是有限体积，也可以无限小，形状也可各异。实质上，在流体力学中，控制体是在对流动规律的拉格朗日描述转换到欧拉描述时所出现的一个概念，是欧拉法所采用的概念。

动量方程式（3-58）成立的条件是流动恒定，它对不可压缩流体和可压缩流体均适用。对于不可压缩流体，由于 $\rho_1 = \rho_2 = \rho$ 和连续性方程 $Q_1 = Q_2$，其恒定流动量方程为

$$\sum \vec{F} = \alpha_{02} \rho Q \vec{v_2} - \alpha_{01} \rho Q \vec{v_1} \tag{3-59}$$

在直角坐标系中的分量式为

$$\begin{cases} \Sigma F_x = \rho Q(\alpha_{02}v_{2x} - \alpha_{01}v_{1x}) \\ \Sigma F_y = \rho Q(\alpha_{02}v_{2y} - \alpha_{01}v_{1y}) \\ \Sigma F_z = \rho Q(\alpha_{02}v_{2z} - \alpha_{01}v_{1z}) \end{cases} \tag{3-60}$$

通常，在工程上近似取 $\alpha_{01} = \alpha_{02} = 1$。

二、恒定流动量方程的应用

恒定总流的动量方程可用于求解作用在管道上的动水反力、水流对建筑物的作用力、射流对平面壁的冲击力等问题。应用动量方程时应注意以下问题：

（1）正确选择控制体，确定研究对象，流体流入与流出的截面应选在流线为平行且直的管段上（渐变流截面）。

（2）建立坐标系，按坐标系的方向确定速度与外力的各速度分量的正负号，与坐标方向相同者取正号，反之取负号。

（3）所有作用在控制体上的外力应计算进去。包括：①作用在该控制体内所有流体质点的质量力；②作用在该控制体面上的所有表面力，需要注意的是，由于在选定的控制体范围内大气压的作用相互抵消，因此压力 p 常用相对压力来计算；③四周边界对水流的总作用力。若方向未知，可先假定方向，计算结果为正，则实际方向与假设方向相同，反之则相反。

【例3-11】 水平放置在混凝土支座上的直径 $d = 100$ mm 的 $60°$ 弯管，如图3-38所示，弯管前端 1—1 截面上压力表读数 $p_1 = 9\,807$ Pa，管中流量 $Q = 0.04$ m³/s，不计水头损失，求水对弯管作用力 F 的大小。

解： 首先确定控制体，如图3-38所示，在弯管下游取 1—1 截面和 2—2 截面，并以此两断面及断面间管壁为控制面，其包围的空间则为控制体。其次选择坐标系，坐标按图3-38所示方向设置。

（1）根据连续性方程可求得

$$v = \frac{Q}{\frac{\pi}{4}d_1^2} = \frac{0.04 \times 4}{\pi \times 0.1^2} = 5\,(\text{m/s})$$

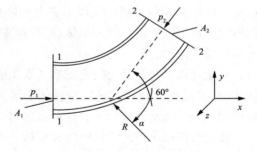

（2）取 1—1 截面、2—2 截面列伯努利方程为

$$z_1 + \frac{p_1}{\gamma} + \frac{v_1^2}{2g} = z_2 + \frac{p_2}{\gamma} + \frac{v_2^2}{2g}$$

由于管路水平，则 $z_1 = z_2, v_1 = v_2$。

可得 $\qquad\qquad p_2 = p_1 = 9\,807p_a$

图3-38　水流对弯管的作用力

（3）对控制体内流体进行受力分析。本题弯管水平放置，显然不必考虑重力作用，对于表面力，只有进、出口控制面上的压力，即

1—1 截面：$P_1 = p_1 A_1 = 9\,807 \times \dfrac{\pi}{4}(0.1)^2 = 77.1$（kN）（方向沿 x 轴方向）。

2—2 截面：$P_2 = p_2 A_2 = 9\,807 \times \dfrac{\pi}{4} \times (0.1)^2 = 77.1$（kN）（方向垂直于 2—2 截面，指

向控制体内）。

水流经弯管，动量发生变化，必然产生作用力 F。而 F 与管壁对水的反作用力 R 平衡。管道水平放置在 xoy 面上，R 方向先假定如图3-38所示，与 x 轴夹角为 α。

（4）列动量方程求解。

沿 x 轴方向 $\quad \sum F_x = p_1 - p_2 \cos 60° - R \cos \alpha = \rho Q (v_2 \cos 60° - v_1)$

代入数据 $\quad 77.1 - 77.1 \times \cos 60° - R \cos \alpha = 1\,000 \times 0.04 \times (5 \times \cos 60° - 5)$ (a)

沿 y 轴方向 $\quad \sum F_y = - p_2 \sin 60° + R \sin \alpha = \rho Q (v_2 \sin 60° - 0)$

代入数据 $\quad -77.1 \times \sin 60° + R \sin \alpha = 1\,000 \times 0.04 \times (5 \times \sin 60° - 0)$ (b)

联立式（a）、式（b）求解得

$$R = 272 \text{ kN}, \quad \alpha = 60°$$

水流对弯管的作用力 F 与 R 大小相等，方向相反。

三、恒定流动的动量矩方程

（一）动量矩方程

应用动量方程可以确定液流与边界之间总作用力的大小和方向，但不能给出作用力的位置。如要确定其位置，可参照力矩平衡方程求合力作用点的方法，用动量矩方程求得。水流通过水轮机或水泵等流体机械时是在叶片所形成的通道内，这时水流与叶片之间有力的作用，受水流作用的转轮叶片本身又绕一固定轴转动，在分析这类流动时也需要了解水流的动量矩变化与外力矩之间的关系。

在一般力学中，一个物体单位时间内对转动轴的动量矩的变化，等于作用于此物体上所有外力对同一轴的力矩之和，这就是动量矩定理。下面以水流通过泵叶轮的流动情况为例来进行分析，所得动量矩方程也适用一般定常流动情况。

设有一水泵的叶轮如图3-39所示，液流从叶轮外周进入，入流的方向与圆周切线方向成一夹角 α_1，其绝对速度为 v_1；液流从内周流出，出流方向与圆周切线方向成夹角 α_2，

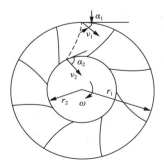

其绝对速度为 v_2。单位时间内进入叶轮液体的动量矩为液流在圆周切线方向上的动量乘以半径，即为 $\rho Q (v_1 \cos \alpha_1 r_1)$；单位时间内流出转轮的动量矩为 $\rho Q (v_2 \cos \alpha_2 r_2)$。动量矩的差即为液流作用于叶轮的力矩 M，即

$$M = \rho Q (r_2 v_2 \cos \alpha_2 - r_1 v_1 \cos \alpha_1) \tag{3-61}$$

如果液流通过叶轮而获得动量矩，即式（3-61）的左边为负值，则系叶轮加力于液流，如离心式水泵就是这样。式（3-61）为恒定液流运动的动量矩方程。

图3-39 水泵叶轮

（二）流体在叶轮中的运动及速度三角形

为研究叶轮与流体相互作用的能量转换关系，首先要了解流体在叶轮中的运动。由于流体在叶轮中的运动是一个复合运动，分析前要做以下两点假设：

（1）叶轮片数为无限多，且无限薄，这样可认为流体运动轨迹与叶片的外形曲线相重合。因此，相对速度的方向即为叶片的切线方向。

（2）叶轮中的流体为无黏性流体，即理想流体。因此，可暂不考虑由黏性而产生的能量损失。

当叶轮旋转时，叶轮中某一流体微团将随叶轮一起做旋转运动。同时该微团在离心力的作用下，又沿叶轮流道向外缘流出。因此，流体在叶轮中的运动是一种复合运动。复合运动用矢量法来进行分析研究十分方便，也是研究叶轮运动的重要基础。

叶轮带动流体的旋转运动，称牵连运动，其速度称牵连速度，又称圆周速度，用 u 表示。流体相对于叶轮的运动称相对运动，其速度称相对速度，用 w 表示。流体相对于静止机壳的运动称绝对运动，其速度称绝对速度，用 v 表示，如图 3-40 所示。绝对速度应为相对速度和圆周速度的矢量和，即

$$\vec{v} = \vec{u} + \vec{w}$$

由这三个速度矢量组成的矢量图，称为速度三角形，如图 3-41 所示。绝对速度 v 可以分解成两个相互垂直的量。绝对速度在圆周方向的分量，称为圆周分速度，用 v_u 表示，$v_u = v\cos\alpha$，其大小与流体通过叶轮后所获得的能量有关；绝对速度在轴面上的分量，称为轴面速度，用 v_r 表示，$v_r = v\sin\alpha$，它是流体沿轴面向叶轮出口流出的分量，与通过叶轮的流量有关。

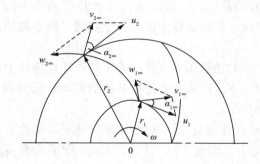

图 3-40　流体在叶轮中流动

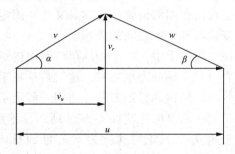

图 3-41　速度三角形

叶轮以等角速度 ω 旋转时旋转力矩对流体所做的功率为

$$M\omega = \rho Q(r_2\omega v_2\cos\alpha_2 - r_1\omega v_1\cos\alpha_1)$$

或

$$M\omega = \rho Q(u_2 v_{2u} - u_1 v_{1u})$$

若单位重力作用下流体通过叶轮时所获得的能量为 H，则单位时间流体通过叶轮叶片所获得的总能量为 γQH。对理想流体而言，叶轮传递给流体的功率，应该等于流体从叶轮中获得的功率，即

$$\gamma QH = \rho Q(u_2 v_{2u} - u_1 v_{1u})$$

全式除以 γQ 得

$$H = \frac{1}{g}(u_2 v_{2u} - u_1 v_{1u}) \tag{3-62}$$

式（3-62）即为泵与风机的基本方程。H 为流体通过叶轮叶片时的扬程，单位为 m。

【例3-12】 一旋转喷水器如图 3-42 所示，喷嘴直径为 25 mm，每个喷嘴流量为 7 L/s，若涡轮以 100 r/min 的速度旋转，计算它的功率。

解：分析如图 3-43 所示，一个喷嘴内流体对转轴（O）的动量矩方程：

$$M_O = \rho Q (r_2 v_{2u} - r_1 v_{1u})$$

$$v_{2r} = 0 , \ r_2 = R$$

$$v_{2u} = v_2 = w_2 - u_2 = \frac{Q}{A_2} - \omega r_2 = \frac{Q}{\pi/4 d^2} - \omega R$$

因为本题入口在轴心，所以 $r_1 = 0$，代入上述动量矩方程，得

$$M_O = \rho Q \left[R \left(\frac{Q}{\pi/4 d^2} - \omega R \right) - 0 \right]$$

4 个喷嘴的总功率：$N = 4 (M_O \cdot \omega) = 4 \omega \rho Q R \left(\frac{Q}{\pi/4 d^2} - \omega R \right)$

$$= 4 \frac{2\pi n}{60} \rho Q R \left(\frac{Q}{\pi/4 d^2} - \frac{2\pi n}{60} R \right) = 1.41 \ (\text{kW})$$

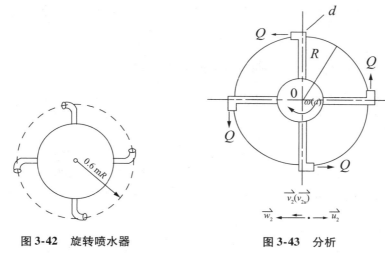

图 3-42 旋转喷水器 　　　　　　　图 3-43 分析

本章小结

本章主要介绍了一元流体动力学的基本知识，重点内容小结如下：

一、概念

（1）拉格朗日法与欧拉法；

（2）流线与迹线；

（3）恒定流与非恒定流；

（4）一元流动、二元流动和三元流动；

（5）元流与总流；

（6）流量、断面平均流速。

二、公式（基本方程）

1. 连续性方程：

（1）流体不可压缩：$v_1 A_1 = v_2 A_2 = \cdots vA$；

（2）流体可压缩：$\rho_1 v_1 A_1 = \rho_2 v_2 A_2$；

（3）当流动有分流时：$v_1 A_1 = v_2 A_2 + v_3 A_3$；

（4）当流动有合流：$v_1 A_1 + v_2 A_2 = v_3 A_3$。

2. 能量方程：

（1）理想流体恒定元流能量方程：$z_1 + \dfrac{p_1}{\gamma} + \dfrac{u_1^2}{2g} = z_2 + \dfrac{p_2}{\gamma} + \dfrac{u_2^2}{2g} = C$；

（2）恒定总流能量方程：$z_1 + \dfrac{p_1}{\gamma} + \dfrac{\alpha_1 v_1^2}{2g} = z_2 + \dfrac{p_2}{\gamma} + \dfrac{\alpha_2 v_2^2}{2g} + h_{l1-2}$；

（3）常温气流能量方程：$p_1 + \dfrac{\rho v_1^2}{2} = p_2 + \dfrac{\rho v_2^2}{2} + p_{l1-2}$；

（4）高温烟气流能量方程：$p_1 + \dfrac{\rho v_1^2}{2} + (\gamma_a - \gamma)(z_2 - z_1) = p_2 + \dfrac{\rho v_2^2}{2} + p_{l1-2}$。

3. 动量方程：$\sum \vec{F} = \alpha_{02} \rho Q \vec{v}_2 - \alpha_{01} \rho Q \vec{v}_1$。

4. 动量矩方程：$M = \rho Q (r_2 v_2 \cos\alpha_2 - r_1 v_1 \cos\alpha_1)$。

5. 泵与风机基本方程：$H = \dfrac{1}{g}(u_2 v_{2u} - u_1 v_{1u})$。

本章习题

1. 水流过一段转弯变径管，如图 3-44 所示，已知小管径 $d_1 = 200 \text{ mm}$，截面压力 $p_1 = 70 \text{ kPa}$，大管径 $d_2 = 400 \text{ mm}$，压力 $p_2 = 40 \text{ kPa}$，流速 $v_2 = 1\text{m/s}$。两截面中心高度差 $z = 1 \text{ m}$，求管中流量及水流方向。

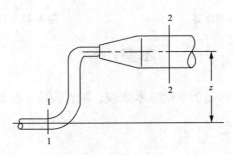

图 3-44　习题 1 图

2. 由断面为 0.2 m^2 和 0.1 m^2 的两根管子所组成的水平输出管系从水箱流入大气，如图 3-45 所示。

（1）若不计损失，①求断面流速 v_1 和 v_2；②绘总水头线及测压管水头线；③求管入口 A 点的压强近似值。

（2）计入损失：第一段为 $4\dfrac{v_1^2}{2g}$，第二段为 $3\dfrac{v_2^2}{2g}$。①求断面流速 v_1 及 v_2；②绘总水头线及测压管水头线；③根据水头线求各段中间的压强，不计局部损失。

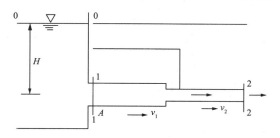

图 3-45　习题 2 图

3. 如图 3-46 所示，水管直径为 50 mm，末端的阀门关闭时，压力表读数为 21 kPa，阀门打开后读数降至 5.5 kPa，如不计管中的压头损失，求通过的流量。

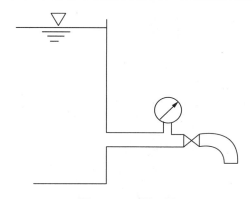

图 3-46　习题 3 图

4. 流量为 0.06 m³/s 的水，流过如图 3-47 所示的变直径管段，管径 $d_1 = 250$ mm，管径 $d_2 = 150$ mm，两截面高差 2 m，$P_1 = 120$ kPa，不计压力损失，求：（1）如水向下流动，②截面的压力及水银压差计的读数；（2）如水向上流动，②截面的压力及水银压差计的读数。

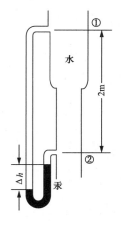

图 3-47　习题 4 图

5. 风机进气管首端装有一流线形渐缩管，可用来测量通过的流量，如图 3-48 所示。这种渐缩管的局部损失可忽略不计，且气流在其末端可认为是均匀分布的。如装在渐缩管末端的测压计读数 $\Delta h = 25$ mm，空气的温度为 20 ℃，风管直径为 1.2 m，求通过的流量。

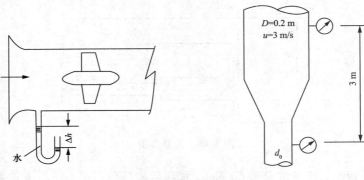

图 3-48　习题 5 图

6. 水沿管线下流，若压力计的读数相同，不计损失，求需要的小管直径 d_0。

7. 水由图 3-49 中的喷口流出，喷口直径 $d = 75$ mm，不计损失，计算 H 值和 P。

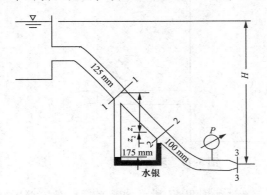

图 3-49　习题 7 图

8. 如图 3-50 所示，烟囱直径 $d = 1$ m，烟气量为 115 kg/h，烟气密度为 $\rho = 0.8$ kg/m³，

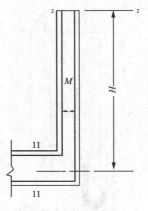

图 3-50　习题 8 图

周围气体密度 $\rho = 1.2 \text{ kg/m}^3$，烟囱的压强损失 $\Delta P = 0.04 \dfrac{H}{d} \dfrac{\rho v^2}{2}$，要保证底部（1 断面）负压不小于 0.001 个工程大气压。试求：（1）烟囱至少应该多高；（2）烟囱中心位置 M 处的相对压强。

9. 如图 3-51 所示，离心通风机借集流器从大气中吸入空气。若插入盛水容器的玻璃管中的水面上升高度为 h，则通风机流量如何计算？（空气密度 ρ_a）

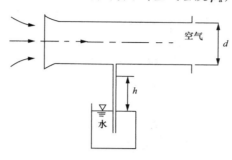

图 3-51　习题 9 图

10. 图 3-52 所示为水从压力容器定常出流，压力表读数为 10 atm，$H = 3.5 \text{ m}$，管嘴直径 $D_1 = 0.06 \text{ m}$，$D_2 = 0.12 \text{ m}$，试求管嘴上螺钉群共受多少拉力？计算时管嘴内液体本身重量不计，忽略一切损失。

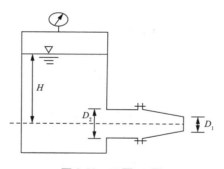

图 3-52　习题 10 图

11. 闸下出流，如图 3-53 所示，平板闸门宽 $b = 2 \text{ m}$，闸前水深 $h_1 = 4 \text{ m}$，闸后水深 $h_2 = 0.5 \text{ m}$，出流量 $Q = 8 \text{ m}^3/\text{s}$，不计摩擦阻力，试求水流对闸门的作用力，并与按静水压强分布规律计算的结果相比较。

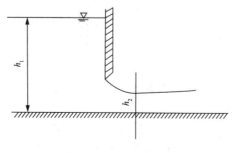

图 3-53　习题 11 图

12. 有一水平喷嘴,如图3-54所示,$D_1 = 200$ mm 和 $D_2 = 100$ mm,喷嘴进口水的绝对压强为 345 kPa,出口为大气,$p_a = 103.4$ kPa,出口水速为 22 m/s。求固定喷嘴法兰螺栓上所受的力为多少?假定为不可压缩定常流动,忽略摩擦损失。

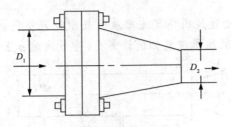

图 3-54　习题 12 图

13. 如图3-55所示,水流经平面放置的弯管流入大气,已知 $d_1 = 100$ mm,$d_2 = 75$ mm,$v_2 = 23$ m/s,不计水头损失,求弯管上所受的力。

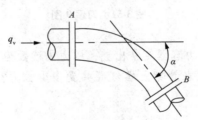

图 3-55　习题 13 图

14. 如图3-56所示,将一平板深入水的自由射流,垂直于射流的轴线。该平板截去射流流量的一部分 q_{v1},引起射流剩余部分偏转角度 α。已知射流流速 $v = 30$ m/s,全部流量 $q_v = 36 \times 10^{-3}$ m³/s,截去流量 $q_{v1} = 12 \times 10^{-3}$ m³/s。求偏角 α 及平板受力 F。

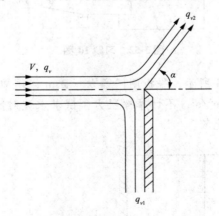

图 3-56　习题 14 图

15. 如图3-57所示,某供水系统中一段水平供水管道,直径 $D = 0.2$ m,拐弯处的弯角 $\alpha = 60°$,管中断面 1—1 处的压强为 $p_1 = 5 \times 10^4$ Pa,断面 2—2 处的压强为 $p_2 = 4 \times 10^4$ Pa,

求水流对弯管的作用力。

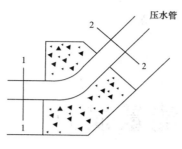

图 3-57　习题 15 图

16. 如图 3-58 所示，有两个高均为 200 mm，直径分别为 150 mm 和 155 mm 的同轴圆筒，两圆筒间充满了动力黏度为 1.147 Pa·s 的油，若外圆筒保持静止，内筒以 12 r/min 的速度旋转。为克服筒间的黏滞阻力，问需在内筒上加多大力矩？

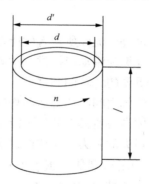

图 3-58　习题 16 图

第四章

流动阻力和能量损失

为了运用能量方程式确定流动过程中流体所具有的能量变化，或者说，确定各断面上位能、压力能和动能之间的关系以及计算为流动应提供的动力等，都需要解决能量损失项的计算问题。能量损失的计算是专业中重要的计算问题之一。

不可压缩流体在流动过程中，流体之间因相对运动切应力的做功，以及流体与固体壁面之间摩擦力的做功，都是靠损失流体自身所具有的机械能来补偿的。这部分能量均不可逆转地转化为热能。这种引起流动能量损失的阻力与流体的黏滞性和惯性，与固体壁面对流体的阻滞作用和扰动作用有关。因此，为了得到能量损失的规律，必须同时分析各种阻力的特性，研究壁面特征的影响，以及产生各种阻力的机理。

能量损失一般有两种表示方法，对于液体，通常用单位重量流体的能量损失（或称水头损失）h_l 来表示，其因次为长度；对于气体，则常用单位体积内的流体的能量损失（或称压强损失）P_l 来表示，其次因与压强的因次相同。它们之间的关系：

$$P_l = \gamma h_l$$

第一节　沿程损失和局部损失

在工程的设计计算中，根据流体接触的边壁沿程是否变化，把能量损失分为两类：沿程损失 h_f 和局部损失 h_m。它们的计算方法和损失机理不同。

一、流动阻力和能量损失的分类

在边壁沿程不变的管段上（如图 4-1 中的 ab、bc、cd 段），流动阻力沿程也基本不变，称这类阻力为沿程阻力。克服沿程阻力引起的能量损失称为沿程损失。图中的 h_{fab}、h_{fbc}、h_{fcd} 就是 ab、bc、cd 段的损失——沿程损失。由于沿程损失沿管段均布，即与管段的长度成正比，所以也称为长度损失。

在边界急剧变化的区域，阻力主要集中在该区域内及其附近，这种集中分布的阻力称为

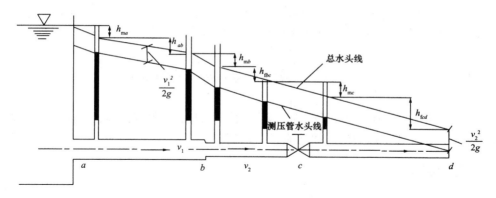

图 4-1　沿程损失与局部损失

局部阻力。克服局部阻力的能量损失称为局部损失。例如图 4-1 中的管道进口、变径和阀门等处，都会产生局部阻力。h_{ma}、h_{mb}、h_{mc} 就是相应的局部水头损失。引起局部阻力的原因是旋涡区的产生和速度方向、大小的变化。

整个管路的能量损失等于各管段的沿程损失和各局部损失的总和。即

$$h_t = \sum h_f + \sum h_m$$

对于图 4-1 所示流动系统，能量损失为

$$h_t = h_{fab} + h_{fbc} + h_{fcd} + h_{ma} + h_{mb} + h_{mc}$$

二、能量损失的计算公式

能量损失计算公式用水头损失表达时，有沿程水头损失：

$$h_f = \lambda \frac{l}{d} \cdot \frac{v^2}{2g} \tag{4-1}$$

局部水头损失：

$$h_m = \zeta \frac{v^2}{2g} \tag{4-2}$$

用压强损失表达，则为

$$p_f = \lambda \frac{l}{d} \rho \frac{v^2}{2} \tag{4-3}$$

$$p_m = \zeta \frac{\rho v^2}{2} \tag{4-4}$$

式中　l——管长（m）；

　　　d——管径（m）；

　　　v——断面平均流速（m/s）；

　　　g——重力加速度（m/s²）；

　　　λ——沿程阻力系数；

　　　ζ——局部阻力系数。

这些公式是长期工程实践的经验总结，其核心问题是各种流动条件下无因次系数 λ 和 ζ

的计算，除了少数简单情况，主要是用经验或半经验的方法获得的。从应用角度而言，本章的主要内容就是沿程阻力系数 λ 和局部阻力系数 ζ 的计算，这也是本章内容的主线。

第二节 层流与紊流、雷诺数

从 19 世纪初期起，通过实验研究和工程实践，人们注意到流体运动有两种结构不同的流动状态（流态），能量损失的规律与流态密切相关。

一、两种流态

1883 年英国物理学家雷诺在与图 4-2（a）类似的装置上进行了实验。实验时，水箱内水位保持不变，阀门 H 用于调节流量，容器 E 内盛有密度与水相近的彩色水，经细管 F 流入玻璃管 G，阀门 D 用于控制彩色水流量。

当管 G 内流速较小时，管内彩色水成一股细直的流束，这表明各液层间毫不相混。这种分层有规则的流动状态称为层流，如图 4-2（b）所示。当阀门 H 逐渐开大流速增加到某一临界流速 v_k' 时，彩色水出现摆动，继续增大流速，则颜色水迅速与周围无色清水相混，如图 4-2（c）所示。这表明液体质点的运动轨迹是极不规则的，各部分流体互相剧烈掺混，这种流动状态称为紊流。

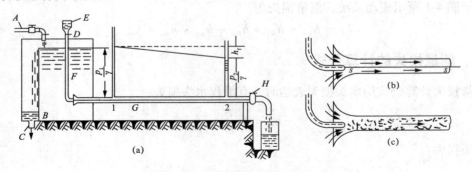

图 4-2 流态实验装置及两种流态
（a）流态实验装置；（b）层流；（c）紊流

若实验时的流速由大变小，则上述观察到的流动现象以相反程序重演，但由紊流转变为层流的临界流速 v_k 小于由层流转变为紊流的临界流速 v_k'。称 v_k' 为上临界流速，v_k 为下临界流速。

实验进一步表明：对于特定的流动装置上临界流速 v_k' 是不固定的，随着流动的起始条件和实验条件的扰动程度不同，其值可以有很大的差异；但是下临界流速是不变的。在实际工程中，扰动普遍存在，上临界流速没有实际意义。以后所指的临界流速即是下临界流速。

二、沿程损失与流速的关系实验

如图 4-2 中，在管 G 的断面 1、2 处加接两根测压管，根据能量方程，测压管的液面差即是 1、2 断面间的沿程水头损失。用阀门 H 调节流量，通过流量测量就可以得到沿程水头损失与平均流速的关系曲线 $h_f - v$，如图 4-3 所示。

实验曲线 $OABDE$ 在流速由小变大时获得；而流速由大变小时的实验曲线是 $EDCAO$。其中 AD 部分不重合。图中 B 点对应的流速即上临界流速，A 点对应的是下临界流速。AC 段和 BD 段试验点分布比较散乱，是流态不稳定的过渡区域。

此外，由图 4-3 可分析得

$$h_f = Kv^m$$

流速小时即 OA 段，$m=1$，$h_f = Kv^{1.0}$，沿程损失和流速一次方成正比。流速较大时，在 CDE 段，$m = 1.75 \sim 2.0$，$h_f = Kv^{1.75 \sim 2.0}$。线段 AC 或 BD 的斜率均大于 2。

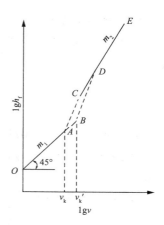

图 4-3　$h_f - v$ 关系图

三、流态的判断准则——临界雷诺数

通过上述分析，虽可确定改变流态的速度临界值，但仍不能用流速判别流态。在实际管流中，临界速度不仅不易测到，而且还与流体密度 ρ、动力黏性系数 μ、管径 d 有关。为此，雷诺曾用各种流体在不同直径的管内进行了大量实验，经过分析，最后确定它们的关系为

$$v_k \propto \frac{\mu}{\rho d}$$

若取比例常数 Re，则可将上述关系写成等式：

$$v_k = Re_c \frac{\mu}{\rho d}$$

或

$$Re_c = \frac{v_k d}{\mu / \rho} = \frac{v_k d}{\nu}$$

式中 Re 是一个无因次常数，称为下临界雷诺数，对边界的几何形状相似的一切流体运动来说，其下临界雷诺数都是相等的，对于圆管中的流动其值约为 2 000，即

$$Re_c = \frac{v_k d}{\nu} = 2\,000 \tag{4-5}$$

同理，相应于上临界流速 v_k'，也有其对应的上临界雷诺数 Re'，但由于上临界值易随实验条件而变化，不是一个固定值，对工程来无实用意义，以后不再讨论。实际中，为了便于计算，认为管流的雷诺数大于 Re_c 时，流态即为紊流，这样可得出流态的判别标准为

$$Re_c < 2\,000 \rightarrow 层流$$

$$Re_c > 2\,000 \rightarrow 紊流$$

应当强调指出，上述的临界雷诺数 $Re = 2\,000$ 是针对圆管，而对于非圆管流（如矩形、方形断面）和明渠或流体绕流等，临界雷诺数值各不相同。

【例 4-1】 PE 材质的自来水管，管径 $d = 32$ mm，当管中水流速 $v = 1.5$ m/s，水温 $t = 15\,℃$ 时，求：（1）判别管中水的流态；（2）最大流速为多少时可以保持管内层流状态？

解：（1）15 ℃时水的运动黏滞系数 $\nu = 1.14 \times 10^{-6}$ ㎡/s。

管内雷诺数为

$$Re = \frac{vd}{\nu} = \frac{1.5 \times 0.032}{1.14 \times 10^{-6}} = 42\,105 > 2\,000$$

故管中水流为紊流。

（2）保持层流的最大流速就是临界流速 v_k。

由于
$$Re = \frac{v_k d}{\nu} = 2\ 000$$

所以
$$v_k = \frac{2\ 000 \times 1.14 \times 10^{-6}}{0.032} = 0.071(\text{m/s})$$

故，最大流速为 0.071 m/s 时可以保持管内层流状态。

【例4-2】在一个厂房内，某直径 $d = 250$ mm 的通风管道，风速 $v = 2.8$ m/s，空气温度为 20 ℃时，试求：（1）判断风管内气体的流态。（2）该风道的临界流速是多少？

【解】（1）20 ℃的空气的运动黏滞系数 $\nu = 15.7 \times 10^{-6}$ m²/s，管中雷诺数为

$$Re = \frac{vd}{\nu} = \frac{2.8 \times 0.25}{15.7 \times 10^{-6}} = 44\ 586 > 2\ 000$$

故风管内为紊流。

（2）求临界流速 v_k：

$$v_k = \frac{Re_k \nu}{d} = \frac{2\ 000 \times 15.7 \times 10^{-6}}{0.25} = 0.126(\text{m/s})$$

该风道的临界流速是 0.126 m/s。

从以上两例题可见，水和空气管路一般均为紊流。

雷诺数是个无因次数，为什么它就可以作为流态的判据呢？这要从雷诺数所反映的物理本质上来解释这一问题。

在第一章讨论流体的力学性质时曾指出，流体具有黏滞性，同时流体的基本特征又在于它有流动性。流体的易流动性使得流体质点易受外界的干扰而发生紊乱。流体所受的惯性力，有使流体质点保持或加剧紊乱程度的作用。而流体所受的黏滞力有限制流体质点发生紊乱，约束其稳定下来的作用。因此，流态是层流还是紊流，就取决于惯性力与黏滞力的对比关系。雷诺数之所以能判别流态，正是因为它反映了惯性力和黏滞力的对比关系。

下面的因次分析将有助于初步认识这个问题。

$$[\text{惯性力}] = [m][a] = [\rho][L]^3[L][T]^{-2}$$
$$= [\rho][L]^3[v]^2[L]^{-1}$$

$$[\text{黏性力}] = [\mu][A]\left[\frac{du}{dy}\right] = [\mu][L]^2[v][L]^{-1}$$

$$\frac{[\text{惯性力}]}{[\text{黏滞力}]} = \frac{[\rho][L]^3[v]^2[L]^{-1}}{[\mu][L]^2[v][L]^{-1}} = \frac{[\rho][L][v]}{[\mu]} = \frac{[v][L]}{[D]} = [Re]$$

案例4-1：调节自来水管道的水龙头开关来观察水的流动，拧开水龙头的开关后就会有水流出，此时水静静地向下流。像这样静静地向下流动的流线做非常规则运动的流动称为层流。当把水龙头开关拧到很大后，水势就会增强，水会从水龙头中飞逆出来，此时水流的流线非常混乱，这样的流动称为紊流。严格地说，层流基本上不存在于自然界。

第三节　均匀流及其沿程损失

根据前面的讨论，均匀流动是指流线相互平行，过流断面上的流速分布沿程不变化的流

动。这种流动只能出现在过流断面的大小、形状及方位沿流程都不改变的直管道或渠道里。这样，均匀流只有沿程损失，没有局部损失。为了确定沿程损失的计算，首先必须建立沿程损失 h_1 和沿程阻力 τ 之间的关系。如图 4-4 所示的均匀流中，任取长度为 l 的流段 1—2，我们来分析其能量变化（涉及 h_1）和动量变化（涉及 τ）的情况，从而找出沿程损失与沿程阻力之间的关系。

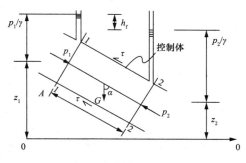

图 4-4 圆管均匀流动

（1）列断面 1—1 和 2—2 的能量方程。

$$z_1 + \frac{p_1}{\gamma} + \frac{a_1 v_1^2}{2g} = z_2 + \frac{p_2}{\gamma} + \frac{a_2 v_2^2}{2g} + h_l$$

根据均匀流的定义：
$$\frac{a_1 v_1^2}{2g} = \frac{a_2 v_2^2}{2g} , \quad h_l = h_f$$

因此
$$h_f = \left(z_1 + \frac{p_1}{\gamma}\right) - \left(z_2 + \frac{p_2}{\gamma}\right) \tag{4-6}$$

式（4-6）说明，均匀流时，两断面之间的水头损失等于该两断面测压管水头差。

（2）沿流向（轴向）列控制流段 1—2 的动量方程：

$$\sum F_1 = \rho Q (a_{02} v_2 - a_{01} v_1)$$

因为是均匀流，$a_{02} v_2 = a_{01} v_1$，所以沿流向动量守恒，各外力的合力等于零。即 $\sum F_1 = 0$。作用在该流段上的外力沿流向的分量有

重力 $\qquad\qquad\qquad G\cos\alpha = \gamma v_{1-2} \cos\alpha = \gamma A l \cos\alpha$

流段两端过流断面上的压力 $\qquad p_1 A$ 和 $p_2 A$

侧表面上的摩擦力 $\qquad\qquad \tau_0 A_{侧} = \tau_0 \chi l$

其中，τ_0 为管壁处的切应力。χ 为断面上流体与固体壁面相接触的周界长度（简称湿周）。对满管流来说，湿周即为断面的周长，及 $\chi = 2\pi r$。

将以上各力代入 $\sum F_l = 0$，得 $p_1 A - p_2 A + \gamma A l \cos\alpha - \tau_0 \chi l = 0$

$$\left(z_1 + \frac{p_1}{\gamma}\right) - \left(z_2 + \frac{p_2}{\gamma}\right) = \frac{\tau_0 x l}{\gamma A} \tag{4-7}$$

比较式（4-6）和式（4-7），显然有

$$h_f = \frac{\tau_0 x l}{\gamma A} \tag{4-8}$$

式中，令 $\dfrac{h_f}{l} = J$ 表示单位长度的沿程损失，它反映沿程损失的强度，称为水力坡度。

令 $\dfrac{A}{\chi} = R$ 称为水力半径，它是反映过流断面大小、形状对沿程损失影响的综合量。

则式（4-8）还可以写成

$$\tau_0 = \gamma J R \tag{4-9}$$

式（4-8）或式（4-9）称为均匀流动基本方程式。它给出了沿程损失与沿程摩擦阻力（管壁切应力）之间的关系。

对于圆管流，水力半径 $R = \dfrac{A}{x} = \dfrac{\frac{\pi}{4}d^2}{\pi d} = \dfrac{d}{4} = \dfrac{r_0}{2}$ 所以均匀流方程可写为

$$\tau_0 = \gamma J \frac{r_0}{2} \tag{4-10}$$

如取半径为 r 的同轴圆柱形流体段来讨论，如图 4-4 所示，按类似的步骤可求得该圆柱体表面的切应力与沿程损失的关系：

$$\tau = \gamma J \frac{r}{2} \tag{4-11}$$

对比式（4-10）、式（4-11），可得

$$\frac{\tau}{\tau_0} = \frac{r}{r_0} \tag{4-12}$$

这表明在圆管均匀流的过流断面上，切应力是按直线规律分布的，如图 4-5 所示。

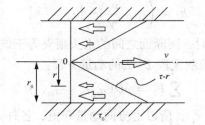

图 4-5　切应力分布规律

【例 4-3】 直径为 $d = 200$ mm 的供油管，输油量为 $G = 883$ kN/h，石油的重度 $\gamma = 8.83$ kN/m³，冬季时石油的运动黏度 $\nu = 1.092$ cm²/s，测得在 10 m 管长上的沿程压强损失 $p_f = 700$ N/m²，求管壁处的切应力 τ。

解：因为水力坡度 $J = \dfrac{h_f}{l} = \dfrac{p_f}{\gamma l}$，将其代入均匀流方程：

$$\tau_0 = \gamma J \frac{r_0}{2} = \gamma \cdot \frac{p_f}{\gamma l} \cdot \frac{d}{4} = \frac{p_f d}{4l} = \frac{700 \times 0.2}{4 \times 10} = 3.5 \, (\text{N/m})^2$$

均匀流基本方程式虽然给出了沿程损失与沿程阻力的关系，但因损失和阻力规律随流态的不同而各异。所以还需进一步按不同的流态来探求阻力规律，才能最终解决沿程损失的计算问题。

第四节　圆管中的层流运动

在实际工程中，虽然绝大多数管流为紊流，但层流也存在于某些小管径、小流量的室内管路或黏性较大的润滑油系统中。层流运动规律也是流体黏度测量和研究紊流运动的基础。

一、圆管层流流速分布

在层流状态下，黏滞力起主导作用，各流层间互不掺混，流体质点只有平行于管轴的流

速。在管壁处因黏附作用，流速为零。而管轴处流速最大。流体在管内的运动，可以看成无数无限薄的圆筒层，一个套着一个滑动。如图4-6所示，各流层间的切应力可由牛顿内摩擦定律给出。即

$$\tau = -\mu \frac{\mathrm{d}u}{\mathrm{d}r}$$

式中，r 为以管轴为中心的圆周半径。由于流速 u 随 r 的增大而减小，所以 $\frac{\mathrm{d}u}{\mathrm{d}r}$ 前取负号，以保证 τ 为正。

将均匀流方程和牛顿内摩擦定律联立并整理后得到

$$\mathrm{d}u = -\frac{\gamma J}{2\mu} r \mathrm{d}r$$

在均匀流中，J 值不随 r 而变，将上式积分：

$$u = -\frac{\gamma J}{4\mu} r^2 + C$$

利用边界条件，当 $r = r_0$，$u = 0$。代入上式后，得

$$C = \frac{\gamma J}{4\mu} r_0^2$$

因此，圆管中层流的流速分布方程为

$$u = \frac{rJ}{4\mu}(r_0^2 - r^2) \tag{4-13}$$

上式表明圆管中层流的流速分布是一个以管中心线为轴的旋转抛物面（图4-6）。

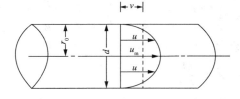

图4-6 圆管层流流速分布

当 $r = 0$ 时，得轴中心线上的最大流速为

$$u_{\max} = \frac{\gamma J}{4\mu} r_0^2 = \frac{\gamma J}{16\mu} d^2 \tag{4-14}$$

断面平均流速为

$$v = \frac{Q}{A} = \frac{\int_A u \mathrm{d}A}{A} = \frac{\int_0^{r_0} u \times 2\pi r \mathrm{d}r}{\pi r_0^2}$$

将式（4-13）代入，经整理后

$$\frac{\gamma J}{8\mu} r_0^2 = \frac{\gamma J}{32\mu} d^2 \tag{4-15}$$

由式（4-14）和式（4-15）可见，层流时平均流速恰为最大流速的一半，即

$$v = \frac{1}{2} u_{\max} \tag{4-16}$$

层流时的动能修正系数 α 和动量修正系数 α_0，可根据它们的定义式，利用层流流速分布式（4-13）和平均流速式（4-15）求得

$$\alpha = \frac{\int_A u^3 \mathrm{d}A}{v^3 A} = \frac{\int_0^{r_0} \left[\frac{\gamma J}{4u}(r_0^2 - r^2)\right]^3 2\pi r \mathrm{d}r}{\left[\frac{\gamma J}{8u}r_0^2\right]^3 \pi r_0^2} = 2$$

$$\alpha_0 = \frac{\int_A u^2 \mathrm{d}A}{v^2 A} = \frac{\int_0^{r_0} \left[\frac{\gamma J}{4u}(r_0^2 - r^2)\right]^2 2\pi r \mathrm{d}r}{\left[\frac{\gamma J}{8u}r_0^2\right]^2 \pi r_0^2} = 1.33$$

层流过流断面上流速分布不均匀，故 α 和 α_0 值都很大。在应用能量方程和动量方程时，不能假设它们等于 1。

二、层流运动的沿程损失

改写式（4-15），即得层流的沿程损失计算公式：

$$J = \frac{h_f}{l} = \frac{\gamma J}{32\mu}d^2$$

或

$$h_f = \frac{32\mu l}{\gamma d^2}v \tag{4-17}$$

上式从理论上证明了层流时沿程损失与平均流速的一次方成正比。如把该式改写成计算沿程损失的一般形式，则

$$h_f = \lambda \frac{l}{d} \frac{v^2}{2g} = \frac{32\mu l}{\gamma d^2}v = \frac{64\mu}{\rho v d} \cdot \frac{l}{d} \cdot \frac{v^2}{2g} = \frac{64}{Re} \cdot \frac{l}{d} \cdot \frac{v^2}{2g}$$

由此可见，圆管层流时沿程阻力系数为

$$\lambda = \frac{64}{Re} \tag{4-18}$$

上式表明，圆管层流的沿程阻力系数 λ 与雷诺数 Re 成反比，而和管壁粗糙无关。这是因为在层流中，沿程损失是由于克服各流层间的内摩擦力做功造成的。管壁粗糙只不过使近壁流体的运动发生起伏，粗糙引起的扰动完全被黏性力所制约，离壁稍远的地方这种影响就完全消失了。因此，在层流中，粗糙度的影响是察觉不到的。

【例 4-4】管径为 10 cm，$v = 0.18$ cm²/s 和 $\rho = 0.85$ g/cm³ 的油在管内以 $\nu = 6.35$ cm/s 的速度做层流运动。求管中心处的流速；离管中心 $r = 2$ cm 处的流速；沿程阻力系数 λ；每米管长的沿程损失及管壁的切应力 τ_0。

解： 管中心流速为 $u_{max} = 2v = 12.7$ cm/s。

将式（4-9）写成当 $u = u_{max} - kr^2$。当 $r = 5$ cm 时，$u = 0$，则有

$$0 = 12.7 - k(5)^2$$

得 $k = 0.51$，则在 $r = 2$ cm 处的流速为

$$u = 12.7 - 0.51 \times 2^2 = 10.7(\text{cm/s})$$

因为 $Re = \frac{\nu d}{v} = \frac{10 \times 6.35}{0.18} = 353$，则沿程阻力系数

$$\lambda = \frac{64}{Re} = \frac{64}{353} = 0.18$$

每米管长的沿程损失，即水力坡度为

$$J = \frac{h_f}{l} = \frac{\lambda}{d} \frac{v^2}{2g} = \frac{0.18}{0.1} \times \frac{0.063\,5^2}{2 \times 9.8} = 0.000\,37$$

管壁处的切应力为

$$\tau_0 = rJ\frac{d}{4} = 0.85 \times 980 \times 0.000\,37 \times \frac{10}{4} = 0.77\,[\,g/(\,cm \cdot s^2\,)\,] = 0.77\ \text{N/m}^2$$

第五节　圆管中的紊流运动

在实际工程中，绝大多数流体的运动属于紊流，因此研究紊流运动的特征及其能量损失规律，更具有普遍意义和实用意义。由于流体的紊流运动比较复杂，且至今紊流理论还不够成熟，所以，在紊流运动的研究中往往提出一些假设并借助实验来总结和归纳其运动规律，以解决实际工程问题。

本节以圆管为例，讨论圆管中紊流运动的基本特征及运动规律。

一、紊流脉动与时均流速

在紊流运动中，由于流体质点互相碰撞、混杂，并伴有大量涡体的产生，因而，使流体质点除具有平行于管轴向的主流运动之外，还存在着其他方向的波动。如图 4-7 所示，其速度的大小、方向都是随时间做无规则的变化。其他流动参数，如压强也存在着类似的无规则的波动。称这种现象为脉动现象，这就是紊流的基本特征。

紊流流动参数随时间脉动的现象，表明它不是恒定流动，这将给紊流的研究带来一定难度。但是经过研究证明，尽管流体质点的瞬时速度随时间发生变化，表面上看起来毫无规律性，然而在足够长的时间范围内进行观察，就会发现，在不变的外界条件下，例如，水箱水面高程不变，水泵扬程或风机风压不变的条件下，流速等物理量都是围绕着一定的平均值上下脉动。这一平均值称为时间平均值。如图 4-8 中，AB 线的纵坐标，就是瞬时流速 u 在时段 T 内的平均值，以 $\bar{u}$ 表示，简称时均流速。这样，从瞬时流速看，紊流中不可能有恒定流，但从时均流速看，则可能有恒定流。

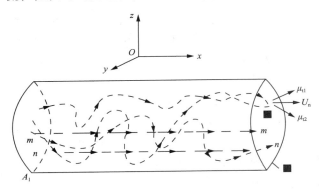

图 4-7　紊流运动图

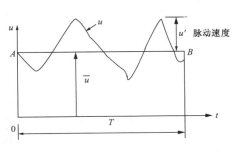

图 4-8　紊流流速的脉动

我们可以对比断面平均流速来定义时均流速，即时均流速是瞬时流速对时段 T 的平均：

$$\bar{u} = \frac{1}{T}\int_T u\mathrm{d}t \tag{4-19}$$

同理，可定义时均压强：

$$\bar{P} = \frac{1}{T}\int_T p\mathrm{d}t \tag{4-20}$$

这样，瞬时流速 u 则是时均流速 $\bar{u}$ 和脉动流速 u' 的代数和，如图 4-8 所示。即

$$u = \bar{u} + u' \tag{4-21}$$

瞬时压强为

$$p = \bar{p} + p' \tag{4-22}$$

引进了时均值的概念，把紊流简化为时均流动和脉动的叠加，就可以对时均流和脉动分别研究。这里，时均流动是主要的，它反映了流动的基本特征，时均值也是一般工程计算的基础。对时均流动来说，只要时均流速和时均压强不随时间而变，就可以认为是恒定流动。于是，上一章中恒定流动的三大方程都可以应用，因此，以后提到的紊流流动参数，一般都是指它的时均值。

二、紊流阻力

在紊流中，一方面因各流层的时均流速不同，有相对运动，因此各流层间存在着黏性切应力 τ_1，它可由牛顿内摩擦定律给出

$$\tau_1 = \mu\frac{\mathrm{d}\bar{u}}{\mathrm{d}y}$$

另一方面还存在着由紊流脉动产生的惯性切应力 τ_2。由于紊流运动的复杂性，至今还不能以严格的数理方法予以确定，在工程上仍以普朗特提出的半经验理论——动量传递理论应用最广。

1925 年普朗特提出的动量传递理论，借用气体分子运动自由行程的概念，设想流体质点在横向脉动过程中，动量保持不变，直到抵达新位置时，才与周围流体质点相混合，动量才突然改变，并与新位置上原有流体质点所具有的动量一致。这段脉动路程的长度，称为混

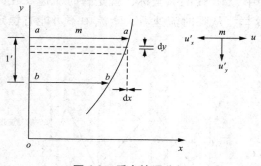

图 4-9　质点掺混分析

合长度，以符号 l' 表示，如图 4-9 所示。如设 $a-a$ 流层上的流体质点 m，横向脉动速度为 u'_x，纵向脉动速度为 u'_y，它经过 l' 距离后到达 $b-b$ 流层。若取两相邻流层间的微小接触面积为 $\mathrm{d}A$，则在 $\mathrm{d}t$ 时间内，通过微小面积 $\mathrm{d}A$ 上的流体质量为

$$\mathrm{d}m = \rho u'_y\mathrm{d}A\mathrm{d}t$$

这部分流体质量在脉动分速 u'_x 的作用下，到达 $b-b$ 流层时的动量变化为

$$\mathrm{d}mu'_x = \rho u'_x u'_y\mathrm{d}A\mathrm{d}t$$

此动量变化等于紊流的惯性阻力在同一时间内所产生的冲量，即

$$\mathrm{d}F_2\mathrm{d}t = \rho u'_x u'_y\mathrm{d}A\mathrm{d}t$$

由此可得紊流的惯性切应力

$$\tau_2 = \frac{\mathrm{d}F_2}{\mathrm{d}A} = \rho u_x' u_y' \qquad\qquad (4\text{-}23)$$

普朗特依据连续性原理，认为要维持质量守恒，纵向脉动必将影响横向脉动，两者相互制约。因此 u_x' 与 u_y'，必为同一数量级，如图4-10所示。若假定这两个脉动分速均与时均流速差成比例，即

$$u_x' = K_1 \left(\frac{\mathrm{d}\bar{u}}{\mathrm{d}y}\right) l'$$

$$u_y' = K_2 \left(\frac{\mathrm{d}\bar{u}}{\mathrm{d}y}\right) l'$$

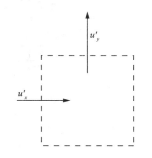

图4-10　x 和 y 方向的脉动流速

式中 K_1、K_2 均为比例常数。将以上两式代入式（4-23）可得

$$\tau_2 = \rho u_x' u_y' = \rho K_1 K_2 l'^2 \left(\frac{\mathrm{d}\bar{u}}{\mathrm{d}y}\right)^2$$

设 $l^2 = K_1 K_2 l'^2$ 则

$$\tau_2 = \rho l^2 \left(\frac{\mathrm{d}\bar{u}}{\mathrm{d}y}\right)^2 \qquad\qquad (4\text{-}24)$$

式中　τ_2——流体的惯性切应力；

$\dfrac{\mathrm{d}\bar{u}}{\mathrm{d}y}$——时均流速梯度；

l——两流层间流体质点的混合长度，但已失去原有的物理意义。

式（4-24）即为普朗特的动量传递理论导出的紊流惯性切应力的数学表达式。于是，紊流的全部切应力应为黏性切应力与惯性切应力之和，即

$$\tau = \tau_1 + \tau_2 = \mu \frac{\mathrm{d}\bar{u}}{\mathrm{d}y} + \rho l^2 \left(\frac{\mathrm{d}\bar{u}}{\mathrm{d}y}\right)^2$$

为简便起见，从这里开始，时均值不再标以时均符号，则紊流切应力可写为

$$\tau = \mu \frac{\mathrm{d}u}{\mathrm{d}y} + \rho l^2 \left(\frac{\mathrm{d}u}{\mathrm{d}y}\right)^2 \qquad\qquad (4\text{-}25)$$

应当指出，上式中的两类切应力，根据流态的不同，它们各自所占的比重有所不同。当低雷诺数时，流体质点的碰撞和掺混较弱，黏性应力占主导地位，惯性应力可略去不计；随着雷诺数的增大，惯性应力逐渐增大，当雷诺数达到一定数值后，则惯性应力占主导地位，此时黏性应力可略去不计。

三、紊流核心与层流底层

实验表明，在邻近管壁的极小区域存在着很薄的一层流体，由于固体壁面的阻滞作用，流速很小，惯性力较小，因而仍保持层流运动。称该流层为层流底层（或黏性底层）。而此层以外的部分，流体质点相互碰撞和掺混，充分显示紊流的特征，称为紊流核心，如图4-11所示。

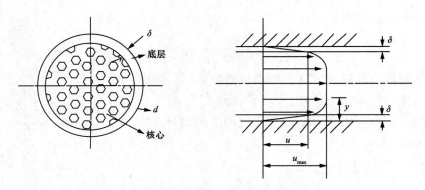

图 4-11   层流边层与紊流核心

层流底层的厚度 δ，可用下式计算：

$$\delta = \frac{32.8d}{Re\sqrt{\lambda}} \tag{4-26}$$

式中 d ——管径（m）；

Re ——雷诺数；

λ ——沿程阻力系数。

从上式可知，紊流流动越强烈，雷诺数越大，层流底层就越薄。层流底层的厚度一般只有几十分之一到几分之一毫米，但是它的存在对管壁粗糙的扰动作用和传热性能有重大影响，因此决不可忽视。

四、紊流的流速分布

实验表明，流体在圆管内做紊流运动时，其过流断面上的时均流速分布如图 4-11 所示。流速分布图可分为两部分：一部分在近壁处的层流底层内，流速按抛物线规律分布（近似为直线分布）；另一部分在紊流核心区内，流速按对数曲线规律分布。最大流速仍发生在管轴上。但由于质点的碰撞和掺混的结果，使过流断面上的流速分布趋于均匀化，从而导致断面平均流速与最大流速比较接近，即

$$v = (0.75 \sim 0.9)u_{max}$$

紊流核心的流速分布规律，还可借助一些假设，由紊流切应力公式（4-25）导出。假设：

（1）混合长度 $l = \beta y$，其中 β 为实验常数，y 表示流体质点到管壁的距离；

（2）设紊流阻力主要是近壁处流速梯度较大流层内的切应力。实验表明，在固体壁面处，$\tau = \tau_0$；

（3）设雷诺数足够大，这时黏性阻力 τ_1 可忽略不计。

经以上假定，则紊流切应力为

$$\tau_0 = \rho\beta^2 y^2 \left(\frac{du}{dy}\right)^2$$

上式移项并开方得

$$\frac{\mathrm{d}u}{\mathrm{d}y} = \frac{1}{\beta y}\sqrt{\frac{\tau_0}{\rho}} \quad 或 \quad \mathrm{d}u = \frac{1}{\beta y}\sqrt{\frac{\tau_0}{\rho}}\mathrm{d}y$$

式中 β、τ_0、ρ 均为常数，积分可得

$$u = \frac{1}{\beta}\sqrt{\frac{\tau_0}{\rho}}\ln y + C \tag{4-27}$$

比较式（4-1）和式（4-9），经整理后得

$$\sqrt{\frac{\tau_0}{\rho}} = v\sqrt{\frac{\lambda}{8}}$$

由于 λ 是个无因次数，所以 $\sqrt{\dfrac{\tau_0}{\rho}}$ 称为阻力速度，用 v_0 来表示，即

$$v_0 = \sqrt{\frac{\tau_0}{\rho}} = v\sqrt{\frac{\lambda}{8}} \tag{4-28}$$

将式（4-28）代入前面积分式（4-27）中，可得紊流核心流速分布为

$$u = \frac{v_0}{\beta}\ln y + C \tag{4-29}$$

式中，积分常数 C 和实验常数 β 由管流具体边界条件来确定。

式（4-29）是根据普朗特半经验理论得出的流速分布公式。它表明紊流过流断面上的流速呈对数规律分布。应该承认半经验理论中的一些假设存在着不严谨的地方。但尽管如此，大量的实验都证明了式（4-29）是符合实际的。这就是普朗特理论至今仍被广泛应用于工程实践的原因。

第六节　紊流沿程阻力系数

由于紊流的复杂性，目前还不可能像层流那样用纯理论推导出其沿程阻力系数 λ 的计算公式。而主要是借助于实验研究来分析紊流沿程阻力系数的变化规律，经归纳和总结提出沿程阻力系数的经验或半经验计算公式。

本节介绍尼古拉兹和莫迪所做的沿程阻力系数实验以及有关的经验公式。

一、尼古拉兹实验

首先来分析影响沿程阻力系数 λ 的因素。在层流中，$\lambda = \dfrac{64}{Re}$，即 λ 仅与 Re 有关。对紊流来说，其阻力由黏性力和惯性力两部分组成，而壁面粗糙在一定条件下成为产生惯性力的主要外因。所以，粗糙影响在紊流中是个十分重要的因素。这样，紊流的能量损失一方面取决于黏性力与惯性力的对比关系，另一方面又决定于流动边界的几何条件。前者可用 Re 来表示，后者则包括管长、断面形状、大小以及壁面粗糙。对圆管来说，过流断面的形状固定了，而管长 l 和管径 d 也包括在式（4-1）之中。因此几何条件中只剩下壁面粗糙需要通过 λ 来反映。这就是说，λ 主要取决于 Re 和壁面粗糙这两个因素。

壁面粗糙包括粗糙的突起高度，粗糙的形状以及其疏密和排列等因素。而实际管道的这

些因素是极复杂的，尼古拉兹在试验中使用了一种简化的粗糙模型。他把经过筛分的粒径均匀的砂粒，用漆汁均匀地黏附于管内壁上，如图 4-12 所示。这样就得到一个人为的均匀粗糙，叫作尼古拉兹粗糙（也称人工粗糙）。可用糙粒突起的高度 K（相当于砂粒直径）来表示边壁的粗糙程度，称 K 为绝对粗糙度。实验表明，粗糙对沿程损失的影响并非取决于绝对粗糙度，而是决定于它的相对高度，即 K 与管径 d 或半径 r_0 之比，K/d 或 K/r_0 称为相对粗糙度。这样，影响 λ 的因素就是雷诺数和相对粗糙度，即

$$\lambda = f\left(Re, \frac{k}{d}\right)$$

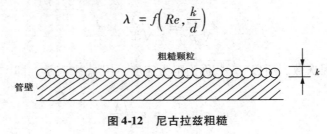

图 4-12   尼古拉兹粗糙

尼古拉兹用多种管径和多种粒径的砂粒，得到了 $K/d = \dfrac{1}{30} \sim \dfrac{1}{1\,014}$ 六种不同的相对粗糙度。在类似于图 4-2 的装置中，量测不同流量时的平均流速 v 和沿程损失 h_f。根据 $Re = \dfrac{vd}{v}$ 和

$\lambda = \dfrac{d}{l}\dfrac{2g}{v^2}h_f$ 两式，算出 Re 和 λ。把试验结果点绘在双对数坐标纸上，得到图 4-13。

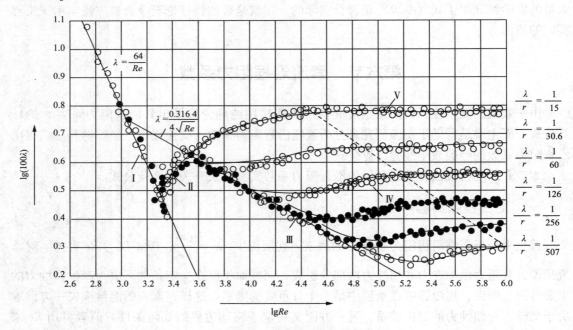

图 4-13   尼古拉兹实验曲线

根据 λ 的变化特征，图中曲线可分为五个区域：

第 I 区为层流区。当 $Re < 2\,000$ 时，所有的实验点，不论其相对粗糙度如何，都落在同

一根直线上。这表明 λ 仅随 Re 变化，而与相对粗糙度无关。可以整理得出该线的方程就是 $\lambda = \dfrac{64}{Re}$。证实了理论分析得到的层流计算公式是正确的。

第 II 区为临界过渡区。在 $Re = 2\,000 \sim 4\,000$ 时，是由层流向紊流的转变过程。λ 随 Re 的增大而增大，与相对粗糙度无关。

第 III 区为紊流光滑区。在 $Re > 4\,000$ 后，不同相对粗糙度的实验点，起初都集中在曲线 II 上。随着 Re 的增大，相对粗糙度较大的管道，其实验点在较低 Re 时就偏离曲线 II。而相对粗糙度较小的管道，在较大 Re 时才偏离光滑区。在曲线 II 范围内 λ 只与 Re 有关而与 K/d 无关。

第 IV 区为紊流过渡区。在这个区域内，不同相对粗糙度的实验点各自分散成一条条波状曲线。λ 既与 Re 有关，又与 K/d 有关。

第 V 区为紊流粗糙区。在这个区域里，不同相对粗糙度的实验点，分别落在一些与横坐标平行的直线上。λ 只与 K/d 有关，而与 Re 无关。则由式（4-1）可见，在该区内，沿程损失就与流速的平方成正比。因此第 V 区又称为阻力平方区。

为什么紊流又分为三个阻力区，且各区的 λ 变化规律是如此不同呢？这个问题要用层流底层的存在来解释。

在光滑区，糙粒的突起高度 K 远小于层流底层的厚度 δ，即 $K \ll \delta$，粗糙完全被掩盖在层流底层以内［图4-14（a）］，它对紊流核心的流动几乎没有影响。粗糙引起的扰动作用完全被层流底层内流体黏性的稳定作用所抑制，所以，它对流动阻力和能量损失不产生影响。流体好像在完全光滑的管道中流动一样，因此又称这种情况为水力光滑管。

综上所述，沿程阻力系数的变化规律可归纳如下：

I、层流区 $\lambda = f_1(Re)$；

II、临界过渡区 $\lambda = f_2(Re)$；

III、紊流光滑区 $\lambda = f_3(Re)$；

IV、紊流过渡区 $\lambda = f_4\left(Re, \dfrac{k}{d}\right)$；

V、紊流粗糙区 $\lambda = f_5\left(\dfrac{k}{d}\right)$。

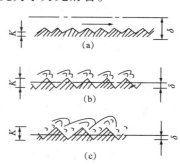

图 4-14 层流底层与管壁粗糙的作用
（a）光滑区；（b）过渡区；（c）粗糙区

尼古拉兹实验较完整地揭示了沿程阻力系数 λ 的变化规律及其主要影响因素，提出了紊流阻力分区的概念，他对紊流断面流速分布的测定和推导紊流的半经验公式提供了可靠的依据。

二、莫迪实验

实际管道壁面的粗糙是凹凸不平的，它不像人工粗糙那样均匀一致。要把上述实验成果应用于实际管道，还必须进一步研究。

莫迪在尼古拉兹实验的基础上，对大量金属和非金属的工业管道进行了类似的实验研究。

图 4-15 所示为人工粗糙管和实际管道 λ 曲线的比较。图中实线 A 为人工管实验曲线，虚线 B 和 C 为实际管实验曲线。由图可见：

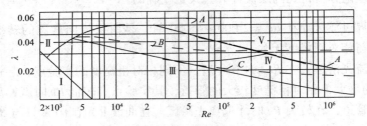

图 4-15 人工粗糙管和实际管道 λ 曲线的比较

（1）在紊流光滑区两种管道的实验曲线是重合的。但由于实际管道的粗糙高度不一致，在较小雷诺数时，就有一些较大的糙粒首先凸露于紊流核心，使实际的 λ 曲线较早地脱离紊流光滑区。

（2）在紊流过渡区两种管的实验曲线存在较大差异。这表现在随着 Re 的增加实际管的曲线平滑下降，而人工管的曲线有上升部分。这是由于人工管的粗糙是均匀的，随着 Re 的增大，层流底层厚度的减小，到一定程度时，它们同时伸入紊流核心，使从光滑区到粗糙区的过渡比较突然。同时，暴露在紊流核心内的糙粒部分随 Re 的增长而不断加大，因而过渡曲线变化突然，沿程损失急剧上升。而实际管道的粗糙是不均匀的，使这种过渡是逐渐进行，因此过渡区曲线比较平缓。

（3）在紊流粗糙区，两种管的实验曲线都与横坐标轴平行。这一特征给出了将实际管的不均匀粗糙折合成人工均匀粗糙的可能性。从而可以定量度量实际管道的粗糙高度，并且也可将人工管道在光滑区和粗糙区整理出来的有关公式直接应用于实际管道。

在流体力学中，把人工粗糙作为度量管壁粗糙的基本标准，提出当量粗糙高度的概念。所谓当量粗糙高度，就是指和实际管道在紊流粗糙区 λ 值相等的同直径人工粗糙管的糙粒高度。如实测出某种实际管道在粗糙区时的 λ 值，将它与尼古拉兹实验结果相比较，找出 λ 值相等的同一管径的人工粗糙管糙粒高度，即为该实际管道的当量粗糙高度。为了叙述方便，省略"当量"两字，且仍以符号 K 来表示。

几种常用工业管道的 K 值，见表 4-1 。

表 4-1 工业管道当量糙粒高度表

管道材料	K/mm	管道材料	K/mm
钢板制风管	0.15 （引自全国通用通风管道计算表）	竹风道	0.8 ~ 1.2
塑料板制风管	0.01 （引自全国通用通风管道计算表）	铅管、铜管、玻璃管	0.01 光滑 （以下引自莫迪当量粗糙图）
矿渣石膏板风管	1.0 （以下引自采暖通风设计手册）	镀锌钢管	0.15
表面光滑砖风道	4.0	钢管	0.046

续表

管道材料	K/mm	管道材料	K/mm
矿渣混凝土板风道	1.5	涂沥青铸铁管	0.12
钢丝网抹灰风道	10~15	铸铁管	0.25
胶合板风道	1.0	混凝土管	0.3~3.0
地面沿墙砌制风道	3~6	木条拼合圆管	0.18~0.9
墙内砌砖风道	5~10		

图 4-16 所示为莫迪实验所得的数据而绘制的曲线图，通常称为莫迪图。莫迪实验验证了尼古拉兹实验的正确性，揭示了实际管道沿程阻力系数 λ 的变化规律。并且通过当量粗糙度将人工管和实际管的实验结果有机地联系起来，从而使两种实验都具有实用价值。

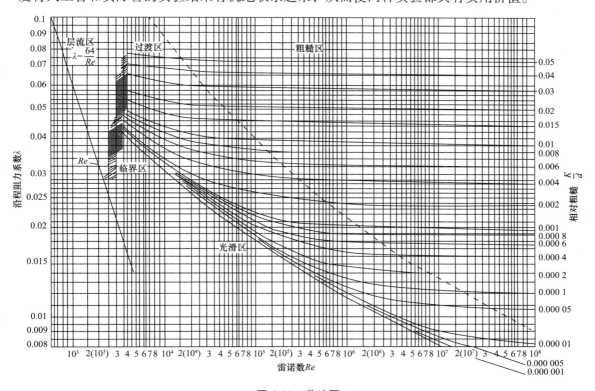

图 4-16 莫迪图

有了莫迪图，在已知管流雷诺数 Re 和管道相对粗糙度 K/d 的情况下，就可以从图上直接查出沿程阻力系数 λ 值，进而求出管流的沿程损失。

三、紊流的 λ 半经验公式

沿程阻力系数 λ 值的确定，除了可直接查莫迪图之外，还可以采用公式计算。这里所介绍的计算公式都是根据实测资料结合半经验理论分析而总结提出的半经验公式或纯经验公式。尽管它们在理论上还不十分严密，但能够与实测资料较好地吻合，可以满足工程计算的要求，因此在工程中得以广泛采用。

1. 紊流光滑区

将紊流断面流速分布通式 $u = \dfrac{v_0}{\beta}\ln y + C$ 整理成无因次形式：

$$\frac{u}{v_0} = \frac{1}{\beta}\ln\frac{v_0 y}{v} + C_1$$

再由实验确定 β 和 C_1，则得紊流光滑区流速分布式：

$$\frac{u}{v_0} = 5.75\lg\frac{v_0 y}{v} + 5.5 \tag{4-30}$$

将上式代入断面平均流速 $v = \dfrac{1}{A}\displaystyle\int u\mathrm{d}A$ 进行积分并结合式（4-28），得

$$v_0 = \sqrt{\frac{\tau_0}{\rho}} = v\sqrt{\frac{\lambda}{8}}$$

将积分结果代入，并考虑实验修正，最后可整理出紊流光滑区 λ 值的半经验公式：

$$\frac{1}{\sqrt{\lambda}} = 2\lg Re\sqrt{\lambda} - 0.8 \tag{4-31a}$$

或写成

$$\frac{1}{\sqrt{\lambda}} = 2\lg\frac{Re\sqrt{\lambda}}{2.51} \tag{4-31b}$$

对于 $Re < 10^5$ 的光滑管流，布拉修斯提出经验公式：

$$\lambda = \frac{0.3164}{Re^{0.25}} \tag{4-32}$$

此式形式简单，计算方便，在 $Re < 10^5$ 时与实验结果符合较好，因此也得到了广泛采用。

2. 紊流粗糙区

同理，结合实验可得出粗糙区的流速分布：

$$\frac{u}{v_0} = 5.75\lg\frac{y}{K} + 8.48 \tag{4-33}$$

仿照上述步骤，可整理得出紊流粗糙区 λ 值的半经验公式

$$\frac{1}{\sqrt{\lambda}} = 2\lg\frac{r_0}{K} + 1.74 \tag{4-34a}$$

或写成

$$\frac{1}{\sqrt{\lambda}} = 2\lg\frac{3.7d}{K} \tag{4-34b}$$

粗糙区还常采用希弗林逊经验公式：

$$\lambda = 0.11\left(\frac{K}{d}\right)^{0.25} \tag{4-35}$$

此式也具有形式简单和计算方便的特点。

3. 紊流过渡区

柯列勃洛克根据大量实际管道试验资料，并且考虑到实际管过渡区曲线的特点，提出该

区域曲线的方程为

$$\frac{1}{\lambda} = -2\lg\left(\frac{K}{3.7d} + \frac{2.51}{Re\sqrt{\lambda}}\right) \tag{4-36}$$

上式称为柯式公式，实际上是光滑区公式和粗糙区公式的机械结合。该式的基本特征是当 Re 值较小时，公式右边括号内的第二项很大，相对来说，第一项很小。这样，此式就接近光滑区公式［4-34（b）］反之，当 Re 值很大时，括号内第二项很小，此式就接近粗糙区公式［4-31（b）］。因此，柯氏公式所代表的曲线是以光滑区斜直线和粗糙区水平线为渐近线，如图 4-17 所示。它不仅可适用紊流过渡区，而且可以适用整个紊流的三个阻力区。因此又可称它为紊流的综合公式。

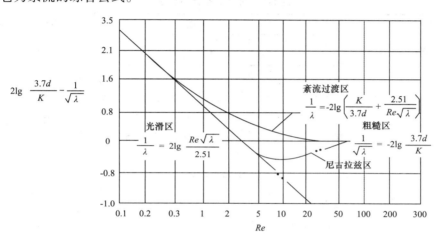

图 4-17　紊流过渡综合阻力曲线

柯氏公式的形式比较复杂，求解较困难。但目前计算机技术日益提高，这个问题可以解决。

此外，还有一些人为了简化计算，在柯氏公式的基础上提出了一些经验公式。如阿里托苏里公式（简称为阿式公式）：

$$\lambda = 0.11\left(\frac{K}{d} + \frac{68}{Re}\right)^{0.25} \tag{4-37}$$

该式也是适用紊流三个阻力区的综合公式。当 Re 很小时括号内第一项可忽略，则此式就成为光滑区经验公式（4-32）。当 Re 很大时，括号内第二项可忽略，公式与粗糙区经验公式（4-35）一致。阿氏公式形式简单，计算方便，所以在工程上也得以广泛应用。

用公式计算沿程阻力系数时，应首先判别紊流所处的流区，然后选用相应的公式进行计算。这里介绍适用钢管和薄钢板风管的洛巴耶夫判别式：

$$\text{光滑区 } v < 11\frac{\nu}{K}$$

$$\text{过渡区 } 11\left(\frac{\nu}{K}\right) \leqslant v < 445\left(\frac{\nu}{K}\right) \tag{4-38}$$

$$粗糙区 \, v \geqslant 445\left(\frac{v}{K}\right)$$

式中　v——断面平均流速;

　　　ν——流体的运动黏度;

　　　K——管壁的粗糙高度。

在 $Re = 2\,000 \sim 4\,000$ 的临界区内,扎依琴柯给出 λ 计算的经验公式:

$$\lambda = 0.002\,5 \, \sqrt[3]{Re} \tag{4-39}$$

下面将不同流动区域上圆断面流速分布和 λ 值的计算公式列于表4-2。

表4-2　圆管主要计算公式

流态	Re	阻力区	断面流速分布	沿程损失系数 λ
层流	$<2\,000$		$u = \dfrac{rJ}{4u}(r_0^2 - r^2)$	$\lambda = \dfrac{64}{Re}$
临界	$2\,000 \sim 4\,000$			$\lambda = 0.002\,5 \, \sqrt[3]{Re}$ 扎依琴柯公式
紊流	$>4\,000$	光滑区 $v < 11\dfrac{v}{K}$	$\dfrac{u}{v_0} = 5.75\lg\dfrac{v_0 y}{v} + 5.5$	$\dfrac{1}{\sqrt{\lambda}} = 2\lg\left(Re\sqrt{\lambda}\right) - 0.80$ $\lambda = \dfrac{0.316\,4}{Re^{0.25}}$
		过渡区 $11\left(\dfrac{v}{K}\right) \leqslant v < 445\left(\dfrac{v}{K}\right)$		$\dfrac{1}{\sqrt{\lambda}} = -2\lg\left(\dfrac{K}{3.7d} + \dfrac{2.51}{Re\sqrt{\lambda}}\right)$ $\lambda = 0.11\left(\dfrac{K}{d} + \dfrac{68}{Re}\right)^{0.25}$
		粗糙区 $v \geqslant 445\left(\dfrac{v}{K}\right)$	$\dfrac{u}{v_0} = 5.75\lg\dfrac{y}{K} + 8.48$	$\dfrac{1}{\sqrt{\lambda}} = 2\lg\dfrac{3.7d}{K}$ $\lambda = 0.11\left(\dfrac{K}{d}\right)^{0.25}$

【**例4-5**】　在管径 $d = 160$ mm、管长 $l = 200$ m 的圆管中,输送 $t = 15\,℃$ 的水,其雷诺数 $Re = 50\,000$,试分别求下列一种情况下的水头损失。

(1) 管内壁为 $K = 0.15$ mm 均匀砂粒的人工粗糙管。

(2) 为光滑铜管(流动处于意流光滑区)。

(3) 为工业管道,其当量糙粒高度 $K = 0.15$ mm。

【**解**】(1) $K = 0.15$ mm 的人工粗糙管的水头损失。

根据 $Re = 50\,000$ 和 $\dfrac{K}{d} = \dfrac{0.15}{160} = 0.000\,937\,5$,查图4-16 得 $\lambda = 0.037$; $t = 15\,℃$ 时, $v = 1.14 \times 10^{-6}$ m²/s。

由　　　　　　　　　　　　　　$$Re = \frac{vd}{v}$$

$$50\,000 = \frac{v \times 0.16}{1.14 \times 10^{-6}}$$

得 $\qquad\qquad\qquad v = 0.356\,25\ m/s$

因此 $\qquad\qquad\qquad h_{\mathrm{f}} = \lambda\,\dfrac{l}{d}\,\dfrac{v^2}{2g}$

$$= 0.037 \times \frac{200}{0.16} \times \frac{0.356\,25^2}{2g} = 0.30\,(\mathrm{m})$$

（2）光滑铜管的沿程水头损失。

在 $Re < 10^5$ 时可采用布拉修斯公式（4-32）

$$\lambda = \frac{0.316\,4}{Re^{0.25}} = \frac{0.316\,4}{50\,000^{0.25}} = 0.021$$

由图 4-11 或图 4-14 查得的 λ 值与计算结果基本相符。

$$h_{\mathrm{f}} = \lambda\,\frac{l}{d}\,\frac{v^2}{2g} = 0.021 \times \frac{200}{0.16} \times \frac{0.356\,25^2}{2g} = 0.17\,(\mathrm{m})$$

（3）$K = 0.15\ \mathrm{mm}$ 工业管道的沿程水头损失。

根据判别式判别流动区域，判别式中

$$0.32\left(\frac{d}{K}\right)^{1.28} = 0.32 \times \left(\frac{160}{0.15}\right)^{1.28} = 2\,404.51$$

$$1\,000\left(\frac{d}{K}\right) = 1\,000 \times \left(\frac{160}{0.15}\right) = 1.07 \times 10^6$$

$$0.32\left(\frac{K}{d}\right)^{1.28} < Re < 1\,000\left(\frac{d}{K}\right)$$

所以流动为紊流过渡区。

采用洛巴耶夫计算公式

$$\lambda = \frac{1.42}{\left[\lg\left(50\,000 \times \dfrac{160}{0.15}\right)\right]^2} \approx 0.024$$

根据 $Re = 50\,000$，$K/d = 0.15/160 = 0.000\,937\,5$，由图 4-16 查得 $\lambda \approx 0.024$。
与计算结果一致。

$$h_{\mathrm{f}} = \lambda\,\frac{l}{d}\,\frac{v^2}{2g} = 0.024 \times \frac{200}{0.16} \times \frac{0.356\,25^2}{2g} = 0.19\,(\mathrm{m})$$

第七节　非圆管流的沿程损失

以上讨论的都是圆管，圆管是最常用的断面形式。但工程上也常用到非圆管的情况。如通风系统中的风道，有许多就是矩形的。如果设法把非圆管折合成圆管来计算，那么根据圆管所得出的上述公式和图表，也就适用非圆管了。

由非圆管折算到圆管的方法是从水力半径的概念出发，通过建立非圆管的当量直径来实现的。在第三节中曾定义水力半径 R 是过流断面面积 A 与湿周 χ 之比，即

$$R = \frac{A}{\chi} \qquad\qquad\qquad (4\text{-}40)$$

几种不同断面湿周的计算如图 4-18 所示。

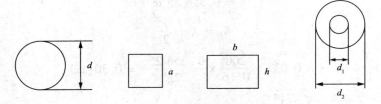

图 4-18   几种不同断面湿周

水力半径是一个基本上能反映过流断面大小、形状对沿程损失综合影响的物理量。

我们已经知道，圆管的水力半径为

$$R = \frac{A}{\chi} = \frac{d}{4}$$

对于矩形断面，设其边长为 a 和 b，则水力半径为

$$R = \frac{A}{\chi} = \frac{ab}{2(a+b)}$$

若断面为正方形，那么 $a = b$，则水力半径为

$$R = \frac{A}{\chi} = \frac{a^2}{4a} = \frac{a}{4}$$

如果非圆管的水力半径等于某圆管的水力半径，那么当其他条件（v, l）相同时，可以认为这两个管道的沿程损失是相等的。这时水力半径和非圆管相等的圆管直径就定义为该非圆形管的当量直径，用 d_e 表示。

即，令 $R = \frac{d}{4}$，则得当量直径：

$$d_e = 4R \tag{4-41}$$

式中，R 为非圆管的水力半径。由此可知，当量直径为水力半径的 4 倍。这样，矩形管的当量直径为

$$d_e = \frac{2ab}{a+b} \tag{4-42}$$

方形管的当量直径为

$$d_e = a \tag{4-43}$$

有了当量直径的概念后，只要用 d_e 代替 d，我们就可以计算非圆管的沿程损失：

$$h_f = \lambda \frac{l}{d_e} \frac{v^2}{2g} = \lambda \frac{l}{4R} \frac{v^2}{2g}$$

用当量相对粗糙度 K/d_e 代入沿程阻力系数 λ 公式中求 λ 值。

计算非圆管的 Re，即 $Re = \frac{v(4R)}{v}$。这个 Re 也可近似用来判别非圆管中的流态，其临界雷诺数仍取 2 000。

必须指出，应用当量直径计算非圆管的能量损失，并不适用所有情况。主要表现在两方面。其一，如图 4-19 所示，在紊流时，对于矩形、方形、三角形断面使用当量直径原理，所获得的试验数据结果和圆管很接近，而条缝形和星形断面差别较大；其二，对于层流由于

· 108 ·

其流速分布不同于紊流，因此在层流中应用当量直径进行计算时，将会造成较大误差。对比曲线如图 4-19 所示。

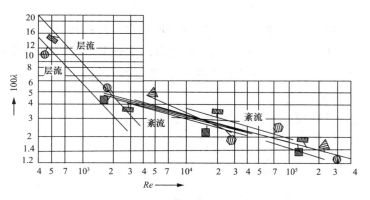

图 4-19　非圆管和圆管 λ 曲线的比较

第八节　管流的局部损失

实际的管路系统都要安装一些阀门、弯头、变径、三通等管件，用以控制和调节管内的流动。流体经过这些管件时，由于边壁或流量的改变，会造成主流与边壁的脱离，形成旋涡区，同时引起流速的分布发生变化。由此将产生较集中的能量损失，即局部损失。

管流的各种管件种类繁多，因此非均匀流动中各种局部阻力形成的原因十分复杂，目前还不能逐一进行理论分析和建立准确的计算公式。本节仅对管道突然扩大的局部损失加以详尽讨论，其他类型的局部阻力，则用相仿的经验公式或实验方法处理。

一、突然扩大处的局部损失

图 4-20 所示为圆管突然扩大处的流动。取流段将扩未扩的 Ⅰ—Ⅰ 断面和扩大后流速分布已接近正常均匀流动的 Ⅱ—Ⅱ 断面列能量方程，如忽略两断面间的沿程损失，则

$$h_{\mathrm{m}} = \left(z_1 + \frac{p_1}{\gamma} + \frac{\alpha_1 v_1^2}{2g} \right) - \left(z_2 + \frac{p_2}{\gamma} + \frac{\alpha_2 v_2^2}{2g} \right) \tag{4-44}$$

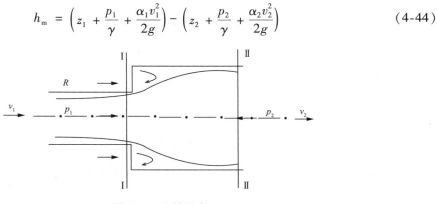

图 4-20　突然扩大

再对 I—I 断面、II—II 断面与管壁所包围的流体段列沿流向的动量方程：

$$\sum F_t = \rho Q(\alpha_{02} v_2 - \alpha_{01} v_1)$$

式中，$\sum F_t$ 为作用在所取流体段上的全部轴向外力之和，其中包括

（1）作用在 I—I 断面上的总压力 p_1。应指出，I—I 断面的受压面积不是 A_1，而是 A_2。其中环形部分（$A_2 - A_1$）位于旋涡区。观察表明，该环形面上的压强基本上符合静压强分布规律，故 $P_1 = p_1 A_2$。

（2）作用在 II—II 断面上的总压力，$P_2 = p_2 A_2$。

（3）重力在轴向上的投影：

$$G\cos\theta = \gamma A_2 l \frac{z_1 - z_2}{l} = \gamma A_2 (z_1 - z_2)$$

（4）边壁的摩擦阻力忽略不计代入动量方程，得

$$p_1 A_2 - p_2 A_2 + \gamma A_2 (z_1 - z_2) = \rho Q(\alpha_{02} v_2 - \alpha_{01} v_1)$$

将 $Q = v_2 A_2$ 代入，化简后得

$$\left(z_1 + \frac{p_1}{\gamma} \right) - \left(z_2 + \frac{p_2}{\gamma} \right) = \frac{v_2}{g}(\alpha_{02} v_2 - \alpha_{01} v_1) \tag{4-45}$$

将式（4-45）代入能量方程式（4-44）得

$$h_m = \frac{\alpha_1 v_1^2}{2g} - \frac{\alpha_2 v_2^2}{2g} + \frac{v_2}{g}(\alpha_{02} v_2 - \alpha_{01} v_1)$$

对于紊流，可取 $\alpha_{01} = \alpha_{02} = 1$，$\alpha_1 = \alpha_2 = 1$。代入上式整理后可得

$$h_m = \frac{(v_1 - v_2)^2}{2g} \tag{4-46}$$

上式表明，突然扩大处的局部损失等于以平均流速差计算的流速水头。

如把式（4-46）变换成计算局部损失的一般形式即式（4-2），则只需将连续方程 $v_1 A_1 = v_2 A_2$ 代入。

或
$$\left. \begin{array}{l} h_m = \left(1 - \dfrac{A_1}{A_2} \right)^2 \dfrac{v_1^2}{2g} = \xi_1 \dfrac{v_1^2}{2g} \\[3mm] h_m = \left(\dfrac{A_2}{A_1} - 1 \right)^2 \dfrac{v_2^2}{2g} = \xi_2 \dfrac{v_2^2}{2g} \end{array} \right\} \tag{4-47}$$

所以突扩管的局阻系数为

或
$$\left. \begin{array}{l} \xi_1 = \left(1 - \dfrac{A_1}{A_2} \right)^2 \\[3mm] \xi_2 = \left(\dfrac{A_2}{A_1} - 1 \right)^2 \end{array} \right\} \tag{4-48}$$

突扩前后有两个不同的平均流速，因而有两个相应的阻力系数。计算时选用的阻力系数必须与流速相对应。

当液体从管道流入断面很大的水箱中或气体流入大气时，$A_1/A_2 \to 0$，$\xi_1 = 1$，$\xi_2 = \infty$。这是突然扩大的特例，称为管出口的局部阻力。

二、管流的其他局部阻力系数

除突然扩大等少数几种局部阻力可由理论确定外，其他各类均用实验数据或经验公式确定。工程上计算局部损失都用流速水头的倍数来表示，即式（4-2）：

$$h_{\mathrm{m}} = \xi \frac{v^2}{2g}$$

可见，求 h_{m} 的问题就转变为求 ξ 的问题了。一般来说，ξ 值取决于流动的雷诺数及产生局部阻力处的几何形状。但由于局部阻碍处的流动受到很大干扰，很容易进入阻力平方区，所以 ξ 值往往只决定于几何形状而与 Re 数无关，也就是说，计算局部损失时无须判断流态。

局部阻碍虽种类很多，但分析其流动特征，可归纳成三种基本形式：过流断面的扩大或缩小；流动方向的改变；流量的合入或分出。下面就按这三类介绍几种常见的局部阻碍及其阻力系数的经验公式或实验数据。注意，以下的 ξ 值除特别指明外，都是指对应于局部阻碍后的流速。

（一）流动断面的改变

（1）管径逐渐扩大，突然扩大的能量损失较大，如改用图 4-21 所示的渐扩管，损失将大大减少。

实验表明，流体流经渐扩管时，沿程损失不可略去，因此其能量损失应包括局部和沿程损失两部分。其相应于流速 v_1 的阻力系数公式为

$$\xi_1 = \frac{\lambda}{8\sin\frac{\theta}{2}}\left[1 - \left(\frac{A_1}{A_2}\right)^2\right] + k\left(\tan\frac{\theta}{2}\right)^{1.25}\left(1 - \frac{A_1}{A_2}\right)^2 \tag{4-49}$$

式中，λ 为沿程阻力系数；θ 为管的扩张角，k 为与扩张角 θ 有关的系数，当 $\theta = 10° \sim 40°$ 时，圆锥管 $k = 4.8$，方形锥管 $k = 9.3$ 当，$\theta < 10°$ 时，式中等号右边第二项可略去。

（2）管径突然缩小如图 4-22 所示，其能量损失主要是收缩断面 $C—C$ 附近的旋涡区造成的。阻力系数取决于断面收缩比 A_2/A_1，即

$$\xi = 0.5\left(1 - \frac{A_2}{A_1}\right) \tag{4-50}$$

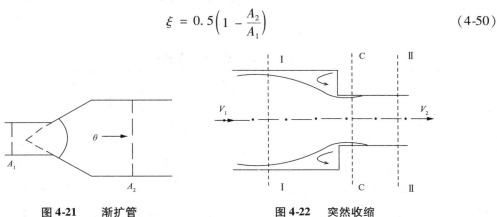

图 4-21　渐扩管　　　　　　图 4-22　突然收缩

（3）管径逐渐缩小如图 4-23 所示，在收缩角不大（$\theta < 30°$）的情况下，沿程损失是主

要的，其阻力系数可按下式计算：

$$\xi = \frac{\lambda}{8\sin\dfrac{\theta}{2}}\left[1 - \left(\frac{A_1}{A_2}\right)^2\right] \tag{4-51}$$

（4）管道进口，图 4-24 给出了几种管进口的形式，其
局部阻力系数的经验公式或数据分别是：

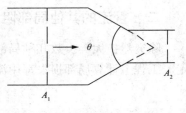

图 4-23　直线逐渐收缩管

1）斜角进口 $\xi = 0.5 + 0.303\sin\alpha + 0.226\sin^2\alpha$；

2）直角进口 $\xi = 0.5$；

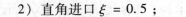

图 4-24　管道进口

3）圆角进口 $\xi = 0.05 \sim 0.2$。

（5）阀门，管路中的阀门也可以视为流动断面的改变，常见的阀门主要有闸阀、
旋塞阀及蝶阀，如图 4-25 所示。其局部阻力系数与开度 h/d 或转角 α 有关，具体数据
见表 4-3。

图 4-25　各种阀门

（a）闸阀；（b）旋塞；（c）蝶阀

表 4-3　闸阀、旋塞阀、蝶阀的 ξ 值

闸阀	h/d	全开	7/8	6/8	5/8	4/8	3/8	2/8	1/8	
	ξ	0.05	0.07	0.26	0.81	2.06	5.52	17	97.8	
旋塞阀	θ	5	10	15	20	25	30	40	50	60
	ξ	0.05	0.29	0.75	1.56	3.1	5.47	17.3	52.6	206
蝶阀	θ	5	10	15	20	25	30	40	50	60
	ξ	0.25	0.52	0.9	1.54	2.51	3.91	10.8	32.6	118

（6）过滤网格。图 4-26 所示为风机吸入口网罩，其局部阻力系数可按下列计算：

$$\xi = （0.675 \sim 1.575）\left(\frac{A_0}{A}\right)^2 \tag{4-52}$$

式中，A 为吸风管面积，A_0 为网孔总面积。

图 4-27 所示为水泵吸水口安装的带底阀的滤水网，其阻力系数值见表 4-4。

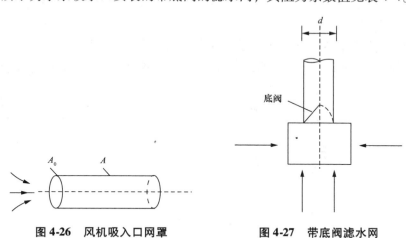

图 4-26　风机吸入口网罩　　　　　图 4-27　带底阀滤水网

表 4-4　带底阀的滤水网 ξ 值

管径 d/mm	40	50	70	100	150	200	300	500	750
ξ	12	10	8.5	7	6	5.2	3.7	2.5	1.6

（二）流动方向的改变

流体在转弯处流向改变，这不仅要产生脱体旋涡区，而且还会出现如下所述的二次流现象。在管流的弯曲段，由于受到离心力作用，使弯管外侧的压强增大，内侧的压强减小，从而引起一对从属于主流的涡流，称为二次流（或副流），如图 4-28 所示，与主流结合在一起成为一对螺旋流，加大了弯管的能量损失，这种作用甚至会延展到弯段下游约 50 倍管径以上的距离，直至被流体的黏滞作用消散为止。

弯管的局部损失不仅与弯管中心角 θ 有关，还和曲率半径 r_c 与管径 d 的比值 r_c/d 有关，如图 4-26 所示。

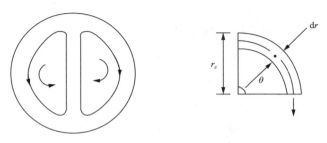

图 4-28　弯管流动

根据实验：在 $r_c/d = 0.5 \sim 4$ 的情况下：

$$\theta = 90°, \xi_{90} = 0.3 \sim 1.2$$
$$\theta = 30°, \xi_{30} = 0.55\xi_{90}$$
$$\theta = 45°, \xi_{45} = 0.7\xi_{90}$$
$$\theta = 180°, \xi_{180} = 1.33\xi_{90}$$

（三）流量的改变

流体流经三通等管件时，由于流量的变化，将使流速分布发生改变和形成旋涡区，从而产生局部能量损失。根据流量变化的特征，三通分为分流式和汇流式两类，如图 4-29 所示。

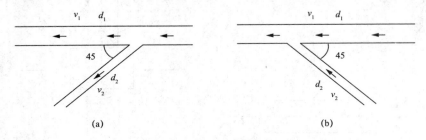

图 4-29　三通管

（a）分流式；（b）汇流式

三通的局部阻力不仅取决于它的几何参数（如截面比、角度等），还与三通前后流量的变化有关。表 4-5 和表 4-6 给出 $a=45°$ 时分流和汇流三通的局部阻力系数值。

表 4-5　分流三通管的局部阻力系数 ξ 值

v_1/v_2　　d_1/d_2　ξ	0.35	0.58	1.0	0.35	0.58	1.0
	ξ_1（分支管，对应于 v_1 速头）			ξ_2（分支管，对应于 v_2 速头）		
0.6	− 0.03	− 0.06	0.11	1.44	1.80	3.60
0.8	− 0.04	− 0.08	0.06	0.57	0.82	2.20
1.0	− 0.04	− 0.08	− 0.04	0.13	0.18	1.60
1.2	− 0.05	− 0.08	0.15	0.09	0.13	1.20
1.4	− 0.05	− 0.08	0.30	0.14	0.28	0.90
1.6	− 0.05	− 0.07	0.48	0.23	0.28	0.80

表 4-6　汇流三通管的局部阻力系数 ξ 值

v_1/v_2　　d_1/d_2　ξ	0.35	0.58	1.0	0.35	0.58	1.0
	ξ_1（分支管，对应于 v_1 速头）			ξ_2（分支管，对应于 v_2 速头）		
0.6	0.15	0.18	0.51	− 0.64	− 1.60	− 0.35
0.8	0.17	0.08	0.65	0.19	− 0.50	0.15
1.0	0.15	0.02	0.72	0.50	0.16	0.4
1.2	0.13	− 0.08	0.58	0.55	0.20	0.5
1.4	0.08	− 0.15	0.35	0.70	0.22	0.56
1.6	0.08	− 0.26	0.20	0.74	0.37	0.58

从此两表中可看出，某个分支的 ζ 值可能出现负值。这是因为当流体分成不同流速的两股支流时，或两股流速不同的支流汇合后，高速支流将其部分动能传递给低速支流，使之单位能量有所增加。如低速支流获得的这部分能量超过了它流经三通时所损失的能量，则低速支流的阻力系数 ζ 值就会出现负值。但三通两支流的阻力系数绝不能同时出现负值，即两股流动的总能量，只能减少，不能增加。

应当指出，几个局部阻碍连在一起或相当近地连在一起，它们的总损失不能认为就等于各个局部损失的简单相加。总损失不但要看它们之间的距离，还要看它们的方向和所在平面的相互关系而定。研究表明，如果各局部阻碍之间的距离都大于 3 倍的管径，简单地相加，所得结果偏于安全。

为了便于算题时查用，在表 4-7 中列出了常用的各种局部管件的局部阻力系数 ζ 值，作为上述的补充。实际工程设计时，可查阅有关的设计手册或专著。

应当注意，表 4-7 中的 ζ 值与所指的平均流速相对应（表中已标明），凡未标明者，均应采用局部管件后的流速。

表 4-7　常用各种管件的局部阻力系数 ζ 值

序号	管件名称	示意图	局部阻力系数					
1	折管		α	20°	40°	60°	80°	90°
			ζ	0.05	0.14	0.36	0.74	0.99
2	90°弯头（零件）		d/mm	15	20	25	32	40	≥50
			ζ	2.0	2.0	1.5	1.5	1.0	1.0
3	90°弯头（搬弯）		d/mm	15	20	25	32	40	≥50
			ζ	1.5	1.5	1.0	1.0	0.5	0.5
4	止回阀		$\zeta = 1.70$					
5	闸阀		d/mm	15	20	25	32	40	≥50
			ζ	1.5	0.5	0.5	0.5	0.5	0.5
6	截止阀		d/mm	15	20	25	32	40	≥50
			ζ	16.0	10.0	9.0	9.0	8.0	7.0

第九节　减小阻力的措施

减小流动阻力具有重大的科学和经济价值，通过减小阻力可降低能源的消耗，减少生产成本，提高设备效率。例如，对于在流体中航行的各种运载工具（飞机、轮船等），减小阻力就意味着降低发动机的功率和节省燃料消耗，或者在可能提供的动力条件下提高航行速度。这一点在军事上具有更大的意义。长距离输送像原油这类黏性很高的液体，需要消耗巨大的能量，如能将原油的管输摩阻大幅度降低，当然会给国民经济带来很大好处。对于经常运转的其他管道系统，减阻在节约能源上的意义也是不容忽视的。所以此项研究长期以来一直作为工程流体力学中的一个重要课题。

减小管中流体运动阻力有两条基本途径：一是改变流体运动的内部结构，即投加极少量的添加剂；另一是改善流动的边界条件，即改善边壁对流动的影响。

在流体内部投入极少量的某种添加剂，就能改善紊流运动的内部结构，从而使输流阻力大大减小，这一方法被称为添加剂减阻。它是近20年来才迅速发展起来的减小阻力的技术，就当前了解的实验研究成果和少数生产使用情况来看，其效果是很突出的。此外，添加剂减阻又与紊流机理这个流体力学中的基本问题密切相关。对减小阻力机理的研究，必将推动紊流理论的进一步发展，所以添加剂减小阻力已成为流体力学中一项富有生命力的研究课题。

下面介绍改善边壁的减阻措施。

要降低粗糙区或过渡区内的紊流沿程阻力，自然会想到的减阻措施是减小管壁的粗糙度。此外，用柔性边壁代替刚性边壁也可能减少沿程阻力。水槽中的拖曳试验表明，高雷诺数下的柔性平板的摩擦阻力比刚性平板小50%。对安放在另一管道中间的弹性软管进行阻力试验，两管间的环形空间充满液体，结果比同样条件的刚性管道的沿程阻力小35%。环形空间内液体的黏性越大，软管的管壁越薄，减阻效果越好。

减小局部阻力的着眼点在于防止或推迟流体与壁面的分离，避免旋涡区的产生或减小旋涡区的大小和强度。下面介绍几种常用的典型局部管件，来说明这个问题。

1. 管道进口

图4-30表明，平顺的管道进口可以使局部阻力系数减少90%以上。

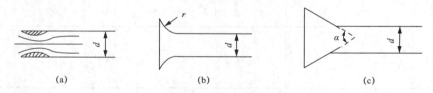

(a)　　　　　　　(b)　　　　　　　(c)

图4-30　几种进口阻力系数

(a) $\zeta = 1$；(b) $\dfrac{r}{d} = 0.25$，$\zeta = 0.03$；(c) $\alpha = 40° \sim 80°$，$\dfrac{b}{d} = 0.25 \sim 1.05$，$\zeta = 0.1 \sim 0.2$

2. 渐扩管和突扩管

扩散角大的渐扩管阻力系数较大，如制成图4-31（a）所示的形式，阻力系数约减小一半，突扩管如制成图4-31（b）所示的台阶式，阻力系数也有所减小。

3. 弯管

弯管的阻力系数在一定范围内随曲率半径 R 的增大而减小。表4-8给出了90°弯管在不同 $\dfrac{R}{d}$ 时的 ζ 值。

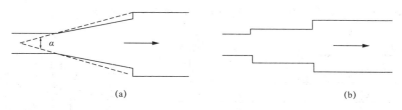

图 4-31 复合式渐扩管和台阶式突扩管

（a）复合式渐扩管；（b）台阶式突扩管

表 4-8 不同 $\dfrac{R}{d}$ 时 90°弯管的 ζ（$Re = 10^6$）

R/d	0	0.5	1	2	3	4	6	10
ξ	1.14	1.00	0.246	0.159	0.145	0.167	0.20	0.24

由表可知，如 $\dfrac{R}{d}<1$，ζ 随 $\dfrac{R}{d}$ 的减小而急剧增加。这与旋涡区的出现和增大有关。如 $\dfrac{R}{d}>3$，ζ 又随 $\dfrac{R}{d}$ 的加大而增大，这是由于弯管加长后，沿程阻力增大的缘故。因此弯管的 R 最好在 $(1 \sim 4) d$ 的范围内。

断面大的弯管，往往只能采用较小的 $\dfrac{R}{d}$，可在弯管内部布置一组导流叶片，以减小旋涡区和二次流，降低弯管的阻力系数。越接近内侧，导流叶片应布置得越密些。图 4-32 所示的弯管，装上圆弧形导流叶片后，阻力系数由 1.0 减小到 0.3 左右。

4. 三通

尽可能地减小支管与合流管之间的夹角，或将支管与合流管连接处的折角改缓，都能改进三通的工作，减小其阻力系数。例如将 90°T 形三通的折角切割成如图 4-33 所示的 45°斜角，则合流时的 ζ_{1-3} 和 ζ_{2-3} 减小 30% ~ 50%，分流时的 ζ_{3-1}，减小 20% ~ 30%，但对分流的 ζ_{3-2} 影响不大。如将切割的三角形加大，阻力系数还能显著下降。

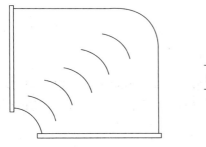

图 4-32 装有导叶的弯管图

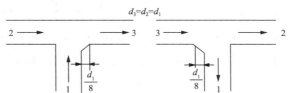

图 4-33 切割折角的 T 形三通

案例 4-2：建筑物的室内消防栓设备结构示意图如图 4-34 所示，其功能是从地下蓄水罐向各个楼层送水，然后从喷嘴中放水，这就需要计算好水泵这一必需设备的性能。喷嘴前端处所必要的压强水头和管道中的损失水头之和决定水泵的扬程。在选择水泵时，不仅要考虑它的扬程，还需要考虑另外一个很重要的条件，即水泵的喷水量。

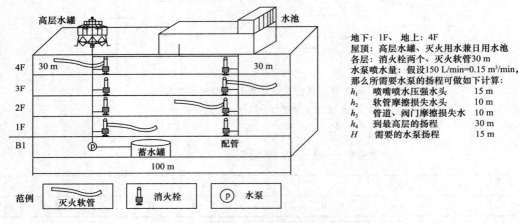

图 4-34 建筑物的室内消防栓设备结构示意

本章小结

本章主要介绍了理论研究结合经典实验结果，阐述了流动阻力和能量损失的规律和计算方法。

（1）实际流体具有黏性，在流动过程中存在流动阻力，流体克服流动阻力做功将产生能量损失，按流动边界不同，将能量损失分为沿程损失和局部损失。

水头损失
$$h_t = h_f + h_m = \lambda \frac{l}{d} \frac{v^2}{l} + \zeta \frac{v^2}{2g}$$

压强损失
$$p_t = p_f + p_m = \lambda \frac{l}{d} \frac{\rho v^2}{2} + \zeta \frac{\rho v^2}{2}$$

（2）黏性流体存在两种不同的流态——层流和紊流，雷诺数是判别流态的准则数，不同流态，能量损失的规律不同。

层流
$$Re = \frac{v_k d}{\nu} < 2\,000$$

紊流
$$Re = \frac{v_k d}{\nu} > 2\,000$$

（3）沿程损失是流体克服内摩擦力（切应力）做功所消耗的能量，恒定均匀流中沿程不变的切应力是产生沿程损失的根源，均匀流基本方程建立了沿程水头损失和切应力的关系，即

$$h_f = \frac{\tau_0 x l}{\gamma A} \ 或 \ \tau_0 = \gamma J R$$

（4）圆管层流，流速按抛物线分布，即 $u = \frac{rJ}{4u}(r_0^2 - r^2)$；

断面平均流速 $u = \frac{\gamma J}{8\mu} r_0^{3} = \frac{1}{2} u_{max}$；

沿程阻力计算公式 $h_f = \lambda \dfrac{l}{d} \dfrac{v^2}{2g} = \dfrac{32\mu l}{\gamma d^2}v = \dfrac{64u}{\rho v d} \cdot \dfrac{l}{d} \cdot \dfrac{v^2}{2g} = \dfrac{64}{Re} \dfrac{lv^2}{2dg}$；

沿程阻力系数 $\lambda = \dfrac{64}{Re}$。

（5）紊流的特征是质点掺混和紊流脉动，通常采用时均法进行研究。紊动切应力包括两部分：一是黏性切应力；二是由于脉动产生的惯性切应力，即

$$\tau = \tau_1 + \tau_2 = \mu \dfrac{\mathrm{d}\overline{u}}{\mathrm{d}y} + \rho l^2 \left(\dfrac{\mathrm{d}\overline{u}}{\mathrm{d}y}\right)^2$$

（6）尼古拉兹实验揭示了流动沿程阻力系数 λ 的变化规律，不同阻力区 λ 的影响因素不同：层流区 $\lambda = f_1(Re)$；临界过渡区 $\lambda = f_2(Re)$；紊流光滑区 $\lambda = f_3(Re)$；紊流过渡区 $\lambda = f_4(Re, \dfrac{k}{d})$；紊流粗糙区 $\lambda = f_5(\dfrac{k}{d})$。

（7）由非圆管折算到圆管的方法是从水力半径的概念出发，通过建立非圆管的当量直径来实现的。水力半径水力半径 R 是过流断面面积 A 与湿周 χ 之比，即 $R = \dfrac{A}{\chi}$。

（8）非圆管可近似用当量直径 d_e 的代替圆管直径 d，用圆管的相应公式计算沿程损失。

（9）实际的管路系统都要安装一些阀门、弯头、变径、三通等管件，用以控制和调节管内的流动。流体经过这些管件时，由于边壁或流量的改变，会造成主流与边壁的脱离，形成旋涡区，同时引起流速的分布发生变化。由此将产生较集中的能量损失，即局部损失。

一般情况下，紊流流态下的局部阻力系数只决定于局部阻碍的形状，即

$$\zeta = f(\text{局部阻碍的形状})$$

本章习题

1. 当流量和断面面积等条件相同时，矩形、方形及圆形断面中哪个水头损失最小？

2. 实际流体在圆管中做层流流动，截面平均流速是管内中心流速的多少倍？若将管子换为管径比原来大 20% 管子，沿程阻力损失将是原来的多少？

3. 断面面积为 $A = 0.6$ m^2 的宽为高 3 倍的矩形管道，试求其水力半径及当量直径，并与圆管直径比较大小。

4. 设圆管直径 200 mm，管长 1 500 mm，输送石油流量为 50 L/s，运动黏滞系数是 1.6×10^{-4} m^2/s，求沿程水头损失。

5. 设有一恒定均匀有压圈管管流，如图 4-35 所示。现欲一次测得半径为 r_0 的圆管层流中的断面平均流速 v，试求皮托管端头应放在圆管中离管轴的径距 r。

6. 用直径 100 mm 的管路输送密度为 850 kg/m^3 的柴油，在温度 20 ℃ 时，其运动黏度是 6.7×10^{-6} m^3/s，欲保持层流最大输送量是多少？

7. 沿直径为 200 mm 的管道输送润滑油，流量为 9 000 kg/h，润滑油的密度为 900 kg/m^3，运动黏滞系数冬季为 $1.1 \times$

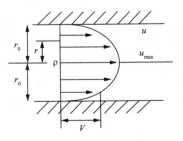

图 4-35 习题 5 图

10^{-4} m^2/s，夏季为 3.55×10^{-5} m^2/s，试判断冬夏两季润滑油在管路中的流动状态。

8. 某铸管直径 $d = 50$ mm，当量糙度 $K = 0.25$ mm，水温 $t = 20$ ℃，问在多大流量范围内属于过渡区流动？

9. 断面面积 0.8 m^2 的正方形、宽为高 2 倍的矩形和圆形管道，分别求出其水力半径和当量直径，当流量相同时，哪个截面管道单位长度沿程损失最小？

10. 油管直径 $d = 8$ mm，流量 $Q = 88$ cm^3/s，油的运动黏度 $v = 8.6 \times 10^{-6}$ m^2/s，油的密度 $\rho = 0.9 \times 10^3$ kg/m^3，水银的密度 $\rho_p = 13.6 \times 10^3$ kg/m^3。

试求：（1）判别流态；

（2）在长度 $l = 2$ m 的管段两端，水银压差计读值 Δh（图4-36）。

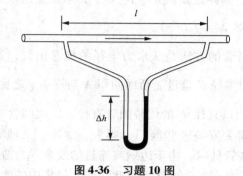

图4-36　习题10图

11. 某厂修建一条长 500 m 的输水管道，输水量为 220 t/h，水温按 10 ℃考虑，管径采用 250 mm，试确定：（1）若铺设铸铁管，沿程水头损失为多少？（2）改用钢筋混凝土管（$K = 2$ mm），则沿程水头损失为多少？

12. 有两根直径 d、长度 L 和绝对粗糙度 K 相同的管道，一根输送水，另一根输送油。试问：

（1）当两管道中液体的流速相等时，其沿程水头损失 h_f 是否相等？

（2）当两管道中液体的雷诺数 Re 相等时，其沿程水头损失 h_f 是否相等？

13. 水箱侧壁接出一根由两段不同管径所组成的管道。已知 $d_1 = 150$ mm，$d_2 = 75$ mm，$l = 50$ m，管道的当量粗糙度 $K = 0.6$ mm，水温为 $t = 20$ ℃。若管道的出口流速 $v_2 = 2$ m/s，求：

（1）水位 H；

（2）绘出总水头线和测压管水头线。

14. 一矩形风道，断面为 1 200 mm × 600 mm，通过 45 ℃ 的空气，风量为 42 000 m^3/h，风道壁面材料的当量糙粒高度 $K = 0.1$ mm，在 $l = 12$ m 长的管段中，用倾斜 30° 的装有酒精的微压计测得斜管中读数 $a = 7.5$ mm，酒精密度 $\rho = 860$ kg/m^3，求风道的沿程阻力系数 λ。并用经验公式计算以及用莫迪图查得结果进行比较。

第五章

孔口、管嘴出流及管路流动

前面几章阐述了流体流动的基本规律和水头损失的计算方法。本章将要讨论的孔口、管嘴和管路流动，是实际工程中最常见的一类流动问题，例如给水排水工程中的取水、泄水闸孔，某些液体测量设备，通风工程中管道风等就是孔口出流问题；水流经过路基下的有压短涵管、水坝中泄水管、消防水枪和水力机械化施工用水枪等都有管嘴出流的计算问题，管路则是一切生产、生活输送流体系统的重要组成部分。本章将孔口、管嘴和管路流动划归一类，这是因为此类流动现象和计算原理相似，而且通过从短（孔口）到长（长管）的讨论，可以更好地理解和掌握这一类流动现象计算的基本原理和区别。

第一节 孔口出流

在容器侧壁或底壁上开一孔口，容器中的液体自孔口出流到大气中，称为孔口自由出流。如出流到充满液体的空间，则称为淹没出流。孔口又有薄壁孔口和厚壁孔口之分，当出流流体与孔口边壁近似成线状接触时，则称孔口为薄壁孔口；当出流流体与孔口边壁成面状接触时，称为厚壁孔口。

一、孔口自由出流

图 5-1 所示为一孔口自由出流。容器中液体从四面八方流向孔口，由于水的惯性作用，当通过孔口边缘时，流线不能突然地改变方向，要有一个连续的变化过程，因此，在孔口断面流线并不平行，流束继续收缩，直至距孔口约 $d/2$ 处收缩完毕，流线趋于平行，该断面称为收缩断面，如图 5-1 中 c—c 断面。设其面积为 A_c，它与孔口面积 A 之比称为孔口收缩系数，用 ε 表示，即

$$\varepsilon = \frac{A_c}{A} \tag{5-1}$$

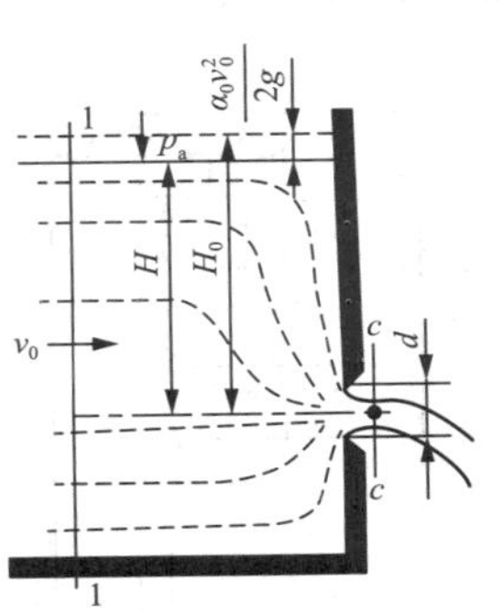

图 5-1 孔口自由出流

取断面 1—1 满足渐变流断面的要求，如图 5-1 所示。以孔口中心水平面为基准面，对图示断面 1—1 和 c—c 建立伯努利方程：

$$H + \frac{p_\mathrm{a}}{\gamma} + \frac{\alpha_0 v_0{}^2}{2g} = 0 + \frac{p_c}{\gamma} + \frac{\alpha_c v_c{}^2}{2g} + h_\mathrm{w}$$

因为水池内水头损失与经孔口的局部水头损失相比可以忽略，故

$$h_\mathrm{w} = h_\mathrm{j} = \xi_0 \frac{v_c{}^2}{2g}$$

式中，ξ_0 为流经孔口的局部损失系数。

在小孔口自由出流情况下，$p_c \approx p_\mathrm{a}$ ，于是伯努利方程可改写为

$$H + \frac{\alpha_0 v_0{}^2}{2g} = (\alpha_c + \xi) \frac{v_c{}^2}{2g}$$

令 $H_0 = H + \dfrac{\alpha_0 v_0{}^2}{2g}$ ，代入上式整理得

$$v_c = \frac{1}{\sqrt{\alpha_c + \xi}} \sqrt{2gH_0} = \varphi \sqrt{2gH_0} \tag{5-2}$$

孔口流量
$$Q = v_c A_c = \varphi \varepsilon A \sqrt{2gH_0} = \mu A \sqrt{2gH_0} \tag{5-3}$$

式（5-3）就是孔口自由出流的基本公式。当计算流量 Q 时，根据具体的孔口及出流条件确定 μ 及 H_0。

式中　H_0——作用水头，是促使出流的全部能量，如 $v_0 \approx 0$ ，则 $H_0 = H$；

　　　ξ——孔口的局部水头损失系数；

　　　φ——孔口的流速系数，$\varphi = \dfrac{1}{\sqrt{\alpha_c + \xi}} = \dfrac{1}{\sqrt{1 + \xi}}$；

　　　μ——孔口的流量系数，$\mu = \varepsilon \varphi$。对于圆形薄壁小孔口，其值为 0.60~0.62。

μ 值与 ε、φ 有关。φ 值接近 1；ε 值因孔口开设位置不同而造成收缩情况不同，因而有较大的变化。如图 5-2 所示，上孔口 I 四周的流线全部发生弯曲，水股在各方向都发生收缩为全部收缩孔口。而孔口 II 只有 1、2 边发生收缩，其他 3、4 边没有收缩称为非全部收缩孔口。在相同的作用水头下，非全部收缩时的收缩系数 ε 比全部收缩时的大，其流量系数 μ' 值也将相应增大，两者之间的关系可用下列经验公式表示：

$$\mu' = \mu \left(1 + C \frac{S}{X}\right) \tag{5-4}$$

式中　μ——全部收缩时孔口流量系数；

　　　S——未收缩部分周长；

　　　X——孔口全部周长；

　　　C——系数，圆孔取 0.13，方孔取 0.15。

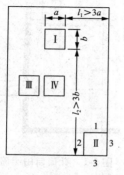

图 5-2　孔口收缩与位置关系

二、孔口淹没出流

如前所述，当液体通过孔口出流到另一个充满液体的空间时称为淹没出流，如图 5-3 所示。

现以孔口中心线为基准线，取上下游自由液面 1—1 及 2—2，

列能量方程：

$$H_1 + \frac{p_1}{\gamma} + \frac{\alpha_1 v_1^2}{2g} = H_2 + \frac{p_2}{\gamma} + \frac{\alpha_2 v_2^2}{2g} + \xi_1 \frac{v_c^2}{2g} + \xi_2 \frac{v_c^2}{2g}$$

令 $H_0 = (H_1 - H_2) + \dfrac{p_1 - p_2}{\gamma} + \dfrac{\alpha_1 v_1^2 - \alpha_2 v_2^2}{2g}$，称为作用水头。

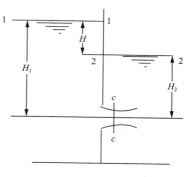

图 5-3　孔口淹没出流

整理上式为　　$H_0 = (\xi_1 + \xi_2) \dfrac{v_c^2}{2g}$

就 v_c 求解

$$v_c = \frac{1}{\sqrt{\xi_1 + \xi_2}} \cdot \sqrt{2gH_0} \tag{5-5}$$

则出流流量为

$$Q = v_c \cdot A_c = v_c \cdot \varepsilon \cdot A = \frac{1}{\sqrt{\xi_1 + \xi_2}} \varepsilon \cdot A \cdot \sqrt{2gH_0} \tag{5-6}$$

式中　ξ_1——液体经孔口处的局部阻力系数；

　　　ξ_2——液体在收缩断面之后突然扩大的局部阻力系数。

2—2 断面比 c—c 断面大得多，所以 $\xi_2 = \left(1 - \dfrac{A_c}{A_2}\right)^2 \approx 1$。

于是令

$$\varphi = \frac{1}{\sqrt{\xi_1 + \xi_2}} = \frac{1}{\sqrt{\xi_1 + 1}} \tag{5-7}$$

φ 为淹没出流速度系数。对比自由出流 φ 在孔口形状、尺寸相同情况下，其值相等，但其含义有所不同。自由出流时 $\alpha_c \approx 1$，淹没出流时 $\xi_2 \approx 1$。引入 $\mu = \varepsilon \varphi$，$\mu$ 为淹没出流流量系数。则式（5-6）可写成

$$Q = \varepsilon \cdot \varphi \cdot A \cdot \sqrt{2gH_0} = \mu \cdot A \cdot \sqrt{2gH_0} \tag{5-8}$$

这就是淹没出流流量公式。对比自由出流式（5-3），φ、μ 相同，只是作用水头 H_0 中速度水头略有不同，自由出流时上游速度水头全部转化为作用水头，而淹没出流时，仅上下游速度水头之差转化为作用水头。孔口自由出流与淹没出流其公式形式完全相同，φ、μ 在孔口相同条件下也相等，只需注意作用水头 H_0 中各项，按具体条件代入。气体出流一般为淹没出流，流量计算与式（5-8）相同，但用压强差代替水头差：

$$Q = \mu \cdot A \cdot \sqrt{\frac{2\Delta p_0}{\rho}} \tag{5-9}$$

式中　Δp_0——如同式（5-8）中 H_0，是促使出流的全部能量；

$$\Delta p_0 = (p_A - p_B) + \frac{\rho(\alpha_A v_A^2 - \alpha_B v_B^2)}{2}\ (\mathrm{N/m^2})$$

式中　ρ——气体的密度（$\mathrm{kg/m^3}$）。

气体管路中装有一薄壁孔口的隔板，称为孔板，此时通过孔口的出流是淹没出流。因为流量、管径在给定条件下不变，所以测压断面上 $v_A = v_B$。故

$$\Delta p_0 = (p_A - p_B)$$

应用式（5-9）

$$Q = \mu \cdot A \cdot \sqrt{\frac{2\Delta p_0}{\rho}} = \mu \cdot A \cdot \sqrt{\frac{2}{\rho}(p_A - p_B)} \tag{5-10}$$

在管道中装设如上所说孔板，测得孔板前后渐变断面上的压差，即可求得管中流量。这种装置叫孔板流量计（图5-4）。

孔板流量计的流量系数 μ 值如前所说，是通过实验测定得来。为了便于练习做题，现给出圆形薄壁孔板的流量系数曲线如图5-5所示，以供参考。工程中应按具体孔板查有关孔板流量计手册获得 μ 值。

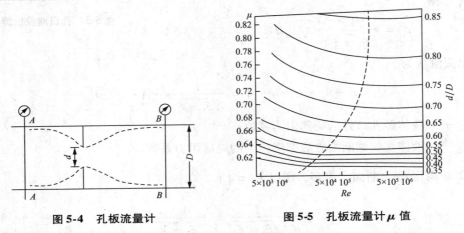

图 5-4　孔板流量计　　　　　　　图 5-5　孔板流量计 μ 值

【例 5-1】有一孔板流量计，如图5-6所示，测得 $\Delta p_0 = 90$ mmH$_2$O，管道直径为 $D = 300$ mm，孔板直径为 $d = 60$ mm，试求水管中流量 Q。

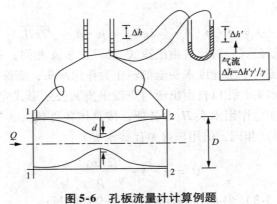

图 5-6　孔板流量计计算例题

解：（1）此题为液体淹没出流，用式（5-8）求 Q，式中

$$H_0 = (H_1 - H_2) + \frac{p_1 - p_2}{\gamma} + \frac{\alpha_1 v_1{}^2 - \alpha_2 v_2{}^2}{2g}$$

此时 $H_1 = H_2$，$v_1 = v_2$。

$$H_0 = \frac{p_1 - p_2}{\gamma} = \frac{90 \times 10^{-3} \times 9.8 \times 1\,000}{9.8 \times 1\,000} = 0.09\,(\text{m})$$

（2）$d/D = 60/300 = 0.2$。若认为流动处在阻力平方区，μ 与 Re 无关，则在图 5-5 上查得 $\mu = 0.61$。

（3）$Q = \mu \cdot A \cdot \sqrt{2gH_0} = 0.61 \times 0.785 \times 0.06^2 \times \sqrt{2 \times 9.8 \times 0.09}$

$\qquad = 0.002\,290\,(\mathrm{m^3/s})$

【例 5-2】如上题，孔板流量计装在气体管路中，测得 $p_1 - p_2 = 90\ \mathrm{mmH_2O}$，其 D、d 尺寸同上例，求气体流量。

【解】（1）此题为气体淹没出流，可由式（5-10）求 Q。

$$\Delta p_0 = 90 \times 9.8 = 882\ (\mathrm{N/m^2})$$

（2）$d/D = 0.2$，采用上题 $\mu = 0.61$。

（3）$Q = \mu \cdot A \cdot \sqrt{\dfrac{2\Delta p_0}{\rho}} = \mu \cdot A \cdot \sqrt{\dfrac{2}{\rho}(p_A - p_B)} = 0.61 \times 0.785 \times 0.06^2 \times \sqrt{\dfrac{2 \times 882}{1.2}} = 0.066\,0\ (\mathrm{m^3/s})$

【例 5-3】房间顶部设置夹层，把处理过的清洁空气用风机送入夹层，并使层中保持 40 Pa 的压强。清洁空气在此压强作用下，通过孔板的孔口向房间流出，这就是孔板送风（图 5-7）。求每个孔口出流的流量及速度。孔的直径为 0.8 cm。

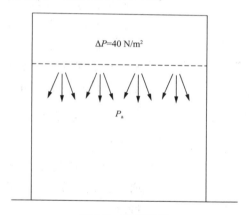

图 5-7　孔板送风

解：孔口流量公式用式（5-10）：

$$Q = \mu \cdot A \cdot \sqrt{\frac{2\Delta p_0}{\rho}}$$

孔板流量系数 $\mu = 0.6$，速度系数 $\varphi = 0.97$（从有关手册中查到），空气的密度 ρ 取为 $1.2\ \mathrm{kg/m^3}$。

孔口的面积：

$$A = \frac{\pi}{4}d^2 = 0.785 \times 0.008^2 = 0.502 \times 10^{-4}\,(\mathrm{m^2})$$

$$Q = 0.6 \times 0.502 \times 10^{-4} \times \sqrt{\frac{2 \times 40}{1.2}} = 0.6 \times 0.502 \times 10^{-4} \times 8.16 = 2.46 \times 10^{-4}\,(\mathrm{m^3/s})$$

出流速度可由 $v_c = \varphi \cdot \sqrt{2 \dfrac{\Delta p}{\rho}}$ ，求出

$$v_c = 0.97 \times \sqrt{\frac{2 \times 40}{1.2}} = 0.97 \times 8.16 = 7.92 (\text{m/s})$$

第二节　管嘴出流

在孔口上对接长度为 3~4 倍孔径的短管，水通过短管并在出口断面满管流出的水力现象称为管嘴出流。水力机械化用水枪及消防水枪都是管嘴的应用。管嘴出流虽有沿程损失，但与局部损失相比很小可忽略不计，水头损失仍只计局部损失。

一、圆柱形管嘴

当圆孔壁厚 δ 等于 $(3~4)d$ 时，或者在孔口处外接一段长 $l = (3~4)d$ 的圆管时（图 5-8），此时的出流称为圆柱形管嘴出流，外接短管称为管嘴。

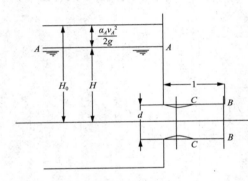

图 5-8　管嘴出流

水流入管嘴时如同孔口出流一样，流股也发生收缩，存在着收缩断面 C—C。尔后流股逐渐扩张，至出口断面上完全充满管嘴断面流出。

在收缩断面 C—C 前后流股与管壁分离，中间形成旋涡区，产生负压，出现了管嘴的真空现象。如前讨论孔口的作用水头 H_0，其中压差项 $\dfrac{p_A - p_C}{\gamma}$，在管嘴出流中由于 P_C（绝对压强）小于大气压，从而使 H_0 增大，则出流流量也增大。所以由于管嘴出流出现真空现象，促使出流流量增大，这是管嘴出流不同于孔口出流的基本特点。

下面讨论管嘴出流的速度、流量计算公式。

列 A—A 及 B—B 断面的能量方程，以管嘴中心线为基准线。

$$z_A + \frac{p_A}{\gamma} + \frac{\alpha_A v_A^2}{2g} = z_B + \frac{p_B}{\gamma} + \frac{\alpha_B v_B^2}{2g} + \xi \frac{v_B^2}{2g}$$

$$(z_A - z_B) + \frac{p_A - p_B}{\gamma} + \frac{\alpha_A v_A^2}{2g} = (\alpha_B + \xi) \frac{v_B^2}{2g}$$

与孔口出流一样，令

$$H_0 = (z_A - z_B) + \frac{p_A - p_B}{\gamma} + \frac{\alpha_A v_A^2}{2g} \tag{5-11}$$

则由上式可得 $H_0 = (\alpha_B + \xi) \dfrac{v_B^2}{2g}$，所以

$$v_B = \frac{1}{\sqrt{\alpha_B + \xi}} \cdot \sqrt{2gH_0} = \varphi \cdot \sqrt{2gH_0} \tag{5-12}$$

$$Q = v_B \cdot A = \varphi \cdot A \cdot \sqrt{2gH_0} = \mu \cdot A \cdot \sqrt{2gH_0} \tag{5-13}$$

由于出口断面 B—B 流股完全充满（不同于孔口），$\varepsilon = 1$，则 $\varphi = \mu = \dfrac{1}{\sqrt{\alpha_B + \xi}}$，取 $\alpha_B = 1$，则 $\varphi = \mu = \dfrac{1}{\sqrt{1 + \xi}}$。

管嘴的阻力损失主要是进口损失，沿程阻力损失很小可略去。于是从局部阻力系数图中查得锐缘进口 $\xi = 0.5$，作为管嘴的阻力系数。这样

$$\varphi = \mu = \frac{1}{\sqrt{1 + 0.5}} = 0.82$$

式（5-11）中 H_0 为管嘴出流的作用水头。在图 5-7 所给的具体条件下，$z_A - z_B = H$，$p_A = p_B = p_a$，v_A 对比 v_B 可忽略不计，于是 $H_0 = H$。流量则为

$$Q = \mu \cdot A \cdot \sqrt{2gH} \tag{5-14}$$

以上式（5-12）及式（5-14）就是管嘴自由出流的速度 v_B 与流量 Q 的计算公式。

管嘴真空现象及真空值，可通过收缩断面 C—C 与出口断面 B—B 建立能量方程得到证明。

$$\frac{p_C}{\gamma} + \frac{\alpha_C v_C^{\,2}}{2g} = \frac{p_B}{\gamma} + \frac{\alpha_B v_B^{\,2}}{2g} + h_1$$

$$h_1 = 突扩损失 + 沿程损失 = \left(\xi_m + \lambda \frac{l}{d} \right) \frac{v_B^{\,2}}{2g}$$

取

$$\alpha_C = \alpha_B = 1$$

$$v_C = \frac{A}{A_C} \cdot v_B = \frac{1}{\varepsilon} v_B$$

$$p_B = p_a$$

则上式变为

$$\frac{p_C}{\gamma} = \frac{p_B}{\gamma} - \left(\frac{1}{\varepsilon^2} - 1 - \xi_m - \lambda \frac{l}{d} \right) \frac{v_B^{\,2}}{2g}$$

从式（5-12）可得 $\dfrac{v_B^{\,2}}{2g} = \varphi^2 \cdot H_0$，从突扩阻力系数计算式求得 $\xi_m = \left(\dfrac{1}{\varepsilon} - 1 \right)^2$，因此

$$\frac{p_C}{\gamma} = \frac{p_a}{\gamma} - \left(\frac{1}{\varepsilon^2} - 1 - \left(\frac{1}{\varepsilon} - 1 \right)^2 - \lambda \frac{l}{d} \right) \varphi^2 \cdot H_0$$

当 $\varepsilon = 0.64$，$\lambda = 0.02$，$l/d = 3$，$\varphi = 0.82$ 时，

$$\frac{p_C}{\gamma} = \frac{p_a}{\gamma} - 0.75 H_0$$

则圆柱形管嘴在收缩断面 C—C 上的真空值为

$$\frac{p_a - p_C}{\gamma} = 0.75 H_0$$

可见 H_0 越大，收缩断面上真空值也越大。当真空值达到 $7 \sim 8~\text{mH}_2\text{O}$ 时，常温下的水发生汽化而不断产生气泡，破坏了连续流动。同时空气在较大的压差作用下，经 B—B 断面冲入真空区，破坏了真空。气泡及空气都使管嘴内部液流脱离管内壁，不再充满断面，于是成为孔口出流。因此为保证管嘴的正常出流，真空值必须控制在 $7~\text{mH}_2\text{O}$ 以下，从而决定了作

用水头 H_0 的极限值 $[H_0]$ = 7/0.75 = 9.3（m）。这就是外管嘴正常工作条件之一。

其次，管嘴长度也有一定极限值，太长阻力大，使流量减少。太短则流股收缩后来不及扩大到整个断面而呈非满流流出，仍如孔口一样，因此一般取管嘴长度 $[l]$ = （3~4）d。这就是外管嘴正常工作条件之二。

二、其他类型管嘴

对于其他类型的管嘴出流，速度、流量计算公式与圆柱形外管嘴公式形式相同。但速度系数、流量系数各有不同。下面介绍工程上常用的几种管嘴。

（1）流线形管嘴如图 5-9（a）所示，流速系数 $\varphi = \mu = 0.97$，适用于要求流量大，水头损失小，出口断面上速度分布均匀的情况。

（2）收缩圆锥形管嘴如图 5-9（b）所示，出流与收缩角度 θ 有关。$\theta = 30°24'$，$\varphi = 0.963$，$\mu = 0.943$ 为最大值。适用于要求加大喷射速度的场合。如消防水枪。

（3）扩大圆锥形管嘴如图 5-9（c）所示，当 $\theta = 5° ~ 7°$ 时，$\varphi = \mu = 0.42 ~ 0.50$。用于要求将部分动能恢复为压能的情况如引射器的扩压管。

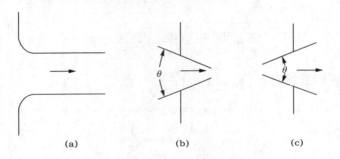

图 5-9　各种常用管嘴形状

（a）流线形；（b）收缩圆锥形；（c）扩大圆锥

【例 5-4】 液体从封闭的立式容器中经管嘴流入开口水池（图 5-10），管嘴直径 d = 10 cm，h = 5 m，要求流量为 10×10^{-2} m³/s。试求作用于容器内液面上的压强为多少？

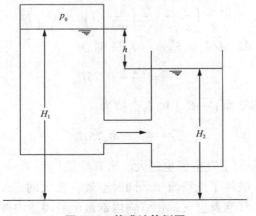

图 5-10　管嘴计算例题

解：按管嘴出流流量公式

$$Q = \mu A \cdot \sqrt{2gH_0}$$

求作用水头 H_0：

$$H_0 = \frac{Q^2}{2g\mu^2 A^2}$$

取 $\mu = 0.82$，则

$$H_0 = \frac{0.1^2}{2 \times 9.8 \times 0.82^2 \times (0.785 \times 0.1^2)^2} = 12.31(\text{m})$$

在图 5-10 所给具体条件下，忽略上下游液面速度，则 $H_0 = \dfrac{p_0 - p_a}{\gamma} + (H_1 - H_2) = \dfrac{p_0}{\gamma} + h$

于是解出

$$\frac{p_0}{\gamma} = H_0 - h = 12.31 - 5 = 7.31(\text{m})$$

$$p_0 = 7.31 \times 1\,000 \times 9.8 = 71.64(\text{kN/m}^2)$$

案例 5-1：消防水枪是灭火的射水工具，用其与水带连接会喷射密集充实的水流。其水枪出口形式之一是外伸收缩形管嘴，具有射程远、水量大等特点。其他形式的管嘴的特点和相关参数见表 5-1。

表 5-1　不同形式管嘴的特点与参数

类型	特点	ζ	φ	ε	μ
圆柱外伸管嘴	损失较大，流量较大	0.5	0.82	1	0.82
圆柱内伸管嘴	损失大、隐蔽	1	0.71	1	0.71
外伸收缩形管嘴	损失小、速度大（消防龙头）	0.09	0.96	0.98	0.95
外伸扩张形管嘴	损失大、流速低、压力大（扩压管）	4	0.45	1	0.45
流线形外伸管嘴	损失小、动能大、流量大	0.04	0.98	1	0.98

第三节　简单管路

管路指液压系统中传输工作流体的管道。建筑物内、小区内供水、供热、供燃气管道均属于流体输送的管路系统。为了研究流体在管路中的流动规律，首先讨论流体在简单管路中的流动。所谓简单管路就是具有相同管径 d、相同流量 Q 的管段，它是组成各种复杂管路的基本单元，如图 5-11（a）所示。

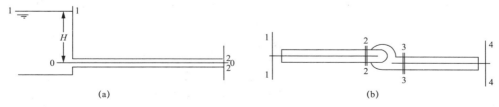

（a）　　　　　　　　　　　　　　　（b）

图 5-11　简单管路举例

（a）自由流出流管路；（b）风机带动管路

一、液流简单管路

当忽略自由液面速度，且出流至大气，以 $0-0$ 为基准线，列 $1—1$、$2—2$ 两断面间的能量方程式：

$$H = \lambda \frac{l}{d} \cdot \frac{v^2}{2g} + \sum \xi \frac{v^2}{2g} + \frac{v^2}{2g}$$

$$H = \left(\lambda \frac{l}{d} + \sum \xi + 1 \right) \frac{v^2}{2g}$$

因出口局部阻力系数 $\xi_0 = 1$，若将 1 作为 ξ_0 包括到 $\sum \xi$ 中去，则上式

$$H = \left(\lambda \frac{l}{d} + \sum \xi \right) \frac{v^2}{2g}$$

用 $v^2 = \left(\dfrac{4Q}{\pi d^2} \right)^2$ 代入上式

$$H = \frac{8 \left(\lambda \dfrac{l}{d} + \sum \xi \right)}{\pi^2 \cdot d^4 \cdot g} Q^2$$

令

$$S_H = \frac{8 \left(\lambda \dfrac{l}{d} + \sum \xi \right)}{\pi^2 \cdot d^4 \cdot g} \tag{5-15}$$

则

$$H = S_H \cdot Q^2 \tag{5-16}$$

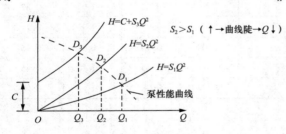

图 5-12　管路特性曲线

液流作用水头与流量之间的关系曲线如图 5-12 所示。虚线代表泵性能曲线，过坐标原点的实线代表管路特性曲线，两曲线交点 D_1 为泵的工作点，此点代表此泵在此管路系统中工作时的流量为 Q_1，扬程为 H_1；若管路中的阻抗变大，则管路特性曲线变陡，管路特性曲线变为图中点画线，此时的工作点为 D_2，流量减小为 Q_2；推导中发现公式中的静扬程不随流量的变化而变化，可看成一常数，此时管路特性曲线变成图中有一段纵截距 C 的实线，工作点为 D_3。

二、气流简单管路

对于图 5-11（b）所示风机带动的气体管路，式（5-16）仍适用。气体常用压强表示，于是

$$p = \gamma H = \gamma \cdot S_H \cdot Q^2$$

令

$$S_p = \gamma \cdot S_H = \frac{8 \left(\lambda \dfrac{l}{d} + \sum \xi \right) \rho}{\pi^2 \cdot d^4} \tag{5-17}$$

则

$$p = S_p \cdot Q^2 \tag{5-18}$$

式（5-18）多应用于不可压缩的气体管路计算中，如空调、通风管道计算。而式（5-16）

则多用于液体管路计算上，如给水管路的计算。气流管路特性曲线与液流管路相似。

无论 S_p 或 S_H，对于一定的流体（即 γ、ρ 一定），在 d、l 已给定时，S 只随 λ 和 $\sum\xi$ 变化。从第四章知 λ 值与流动状态有关，当流动处在阻力平方区时，λ 仅与 K/d 有关，所以在管路的管材已定的情况下，λ 值可视为常数。$\sum\xi$ 项中只有进行调节的阀门的 ξ 可以改变，而其他局部构件已确定局部阻力系数是不变的。所以从式（5-15）、式（5-16）可知：S_p、S_H 对已给定的管路是一个定数，它综合反映了管路上的沿程阻力和局部阻力情况，故称为管路阻抗。引入这一概念对分析管路流动较为方便。式（5-15）、式（5-17）即为阻抗的两种表达式。两者形式上的区别仅在于有无重度 γ。

从式（5-16）、式（5-18）即可看出，用阻抗表示的图 5-11（a）、（b）两种简单管路流动规律非常简练。两式所表示的规律：在简单管路中，作用水头（或作用压强）用来克服管路总阻力损失，而总阻力损失与体积流量平方成正比。这一规律在管路计算中广为应用。

三、泵送管路

式（5-18）及式（5-16）是在图 5-11 具体条件下出流至大气，1—1 断面 $p_1 = p_a$（无高差）导出，得到水池水位 H 及风机风压 p 全部用来克服流动阻力。但对另一些管路并不如此，必须具体加以分析。图 5-13 给出，水泵向压力水箱送水简单管路（d 及 Q 不变），应用第三章中有能量输入的伯努利方程

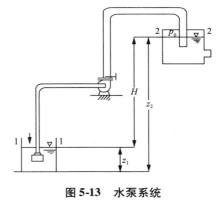

$$H_i = (z_2 - z_1) + \frac{{p_0}' - {p_a}'}{\gamma} + \frac{\alpha_2 v_2^2 - \alpha_1 v_1^2}{2g} + h_{l1-2}$$

略去液面速度头，输入水头为

$$H_i = H + \frac{p_0}{\gamma} + S_H \cdot Q^2 \qquad (5-19)$$

图 5-13 水泵系统

式（5-19）说明水泵水头（又称扬程）不仅用来克服流动阻力，还用来提高液体的位置水头、压强水头，使之流到高位压力水箱中。

【例 5-5】 如图 5-14 所示，水泵抽水系统管长、管径单位为 m，ξ 给于图中，流量 $Q = 40 \times 10^{-3}$ m/s，$\lambda = 0.03$，求：

（1）吸水管及压水管的 S。

（2）求水泵所需水头。

解：（1）由题意可知该抽水系统为简单泵送管路。

故 $\qquad\qquad\qquad\qquad\qquad H = S_H \cdot Q^2$

吸入管 $\qquad\qquad\qquad\qquad\qquad \sum\xi = \xi_1 + \xi_2$

$$S_{H1} = \frac{8\left(\lambda\dfrac{l_1}{d_1} + \xi_1 + \xi_2\right)}{\pi^2 \cdot d_1^4 \cdot g} = 320.83\,(\mathrm{s^2/m^5})$$

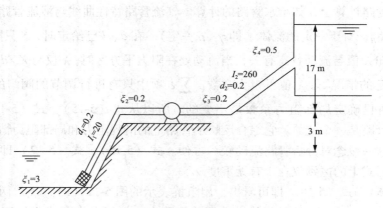

图 5-14 抽水系统

压出管

$$\sum \xi = \xi_3 + \xi_4 + 1$$

$$S_{H2} = \frac{8\left(\lambda \dfrac{l_2}{d_2} + \xi_3 + \xi_4 + 1\right)}{\pi^2 \cdot d_2^4 \cdot g} = 2\ 106.\ 11(\text{s}^2/\text{m}^5)$$

(2) $H = h + (S_{H1} + S_{H2}) \cdot Q^2 = 17 + 3 + (320.\ 83 + 2\ 106.\ 11) \times 40 \times 10^{-3} = 117.\ 08(\text{m})$

四、虹吸管

下面讨论工程中常用的虹吸管。所谓虹吸管即管道中一部分高出上游供水液面的简单管路（图 5-15）。

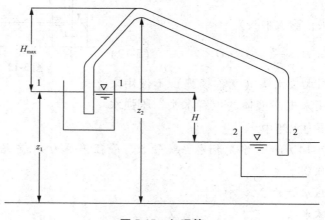

图 5-15 虹吸管

正因为虹吸管的一部分高出上游供水液面，必然在虹吸管中存在真空区段。当真空达到某一限值时，将使溶解在水中的空气分离出来，随真空度的加大，空气量增加。大量气体集结在虹吸管顶部，缩小了有效过流断面阻碍流动。严重时造成气塞，破坏液体连续输送。为了保证虹吸管正常流动，必须限定管中最大真空高度不得超过允许值 $[h_v]$。

$$[h_v] = 7 \sim 8.5\ \text{m}$$

虹吸管中存在真空区段是它的流动特点，控制真空高度则是虹吸管的正常工作条件。

现以水平线 0—0 为基准线，列出图 5-15 中 1—1、2—2 能量方程。

$$z_1 + \frac{p_1}{\gamma} + \frac{\alpha_1 v_1^2}{2g} = z_2 + \frac{p_2}{\gamma} + \frac{\alpha_2 v_2^2}{2g} + h_{l1-2}$$

同前令 $\qquad H_0 = (z_1 - z_2) + \frac{p_1 - p_2}{\gamma} + \frac{\alpha_1 v_1^2 - \alpha_2 v_2^2}{2g}$ 　　　　　　(5-20)

于是 $\qquad\qquad H_0 = h_{l1-2} = S_H \cdot Q^2$ 　　　　　　　　　　　(5-21)

$$Q = \sqrt{\frac{H_0}{S_H}}$$ 　　　　　　　　(5-22)

这就是虹吸管计算公式。

式中 $\qquad\qquad S_H = \frac{8\left(\lambda \dfrac{l}{d} + \sum \xi\right)}{\pi^2 \cdot d^4 \cdot g}\ (\mathrm{s^2/m^5})$

在图 5-15 条件下：

$$l_1 = l_2 + l_3$$

$$\sum \xi = \xi_e + 3\xi_b + \xi_0$$

式中　ξ_e——进口阻力系数；

$\qquad\xi_b$——转弯阻力系数；

$\qquad\xi_0$——出口阻力系数；

式中，H_0 在图 5-15 条件下：$p_1 = p_2 = p_a$，$v_1 = v_2 = 0$，$H_0 = (z_1 - z_2) = H$。

以上数值代入式（5-22），于是流量为

$$Q = \frac{\frac{1}{4}\pi d^2}{\sqrt{\xi_e + 3\xi_b + \xi_0 + \lambda \dfrac{l_1 + l_2}{d}}} \cdot \sqrt{2gH}$$ 　　　　　　(5-23)

所以 $\qquad\qquad v = \frac{1}{\sqrt{\xi_e + 3\xi_b + \xi_0 + \lambda \dfrac{l_1 + l_2}{d}}} \cdot \sqrt{2gH}$ 　　　　　(5-24)

上两式即图 5-15 情况下虹吸管的速度及流量计算公式。

为了计算最大真空高度，取 1—1 及最高断面 C—C 列能量方程。

$$z_1 + \frac{p_1}{\gamma} + \frac{\alpha_1 v_1^2}{2g} = z_C + \frac{p_C}{\gamma} + \frac{\alpha v^2}{2g} + \left(\xi_e + 2\xi_b + \lambda \frac{l_1}{d}\right)\frac{v^2}{2g}$$

在图 5-15 条件下，$p_1 = p_a$，$v_1 \approx 0$，$\alpha \approx 1$，上式为

$$\frac{p_a - p_C}{\gamma} = (z_C - z_1) + \left(1 + \xi_e + 2\xi_b + \lambda \frac{l_1}{d}\right)\frac{v^2}{2g}$$

用式（5-24）中的 v 代入上式中得出

$$\frac{p_a - p_C}{\gamma} = (z_C - z_1) + \frac{\left(1 + \xi_e + 2\xi_b + \lambda \dfrac{l_1}{d}\right)}{\xi_e + 3\xi_b + \xi_0 + \lambda \dfrac{l_1 + l_2}{d}} H$$ 　　　(5-25)

为了保证虹吸管正常工作，式（5-25）计算所得的真空高度应小于最大允许值 $[h_v]$。

【例5-6】 如图5-16所示，虹吸管通过虹吸作用将左侧水引向下游。已知虹吸管管径 $d = 100$ mm，$H_1 = 2.5$ m，$H_2 = 3.7$ m，$l_1 = 5$ m，$l_2 = 5$ m。管道沿程损失系数 $\lambda = 0.025$，进口设有滤网，其局部阻力系数 $\zeta_{进} = 8$，弯头的局部阻力系数 $\zeta_{弯} = 0.15$。求：通过虹吸管的流量 Q；计算虹吸管最高处 A 点的真空度。

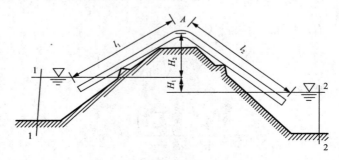

图 5-16 虹吸管

解：（1）首先取过流断面 1—1 和 2—2，列 1—1 和 2—2 断面能量方程，以右侧水面为基准面，计算点取在各断面的液面上，其压强均为大气压强，则有

$$H_1 + 0 + \frac{\alpha_1 v_1^2}{2g} = 0 + 0 + \frac{\alpha_2 v_2^2}{2g} + h_w$$

其中两断面平均流速与管道内流速相比，可忽略不计，即 $\dfrac{\alpha_1 v_1^2}{2g} \approx \dfrac{\alpha_2 v_2^2}{2g} \approx 0$。

水头损失

$$h_w = h_f + h_j = \lambda \frac{l}{d} \frac{v^2}{2g} + (\zeta_{进} + \zeta_{弯} + \zeta_{出}) \frac{v^2}{2g} = \sum \zeta \frac{v^2}{2g}$$

其中

$$\sum \zeta = \lambda \frac{l}{d} + \zeta_{进} + \zeta_{弯} + \zeta_{出}$$

由第四章可知，管道流进水池时 $\zeta_{出} = 1.0$，则

$$\sum \zeta = \lambda \frac{l}{d} + \zeta_{进} + \zeta_{弯} + \zeta_{出} = 11.65$$

将数据带入所列能量方程中，得管道流速

$$v = \frac{1}{\sqrt{\sum \zeta}} \sqrt{2gH_1} = 2.05 (\text{m/s})$$

则管中流量

$$Q = v \frac{\pi}{4} d^2 = 16.1 (\text{L/s})$$

（2）管道中最高点 A 处的真空度为最大。列 1—1 和 A—A 断面能量方程，以右侧水面为基准面，有

$$H_1 + \frac{p_a}{\gamma} + 0 = (H_1 + H_2) + \frac{p_A}{\gamma} + \frac{\alpha v^2}{2g} + (\zeta_{进} + \zeta_{弯} + \lambda \frac{l_1}{d}) \frac{v^2}{2g}$$

由此计算得

$$\frac{p_a - p_A}{\gamma} = H_2 + \left(1 + \zeta_{进} + \zeta_{弯} + \lambda \frac{l_1}{d}\right)\frac{v^2}{2g} = 5.93(\text{m})$$

则 A 点的真空度

$$\frac{p_v}{\gamma} = \frac{p_a - p_A}{\gamma} = 5.93(\text{m})$$

案例 5-2：开始如果能够用某一方法让水流动起来，那么之后不需要继续提供动力，液体就能再流经更高的地方后向更低的地方自然流动，这就是利用虹吸管原理制作而成的装置，只有当充满液体的虹吸管的出口低于被吸入液体一侧的液面时，液体才能够连续不断地流出来，如图 5-17 所示。

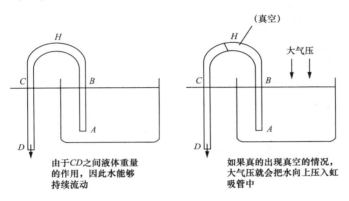

图 5-17　虹吸管案例图

身边有很多物品都是利用虹吸原理制作而成的，例如虹吸式水冲坐便器（图 5-18），它的工作原理是，让少量的水气势凶猛地流下来，在流经防臭瓣时形成虹吸现象，以便冲走污物。

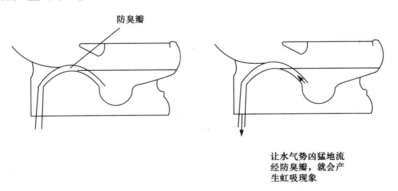

图 5-18　虹吸式坐便器

第四节　管路的串联与并联

任何复杂管路都是由简单管路经串联、并联组合而成的。本节主要研究串联、并联管路的流动规律。

一、串联管路

由直径不同的几段管道首尾依次连接而成的管路，称为串联管路，如图 5-19 所示。

管段相接之点称为节点，如图中 a 点、b 点。在每一个节点上都遵循质量平衡原理，即流入的质量流量与流出的质量流量相等，当 $\rho =$ 常数时，流入的体积流量等于流出的体积流量，取流入流量为正，流出流量为负，则对于每一个节点可以写出 $\sum Q = 0$。因此对串联管路（无中途分流或合流）则有：

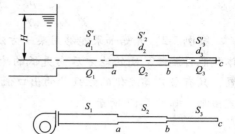

$$Q_1 = Q_2 = Q_3 \qquad (5\text{-}26)$$

图 5-19　串联管路

串联管路阻力损失，按阻力叠加原理有

$$h_{l1-2} = h_{l1} + h_{l2} + h_{l3} = S_1 \cdot Q_1{}^2 + S_2 \cdot Q_2{}^2 + S_3 \cdot Q_3{}^2 \qquad (5\text{-}27)$$

因流量 Q 各段相等，于是得

$$S = S_1 + S_2 + S_3 \qquad (5\text{-}28)$$

由此得出结论：无中途分流或合流，则流量相等，阻力叠加，总管路的阻抗 S 等于各管段的阻抗叠加。这就是串联管路的计算原则。根据串联管路的计算原则绘制串联管路特性曲线如图 5-20 所示。

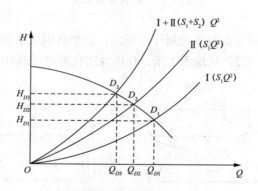

图 5-20　串联管路特性曲线

【**例 5-7**】有一串联管道，如图 5-21 所示。已知 $H = 5$ m，$d_1 = 100$ mm，$l_1 = 10$ m，$d_2 = 200$ mm，$l_2 = 20$ m，若沿程阻力系数 $\lambda_1 = \lambda_2 = 0.02$，试求通过该管道的流量为多少？

解：列 a—a 截面和 2—2 的能量方程

$$H + \frac{p_a}{\rho g} + \frac{v_a^2}{2g} = 0 + \frac{p_2}{\rho g} + \frac{v_2^2}{2g} + h_l$$

因容器较大，上式中 $v_a \approx 0$，又因开式水箱中的水沿管道流入大气，所以 $p_2 = p_a$，而能量损失为

$$h_l = \zeta_{\text{入}} \frac{v_1^2}{2g} + \lambda_1 \frac{l_1}{d_1} \frac{v_1^2}{2g} + \frac{(v_1 - v_2)^2}{2g} + \lambda_2 \frac{l_2}{d_2} \frac{v_2^2}{2g}$$

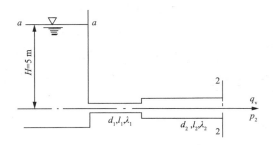

图 5-21 串联管道

于是有

$$H = \left(\zeta_入 + \lambda_1 \frac{l_1}{d_1} \right) \frac{v_1^2}{2g} + \frac{(v_1 - v_2)^2}{2g} + \left(1 + \lambda_2 \frac{l_2}{d_2} \right) \frac{v_2^2}{2g}$$

又因对串联管道有

$$Q = Q_2 \quad v_2 = v_1 \left(\frac{d_1}{d_2} \right)^2$$

故

$$H = \left(\zeta_入 + \lambda_1 \frac{l_1}{d_1} \right) \frac{v_1^2}{2g} + \frac{\left[v_1 - v_1 \left(\frac{d_1}{d_2} \right)^2 \right]^2}{2g} + \left(1 + \lambda_2 \frac{l_2}{d_2} \right) \frac{v_1^2}{2g} \left(\frac{d_1}{d_2} \right)^4$$

将已知数据代入上式

$$5 = \left(0.5 + 0.02 \times \frac{10}{0.1} \right) \frac{v_1^2}{2 \times 9.806} + \frac{\left[v_1 - v_1 \left(\frac{100}{200} \right)^2 \right]^2}{2 \times 9.806} +$$

$$\left(1 + 0.02 \times \frac{20}{0.2} \right) \times \frac{v_1^2}{2 \times 9.806} \times \left(\frac{100}{200} \right)^4$$

所以

$$v_1 = \sqrt{\frac{5}{0.165\,8}} = 5.49 \ (\text{m/s})$$

通过管道的流量

$$Q = v_1 \frac{\pi}{4} d_1^2 = 5.49 \times \frac{3.14}{4} \times 0.1^2 = 0.043 \ (\text{m}^3/\text{s})$$

二、并联管路

并联管路是在某处分成几路,到下游又汇合成一路(首首相连、尾尾相接)的管道,如图 5-22 所示,流体从总管路节点 a 上分出两根以上的管段,而这些管段同时又汇集到另一节点 b 上,在节点 a 和 b 之间的各管段称为并联管路。

同串联管路一样,遵循质量平衡原理,$\rho =$ 常数时,应满足 $\sum Q = 0$,则 a 点上流量为

$$Q = Q_1 + Q_2 + Q_3 \tag{5-29}$$

并联节点 a、b 间的阻力损失,从能量平衡观点来看,无论是 1 支路、2 支路、3 支路均

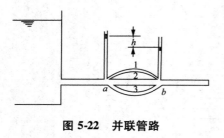

图 5-22 并联管路

等于 a、b 两节点的压头差。于是

$$h_{l1} = h_{l2} = h_{l3} = h_{la-b} \tag{5-30}$$

设 S 为并联管路的总阻抗，Q 为总流量，则有

$$S_1 \cdot Q_1^2 = S_2 \cdot Q_2^2 = S_3 \cdot Q_3^2 = S \cdot Q^2 \tag{5-31}$$

而 $\quad Q = \dfrac{\sqrt{h_{la-b}}}{\sqrt{S}}$，$Q_1 = \dfrac{\sqrt{h_{l1}}}{\sqrt{S_1}}$，$Q_2 = \dfrac{\sqrt{h_{l2}}}{\sqrt{S_2}}$，$Q_3 = \dfrac{\sqrt{h_{l3}}}{\sqrt{S_3}}$

$$\tag{5-32}$$

将式（5-32）和式（5-30）代入式（5-29）中得出：

$$\frac{1}{\sqrt{S}} = \frac{1}{\sqrt{S_1}} + \frac{1}{\sqrt{S_2}} + \frac{1}{\sqrt{S_3}} \tag{5-33}$$

于是得到并联管路计算原则：并联节点上的总流量为各支管中流量之和；并联各支管上的阻力损失相等；总的阻抗平方根倒数等于各支管阻抗平方根倒数之和。

现在进一步分析式（5-32），将它变为

$$\frac{Q_1}{Q_2} = \sqrt{\frac{S_2}{S_1}}\;;\; \frac{Q_2}{Q_3} = \sqrt{\frac{S_3}{S_2}}\;;\; \frac{Q_3}{Q_1} = \sqrt{\frac{S_1}{S_3}} \tag{5-34}$$

写成连比形式：

$$Q_1 : Q_2 : Q_3 = \frac{1}{\sqrt{S_1}} : \frac{1}{\sqrt{S_2}} : \frac{1}{\sqrt{S_3}} \tag{5-35}$$

此两式即为并联管路流量分配规律。根据并联管路的计算原则绘制串联管路特性曲线如图 5-23 所示。

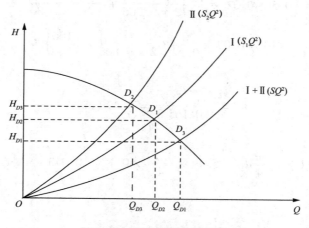

图 5-23 并联管路特性曲线

式（5-35）的意义在于，各分支管路的管段几何尺寸、局部构件确定后，按照节点间各分支管路的阻力损失相等，来分配各支管上的流量，阻抗 S 大的支管其流量小，S 小的支管其流量大。在专业上并联管路设计计算中，必须进行"阻力平衡"，它的实质就是应用并联管路中流量分配规律，在满足用户需要的流量下，设计合适的管路尺寸及局部构件，使各支

管上阻力损失相等。

【例5-8】 两层楼供暖系统（图5-24），已知：管段Ⅰ管径 $d_1 = 20$ mm，局部阻力系数之和 $\sum \xi_1 = 15$，管长 $l_1 = 20$ m，管段Ⅱ管径 $d_2 = 20$ mm，局部阻力系数之和 $\sum \xi_2 = 15$，管长 $l_2 = 10$ m，沿程阻力系数 $\lambda_1 = \lambda_2 = 0.025$，$Q = 1$ L/s。

求：（1） Q_1 和 Q_2 ；

（2）绘制水压图；

（3）循环泵的扬程（压头）。

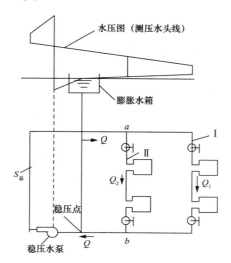

图5-24 供暖系统图

解：（1）

$$\because \frac{S_2}{S_1} = \frac{\lambda_2 \dfrac{l_2}{d_2} + \sum \xi_2}{\lambda_1 \dfrac{l_1}{d_1} + \sum \xi_1} = 0.685 \Rightarrow S_1 > S_2$$

$$\therefore \frac{Q_1}{Q_2} = \sqrt{\frac{S_2}{S_1}} = 0.828 \Rightarrow Q_1 < Q_2$$

$$又 \because Q_1 + Q_2 = Q \Rightarrow 0.828Q_2 + Q_2 = Q$$

$$\Rightarrow Q_2 = \frac{Q}{1.828} = 0.55 \text{ L/s}$$

$$\Rightarrow Q_1 = 0.828Q_2 = 0.45 \text{ L/s}$$

$$\therefore \begin{cases} S_1 > S_2 \\ Q_1 < Q_2 \end{cases} \Rightarrow 流量分配不均匀 \Rightarrow 供热不均（水力失调）$$

$$为使 Q_1 = Q_2 \Rightarrow 调整 S \begin{cases} d \to 最有效,但规格化（DN25） \\ \xi \to 运行调节（丹佛斯节流阀） \end{cases}$$

$$"阻力平衡"（在允许误差之内即可）$$

（2）水压图（图5-24）

（3）循环泵扬程 $H = S_总 Q^2 + \begin{cases} S_1 Q_1^2 \\ S_2 Q_2^2 \end{cases} \rightarrow$ 仅克服管路阻力，与楼层高度无关。

第五节 管网计算基础

管网是由简单管路、并联、串联管路组合而成的，基本上可分为枝状管网和环状管网两种。

一、枝状管网

自来水厂通向各个用户的管道、油库到每个加油处的分支管道、澡堂里从热源至每个淋浴的管道都是从一处通往多处，这些都是枝状管网。枝状管网是由若干简单的管路并、串联而成的类似树枝状的管道网，枝状管网的优点是造价低、运行管理简单，但缺点是保障性差。例如，作为枝状管网类型之一，图 5-25 所给出的，是由三个吸气口，六根简单管路，并、串联而成的排风枝状管网。

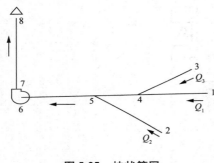

图 5-25 枝状管网

根据并、串联管路的计算原则，可得到该风机应具有的压头为

$$H = \frac{p}{\gamma} = h_{l1-4} + h_{l4-5} + h_{l5-6} + h_{l7-8} \quad (5-36)$$

风机应具有的风量为

$$Q = Q_1 + Q_2 + Q_3 \quad (5-37)$$

在节点 4 与大气（相当另一节点）间，存在着 1—4 管段、3—4 管段两根并联的支管。通常以管段最长，局部构件最多的一支参加阻力叠加。而另外一支则不应加入，只按并联管路的规律，在满足流量要求下，与第一支管段进行阻力平衡。常遇到的水力计算，基本有两类：

（1）管路布置已定，则管长 l 和局部构件的形式和数量均已确定。在已知各用户所需流量 Q 及末端要求压头 h_c 的条件下，求管径 d 和作用压头 H。

这类问题先按流量 Q 和限定流速 v 求管径 d。所谓限定流速，是专业中根据技术、经济要求所规定的合适速度，在这个速度下输送流量经济合理。如除尘管路中，防止灰尘沉积堵塞管路，限定了管中最小速度；热水采暖供水干管中，为了防止抽吸作用造成的支管流量过少，而限定了干管的最大速度。各类管路有不同的限定流速，可在专业设计手册中查得。

在管径 d 确定之后，对枝状管网便可按式（5-35）进行阻力（压头）计算。然后按总阻力及总流量选择泵或风机。

（2）已有泵或风机，即已知作用水头 H，并知用户所需流量 Q 及末端水头 h_c，在管路布置之后已知管长 l，求管径 d。这类问题首先按 $H - h_c$ 求得单位长度上允许损失的水头 J，即

$$J = \frac{H - h_c}{l + l'} \tag{5-38}$$

式中，l' 是局部阻力的当量长度。其定义为

$$\lambda \frac{l'}{d} \frac{V^2}{2g} = \sum \xi \frac{V^2}{2g} \tag{5-39}$$

于是

$$\lambda \frac{l'}{d} = \sum \xi \, l' = \sum \xi \frac{d}{\lambda} \tag{5-40}$$

引入当量长度之后，计算阻力损失 h_l 较为方便：

$$h_l = \lambda \frac{l + l'}{d} \cdot \frac{v^2}{2g} \tag{5-41}$$

在管径 d 尚不知的情况下，难于确切得出。所以在式（5-38）中，l' 可按专业设计手册中查得估计各种局部构件的当量长度后，再代入。在求出 J 之后根据

$$J = \frac{\lambda}{d} \frac{V^2}{2g} = \frac{\lambda}{d} \cdot \frac{1}{2g} \left(\frac{Q}{\frac{\pi}{4}d^2} \right)^2 \tag{5-42}$$

求出管径 d，并定出局部构件形式及尺寸。

最后进行校核计算，计算出总阻力与已知水头核对。

【**例 5-9**】如图 5-26 所示，某水库经干管 AB 与两段 B—1 与 B—2 向 1、2 两处供水，供水流量分别为 $Q_1 = 70 \text{ m}^3/\text{h}$、$Q_2 = 26.8 \text{ m}^3/\text{h}$，各管段长度、直径、沿程阻力系数分为 $L_{AB} = 800 \text{ m}$，$d_{AB} = 0.2 \text{ m}$，$\lambda_{AB} = 0.025$；$L_{B-1} = 400 \text{ m}$，$d_{B-1} = 0.15 \text{ m}$，$\lambda_{B-1} = 0.023$；$L_{B-2} = 600 \text{ m}$，$d_{B-2} = 0.1 \text{ m}$，$\lambda_{B-2} = 0.03$。水塔与两出口处的高度分别为 1、2 两用水点的标高，分别为 $z_1 = 20 \text{ m}$，$z_2 = 15 \text{ m}$。要求两出口处分别有 0.5 m 与 1.5 m 的压强。不计局部损失。试求水塔中水面的高度 z_0 应为多少？

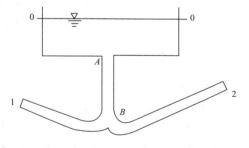

图 5-26　例 5-9 图

解：此管路系统是由串联管道 A—B—1 及 A—B—2 组合成的分支管道。

（1）按照满足出口 1 处的要求计算水塔中所需水面的高度 z_0。

以水塔水面的过流断面 0—0 为基准面，建立 0—0 面与支路 B-1 的出口断面 1—1 的能量方程式：

$$0 = z_1 - z_0 + \frac{p_1}{\gamma} + \frac{v^2}{2g} + h_{lA-B} + h_{lB-1}$$

式中

$$h_{lA-B} = \lambda_{AB} \frac{l_{AB}}{d_{AB}} \frac{v_{AB}^2}{2g}$$

$$h_{lB-1} = \lambda_{B-1} \frac{l_{B-1}}{d_{B-1}} \frac{v^2}{2g}$$

干管与支管 1 中的平均流速

$$v_{AB} = \frac{4(Q_1 + Q_2)}{\pi d_{AB}^2} = \frac{4 \times (26.8 + 70)}{3\,600 \times 0.2^2 \pi} = 0.85 \, (\text{m/s})$$

$$v_1 = \frac{4Q_1}{\pi d_{B1}^2} = \frac{4 \times 70}{3\,600 \times 0.15^2 \pi} = 1.1(\text{m/s})$$

将上值与题目已知条件代入所建立的能量方程可以解得满足出口 1 处要求的塔中所需水面的高度 z_0，为

$$z_0 = 28.8 \text{ m}$$

（2）按照满足出口 2 处的要求计算水塔中所需水面的高度 z_0。

以水塔水面的过流断面 0—0 为基准面，建立 0—0 面与支路 2 的出口断面 2—2 面的能量方程式：

$$0 = z_2 - z_0 + \frac{p_2}{\gamma} + \frac{v^2}{2g} + h_{lA-B} + h_{lB-2}$$

式中 h_{lA-B} 表达式与（1）中相同

$$h_{lB-2} = \lambda_{B-2} \frac{l_{B-2}}{d_{B-2}} \frac{V_2^2}{2g}$$

干管与支管 1 中的平均流速为

$$V_2 = \frac{4Q_1}{\pi d_{B-2}^2} = \frac{4 \times 26.8}{3\,600 \times 0.1^2 \pi} = 0.95(\text{m/s})$$

将上值与题目已知条件代入所建立的能量方程可以解得满足出口 1 处要求的水塔中所需水面的高度 z_0 为

$$z_0 = 29.7 \text{ m}$$

（3）为了满足各用水点的要求，水塔水面的标高不得低于 29.7 m。上述计算结果标明，按照两支路求得的水塔中水面的高度相差不大，可用阀门调节得到所需要的流量。

二、环状管网

环状管网，是由若干管道相互连接组成的一些环形回路，而从每一节点流出的流量可分别来自不同的环形回路，如图 5-27 所示。它的特点是管段在某一共同的节点分支，然后又在另一共同节点汇合，是很多个并联管路组合而成。环状管网的特点是造价高、运行管理复杂、保障性好。环状管网的计算比较复杂，通常要通过重复试算的方法来求解。对环状管网的计算，必须满足下列两个基本原则：

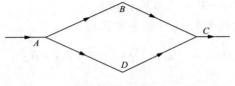

图 5-27　环状管网

（1）和枝状管网一样，通过任一节点，流入流出量相等，即

$$Q_入 = Q_出$$

如果规定流入节点的流量为正，流出节点的流量为负，上式也可改写成

$$\sum Q_i = 0 \tag{5-43}$$

即通过任一节点的净流量等于零。其中 i 为节点的序号。$i = 1$，2，3……

（2）环绕任一闭合回路的净水头横失等于零，即

$$\sum h_{lj} = 0 \tag{5-44}$$

其中 j 为闭合回路的序号，$j = 1$，2，3，…。习惯上，一般顺时针方向流动的水头损失为正，逆时针方向流动的水头损失为负，这实际上和计算并联管路的原则相同，故有

$$\sum h_{lj顺时针} = \sum h_{lj逆时针}$$

以上面两个计算原则，可采用逐步逼近的方法对环状管网进行计算，为了对环形管网的流动进行计算，从网管中取出如图 5-27 所示的一个最基本的管网组成单元进行分析。

设流入 A 点的流量为 Q，流体离开 A 分两个方向流动，一支沿 ABC 顺时针流动，第一次假设流量为 Q_1，另一支沿 ADC 逆时针流动，第一次假设流量为 Q_1'，则

$$Q = Q_1 + Q_1'$$

下一步根据假设的流量 Q_1、Q_1' 分别算出 $\sum h_{lABC}$ 以及 $\sum h_{lADC}$。如果 $\sum h_{lABC} \neq \sum h_{lADC}$，即不满足上述第二条原则，这时则需对假设的流量进行修正，假定 $\sum h_{lABC} < \sum h_{lADC}$，修正流量为 ΔQ_1，则修正后的 ABC 管路与 ADC 管路的流量分别为

$$Q_2 = Q_1 + \Delta Q_1$$
$$Q_2' = Q_1' - \Delta Q_1$$

即将一部分流量由负荷过大的 ADC 管路移动到负荷过小的 ABC 管路，显然修正过后的流量仍满足 $Q = Q_2 + Q_2'$，然后，用 Q_2 与 Q_2' 重复上述计算，直至进行到 $\sum h_{lABC} \approx \sum h_{lADC}$ 为止。

按达西—魏斯巴赫公式计算，每个管道的沿程损失并可用体积流量表示为

$$h_f = \left(\frac{8\lambda l}{\pi^2 g d^5}\right) Q^2 = K' Q^2 \tag{5-45}$$

而局部损失仍换算成等值长度后加到该管道长度上去，对于很长的管道系统，局部损失可以忽略不计，总之，对管道的水头损失可以表示为

$$h_j = = K Q^2 \tag{5-46}$$

式中，K 为管道系统的特性系数（s^2/m^5）。

环状管网的计算是相当复杂的，目前，工程中常需要借助电子计算机来进行环状管网的水力计算，详细内容可参看有关管网计算的专门书籍和资料，在此，对环状管网的水力计算，可以采用如下简易方法：

（1）按照条件或经验估算管道系统的特性系数 K 的值。

（2）初估各管道的流量，并使各节点满足式（5-43）的要求。

（3）依据初值流量，由式（5-46）计算各管道的水头损失（只计算沿程水头损失）。

（4）检查环路是否满足式（5-44），若不满足，则按式 $\Delta Q = -\dfrac{\sum h_{li}^2}{2\sum \dfrac{h_{li}^2}{Q_i}}$ 计算修正流量

ΔQ，并对初值流量 Q 进行修正，重复步骤（2）~（4），直到误差达到要求的精度为止。

【例5-10】 如图5-28所示，水经一简单三角形环网向1、2两处输水，若求出流量分别达到 $Q_1 = 0.20 \ \mathrm{m^3/s}$、$Q_2 = 0.25 \ \mathrm{m^3/s}$，已知1处的出水高度 $z_1 = 10 \ \mathrm{m}$，其他网点均处于同一高度，且经测各段的管道系统的特性系数 $K_{OA} = 57 \ \mathrm{s^2/m^5}$，$K_{AC} = 47 \ \mathrm{s^2/m^5}$、$K_{AB} = 220 \ \mathrm{s^2/m^5}$、$K_{BC} = 1 \ 008 \ \mathrm{s^2/m^5}$，要求环网内的闭合差 $\left| \sum h_{\mathrm{f}i} \right| \leqslant 0.2 \ \mathrm{m}$，求各管段流量 Q 和 O 点处水泵所需的水柱压力。

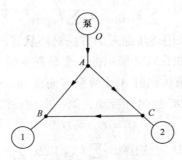

图5-28 供水管网

解： 设管段 BC 间的流动方向如图5-28所示，试取 $Q_{CB} = 0.05 \ \mathrm{m^3/s}$，则由环网的连续性方程可得

$$Q_{A-C} = 0.3 \ \mathrm{m^3/s}$$

$$Q_{A-B} = 0.15 \ \mathrm{m^3/s}$$

据此可以计算环网各管道的水头损失为

$$h_{lA-C} = K_{AC}Q_{A-C}^2 = 4.23 \ \mathrm{m}$$

$$h_{lA-B} = K_{AB}Q_{A-B}^2 = 4.95 \ \mathrm{m}$$

$$h_{lC-B} = K_{BC}Q_{C-B}^2 = 2.52 \ \mathrm{m}$$

此时环网内的水头损失闭合差为

$\sum h_{li} = h_{lA-C} + h_{lC-B} - h_{lA-B} = 4.23 + 2.52 - 4.95 = 1.8 > 0.5$，所以需要进行流量修正，则

$$\Delta Q = -\frac{\sum h_l}{2 \sum \dfrac{h_l}{Q}} = -\frac{h_{lA-C} + h_{lC-B} - h_{lA-B}}{2\left(\dfrac{h_{lA-C}}{Q_{A-C}} + \dfrac{h_{lC-B}}{Q_{C-B}} + \dfrac{h_{lA-B}}{Q_{A-B}}\right)}$$

$$= -\frac{4.23 + 2.52 - 4.95}{2(4.23/0.3 + 2.52/0.5 + 4.95/0.15)} = -0.009 \ 2 \ (\mathrm{m^3/s})$$

取修正流量 $\Delta Q = -0.01 \ \mathrm{m^3/s}$，则修正后的流量为

$$Q_{C-B} = 0.04 \ \mathrm{m^3/s}$$

$$Q_{A-C} = 0.29 \ \mathrm{m^3/s}$$

$$Q_{A-B} = 0.16 \ \mathrm{m^3/s}$$

修正后环网各管道的水头损失分别为

$$h_{lA-C} = K_{AC}Q_{A-C}^2 = 3.95 \ \mathrm{m}$$

$$h_{lA-B} = K_{AB}Q_{A-B}^2 = 5.63 \ \mathrm{m}$$

$$h_{lC-B} = K_{BC}Q_{C-B}^2 = 1.61 \text{ m}$$

修正后环网内的水头损失闭合差为

$$\sum h_{li} = h_{lA-C} + h_{lC-B} - h_{lA-B} = 3.95 + 1.61 - 5.63 = -0.07$$

修正后 $\left| \sum h_{fi} \right| < 0.2$ m，满足要求。故各管段的流量分别为

$$Q_{O-A} = 0.45 \text{ m}^3/\text{s}$$

$$Q_{A-C} = 0.29 \text{ m}^3/\text{s}$$

$$Q_{A-B} = 0.16 \text{ m}^3/\text{s}$$

$$Q_{C-B} = 0.04 \text{ m}^3/\text{s}$$

OA 段的水头损失为

$$h_{lO-A} = K_{OA}Q_{O-A}^2 = 11.54 \text{ m}$$

所以水泵出口处 O 点所需水柱压力为

$$\frac{p_O}{\rho g} = h_{lA-C} + h_{lC-B} + h_{lO-A} + z_1 = 3.95 + 1.61 + 11.54 + 10 = 27.1 \text{ (m)}$$

本章小结

本章主要介绍了孔口自由出流和孔口淹没出流流速和流量计算的特点，圆柱形管嘴和其他类型管嘴出流的特点，可以根据需要选择相应类型的管嘴。介绍了液流简单管路、气流简单管路、泵送管路和虹吸管的特性，以及串联和并联管路的特点。介绍了枝状管网和环状管网的计算基础。重要内容小结如下：

（1）孔口出流按出流的下游条件，可分为自由出流和淹没出流两种情况。薄壁小孔口自由出流与淹没出流的流量计算的基本公式相同，即 $Q = \mu \sqrt{2gH_0}$，φ、μ 在孔口相同条件下也相等；不同之处在于：自由出流时上游速度水头全部转化为作用水头，而淹没出流时，仅上下游速度水头之差转化为作用水头。

（2）管嘴出流的流量计算公式与孔口相同，但流量系数不同。当圆孔壁厚 δ 等于（3~4）d 时，或者在孔口处外接一段长 $l = $（3~4）$d$ 的圆管时，此时的出流称为圆柱形管嘴出流。圆柱形外管嘴的过流能力大于相同条件下孔口的过流能力，这是由于收缩断面处真空的作用。工程应用中，为保证圆柱形外管嘴的正常工作，一般要求管嘴出流的作用水头 $H_0 \leqslant 9$ m，管嘴长度 $l \approx$（3~4）d。

（3）简单管路中，作用水头（或作用压强）用来克服管路总阻力损失，而总阻力损失与体积流量平方成正比，即 $H = S_H \cdot Q^2$ 或 $P = S_P \cdot Q^2$。S_H 或 S_P 表征管路上沿程阻力和局部阻力的综合状况，称为管路阻抗。

（4）串联管路（无中途分流或合流）中各管段的流量相等，阻力叠加，总管路的阻抗等于各管段阻抗的叠加。并联管路中各节点上的总流量为各支管流量之和，并联各支管上的阻力损失相等，总的阻抗平方根倒数等于各支管阻抗平方根倒数之和，即（以三管段串联或并联为例）

串联管路 $\qquad Q_1 = Q_2 = Q_3 \qquad\qquad h_{l1-3} = h_{l1} = h_{l2} = h_{l3} \qquad\qquad S = S_1 + S_2 + S_3$

并联管路 $\qquad Q = Q_1 = Q_2 = Q_3 \qquad h_{la-b} = h_{l1} = h_{l2} = h_{l3} \qquad \dfrac{1}{\sqrt{S}} = \dfrac{1}{\sqrt{S_1}} + \dfrac{1}{\sqrt{S_2}} + \dfrac{1}{\sqrt{S_3}}$

本章习题

1. 水从开口容器的圆形薄壁小孔口流出，若作用水头 $H_0 = 3.2$ m，孔口局部阻力系数为 0.06，试求水的出流速度。若孔口直径为 75 mm，收缩系数 $\varepsilon = 0.62$，试求水的出流流量。

2. 水从直径 $d = 12$ mm 的圆孔出流，已知水股最细处直径 $d_c = 10$ mm，作用水头 $H_0 = 3.5$ m，出流 12 L 水所需要的时间是 25 s，试求收缩系数 ε 流速系数 ψ 流量系数 μ 及孔口局部阻力系数 ξ。

3. 某纺织车间，进风窗和排风窗面积均为 8 m²，室内空气温度为 30 ℃，密度为 $\rho = 1.16$ kg/m³，室外空气温度为 20 ℃，密度为 $\rho = 1.205$ kg/m³，进风窗和排风窗的中心距为 12 m，经实测，等压面与进风窗的距离为 4.9 m，试求自然通风风量。

4. 有一个水力喷射器，喷嘴的圆锥角为 13°24′，流量系数 $\mu = 0.94$，喷口处直径 $d = 40$ mm，若喷射器上的压力表读数为 0.2 MPa，试求喷射器的流量及出口处的流速。

5. 两水箱用一直径 $d_1 = 40$ mm 的薄壁孔口连通，下水箱底部又接一直径 $d_2 = 30$ mm 的圆柱形管嘴，长 $l = 100$ mm，若上游水深 $H_1 = 3$ m 保持恒定，求流动恒定后的流量和下游水深 H_2。

6. 如图 5-29 所示，一台水泵从水池中吸水向用水设备供水，用水设备至水池水面的高差为 $z = 25$ m，管道直径 $d = 160$ mm，管长 $l = 40$ m，沿程阻力系数为 0.025，管道上总的局部阻力系数为 30，若管中流量为 80 L/s，试求管路的特性阻力数 S 及水泵应提供的总水头 H。

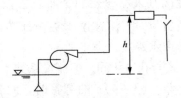

图 5-29 习题 6 图

7. 如图 5-30 所示，水泵从水池中取水向水塔供水，水塔水面标高为 100 m，水池水面标高为 20 m，管道直径为 $d = 80$ mm，管长为 $l = 140$ m，底阀、弯头和阀门局部阻力系数分别为 1、0.5 和 0.5，沿程阻力系数为 0.02，若水泵扬程为 $H = 35$ m，试确定水泵的流量。

8. 如图 5-31 所示，有一个圆形有压泄水涵管，长度为 60 m，管径为 450 mm，上下游水位高差为 4 m，涵管的沿程阻力系数为 0.03，总的局部阻力系数为 2.6，试确定通过涵管的流量。

9. 车间内有一通风管道，尺寸为 800 mm×500 mm，空气的总压头损失（不包括风机自身）为 380 N/m²，试求：当管道中风量为 2.8 m³/s 时，风机的总压头是多少？

10. 某通风管路系统，通风机的总压头为 1 200 Pa，风量为 4.2 m³/s 时，若将该系统的

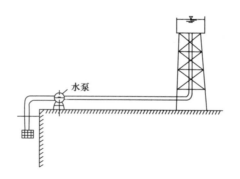

图 5-30　习题 7 图

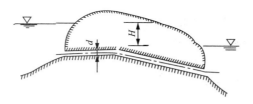

图 5-31　习题 8 图

风量提高 15%，试求此时通风机的总压头为多少？

11. 如图 5-32 所示，两水池用两根不同直径的管道串联相接，管道直径分别是 $d_1 = 250$ mm，$d_2 = 200$ mm，管长度 $l_1 = 300$ m，$l_2 = 350$ m，设管材用铸铁管。若 $h = 10$ m，试求管道通过的流量。

12. 如图 5-33 所示，管路系统的管道均采用铸铁管，各管段长度、管径见图。

（1）若管道总流量为 0.56 m³/s，试求 A 到 D 点水头损失；

（2）如果用一根管道代替并联的三根管道，若保证流量及总水头损失不变，试问管段 3 的管径 d 应取多少（取标准管径）？

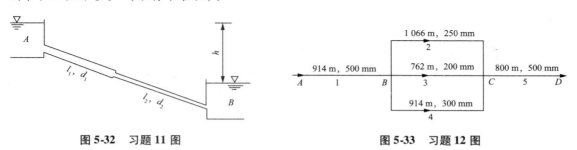

图 5-32　习题 11 图　　　　　　　　　**图 5-33　习题 12 图**

13. 并联管路如图 5-34 所示，已知总流量 $q_v = 0.1$ m³/s，长度 $l_1 = 100$ m，$l_2 = l_3 = 500$ m，直径 $d_1 = 250$ mm，$d_2 = 300$ m，$d_3 = 200$ mm，如采用铸铁管，试求各支管的流量及 AB 两点间的水头损失。

14. 枝状供水管网如图 5-35 所示，已知水塔地面标高 $z_A = 15$ m，管网终点 C 和 D 点的标高 $z_C = 20$ m，$z_D = 15$ m，自由水头 H_z 均为 5 m，$q_{vC} = 20$ L/s，$q_{vD} = 7.5$ L/s，$l_1 = 800$ m，$l_2 = 400$ m，$l_3 = 700$ m，水塔高度 $H = 35$ m，试设计 AB、BC、BD 段管径。

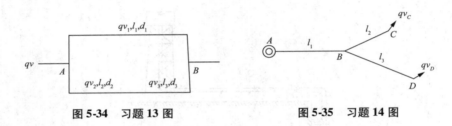

图 5-34　习题 13 图　　　　图 5-35　习题 14 图

15. 如图 5-36 所示，一抽水系统所有管道管径为 80 mm，管长是 $l_{BC} = 6$ m，$l_{DE} = 60$ m，$\Delta z = 41$ m，沿程损失系数 $\lambda = 0.040$，吸水管进口局部损失系数 $\zeta = 6.0$。水泵进口 C 点距水池液面高 4.5 m。

（1）如果水泵进口最大真空度 $P_v = 54$ kPa，则水泵抽水量最大值为多少？

（2）如果水泵效率是 60%，则水泵的轴功率为多少？

16. 如图 5-37 所示，虹吸管长 $l = 21$ m，坝顶中心前管长 $\Delta l = 8$ m。管内径 $d = 0.25$ m，坝顶中心与上游水面的高度差 $h_1 = 3.5$ m，二水位落差 $h_2 = 4$ m。设沿程阻力系数 $\lambda = 0.03$，虹吸管进口局部阻力系数 $\zeta_1 = 0.8$，出口局部阻力系数 $\zeta_2 = 1$，三个 45° 折管的局部阻力系数均为 0.3，试求虹吸管的吸水流量 q_v。若当地的大气压强 $p_a = 10^5$ Pa，水温 $t = 20$ ℃，所对应的水的密度 $\rho = 998$ kg/m³，水的饱和压强 $p_s = 2.42 \times 10^3$ Pa，试求最大吸水高度。

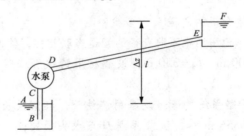

图 5-36　习题 15 图

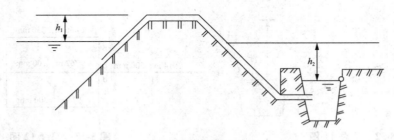

图 5-37　习题 16 图

第六章

明渠流动

第一节　概述

一、明渠的定义

天然河道、人工渠道以及不满流管道统称为明渠（图6-1）。明渠中流动的液体称为明渠水流，即与大气相通的槽内液体的流动。明渠流又称为无压流。当液体通过明渠流动时，形成与大气相接触的自由水面，表面各点压强均为大气压强，所以明渠水流为无压流。

图6-1　明渠

明渠水流也可分为恒定流与非恒定流、均匀流与非均匀流、渐变流与急变流等。水力要素（时均值）均不随时间变化的明渠流，称明渠恒定流，否则称明渠非恒定流。

明渠是一种人工修建或自然形成的渠，除在天然河道外，明渠还常见于建筑、道路桥梁、港口航道等工程中，例如：道路工程中，为使路基经常处于干燥、坚固和良好的稳定状态，必须修筑相应的截水沟、边沟、排水沟、急流槽等地表水排水沟渠以及深水暗沟、盲沟等各类地下排水设施；山区河流坡陡流急的地方，为保护路基、桥梁不致被水流冲毁，必须修建急流槽、跌水和其他消能设施；公路跨越河流、沟渠，需要修建桥梁涵洞；另外如无压输水隧洞、航道等都是典型的明渠。这些构筑物的形式选择和尺寸设计都有赖于明渠水力计算。

与有压管流相比，明渠流动具有以下特征：

（1）明渠流动具有自由液面，$p_0 = 0$，沿程各过流断面的表面压强均为大气压，为无压流（满管流为压力流），重力对流动起主导作用。

（2）明渠渠底坡度的改变对流动有直接影响。如图 6-2 所示，底坡 $i_1 \neq i_2$，则流速 $v_1 \neq v_2$，水深 $h_1 \neq h_2$，而有压管道，只要管道的形状、尺寸一定，前后管线坡度不同，对流速和过流断面无影响。

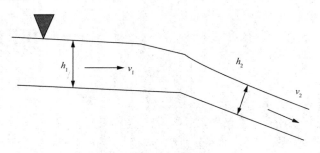

图 6-2　底坡对流动的影响

（3）局部边界的变化将在很大范围内影响流动。如没有控制设备、渠道形状和尺寸的变化、改变底坡等，都会引起水深在很长的流程上发生变化，如图 6-3 所示，而在有压管道均匀流中，局部边界变化影响的范围很短，只需计入局部水头损失，对水深没有影响。

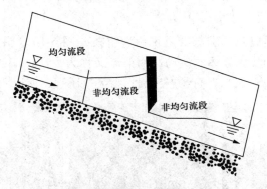

图 6-3　明渠流动的影响范围

重力作用、底坡影响以及水深可变是明渠流动有别于有压管流的特点。

二、明渠的几何形态

明渠断面形状、尺寸、底坡对水流运动有重要影响。因此，要了解明渠水流的运动规律，首先必须了解明渠类型及其水力要素等。

1. 底坡

沿着明渠中心线所作的铅垂面与渠底的交线称为渠底线（也叫底线、底坡线、河底线），沿铅垂面与水面的交线则称为水面线。人工明渠的渠底线在纵剖面图上通常是一段直线或互相衔接的几段直线，如图 6-4（a）所示，天然河道的河底起伏不平，渠底线是一条起伏不平的曲线，如图 6-4（b）所示。

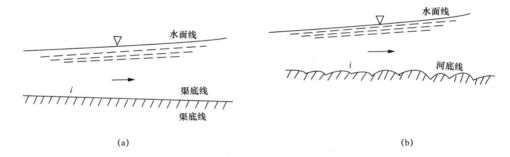

图 6-4 明渠的坡地

（a）人工河道；（b）天然河道

明渠渠底与纵剖面的交线称为底线。底线沿流程单位长度的降低值称为渠道的纵坡或底坡，用 i 表示，如图 6-5 所示。

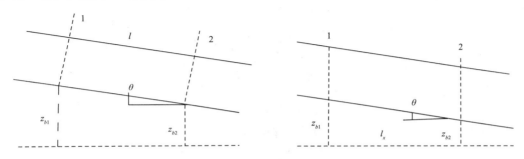

图 6-5 明渠的坡底

$$i = -\frac{\mathrm{d}z}{\mathrm{d}s} = \frac{z_{b1} - z_{b2}}{l} = \sin\theta$$

式中 θ——渠底与水平面夹角；

       $\mathrm{d}s$——两断面的间距；

       $\mathrm{d}z$——两断面的渠底高程差；

       i——等于渠底线与水平面夹角 θ 的正弦，即 $i = \sin\theta$。

在实际工程中，明渠的坡底通常很小，即渠道底线与水平线夹角 θ 很小，为便于量测与计算，以水平距离 l_x 代流程长度 l，以铅垂断面代替过流断面，即

$$i = -\frac{\mathrm{d}z}{\mathrm{d}s} = \frac{z_{b1} - z_{b2}}{l_x} = \tan\theta$$

明渠按底坡可以分为三类：顺坡（或正坡）明渠、平坡明渠、逆坡（或负坡）明渠。

（1）底线沿程降低，$i > 0$，称为顺坡或正坡；如图 6-6（a）所示。

（2）底坡沿程不变，$i = 0$，称为平坡；如图 6-6（b）所示。

（3）底线沿程升高，$i < 0$，称为逆坡或负坡；如图 6-6（c）所示。

2. 明渠的横断面

垂直于渠道的中心线作铅垂面与渠底及渠壁的交线称为明渠的横断面，图 6-7 所示为常见的断面形式。

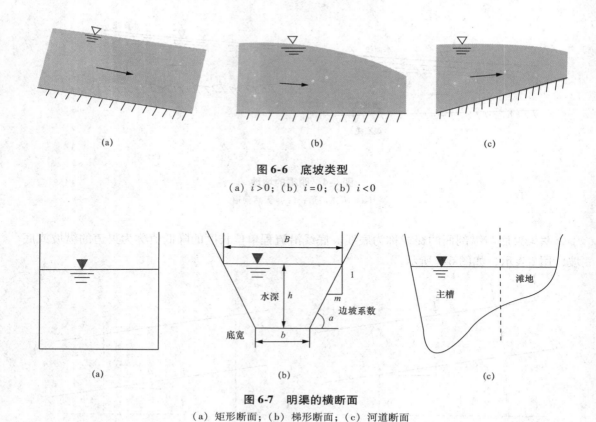

图 6-6 底坡类型

（a）$i>0$；（b）$i=0$；（b）$i<0$

图 6-7 明渠的横断面

（a）矩形断面；（b）梯形断面；（c）河道断面

反映断面的形状特征值称为断面水力要素，明渠断面水力要素主要有水面宽、过水断面面积、湿周、水力半径等。矩形、梯形、圆形等过水断面的水力要素见表 6-1。

表 6-1　不同断面的水力要素

断面形状	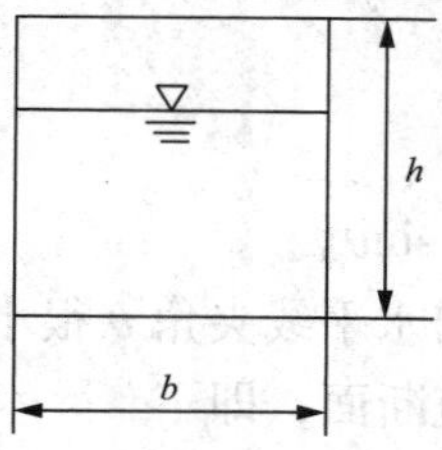 矩形	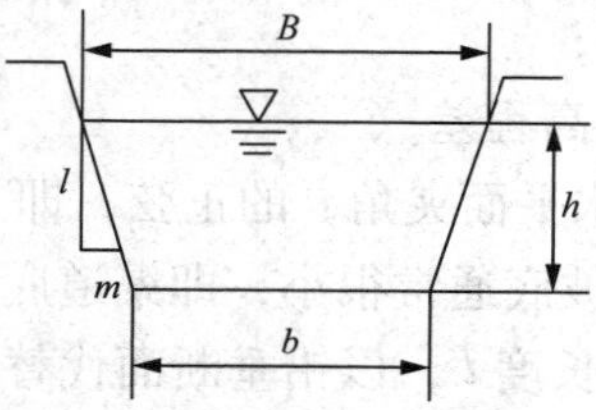 梯形	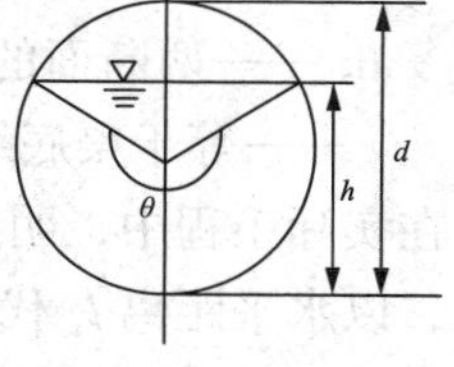 圆形
水面宽度 B	$B=b$	$B=b+2mh$	$B=2\sqrt{h(d-h)}$
过水断面面积 A	$A=bh$	$A=(b+mh)h$	$A=\dfrac{d^2}{8}(\theta-\sin\theta)$
湿周 χ	$\chi=b+2h$	$\chi=b+2h\sqrt{1+m^2}$	$\chi=\dfrac{\theta}{2}d$
水力半径 R	$R=\dfrac{A}{\chi}=\dfrac{bh}{b+2h}$	$R=\dfrac{A}{\chi}=\dfrac{(b+mh)h}{b+2h\sqrt{1+m^2}}$	$R=\dfrac{A}{\chi}=\dfrac{1}{4}\left(1-\dfrac{\sin\theta}{\theta}\right)$
用途	常用于岩石中开凿、两侧用条石砌成的渠、混凝土渠和木渠	常用于土基上的渠	常用于无压隧洞

3. 棱柱体渠道与非棱柱体渠道

根据渠道的几何特性，分为棱柱体渠道和非棱柱体渠道。断面形状、尺寸及底坡沿程不变的长直渠道是棱柱体渠道。

对于棱柱形渠道的过流断面面积只随水深而变化，即 $A = f(h)$，如图6-8所示。

而断面形状、尺寸、底坡沿程改变的渠道是非棱柱体渠道。对于非棱柱体渠道的过流断面面积既随水深而变化，又随断面位置而变。即 $A = f(h,s)$，如图6-9所示。

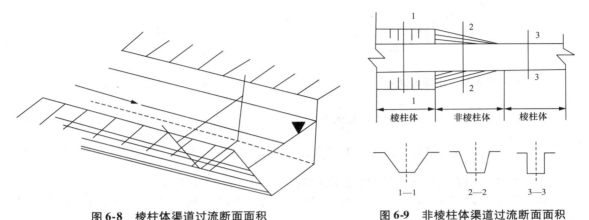

图6-8　棱柱体渠道过流断面面积　　　　图6-9　非棱柱体渠道过流断面面积

天然河道的横断面形状不规则，由主槽与滩地组成，其一般为非棱柱体；若断面变化不大，又较平顺，可近似看作棱柱体渠道。

第二节　明渠均匀流

明渠均匀流是明渠流动中最简单的流动形式，明渠均匀流理论既是明渠水力设计的依据，也是分析明渠非均匀流问题的基础。明渠均匀流是指流线为平行直线的明渠水流。

一、明渠均匀流的水力特征

水力特征主要如下：

（1）断面流速分布、断面平均流速、流量、动能修正系数等参数沿程不变。

（2）过流断面形状、尺寸、水深沿程不变。

（3）底坡、水力坡度、水面坡度三者相等，即 $i = J_p = J$，证明如下。

明渠均匀流的底坡、水面坡度、总水头线相互平行，如图6-10所示。从能量角度来看，明渠均匀流的动能沿程不变，势能则沿程较少，表现为水面沿程不断下降，其降落值恰好等于水头损失。

设一明渠均匀流，如图6-11所示，列1—2断面伯努利方程：

$$(h_1 + \Delta z) + \frac{p_1}{\rho g} + \frac{\alpha_1 v_1^2}{2g} = h_2 + \frac{p_2}{\rho g} + \frac{\alpha_2 v_2^2}{2g} + h_l$$

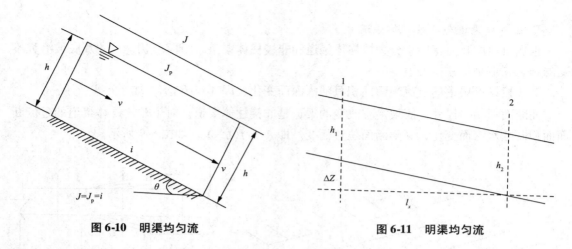

图 6-10　明渠均匀流　　　　　　　　图 6-11　明渠均匀流

式中：$h_1 = h_2 = h_0$，h_0 称为正常水深；$p_1 = p_2 = 0$；$v_1 = v_2$；$\alpha_1 = \alpha_2$；$h_l = h_f$，于是有 $\Delta z = h_f$，表示重力势能全部用来克服水头损失。上式除以流程 l_x，得 $\dfrac{\Delta z}{l_x} = \dfrac{h_f}{l_x}$ 或 $i = J$

上式表明，明渠均匀流只能产生在流动边界不变的顺坡渠道中。

由于明渠均匀流是等深流动，水面线即测压管水头线与渠底线平行，两者坡度相等，即 $J_p = J$。

于是有明渠均匀流特征为：$i = J_p = J$。

二、明渠均匀流的形成条件

在明渠均匀流中取过流断面 B、C 间的水体为脱离体，如图 6-12 所示。通过受力情况分析明渠均匀流的形成条件。

1. 力学条件

沿流动方向的作用力包括两个断面上的动水压力 P_1、P_2，重力 G；沿着流动方向上的分力为 $G\sin\theta$；渠道壁面对水流的摩擦阻力为 F_f。因为均匀流是等速直线运动，水流加速度为 0，则作用在水体上的力必须平衡。

由水流向动量方程得：$P_1 + G\sin\theta - P_2 - F_f = 0$

由均匀流条件：$P_1 = P_2$；$v_1 = v_2$，则 $G\sin\theta = F_f$ 或 $i = \sin\theta = \dfrac{F_f}{G} > 0$

上式表明：明渠均匀流的受力特征是重力沿水流方向的分力和流动阻力相平衡，重力沿程做功造成的势能减少量等于沿程克服流动阻力所做功消耗掉的机械能，而水流的动能保持不变。

2. 具体条件

（1）明渠中的水流必须是恒定流，流量沿程不变，并且无支流的汇入与分出；

（2）渠道为长直的棱柱形渠道，底坡、糙率沿程不变；

（3）正坡渠道，且无水工建筑物；

实际渠中总有各种建筑物形成障碍物。因此，多数明渠流是非均匀流。如图 6-12 所示，严格地说，不存在明渠均匀流，均匀流是对明渠流动的一种简化。近似符合这些条件的人工渠、河道中一些流段可认为是均匀流。离开渠进口或水工建筑物一定距离远的顺直棱柱体明渠恒定流，天然河道某些顺直、整齐河段在枯、平水期可近似认为是均匀流。

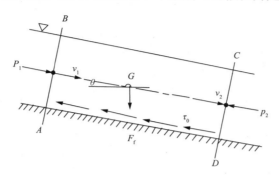

图 6-12　明渠均匀流受力分析

三、明渠均匀流的水力计算

在明渠均匀流中，$J = i$，谢才公式 $v = C\sqrt{RJ}$ 可以写为

$$v = C\sqrt{Ri}$$

$$Q = vA = AC\sqrt{Ri} = K\sqrt{i} \ \text{及} \ K = AC\sqrt{R}$$

式中，K 为渠槽的流量模数，当渠道断面形状、尺寸和糙率一定时，仅为水深 h 的函数。它的物理意义：当底坡 $i = 1$ 时的流量。

基于明渠水流资料获得的经验公式在总结了一系列渠道水流实测资料的基础上，提出明渠均匀流的流速与流量经验公式，即谢才公式，以后又有确定谢才系数的曼宁公式（R. Manning）和巴甫洛夫斯基公式。

谢才系数 C 是反映断面形状、尺寸和边壁粗糙程度的一个综合系数，常用曼宁公式计算，在一定条件下也可用巴甫洛夫斯基公式计算。

（1）曼宁公式：$v = \dfrac{1}{n}R^{\frac{2}{3}}i^{\frac{1}{2}}$，$C = \dfrac{1}{n}R^{\frac{1}{6}}$。

式中，R 为水力半径，以米（m）计；n 为糙率。

各种土质、衬砌材料渠道的糙率见表 6-2～表 6-5。

表 6-2　人工渠道的糙率表——土渠

渠道衬砌材料	n
夯实光滑的土面	0.017～0.020
砾石（直径 20～60 mm）渠面	0.025～0.030
散布粗石块的土渠面	0.033～0.04
野草丛生的沙壤土或砾石渠面	0.04～0.05

v 与 R、n 的关系：

1）R 越大且 v 越大：A 一定时，R 大则湿周小，摩擦阻力小；

2）n 越大且 v 越小：n 大，摩擦阻力大；适用于 $n < 0.02$ 及 $R < 0.5$ m 渠底坡度较陡的明渠。

（2）巴甫洛夫斯基公式：$C = \dfrac{1}{n}R^y$，适用于 $0.1 \text{ m} \leqslant R \leqslant 3 \text{ m}$ 的明渠。

表 6-3　人工渠道的糙率表——石渠

渠道衬砌材料	n
光滑而均匀	0.025 ~ 0.035
中等粗糙的凿岩渠	0.033 ~ 0.040
细致开爆的凿岩渠	0.04 ~ 0.05
粗劣的极不规则的凿岩渠	0.05 ~ 0.065

表 6-4　人工渠道的糙率表——圬工渠

渠道衬砌材料	n
整齐勾缝的浆砌方石	0.013 ~ 0.017
浆砌块石	0.017 ~ 0.023
粗糙的浆砌碎石渠	0.020 ~ 0.025
干砌块石渠	0.025 ~ 0.035

表 6-5　人工渠道的糙率表——混凝土渠

渠道衬砌材料	n
水泥浆抹光，钢模混凝土	0.01 ~ 0.011
表面较光的刮平混凝土	0.015 5 ~ 0.016 5
喷浆粗劣的混凝土衬砌	0.018 ~ 0.023
喷浆表面不整齐的混凝土	0.020 ~ 0.025

应谨慎选择 n。若选得偏小，渠道断面尺寸偏小，对实际输水能力影响较大。如某渠设计时选 $n = 0.015$，竣工后实测 $n = 0.016$。设计水深时，渠道不能完全通过设计流量（比设计流量小）。通过一定流量时，实际水深比设计计算的水深大，可能造成水漫渠顶事故。

【例 6-1】 有一段长 1 km 的小河，$n = 0.030$，过水断面为梯形，其底部落差为 0.5 m，底宽 3 m，水深 0.8 m，边坡系数 $m = \cot\varphi = 1.5$，求流量模数 K 和流量 Q。

解：

$$Q = AC\sqrt{Ri} = k\sqrt{i}$$

$$i = \frac{\Delta z}{L} = \frac{0.5}{1\,000} = 0.000\,5$$

$$A = (b + mh)h = (3 + 1.5 \times 0.8) \times 0.8 = 3.36\,(\text{m}^2)$$

$$\chi = b + 2\sqrt{1 + m^2}h = 3 + 2 \times 0.8\sqrt{1 + 1.5^2} = 5.88\,(\text{m})$$

$$\therefore R = \frac{A}{\chi} = \frac{3.36}{5.88} = 0.57 \, (\mathrm{m})$$

$$C = \frac{1}{n} R^{\frac{1}{6}} = \frac{1}{0.03} \times (0.57)^{\frac{1}{6}} = 30.35 \, (\mathrm{m}^{\frac{1}{2}}/\mathrm{s})$$

$$k = Ac\sqrt{R} = 3.36 \times 30.35 \times \sqrt{0.57} = 76.99 \, (\mathrm{m}^3/\mathrm{s})$$

$$Q = k\sqrt{i} = 76.99 \times \sqrt{0.0005} = 1.72 \, (\mathrm{m}^3/\mathrm{s})$$

四、梯形断面明渠均匀流的水力计算

梯形断面是人工渠道中采用得最多的一种断面形式，常用于人工土渠和混凝土渠道。混凝土渠和渡槽中也常采用矩形断面，它是梯形断面的一种特殊情况。

1. 梯形断面几何要素

梯形断面几何要素可以分为基本量和导出量两部分。基本量包括断面的渠底宽度 b、过流断面上水面到渠底最低点的距离（近似为水深 h）和边坡系数 m，如图 6-13 所示。其中边坡系数定义为渠道边坡倾角 α 的余切，反映渠道边坡倾斜程度，即为

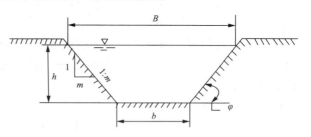

图 6-13　梯形断面几何要素

$$m = \frac{a}{h} = \cot\alpha$$

一般边坡系数 m 和糙率 n 应根据土质或衬砌材料用经验法确定。边坡系数 m 的选择取决于渠道的材料性质，各种材料渠道的边坡系数可参考表 6-6。

表 6-6　明渠的边坡系数（无铺砌）

地质条件	边坡系数 m
粗砂（细粒砂土）	3.0～3.5
松散的细砂、中砂、粗砂（沙壤土或松散壤土）	2.0～2.5
密实的细砂、中砂、粗砂或粉质黏土	1.5～2.0
粉质黏土或黏土砾石或卵石，密实黄土	1.25～1.5
半岩性土	0.5～1.0
风化岩石	0.25～0.5
未风化的岩石	0.1～0.25

梯形断面导出量主要有水面宽度 B、过水断面面积 A，湿周 χ 以及水力半径 R。

水面宽度：$B = b + 2mh$

过水断面面积：$A = (b + mh)h$

湿周：$\chi = b + 2h\sqrt{1 + m^2}$

水力半径：$R = \dfrac{A}{\chi} = \dfrac{(b + mh)h}{b + 2h\sqrt{1 + m^2}}$

2. 明渠水力最优断面与允许流速

（1）明渠的水力最优断面。

明渠均匀流的水力计算：

$$Q = AC\sqrt{Ri} = \frac{1}{n}\frac{A^{\frac{5}{3}}i^{\frac{1}{2}}}{\chi^{\frac{2}{3}}}$$

从经济方面来说，总是希望所选定的横断面形状在通过一定流量时面积最小，或者是过水面积一定时通过的流量最大。符合这种条件的断面，其工程量最小，过水能力最强，称为水力最佳断面。所以水力最佳断面是湿周最小的断面。Q 一定，A 最小，χ 也最小，这种断面应该是圆形或半圆形。

原因：由几何学，面积相同图形中，周界最小的断面为圆形。因此，明渠最佳断面形状是半圆形，例如，预制钢筋混凝土、钢丝网水泥渡槽等，但土渠难挖成半圆形，且两岸边坡不稳定。从地质和施工条件考虑，工程中接近圆形断面形状的为梯形断面，因此工程中多采用梯形断面。在边坡系数 m 确定的情况下，同样的过水面积 A，湿周的大小因底宽与水深的比值 b/h 而异。

梯形断面水力最优的条件：

$$A = (b + mh)h$$

$$\chi = b + 2h\sqrt{1 + m^2} = \frac{A}{h} - mh + 2h\sqrt{1 + m^2}$$

水力最佳断面是湿周最小的断面。所以上式对水深 h 求导，求湿周的极小值。

即

$$\frac{\mathrm{d}\chi}{\mathrm{d}h} = -\frac{A}{h^2} - m + 2\sqrt{1 + m^2} = 0$$

$$\frac{\mathrm{d}A}{\mathrm{d}h} = \frac{\mathrm{d}}{\mathrm{d}h}[(b + mh)h] = (b + mh) + h\left(\frac{\mathrm{d}b}{\mathrm{d}h} + m\right) = 0$$

$$\frac{\mathrm{d}\chi}{\mathrm{d}h} = \frac{\mathrm{d}}{\mathrm{d}h}(b + 2h\sqrt{1 + m^2}) = \frac{\mathrm{d}b}{\mathrm{d}h} + 2\sqrt{1 + m^2} = 0$$

再求二阶导数，$\dfrac{\mathrm{d}^2\chi}{\mathrm{d}h^2} = 2 \cdot \dfrac{A}{h^3} > 0$，说明 $\chi_{\min}$ 存在。

将 $A = (b + mh)h$ 代入，上二式中消去 $\mathrm{d}b/\mathrm{d}h$ 后，可解得 $\beta_m = \dfrac{b}{h} = 2(\sqrt{1 + m^2} - m) = f(m)$，不同 m，β 也不同。矩形断面，$m = 0$，$\beta_m = \dfrac{b}{h} = 2$ 或 $b = 2h$。

结论：在任何边坡系数 m 的情况下，水力最优梯形断面的水力半径 R 为水深 h 的一半。

证明：$\quad R = \dfrac{A}{\chi} = \dfrac{(b + mh)h}{b + 2h\sqrt{1 + m^2}}$，$b = 2(\sqrt{1 + m^2} - m)h$

$$R_h = \frac{(2h\sqrt{1 + m^2} - 2mh + mh)h}{2h\sqrt{1 + m^2} - 2mh + 2h\sqrt{1 + m^2}} = \frac{h(2\sqrt{1 + m^2} - m)}{2(2\sqrt{1 + m^2} - m)} = \frac{h}{2}$$

水力最优断面仅从水力学观点来讨论，不一定是最经济的。例如一般土渠边坡 $m > 1$，

$\beta m < 1$，是深窄形断面，需深挖高填，造成施工不便，维护管理困难；水深变化大，给通航和灌溉带来不便，经济上反而不利。因此，限制了水力最佳断面在实际中应用。因此水力最优断面的概念只是按照渠道壁面对流动的影响最小提出的，"水力最优"不同于"技术经济最优"。对于中小渠道，挖方量不大，工程造价基本上由土方及衬砌工程量决定，则水力最优断面接近于技术经济最优断面。而对于大型渠道，按水力最优断面设计，往往挖方过深，使土方单价增加，一般来说并不经济，同时又增加了施工和养护难度。因此，大型渠道设计时需由工程量、施工技术、运行管理等方面因素综合比较，方能定出经济合理的截面。

（2）明渠的允许流速 v。为确保渠道能长期稳定地通水，设计流速应控制在不冲刷渠床，也不使水中悬浮的泥沙沉降淤积的不冲不淤范围之内，即

$$[v]_{min} < v < [v]_{max}$$

式中　v_{max}——渠道不被冲刷的最大允许不冲流速；

$\quad\quad v_{min}$——渠道不被淤积的最小允许不淤流速。

渠道中最大允许不冲流速与渠道土质情况和壁面衬砌材料有关，由试验确定，可参考表 6-7 选取。

对于最小允许不淤流速，为防止泥沙淤积，v_{min} 一般不小于 0.5 m/s，具体可以采用经验公式计算

$$v_{min} = a\sqrt{R}$$

式中　R——水力半径；

$\quad\quad a$——泥沙系数，其值与水中所含杂质有关，粗砂 $a = 0.65 \sim 0.77$，中砂 $a = 0.58 \sim 0.64$，细砂 $a = 0.41 \sim 0.45$。

表 6-7　明渠的最大允许不冲流速

一、坚硬岩石和人工护面渠道		
岩石或护面种类	最大允许不冲流速/（m·s⁻¹）		
	流量 <1 m³/s	流量 1~10 m³/s	流量 >10 m³/s
岩石或护面种类；中等硬度水成岩（致密砾岩、多孔石灰岩、层状石灰岩、白云石灰岩、灰质砂岩硬度水成岩、结晶岩、火成岩）；单层块石铺砌；双层块石铺砌；混凝土护面（水中不含砂和砾土）	2.5	3.0	3.5
	3.5	4.25	5
	5.0	6.0	7.0
	8.0	9.0	10.0
	2.5	3.5	4.0
	3.5	4.5	5.0
	6.0	8.0	10.0
二、均质黏性土质渠道			
土质	最大允许不冲流速/（m·s⁻¹）	土质	最大允许不冲流速/（m·s⁻¹）
轻壤土	0.6~0.8	重粉质黏土	0.75~1.0
中壤土	0.65~0.85	黏土	0.75~0.95

三、均质无黏性土质渠道					
土质	粒径/mm	最大允许不冲流速 / (m·s^{-1})	土质	粒径/mm	最大允许不冲流速 / (m·s^{-1})
极细砂	0.05 ~ 0.1	0.35 ~ 0.45	中砾石	5.0 ~ 10.0	0.90 ~ 1.10
细砂中砂	0.25 ~ 0.5	0.45 ~ 0.60	粗砾石	10.0 ~ 20.0	1.10 ~ 1.30
粗砂	0.5 ~ 2.0	0.60 ~ 0.75	小卵石	20.0 ~ 40.0	1.30 ~ 1.80
细砾石	2.0 ~ 5.0	0.75 ~ 0.90	中卵石	40.0 ~ 60.0	1.80 ~ 2.20

渠道中杂草可滋生的临界流速一般约 0.5 m/s。渠水冬季结冰的临界流速（北方地区）约为 0.6 m/s，电站引水渠、航运渠道中的流速还应满足技术经济要求及管理运动要求，参照有关规范选定。

3. 梯形断面明渠均匀流水力计算基本问题

梯形断面明渠均匀流的水力计算：

$$Q = AC\sqrt{Ri} = \frac{1}{n} \frac{A^{\frac{5}{3}} i^{\frac{1}{2}}}{\chi^{\frac{2}{3}}} = \frac{\sqrt{i}}{n} \cdot \frac{[h(b+mh)]^{5/3}}{(b+2h\sqrt{1+m^2})^{2/3}} = f(m,b,h,i,n)$$

以梯形断面为例：$Q = f(m,b,h,i,n)$，共有六个变量（含 Q），一般已知其中五个变量，求解第六个变量。解决问题如下：

（1）已知渠道的断面尺寸 b、m、h 及底坡 i、糙率 n，求通过的流量 Q。

（2）已知渠道的断面尺寸 b、m、h 及设计流量 Q、糙率 n，求底坡 i。

（3）已知渠道的断面尺寸 b、m、h 及通过的流量 Q、底坡 i，求糙率 n。

（4）已知渠道的设计流量 Q、底坡 i、底宽 b、边坡系数 m 和糙率 n，求水深 h_0。

（5）已知渠道的设计流量 Q、底坡 i、水深 h、边坡系数 m 和糙率 n，求底宽 b。

一般边坡系数 m 和糙率 n 根据土质或衬砌材料用经验法确定。

明渠均匀流的水力计算也可分为三类问题。

（1）验算渠道的输水能力。鉴于渠道已经建成，断面形状与尺寸、壁面材料以及底坡均为已知，即为已知断面形状 b、m、h、底坡 i、糙率 n，校核流量 Q 只需算出 K 值，代入基本公式即可求流量：

$$Q = K\sqrt{i}$$

括号内变量为已知，可求出 ω、R、c，直接用公式可求出 Q。

$$Q = Ac\sqrt{Ri} = f(m,b,h,n,i)$$

（2）确定渠道底坡。根据所要求的流量以及渠道的具体情况（断面形状与尺寸以及壁面材料等），算出 K 值，代入基本公式即可求得底坡 i。

$$i = \frac{Q^2}{K^2} \text{ 或者 } i = \frac{Q^2}{CA^2R^2} = \frac{n^2Q^2(b+2h\sqrt{1+m^2})^{\frac{4}{3}}}{[h(b+mh)]^{10/3}}$$

（3）设计渠道断面。根据所求流量 Q，地势情况 i，材料情况 m 与 n，设计渠道的底宽 b 与水深 h。

由于所求未知量为两个，而基本方程只有一个，因此需要补充求解条件。

1）给定水深 h，求解相应的底宽 b。进行迭代计算：

$$b_{j+1} = f(b) = \frac{1}{h} \left(\frac{nQ}{\sqrt{i}} \right)^{\frac{3}{5}} \left(b_j = 2h \sqrt{1+m^2} \right)^{\frac{2}{5}} - mh$$

2）给定底宽 b，求解相应的水深 h。进行迭代计算：

$$h_{j+1} = f(h) = \left(\frac{nQ}{\sqrt{i}} \right)^{\frac{3}{5}} \frac{\left(b + 2h_j \sqrt{1+m^2} \right)^{\frac{2}{5}}}{b + mh_j}$$

3）补充宽深比 $\beta = \dfrac{b}{h}$，与基本方程联立求解 b 与 h。

大型渠道的宽深比由综合经济技术比较给出。小型渠道按水力最优条件给出，即

$$\beta = \beta_h = \left(\frac{b}{h} \right)_h = 2 \left(\sqrt{1+m^2} - m \right)$$

$$h = \left(\frac{nQ}{\sqrt{i}} \right)^{0.375} \frac{\left(\beta + 2\sqrt{1+m^2} \right)^{0.25}}{(\beta + m)^{0.625}}$$

4）限定允许流速，联立求解 b 与 h。

$$h = \frac{\chi \pm \sqrt{\chi^2 - 4A \left(2\sqrt{1+m^2} - m \right)}}{2 \left(2\sqrt{1+m^2} - m \right)}$$

$$b = \chi - 2h \sqrt{1+m^2}$$

上述公式计算时候，要注意经验公式量纲不和谐性，计算时长度单位以"mm"计，流速单位以"m/s"计。

迭代计算过程（图 6-14）：

$$h = f(h) = \left(\frac{nQ}{\sqrt{i}} \right)^{\frac{3}{5}} \frac{\left[b + 2h \sqrt{1+m^2} \right]^{\frac{2}{5}}}{(b+mh)}$$

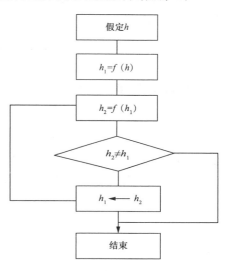

图 6-14 迭代计算程序图

【**例 6-2**】一电站已建引水渠为梯形断面，$m = 1.5$，底宽 $b = 35$ m，$n = 0.03$，$i = 1/6\,500$，渠底到堤顶高程差为 3.2 m，电站引水流量 $Q = 67$ m³/s。因工业发展需要，需求渠道供给工业用水。试计算超高 0.5 m 条件下，除电站引用流量外，还能供给工业用水若干？

解：渠中水深：$h = 3.2 - 0.5 = 2.7$（m）

过水断面：$A = (b + mh)h = (35 + 1.5 \times 2.7) \times 2.7 = 105.44$（m²）

湿周：$\chi = b + 2h \sqrt{1+m^2} = 35 + 2 \times 2.7 \sqrt{1+1.5^2} = 44.73$（m）

水力半径：$R = A/\chi = 105.44/44.73 = 2.36$（m）

谢才系数：$C = \dfrac{1}{n} R^{\frac{1}{6}} = \dfrac{1}{0.03} \times 2.36^{\frac{1}{6}} = 38.5$（m$^{\frac{1}{2}}$/s）

流量：$Q = AC \sqrt{Ri} = 105.44 \times 38.5 \sqrt{2.36/6\,500} = 77.4$（m³/s）

保证电站引用流量下，渠道还可提供用水量：$77.4 - 67.0 = 10.4$（m³/s）。

五、无压圆管均匀流

无压管道是指不满流的长管道。无压圆管是指圆形断面不满流的长管道，常用于涵洞、

渡槽以及排水管道。

1. 无压管道的水流特征

（1）对比较长的无压圆管来说，直径不变的顺直段，其水流状态与明渠均匀流相同，即 $J = J_p = i$。

（2）流速和流量分别在水流为满流之前达到最大值，即水力最优情况发生在满流之前，见表6-8。

$$\alpha = \frac{h}{d} = 0.81 \text{ 时，流速最大；} \alpha = \frac{h}{d} = 0.95 \text{ 时，流量最大；} \alpha \text{ 为充满度。}$$

2. 过流断面的几何要素（图6-15）

充满度 $\alpha = \frac{h}{d}$；充满角 θ。

面积：$A = \frac{d^2}{8}(\theta - \sin\theta)$；湿周：$\chi = \frac{d}{2}\theta$；水力半

径：$R = \frac{d}{4}\left(1 - \frac{\sin\theta}{\theta}\right)$。

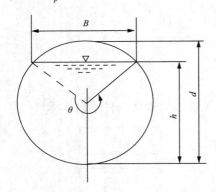

图6-15 无压圆管管道断面几何元素

表6-8 无压圆管过流断面的几何要素

充满度 a	过流断面面积 A/m^2	水力半径 R/m	充满度 a	过流断面面积 A/m^2	水力半径 R/m
0.05	$0.014\,7D^2$	$0.032\,6D$	0.55	$0.442\,6D^2$	$0.264\,9D$
0.10	$0.040\,0D^2$	$0.063\,5D$	0.60	$0.292\,0D^2$	$0.277\,6D$
0.15	$0.073\,9D^2$	$0.092\,9D$	0.65	$0.540\,4D^2$	$0.288\,1D$
0.20	$0.111\,8D^2$	$0.120\,6D$	0.70	$0.587\,2D^2$	$0.296\,2D$
0.25	$0.153\,5D^2$	$0.146\,6D$	0.75	$0.631\,9D^2$	$0.301\,7D$
0.30	$0.192\,8D^2$	$0.170\,9D$	0.80	$0.673\,6D^2$	$0.304\,2D$
0.35	$0.245\,0D^2$	$0.193\,5D$	0.85	$0.711\,5D^2$	$0.303\,3D$
0.40	$0.293\,4D^2$	$0.214\,2D$	0.90	$0.744\,5D^2$	$0.298\,0D$
0.45	$0.342\,8D^2$	$0.233\,1D$	0.95	$0.770\,7D^2$	$0.286\,5D$
0.50	$0.397\,2D^2$	$0.250\,0D$	1.00	$0.785\,4D^2$	$0.250\,0D$

3. 无压圆管的水力计算

基本公式仍是
$$Q = AC\sqrt{Ri}$$

$$V = C\sqrt{Ri} = \frac{C}{2}\sqrt{d\left(1 - \frac{\sin\theta}{\theta}\right) \cdot i}$$

$$Q = AC\sqrt{Ri} = \frac{C}{16}d^{\frac{5}{2}}i^{\frac{1}{2}}\left[\frac{(\theta - \sin\theta)^3}{\theta}\right]^{\frac{1}{2}}$$

$$\alpha = \frac{h}{d} = \sin^2\frac{\theta}{4}$$

无压圆管水力计算的基本问题分为三类：

（1）检验过水能力，即已知管径 d、充满度 α、管壁糙率 n 及底坡 i，求流量 Q。

（2）已知 Q、d、n、α，要求设计坡度 i；

（3）已知 Q、i、n、α，要求设计 d。

在进行计算时，污水管道应按不满流计算，其最大充满度一般规定，当 $D = 500 \sim 900$ mm 时，$\alpha_{max} = 0.75$；这样规定的原因：①污水流量时刻在变化，很难精确估算，而且雨水或地下水可能渗入污水管道。因此要保留一部分管道断面，以防污水溢出。②污水管道内沉积的污泥可能分解析出一些有害气体。故需要留出适当的空间，以利通风，防止爆炸。③管道部分充满时，管道内水流速度和流量比满流时大一些。

排水管的最大允许流速：金属管 $v_{max} = 10$ m/s；非金属管 $v_{max} = 5$ m/s；排水管的最小允许流速为 $v_{min} = 0.7 \sim 0.8$ m/s；污水管管道在设计充满度下最小允许流速为 $v_{min} = 0.6$ m/s，雨水管道和合流制管道最小允许流速为 $v_{min} = 0.75$ m/s。不同功能要求的无压管道，其最小管径和最小设计坡度也应满足相应规范要求，见表6-9。

表 6-9　无压管道最小管径与相应设计坡度

管道类别	最小管径/mm	相应最小设计坡度
污水管	300	塑料管 0.002，其他管 0.003
雨水和合流管	300	0.065
雨水口连接管	200	0.01

【例6-3】 钢筋混凝土圆形污水管，管径 $d = 1$ m，管壁糙率 $n = 0.014$，管道坡降 $i = 0.001$，求最大设计充满度时的流速 v 和流量 Q，并校核 v。

解：$\alpha_{max} = \left(\dfrac{h}{d}\right)_{max} = 0.8$

$$\theta = 360° - 2\arccos\dfrac{h - \dfrac{d}{2}}{\dfrac{d}{2}} = 360° - 2\arccos\dfrac{0.8 \times 1 - \dfrac{1}{2}}{\dfrac{1}{2}} = 253.74°$$

$$A = \dfrac{d^2}{8}(\theta - \sin\theta) = \dfrac{1^2}{8}\left(\dfrac{3.14}{180°} \times 253.74° - \sin253.74°\right) = 0.673(m)^2$$

$$\chi = \dfrac{d}{2}\theta = \dfrac{1}{2} \times \dfrac{3.14}{180°} \times 253.74° = 2.213(m)$$

$$R = \dfrac{A}{\chi} = \dfrac{0.673}{2.213} = 0.304(m)$$

$$C = \dfrac{1}{n}R^{1/6} = \dfrac{1}{0.014} \times 0.304^{1/6} = 58.57(m^{\frac{1}{2}}/s)$$

$$v = C\sqrt{Ri} = 58.57 \times \sqrt{0.304 \times 0.001} = 1.021(m/s)$$

$Q = vA = 0.673 \times 1.022 = 0.688(m/s)$

$0.7 < v = 1.021 < v_{max} = 5$ 满足要求。

4. 输水性能最优充满度

对于 D、n、i 都一定的无压管道，与梯形断面相同，基本公式也可表示为

$$Q = \frac{1}{n}AR^{\frac{2}{3}}i^{\frac{1}{2}} = \frac{1}{n}\frac{A^{\frac{5}{3}}}{P^{\frac{2}{3}}}i^{\frac{1}{2}}$$

然而与梯形断面不相同的是水深与过水断面的变化关系有所不同，即在水深很小时，随着水深的增加，水面增宽，过水断面面积增加很快，在接近管轴处增加最快。当水深超过半管后，随着水深的增加，水面宽减小，过水断面面积增量减慢，在满流前增加最慢。湿周随水深的增加与过水断面面积不同，接近管轴处增加最慢，在满流前增加最快。由此可知，在满流前，输水能力达最大值，相应的充满度是最优充满度。

将无压圆管几何关系中过水断面面积 A 和湿周 P 的关系式

$$A = \frac{D^2}{8}(\theta - \sin\theta)，P = \frac{D}{2}\theta$$

代入基本公式，得

$$Q = \frac{i^{\frac{1}{2}}\left[\frac{D^2}{8}(\theta - \sin\theta)\right]^{5/3}}{\left[\frac{D}{2}\theta\right]^{2/3}}$$

对上式求导，并令 $\frac{\mathrm{d}Q}{\mathrm{d}\theta} = 0$，解得水力最优充满角为

$$\theta_h = 308°$$

再由 $\alpha = \sin^2\frac{\theta}{4}$，得水力最优充满度为

$$\alpha_h = \sin^2\frac{\theta_h}{4} = 0.95$$

采用同样方法求得流速为

$$v = \frac{1}{n}R^{2/3}i^{1/2} = \frac{i^{1/2}}{n}\left[\frac{D}{4}\left(1 - \frac{\sin\theta}{\theta}\right)\right]^{2/3}$$

令 $\frac{\mathrm{d}v}{\mathrm{d}\theta} = 0$，解得过流速度最优的充满角和充满度分别为 $\theta_h = 257.5°$、$\alpha_h = 0.81$。

由以上分析得出，无压圆管均匀流在水深 $h = 0.95D$，即充满度 $\alpha_h = 0.95$ 时，输水能力最大；在水深 $h = 0.81D$，即充满度 $\alpha_h = 0.81$ 时，过流速度最大。需要说明的是，水力最优充满度并不是设计充满度，实际采用的设计充满度，尚需根据管道的工作条件以及直径的大小来确定。

无压圆管均匀流的流量和流速随水深变化，可用无量纲参数图表示，如图6-16所示。

$$\frac{Q}{Q_0} = \frac{AC\sqrt{Ri}}{A_0C_0\sqrt{R_0i}} = \frac{A}{A_0}\left(\frac{R}{R_0}\right)^{2/3} = fQ\left(\frac{h}{D}\right)$$

$$\frac{v}{v_0} = \frac{C\sqrt{Ri}}{C_0\sqrt{R_0i}} = \left(\frac{R}{R_0}\right)^{2/3} = f_v\left(\frac{h}{D}\right)$$

式中 Q_0、v_0——满流时的流量和流速；

Q、v——非满流时的流量和流速。

由图6-16可见 $\frac{h}{D} = 0.95$ 时 $\frac{Q}{Q_0}$ 达最大值，$\left(\frac{Q}{Q_0}\right)_{\max} = 1.087$，此时管中通过的流量 $Q_{\max}$

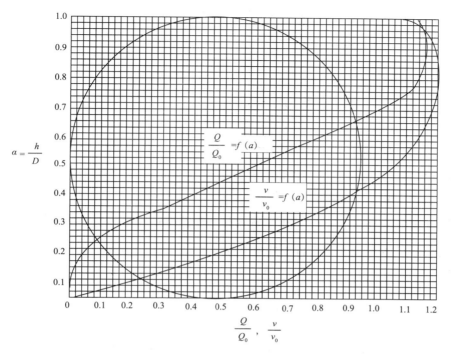

图 6-16　无量纲参数图

超过管内满管时流量的 8.7%；当 $\dfrac{h}{D} = 0.81$ 时，$\dfrac{v}{v_0}$ 达最大值，$\left(\dfrac{v}{v_0}\right)_{\max} = 1.16$，此时管中流速超过满流时流速的 16%。

5. 最大充满度、设计流速

在工程上进行无压管道的水力计算，还需符合有关的规范规定。对于污水管道，为避免因流量变动形成有压流，充满度不能过大。《室外排水设计标准》（GB 50014—2021）规定，污水管道最大充满度见表 6-10。

为防止管道发生冲刷和淤积，排水管道的最大设计流速：金属管 10.0 m/s，非金属管 5.0 m/s；污水管道在设计充满度下最小设计流速为 0.6 m/s，雨水管道和合流管道最小设计流速为 0.75 m/s。渠道超高则不小于 0.2 m。雨水管道和合流管道，允许短时承压，按满管流进行水力计算。

排水管道采用压力流时，压力管道的设计流速采用 0.7~2.0 m/s。

表 6-10　最大设计充满度

管径或渠高/mm	最大设计充满度 α	管径或渠高/mm	最大设计充满度 α
200~300	0.55	500~900	0.70
350~450	0.65	≥1 000	0.75

此外，最小管径和最小设计坡度的规定见表 6-11。

表6-11　最小管径与相应最小设计坡度

管道类别	最小管径/mm	相应最小设计坡度
雨水管	300	塑料管0.002，其他管0.003
污水管和合流管	300	0.003
雨水口连接管	200	0.01
压力输泥管	150	—
重力输泥管	200	0.010

【例6-4】 钢筋混凝土圆形污水管，管径 $D = 1\,000$ mm，管壁糙率 $n = 0.014$，管道底坡 $i = 0.002$。求最大设计充满度时的流速和流量。

【解】 由表6-10查得管径为 $1\,000$ mm 的污水管最大设计充满度为 $\alpha = \dfrac{h}{D} = 0.75$，再由表6-8查得 $\alpha = 0.75$ 时过流断面的几何要素为

$$A = 0.631\,9D^2 = 0.631\,9 \text{ m}^2$$

$$R = 0.301\,7D = 0.301\,7 \text{ m}$$

谢才系数为　　$C = \dfrac{1}{n}R^{1/6} = \dfrac{1}{0.014} \times (0.301\,7)^{1/6} = 58.5\,(\text{m}^{\frac{1}{2}}/\text{s})$

流速为　　$v = C\sqrt{Ri} = 58.5 \times \sqrt{0.301\,7 \times 0.002} = 1.44\,(\text{m/s})$

流量为　　$Q = vA = 1.44 \times 0.631\,9 = 0.91\,(\text{m}^3/\text{s})$

在实际工程中，还需验算流速是否在允许流速范围之内。本题为钢筋混凝土管，最大设计流速 v_{max} 为 5 m/s，最小设计流速 v_{min} 为 0.6 m/s，满足 $v_{max} > v > v_{min}$。

六、明渠的组合粗糙率断面及复式断面明渠的水力计算

1. 明渠的组合粗糙率断面

在水利工程中，根据工程实际情况有时渠底和渠壁会采用不同的材料，即会遇到沿湿周各部分粗糙度不同的渠道，这种渠道称为非均质渠道（图6-17）。例如沿山坡凿石筑墙而成的渠道，即靠山一侧边坡和渠底为岩石，另一侧边坡为块石砌筑的挡土墙；底部为浆砌石，边坡为混凝土衬砌的渠道；冬季被冰封闭的河渠等。

由于沿湿周各部分糙率不同，因而它们对水流的阻力也不同，可以采用一个综合的糙率来反映整个断面的情况。也就是说，对这样的渠道进行水力计算，首先应该解决的是怎样由各部分糙率计算综合糙率的问题。

根据巴甫洛夫斯基提出的方法（具体推导过程参见徐正凡编著的《水力学》教材）得到的综合糙率计算公式如下：

$$n = \sqrt{\frac{\chi_1 n_1^2 + \chi_2 n_2^2 + \chi_3 n_3^2}{\chi_1 + \chi_2 + \chi_3}}$$

当渠道底部糙率小于侧壁糙率时，可用上式计算。根据爱因斯坦提出的方法得到的综合糙率计算公式如下：

$$n = \left(\frac{\chi_1 n_1^{\frac{3}{2}} + \chi_2 n_2^{\frac{3}{2}} + \chi_3 n_3^{\frac{3}{2}}}{\chi_1 + \chi_2 + \chi_3}\right)^{\frac{2}{3}}$$

一般情况下的综合糙率也可采用对各部分湿周的糙率取加权平均值的方法进行计算，即

$$n = \frac{\chi_1 n_1 + \chi_2 n_2 + \chi_3 n_3}{\chi_1 + \chi_2 + \chi_3}$$

2. 复式断面明渠的水力计算

复式断面明渠均匀流的流量一般按下述方法计算：先将复式断面划分成几个部分，使每一个部分的湿周不致因水深的略微增大而产生急剧的增加，如图 6-18 所示。

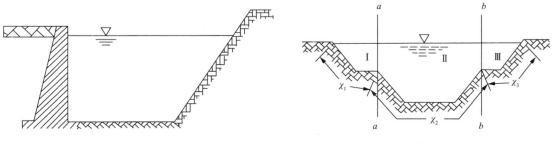

图6-17　非均质渠道　　　　　　　　图6-18　复式断面明渠

深挖高填的大型渠道，流量变化范围比较大的渠道，常采用复式断面明渠，以有利于边坡稳定。复式断面常常是不规则的，糙率也可能沿湿周有变。此外，由于断面上水深不一，各部分流速差别较大，如果把整个断面当作统一的总流来计算，直接用均匀流公式，将会得出不符合实际情况的结果。主要问题是当水深从主槽刚漫上滩地时，过水断面面积虽有增大，但湿周突然增大许多，使水力半径骤然减小，以致出现水深增大而流量减小的错误结果。因此，复式断面明渠的水力计算决不能按一个断面统一计算。

对图 6-18 所示的复式断面，其流量计算过程如下：

$$Q_1 = K_1 \sqrt{i} \ , \ Q_2 = K_2 \sqrt{i} \ , \ Q_3 = K_3 \sqrt{i}$$

$$Q = Q_1 + Q_2 + Q_3 = (K_1 + K_2 + K_3) \sqrt{i}$$

【例6-5】一复式断面如图 6-19 所示，已知 b_I 与 b_{III} 为 6 m，b_{II} 为 10 m，h_I 与 h_{III} 为 1.8 m；m_I 与 m_{III} 均为 1.5 m，m_{II} 为 2.0 m，n 为 0.02 及 i 为 0.000 2。求 Q 及 v。

解：　　$A_I = A_{III} = b + \frac{m_I h_I}{2} h_I = \left(6 + \frac{1.5 \times 1.8}{2}\right) \times 1.8 = 13.2 \, (\text{m}^2)$

$$A_{II} = b_{II} + m_{II} h' h' + b_{II} + 2 m_{II} h' h_I$$

各部分的湿周分别为

$$\chi_I = \chi_{III} = b_I + h_I \sqrt{1 + m_I^2} = 9.25 \, \text{m}$$

$$\chi_{II} = b_{II} + 2 \sqrt{m_{II}^2 h'} = 19.8 \, \text{m}$$

各部分的流量模数为

$$K_I = K_{III} = A_I C_I \sqrt{R_I} = \frac{1}{n} A_I R^{2/3} = 837 \, \text{m}^3/\text{s}$$

$$K_{II} = A_{II} C_{II} \sqrt{R_{II}} = \frac{1}{n} A_{II} R_{II}^{2/3} = 727 \, 0 \, \text{m}^3/\text{s}$$

于是，由复式断面的流量由公式得到

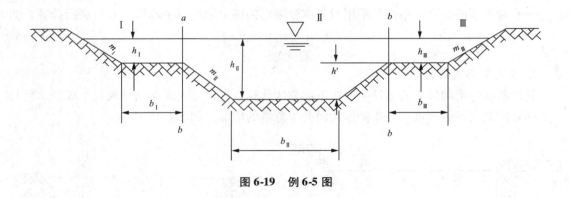

图 6-19　例 6-5 图

$$Q = K_{\mathrm{I}} + K_{\mathrm{II}} + K_{\mathrm{III}} \sqrt{i} = 127 \ \mathrm{m}^3/\mathrm{s}$$

复式过水断面的平均流速为

$$v = \frac{Q}{A_{\mathrm{I}} + A_{\mathrm{II}} + A_{\mathrm{III}}} = 1.38 \ \mathrm{m/s}$$

第三节　明渠非均匀流——明渠流动状态

明渠流动有三种不同的流态，分别是缓流、急流和临界流，表现出不同的流动现象和流动规律（图 6-20）。

缓流：水流流速小，水势平稳，遇到干扰，干扰的影响既能向下游传播，又能向上游传播。

急流：水流流速大，水势湍急，通到干扰，干扰的影响只能向下游传播，而不能向上游传播。

缓流一般发生在河流中有些水面宽阔的地方，底坡平坦，水流缓慢；当水流遇有障碍时（如大石头）；上游水面普遍增高。

图 6-20　明渠流态
（a）缓流；（b）急流

急流一般发生在河流有些水面狭窄的地方；底坡陡峻，且水流湍急，当水流遇到石块便一跃而过，石块顶上掀起浪花；而上游水面未受影响。

一、明渠流动的运动学分析

1. 静水投石，以分析干扰波在静水中的传播

将一块石子投入静水中，水面以投石点为中心产生一系列同心圆，其以一定速度离开中心向四周扩散，如图 6-21（a）所示。

干扰波在静水中的传播速度称为干扰波波速或微波波速，以 v_w 表示。如果投石子于流水之中，此时干扰所形成的波将随着水流向上下游移动，干扰波传播的速度应该是干扰波波速 v_w 与水流速度 v 的矢量和。此时有如下三种情况。

（1）$v < v_w$，水流为缓流。此时，干扰波将以绝对速度 $v'_上 = v - v_w < 0$ 向上游传播（以水流速度 v 的方向为正方向讨论），同时也以绝对速度 $v'_下 = v + v_w > 0$ 向下游传播，由于 $v'_上 = v'_下$，故形成的干扰波将是一系列近似的同心圆，如图 6-21（b）所示。

（2）$v = v_w$，水流为临界流。此时，干扰波将向上游传播的绝对速度 $v'_上 = v - v_w = 0$，而向下游传播的绝对速度 $v'_下 = v + v_w = 2v_w > 0$，此时，形成的干扰波是一系列以落入点为平角的扩散波纹向下游传播，如图 6-22（c），且临界流是缓流和急流的分界点。

（3）$v > v_w$，水流为急流。此时，干扰波将不能向上游传播，而是以绝对速度 $v'_上 = v - v_w > 0$ 向下游传播，并与向下游传播的干扰波绝对速度 $v'_下 = v + v_w < 0$ 相叠加，由于 $v'_上 < v'_下$，此时形成的干扰波是一系列以落入点为顶点的锐角形扩散波纹，如图 6-21（d）所示。

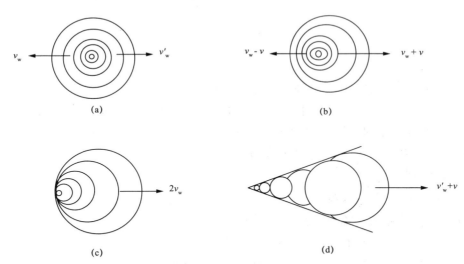

图 6-21　投石于流水中

（a）静水；（b）缓流；（c）临界流；（d）急流

上述分析说明了外界对水流的扰动（如投石水中、闸门的启闭等）有时能传至上游，而有时不能的原因。实际上，设置于水流中的各种建筑物可以看作对水流连续不断的扰动，如闸门、水坝、桥墩等，上述分析结论仍然是适用的。

2. 干扰波波速计算

以一竖直平板在平底矩形棱柱体明渠静止水流中激起一个干扰微波，观察者随波前行，如图 6-22（a）所示。对上述的移动坐标来说，水流做恒定非均匀流动。

不计摩擦力，对 1—1 和 2—2 断面建立连续性方程和能量方程，如图 6-22（b）所示。

$$hv_w = (h + \Delta h)v_2$$

$$h + \frac{\alpha_1 v_w^2}{2g} = h + \Delta h + \frac{\alpha_2 v_2^2}{2g}$$

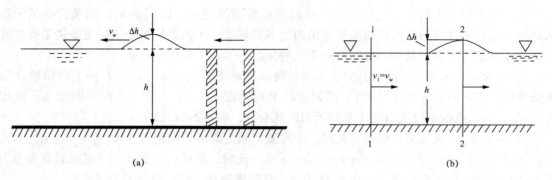

(a)   (b)

图 6-22　干扰波波速

联立上两式，并令 $\alpha_1 = \alpha_2 \approx 1$，得

$$v_w = \pm \sqrt{gh \frac{(1 + \frac{\Delta h}{h})^2}{(1 + \frac{\Delta h}{2h})^2}}$$

令

$$\frac{\Delta h}{h} \approx 0 \ , \ 则\ v_w = \pm \sqrt{gh}$$

上式即为矩形明渠静水中干扰波波速的计算公式。

式中，h 为平均水深。对矩形平面，平均水深就等于渠道水深 h。对静水而言，上式中的 "$\pm$" 只有数学上意义。对于运动水流，设其流速为 v，则干扰波波速的绝对速度可表示 $v'_w = v \pm v_w$，顺流方向取 "$+$"，逆流方向取 "$-$"。

这样，流态的判别为如下：

（1）$v_w < \sqrt{gh}$ 水流为缓流；

（2）$v_w = \sqrt{gh}$ 水流为临界流；

（3）$v_w > \sqrt{gh}$ 水流为急流。

对任意断面形状的明渠连续性方程和能量方程分别为

$$Av_w = (A + \Delta A)v_2$$

$$h + \frac{\alpha_1 v_w^2}{2g} = h + \Delta h + \frac{\alpha_2 v_2^2}{2g}$$

令 $\alpha_1 = \alpha_2 \approx 1$，$\Delta A = B\Delta h$，$\overline{h} = \frac{A}{B}$，整理上式，可得

$$v_w = \pm \sqrt{2g \frac{(\overline{h} + \Delta h)^2}{2\overline{h} + \Delta h}} = \pm \sqrt{g\overline{h}}$$

式中　$\bar{h}$——平均水深。

3. 流态判别数——弗劳德数

弗劳德数 Fr 可定义为

$$Fr = \frac{v}{v_w} = \frac{v}{\sqrt{gh}}$$

显然，缓流 $Fr < 1$；急流 $Fr > 1$；临界流 $Fr = 1$。

从上式可以看到弗劳德数 Fr 的运动学意义是断面平均流速与干扰波波速的比值。如果将弗劳德数的表达式稍做变形，可以得到 $Fr = \sqrt{2\dfrac{\frac{v^2}{2g}}{h}} = \sqrt{\dfrac{v^2}{g\bar{h}}} = \dfrac{v}{\sqrt{g\bar{h}}}$，该式表达的弗劳德数的物理意义是过水断面上单位重量液体平均动能与平均势能之比的 2 倍开平方。

从液体质点的受力情况分析，可以得到弗劳德数的力学意义是惯性力和重力的比值。可用量纲关系来分析。

$$\text{惯性力量纲 } [F] = [M][a] = [\rho L^3] \cdot [LT^{-2}] = [\rho L^2 v^2]$$

$$\text{重力 } [G] = [g][M] = [\rho L^3][g] = [\rho L^3 g]$$

$$\frac{[F]^{\frac{1}{2}}}{[G]^{\frac{1}{2}}} = \left[\frac{\rho L L^3 v^2}{\rho L^3 g}\right]^{\frac{1}{2}} = \left[\frac{v}{\sqrt{gL}}\right]$$

二、明渠流动的动力学分析

1. 断面比能（断面单位能量）

（1）断面比能（断面单位能量）的概念（图 6-23）。以过渠道最低点的水平面 0—0 为基准面，计算得到的该断面上单位重量液体所具有的机械能，称为断面比能。可表示为

$$E_s = h\cos\theta + \frac{\alpha v^2}{2g} = h\cos\theta + \frac{\alpha Q^2}{2gA^2}$$

式中　E_s——断面单位能量或断面比能。

底坡 θ（$\theta < 6°$）较小的渠道，则可认为 $\cos\theta = 1.0$，$E_s = h + \dfrac{\alpha v^2}{2g} = h + \dfrac{\alpha Q^2}{2gA^2} = f(h)$。

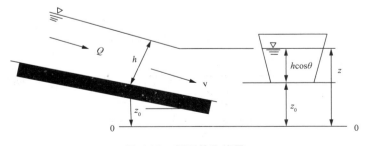

图 6-23　断面单位能量

（2）断面总能量 E 与断面比能 E_s 的区别与联系。

$$E = z_0 + \frac{P}{\gamma} + \frac{\alpha v^2}{2g} = E_s + z_0$$

1）区别：

①E 在整个流程上为同一基准面，所以 E 沿程总是减小，即 $\frac{dE}{ds} < 0$；E_s 在整个流程上，针对不同的过水断面其计算比能的基准面不同，即 $\frac{dE_s}{ds} > 0$；$\frac{dE_s}{ds} < 0$；$\frac{dE_s}{ds} = 0$，断面比能 E_s 沿程可升、可降、可不变；

②E 的基准面任意选；E_s 的基准面是渠道横断面的最低点。

③E 和 E_s 两者相差一个渠底高程，E_s 与渠底高程无关，两者之间差一个基准面高差。

④流量一定时，E_s 是断面形状、尺寸的函数。

⑤当流量和断面形状一定时，E_s 是水深函数。

2）联系：断面比能 E，是断面单位重量的液体具有的总机械能中反映水流运动状态的那一部分，断面比能计算公式中的水深 h 及流速水头 $\frac{\alpha v^2}{2g}$ 都是水流运动状态的直观反映。

（3）比能曲线。由关系式 $E_s = h + \frac{\alpha v^2}{2g} = h + \frac{\alpha Q^2}{2gA^2} = f(h)$ 可知，当断面形状、尺寸和 Q 一定时，E_s 是 h 的单值函数。

在断面形状尺寸及流量一定的条件下，断面比能 E_s 只是条件 h 的函数。如果以纵坐标表示水深 h，以横坐标表示断面比能 E_s，则一定流量下讨论断面的断面比能 E_s 随水深 h 的变化规律可以用 $h \cdot E_s$ 曲线来表示，这个曲线称为比能曲线，如图 6-24 所示。

当 $h \to \infty$ 时，$A \to 0$，$\therefore \frac{\alpha Q^2}{2gA^2} \to 0$，$E_s \approx h \to \infty$；

当 $h \to 0$ 时，$A \to 0$，$\therefore \frac{\alpha Q^2}{2gA^2} \to \infty$，$E_s \to \infty$；

曲线有 $E_s = f(h)$ 两个渐近线和一个极小值（A 点），在下支，$h \uparrow$ 而 $E_s \downarrow$，$\frac{dE_s}{dh} < 0$；在上支，$h \uparrow$ 而 $E_s \uparrow$，$\frac{dE_s}{dh} > 0$。

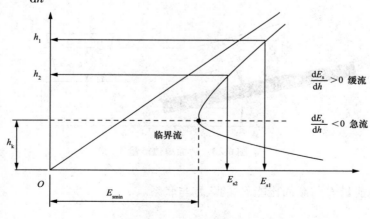

图 6-24　$E_s = f(h)$ 曲线

由图看出，任一个 E_s 值，均有两个水深 h_1 和 h_2 与之相对应。当 $E_s = E_{s\min}$，$h_1 = h_2 = h_k$，称为临界水深。

可以证明，$\dfrac{\mathrm{d}E_s}{\mathrm{d}h} = 1 - \dfrac{\alpha Q^2}{gA^3}B = 1 - Fr^2$。对于极值点，$\dfrac{\mathrm{d}E_s}{\mathrm{d}h} = 0$，$Fr = 1$，即断面比能 E_s 最小时对应的水流为临界流，相应的水深称为临界水深，以符号 h_k 表示。

当 $Fr > 1$，$v < c$ 为急流；当 $Fr = 1$，$v < c$ 为缓流；当 $Fr < 1$，$v = c$ 为临界流。

比能曲线的特点如下：

1）比能曲线是一条二次抛物线，曲线下端以 E_s 轴为渐进线，上端以 $45°$ 直线为渐进线，曲线两端向右方无限延伸，中间必然存在极小点。

2）断面比能 E_s 最小时对应的水深为临界水深。

3）曲线上支，随着水深 h 的增大，断面比能 E_s 值增大，为增函数，$\dfrac{\mathrm{d}E_s}{\mathrm{d}h} > 0$，$Fr < 1$，表示水流为缓流，即比能曲线的上支代表着水流为缓流。在曲线下支，随着水深 h 的增大，断面比能 E_s 值减小，为减函数，$\dfrac{\mathrm{d}E_s}{\mathrm{d}h} < 0$，则 $Fr > 1$，表示水流为急流，即比能曲线的下支代表着水流为急流。而极值点对应的水流就为临界流。

4）比能曲线的上支和下支分别代表不同的水流流态，而比能曲线上支和下支的分界点处的水深又为临界水深，显然，也可以用临界水深来判别水流流态。$h > h_k$，相当于比能曲线的上支，水流为缓流；$h < h_k$，相当于比能曲线的下支，水流为急流；$h = h_k$，相当于比能曲线的极值点，水流为临界流。

2. 临界水深

流量及断面形状尺寸一定的条件下，相应于断面比能最小时的水深称为临界水深 h_k。断面比能最小时，$\dfrac{\mathrm{d}E_s}{\mathrm{d}h} = 0$，由此条件即可求得临界水深计算公式：

$$\frac{\mathrm{d}E_s}{\mathrm{d}h} = \frac{\mathrm{d}}{\mathrm{d}h}\left(h + \frac{\alpha Q^2}{2gA^2}\right) = 1 - \frac{\alpha Q^2}{gA^3}\frac{\mathrm{d}A}{\mathrm{d}h} = 1 - \frac{\alpha Q^2 B}{gA^3} = 0$$

$$\frac{\alpha Q^2}{g} = \frac{A_k^3}{B_k}$$

在临界水深计算公式中，下标 k 表示相应于临界水深时的水力要素。在流量及断面形状尺寸一定的条件下，可由此时求解临界水深。由于 $\dfrac{A_k^3}{B_k}$ 一般是水深 h 的隐函数，对一般形式的断面需要试算求解。

$\dfrac{\alpha Q^2 B}{gA^3} = 1$，$\dfrac{\alpha Q^2}{g} = \dfrac{A_k^3}{B_k}$，可得 $h = h_k$，$v = v_k$。

临界水深与流量、断面形状尺寸有关，与渠道的底坡和糙率无关。

可知，$h > h_k$，$v < v_k$，缓流；$h < h_k$，$v > v_k$，急流；$h = h_k$，$v = v_k$，临界流。

（1）矩形断面临界水深的计算。对矩形断面而言，$B_k = b$，$A_k = bh_k$，将其代入临界水深计算的一般公式，化简整理可得矩形断面临界水深的直接计算公式。

$$\frac{\alpha Q^2}{g} = \frac{(bh_k)^3}{b} = b^2 h_k^3$$

$$h_k = \sqrt[3]{\frac{\alpha Q^2}{gb^2}} = \sqrt[3]{\frac{\alpha q^2}{g}}$$

式中，$q = Q/B_k$ 称渠道单宽流量，单位 m³/（s·m）。

$$h_k^3 = \frac{\alpha q^2}{g} = \frac{\alpha(v_k h_k)^2}{g} \Rightarrow h_k = \frac{\alpha v_k^2}{g} \Rightarrow h_k = 2\frac{\alpha v_k^2}{2g}$$

上式说明，在临界流时，矩形断面的临界水深等于其流速水头的 2 倍，此时相应的断面比能：

$$E_s = E_{smin} = h_k + \frac{\alpha v_k^2}{2g} = h_k + \frac{1}{2}h_k = \frac{3}{2}h_k$$

上式说明，矩形断面的最小断面比能等于临界水深的 3/2 倍。

（2）任意断面临界水深的计算。任意断面临界水深的计算只能采取试算法。当流量 Q 给定之后，$\frac{\alpha Q^2}{g}$ 为一常数，于是可假定不同的水深，求得相应的 $\frac{A_k^3}{B_k}$，当求得的某一水深时的 $\frac{A_k^3}{B_k}$ 值恰好等于 $\frac{\alpha Q^2}{g}$ 时，该水深即为所求的临界水深。

任意断面临界水深的计算也可采用试算—图解法。假定 3～5 个不同的水深，求得相应的 $\frac{A_k^3}{B_k}$，当求得的 $\frac{A_k^3}{B_k}$ 把 $\frac{\alpha Q^2}{g}$ 包含在中间时，可做出 $h \cdot \frac{A_k^3}{B_k}$ 曲线，由已知的 $\frac{\alpha Q^2}{g}$ 值可从曲线上查得相应的水深值，该水深即为所求的临界水深。

（3）等腰梯形断面临界水深的计算。若明渠的过水断面为等腰梯形断面，则临界水深的计算除了可用试算法和试算—图解法外，还可采用查图法。

求 h_k 的几种方法如下。

1）作图（试算）。假设各种 h 值，算出 A、B 和 A^3/B 值，以 A^3/B 为横坐标，以 h 为纵坐标作图，如图 6-25 所示。图中对应于 A^3/B 恰等于 $\frac{\alpha Q^2}{g}$ 的水深 h 即是 h_k。

2）图解法。根据临界水深的定义可知，曲线 $E_s = f(h)$ 本身就给予了确定 h_k 的一种方法，但图解 $E_s = f(h)$ 曲线比较复杂，绘制它时需要较多的点才能得出准确的图形，即使如此，在利用它来图解 h_k 时，也不易准确地确定与 h_k 相应的点。所以一般不采用此法来确定 h_k。

临界 h_k 水深只决定于流量和断面的形状和尺寸，而正常水深还与 i 和 n 有关。

在矩形渠道中，$h_k^3 = \frac{\alpha q^2}{g} = \frac{\alpha(h_k v_k)^2}{g}$，所以 $h_k^3 = \frac{\alpha v_k^2}{g}$，$= \frac{\alpha v_k^2}{2g} = \frac{1}{2}h_k$。

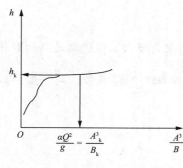

图 6-25　作图（试算）

说明：临界流速水头是临界水深的 1/2。

在临界状态下，断面单位能量为

$$E(h_k) = E_{s\min} = h_k + \frac{\alpha v_k^2}{2g} = h_k + \frac{1}{2}h_k = \frac{3}{2}h_k$$

以梯形为例：

$$A_k = (b + mh_k)h_k \quad B_k = b + 2mh_k$$

$$\therefore \frac{\alpha Q^2}{g} = \frac{A_k^3}{B_k} = \frac{(b + mh_k)^3 \cdot h_k^3}{b + 2mh_k}$$

等式两边同乘以 $\frac{g}{\alpha b^5}$，并开方整理后得

$$\frac{Q}{b^{\frac{5}{2}}} = \left[\frac{g}{\alpha} \cdot \frac{(1 + m\frac{h_k}{b})^3 \cdot (\frac{h_k}{b})^3}{1 + 2m\frac{h_k}{b}} \right]^{\frac{1}{2}} = f(m, \frac{h_k}{b})$$

根据上式，制成以 m 为参数，$\frac{Q}{b^{\frac{5}{2}}} \cdot \frac{h_k}{b}$ 的曲线。用类似的方法可制成图形断面的曲线。该图对宽浅河槽和小流量情况精度较差。

3. **临界底坡**

在流量和断面形状尺寸一定的棱柱体正坡明渠中，当水流做均匀流动时，如果改变渠道的底坡，则相应的均匀流正常水深也会相应改变。当变至某一底坡 i_k 时，其均匀流的正常水深 h_0 恰好等于临界水深 h_k，此时的底坡 i_k 为临界底坡。

临界底坡的计算公式为

$$i_k = \frac{g}{\alpha C_k^2} \cdot \frac{\chi_k}{b_k}$$

对于宽浅河槽：
$$\chi_k = B_k, \quad i_k = \frac{g}{\alpha C_k^2}$$

$$\because Q = AC_k\sqrt{R_k i_k} = K_k\sqrt{i_k}$$

$$\therefore i_k = \frac{Q^2}{K_k^2}$$

可以看出 i_k 是针对某一流量而言的，i_k 是虚构的，只是为了分析水的状态而引入的，在设计时不用。

临界底坡只取决于流量及断面形状尺寸，并与糙率有关，而与渠道的实际底坡无关。它并不是实际存在的渠道底坡，只是与某一流量、断面形状尺寸及糙率相对应的某一特定坡度，是为便于分析非均匀流动而引入的一个概念。事实上，实际渠道的底坡只可能在某一流量下为临界底坡，而在其他流量下则不是。引入临界底坡之后，可将正坡明渠再分为缓坡、陡坡、临界坡三种类型。若某一渠道的坡度为 i：当 $i > i_k$ 为急坡（陡坡）；当 $i = i_k$ 为临界坡；当 $i < i_k$ 为缓坡。若 Q 变化了，则 i_k 也变化，急坡、缓坡也随之改变。

对明渠均匀流而言，当底坡 $i < i_k$ 时，$h_0 < h_k$；$i > i_k$ 时，$h_0 < h_k$；$i = i_k$ 时，$h_0 < h_k$。这就是说可以利用临界底坡判断明渠均匀流的水流流态，即缓坡上的均匀流是缓流，陡坡上的均匀流是急流，临界坡上均匀流是临界流。

三、缓流、急流、临界流及其判别标准

1. 缓流、急流、临界流

临界流速（v_k），即明渠水流在临界水深时的流速。

当 $v < v_k$ 为缓流；当 $v > v_k$ 为急流；当 $v = v_k$ 为临界流。

2. 缓流、急流、临界流的判别

（1）根据临界水深来判别：

$$h > h_k 为缓流；h < h_k 为急流；h = h_k 为临界流。$$

（2）根据断面单位能量 E 对水深 h 的导数来判别：

$$\frac{dE_s}{dh} > 0 为缓流；\frac{dE_s}{dh} < 0 为急流；\frac{dE_s}{dh} = 0 为临界流。$$

（3）根据临界坡度来判别（仅适合均匀流）：

$$i < i_k 为缓流；i > i_k 为急流；i = i_k 为临界流。$$

（4）用弗劳德数（惯性力与重力之比）来判别：

$$\frac{dE_s}{dh} = 1 - \frac{\alpha Q^2 B}{g A^3}，令 \frac{A}{B} = h_m 表示平均水深$$

$$\frac{dE_s}{dh} = 1 - \frac{\alpha Q^2}{g A^2} \cdot \frac{1}{h_m} = 1 - \frac{\alpha v^2}{g h_m} = 1 - Fr$$

$$Fr < 1 为缓流；Fr > 1 为急流；Fr = 1 为临界流。$$

（5）利用干扰波的波速来判断：

$$v_w = \sqrt{gh}（矩形断面），v_w = \sqrt{g \frac{A}{B}}（非矩形断面）$$

$$v < v_w，为缓流；v > v_w 为急流；v = v_w 为临界流。$$

在均匀流和非均匀流中，都可以发生急流、缓流和临界流。

【例 6-6】梯形断面渠道 $m = 1.5$，$b = 10$ m，$Q = 50$ m³/s，则 h_k 为多少？

解：由已知条件 $\frac{\alpha Q^2}{g} = \frac{1.0 \times 50^2}{9.80} = 255$

计算过程详见表 6-12。

表 6-12 例 6-6 计算过程

次序	h	B	A	A^3	A^3/B
1.00	1.200	13.6	14.2	2 839.2	208.8
2.00	1.250	13.8	14.8	3 270.6	237.9
3.00	1.270	13.8	15.1	3 455.3	250.2
4.00	1.350	14.1	16.2	4 278.3	304.5
5.00	1.400	14.2	16.9	4 861.2	342.3
6.00	1.450	14.4	17.7	5 501.9	383.4

作出 $\lambda - \frac{A_k^3}{B_k}$ 曲线如图 6-26 所示。

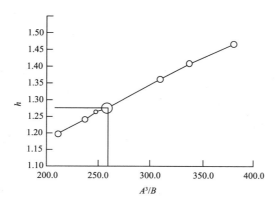

图6-26　例6-6图

【例6-7】 一梯形断面明渠，底宽 $b = 3$ m，边坡系数 $m = 1.0$，流量 $Q = 10$ m^3/s，求临界水深。若实际水深 $h = 1.5$ m，判别水流的流态。

解：
$$\frac{\alpha Q^2}{g} = \frac{1 \times 10^2}{9.8} = 10.204$$

$$\frac{A_k^3}{B_k} = \frac{[(b + mh_k) \cdot h_k]^3}{b + 2mh_k} = \frac{[(3 + 1.0 \times h_k) \cdot h_k]^3}{3 + 2 \times 1.0 \times h_k} = f(h) \ , f(h_k) = 10.204$$

计算过程见表6-13。

表6-13　例6-7计算过程

h_k/m	0.8	1.0	0.935	0.934
$f(h_k)$	6.107	12.8	10.227	10.19

所以 $h_k = 0.934$ m，$h = 1.5$ m $> h_k = 0.934$ m，所以水流为缓流。

【例6-8】 求梯形渠道的临界水深 h_k 和临界坡度 i_k。

已知：$Q = 18$ m^3/s，$b = 12$ m，$m = 1.5$，$n = 0.025$。

解：（1）临界水深 h_k。

取 $\alpha \approx 1.0$，$\dfrac{\alpha Q^2}{g} = \dfrac{1.0 \times 18^2}{9.8} = 33.06$（m^5）

条件：$\dfrac{\alpha Q^2}{g} = \dfrac{A_k^3}{B_k}$，$A = (b + mh) \cdot h$，$B = b + 2mh$

计算过程见表6-14。

表6-14　例6-8计算过程

h/m	A_k/m^2	B/m	(A_k^3/B) /m^5
0.4	5.04	13.2	9.7
0.5	6.37	13.5	19.2
0.6	7.74	13.8	33.6
0.595	7.67	13.79	32.72
0.597	7.70	13.79	33.1

即 $h_k = 0.597$ m。

（2）临界坡底 i_k。

$$A_k = 7.70, \ B_k = 13.79 \text{ m}, \chi_k = b + 2h_k \sqrt{1 + m^2} = 12 + 2 \times 0.597 \sqrt{1 + 1.5^2} = 14.15 (\text{m})$$

$$R_k = \frac{A_k}{\chi_k} = 0.544 \text{ m}$$

$$C_k = \frac{1}{n} R_k^{\frac{1}{6}} = \frac{1}{n} \times 0.544^{\frac{1}{6}} = 36.14 (\text{m}^{\frac{1}{2}}/\text{s})$$

$$i_k = \frac{g}{\alpha C_k^2} \cdot \frac{\chi_k}{B_k} = \frac{9.8}{1 \times 36.14^2} \times \frac{14.15}{13.79} = 0.0077$$

第四节 水跃和水跌

在泄水建筑物（泄水闸和桥等）的下游常常看到一种由水深较小的急流转变为水深较大的缓流时的突然跃起的水流现象，这种由急流状态变成缓流的水流现象就叫作水跃，如图 6-27（a）所示。处于缓流状态的水流，如果遇到底坡突然变陡，将使水流急剧降落，并由缓流变为急流，这就是水跌，又称跌水，如图 6-27（b）所示。急变流的 h 发生在距跌坎 $(3 \sim 4)h_k$ 处。明渠缓流向急流过渡时出现水面连续降落，水跌自水深大于临界水深跌入小于临界水深，其间必经过临界水深。

图 6-27

（a）水跃；（b）水跌

当水流由急流过渡到缓流时，水流越过 K—K 线与缓流衔接时，$\dfrac{\mathrm{d}h}{\mathrm{d}s} = \dfrac{i - \dfrac{Q^2}{k^2}}{1 - Fr^2} = \dfrac{i - J}{1 - Fr^2} = \infty$，说明此处水面不连续，这种水面突然升高的水力现象称为水跃。当水流由缓流过渡到急流时，水流也越过 K—K 线，$h = h_k$ 时 $\dfrac{\mathrm{d}h}{\mathrm{d}s} = -\infty$，理论上水面线也不连续，这种水流局部跌落的现象称为跌水。水跃和跌水都属急变流。

一、水跃

1. 水跃现象及其分类

（1）水跃现象。水跃是明渠水流从急流状态过渡到缓流状态时发生的水面突然跃起的局部水力现象。闸和坝下泄的急流与天然河道的缓流相衔接时，都会出现水跃现象（图6-28）。

水跃参数有跃前水深 h_1、跃后水深 h_2、水跃高度 $a = h_2 - h_1$、水跃长度 l_l。

水跃区的水流可分为两部分：一部分是急流冲入缓流所激起的表面旋滚，翻腾滚动，饱掺空气，叫作表面水滚；另一部分是表面水滚下面的主流，流速由快变慢，水深由小变大。但主流与表面水滚并不换位。在发生水跃的突变过程中，水流内部产生强烈的摩擦混掺作用，水流的内部结构要经历剧烈的改变状态。由于水跃的消能效果较好，所以常常作为泄水建筑物下游水流衔接的一种有效消能方式。

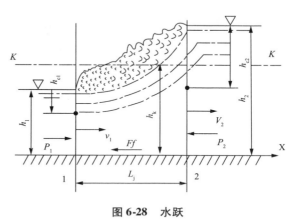

图6-28 水跃

在确定水跃范围时，通常将表面水滚开始的断面称为跃前断面或跃首，相应的水深称为跃前水深；表面水滚结束的断面称为跃后断面或跃尾，相应的水深称为跃后水深。表面水滚的位置是不稳定的，它沿水流方向前后摆动，量测时取时段内的平均位值。跃后水深与跃前水深之差称为跃高。跃前断面与跃后断面之间的距离称为水跃长度，称为跃长。

（2）水跃的分类。水跃的形式与跃前断面水流的弗劳德数 Fr_1 有关。为此，根据跃前断面弗劳德数 Fr_1 的大小对水跃做一分类，具体如下。

$1 < Fr_1 < 1.7$，水跃表面将形成一系列起伏不平的波浪，波峰沿流降低，最后消失，这种形式的水跃称为波状水跃。由于波状水跃无旋滚存在，混掺作用差，消能效果不显著，波动能量要经过较长距离才衰减。

当 $Fr_1 > 1.7$ 时，水跃成为具有表面水滚的典型水跃，具有典型形态的水跃称为完全水跃。此外，根据跃前断面弗劳德数 Fr_1 的大小，还可将完全水跃再做细分。但这种分类只是水跃紊动强弱表面现象上有所差别，看不出有什么本质上的区别。

$1.7 \leqslant Fr_1 < 2.5$，称为弱水跃。水面发生许多小旋滚，消能效果不大，消能效率小于20%，但跃后断面比较平稳。消能效率是指通过水跃消耗掉的能量占跃前断面总机械能的百分数。

$2.5 \leqslant Fr_1 < 4.5$，称为不稳定水跃或摆动水跃。底部射流间歇地往上蹿，旋滚较不稳定，效能效率20% ~45%，跃后断面水流波动大，需设辅助效能工。

$4.5 \leqslant Fr_1 < 9.0$，称为稳定水跃。跃后断面水面平稳，消能效果良好，消能效率达到45% ~70%。

$Fr_1 > 9.0$，称为强水跃。消能效率可达到85%，但高速主流挟带的间歇水团不断滚向下游，产生较大的水面波动，需设轴助消能工。

1）带有表面旋滚的自由水跃［图6-29（a）］（也称完整水跃）h' 与 h'' 相差很大。

2）不带表面旋滚的波形水跃［图6-29（b）］h' 与 h'' 相差不大。

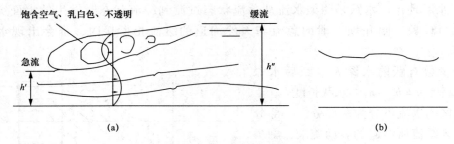

图6-29　自由水跃和波形水跃
（a）自由水跃；（b）波形水跃

上述两种水跃根据下列条件判别：

1）$Fr = (\dfrac{v_1}{\sqrt{gh'}})^2 \geqslant 2^2$ 为自由水跃。

2）$Fr = (\dfrac{v_1}{\sqrt{gh'}})^2 < 1.4^2$ 为波形水跃。

3）$1.4^2 < Fr < 2^2$ 两种水跃的形式都可能。

2. 棱柱体水平明渠中的水跃

（1）棱柱体水平明渠中的水跃方程。

水跃方程假定：

1）跃前跃后断面为渐变流，动水压强服从于静水压强分布规律：

$$P_1 = \gamma h_{c1} A_1 , P_2 = \gamma h_{c2} A_2$$

2）水跃段长度较小，故忽略其摩擦阻力，即 $F_f = 0$；

3）跃前跃后段的动量修正系数相等，$\alpha'_1 = \alpha'_2 = 1.0$。

在棱柱体明渠中不借助任何障碍物而形成的水跃称为自由水跃。由于水跃现象属于明渠急变流，发生水跃时伴随着较大的能量损失，对它既不能忽略不计，又没有一个独立于能量方程之外的能用来确定水头损失的公式，因此，在推求水跃方程时，应用动量方程而不用能量方程。

棱柱体水平明渠中的水跃方程：

$$\frac{Q^2}{gA_1} + A_1 h_{c1} = \frac{Q^2}{gA_2} + A_2 h_{c2}$$

上式表明，在水跃区内，单位时间内流入跃前断面的动量和该断面上动水总压力之和与单位时间内从跃后断面流出的动量与该断面上动水总压力之和相等。

在流量和断面形状尺寸一定时，$\dfrac{Q^2}{gA_1} + A_1 h_{c1}$ 只是水深 h 的函数。为便于讨论，把这个函数称为水跃函数，并用 $J(h)$ 表示，即

$$J(h) = \frac{Q^2}{gA} + Ah_c$$

上述水跃方程可表示为

$$J(h_1) = J(h_2)$$

上式说明：在平底棱柱体明渠中，对某一流量 Q，存在着具有相同水跃函数值的两个水深（跃前水深 h_1 和跃后水深 h_2），这一对水深就是共轭水深。

（2）水跃函数曲线。对任意断面形状的棱柱体明渠，在流量一定的条件下，可以计算绘制 $J(h)-h$ 关系曲线，这个曲线就称为水跃函数曲线，如图6-30所示。

水跃函数曲线的特点：①水跃函数曲线的两端均向右方无限延伸，中间必有一极小值；②水跃函数曲线的极小值对应的水深为临界水深；③水跃函数曲线的上支水流为缓流，$h > h_k$，代表跃后断面，水跃函数为增函数；④曲线下支水流为急流，$h < h_k$，代表跃前断面，水跃函数为减函数；⑤跃前水深越小，对应的跃后水深越大；⑥借助水跃函数曲线可以计算共轭水深。

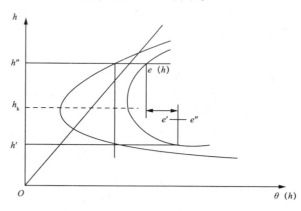

图6-30 水跃函数曲线

（3）共轭水深的计算。

1）任意断面共轭水深的计算。应用水跃方程求解共轭水深时，由于 A 及 h_c 都是水深 h 的函数，这就构成了复杂的隐函数关系，故需要试算求解。常用的方法有试算—图解法，电算解法。

①试算—图解法的基本内容是先计算出已知的跃前水深 h_1（或跃后水深 h_2）相对应的水跃函数值 $J(h_1)$［或 $J(h_2)$］，然后假定 $3 \sim 5$ 个不同的水深 h，计算出相应的水跃函数值 $J(h)$，使求得的 $J(h)$ 值将已知的共轭水深 h_1（或 h_2）相对应的水跃函数值 $J(h_1)$［或 $J(h_2)$］包含在其中，作出 $h-J(h)$ 函数曲线，由已知的 $J(h_1)$［或 $J(h_2)$］从曲线上可查出相对应的共轭水深 h_2（或 h_1）。注意，求跃前水深 h_1 时，假定的水深 h 需小于临界水深 h_k，求跃后水深 h_2 时，假定的水深 h 需大于临界水深 h_k，所作出的 $h-J(h)$ 也只是水跃函数曲线的一支。

②电算解法。常用的有二分法、迭代法。

2）等腰梯形断面共轭水深的计算。等腰梯形断面共轭水深的计算除了前面介绍的试算—图解法和电算解法外，还可以用查图法。

3）矩形断面共轭水深的计算。对矩形断面而言，$A = bh$，$h_c = \dfrac{1}{2}h$，$q = \dfrac{Q}{b}$，将其代入水跃共轭方程，化简整理可得

$$h_1 = \frac{h_2}{2}\left(\sqrt{1 + 8\frac{q^2}{gh_2^3}} - 1\right) = \frac{h_2}{2}\left(\sqrt{1 + 8Fr_2^2} - 1\right)$$

或

$$h_2 = \frac{h_1}{2}\left(\sqrt{1 + 8\frac{q^2}{gh_1^3}} - 1\right) = \frac{h_1}{2}\left(\sqrt{1 + 8Fr_1^2} - 1\right)$$

如果引入共轭水深比 $\eta = \dfrac{h_2}{h_1}$，则 $\eta = \dfrac{1}{2}\left(\sqrt{1 + 8Fr_1^2} - 1\right)$。显然，共轭水深比与跃前断

面的弗劳德数成正比。

从矩形断面明渠共轭水深计算公式可以看到，如果测量出跃前水深 h_1 和跃后水深 h_2，并已知渠道的底宽 b，就可以利用水跃推算出渠道通过的流量，这一点在野外踏勘时可能用到，具体计算公式为

$$Q = qb = b\sqrt{\frac{g}{2}(h_1^2 h_2 + h_2^2 h_1)}$$

实际上在梯形明渠中发生水跃时，除表面横轴（水面轴）的旋滚之外，由于跃后水深较跃前水深大，水面宽度随面积加大而增大，水流在槽宽方向也要扩散，并在两侧方向形成立轴（垂直轴）旋滚，因而使水跃带有空间性质，其位置和状态很不稳定。工程上为保证泄水建筑物下游高速水流的水跃稳定，通常都尽可能地将水跃消能段做成矩形断面。因此，矩形断面明渠的水跃共轭水深的计算就具有比较重要的工程实际意义。

4）水跃长度的确定。由于水跃段中，主流靠近底部，并且紊动强烈，因此对渠底有较大的冲刷作用，在工程实际中，必须对水跃段进行加固设计。水跃长度与建筑物下游加固保护段长度（护坦）有密切关系。但由于水跃现象复杂性，其理论分析还没有成熟的结果，水跃长度的确定只能依靠实验得到的经验公式。

①下面介绍一些常用的水跃长度计算公式。

矩形断面的水跃长度公式：

A. 以跃后水深表示：

$$L_j = 6.1h_2$$

适用范围：$4.5 < Fr_1 < 10$。

B. 以跃高表示：

$$L_j = C(h_2 - h_1)$$

式中，斯麦塔纳（Smetana）取 $C = 6$；厄里瓦托斯基（Elevatorski）取 $C = 6.9$；长江科学院取 $C = 4.4 \sim 6.7$。

C. 以来流弗劳德数 Fr_1 表示：

a. 成都科技大学公式 $L_j = 10.8h_1(Fr_1 - 1)^{0.93}$。

该式是根据宽度为 $0.3 \sim 1.5$ m 的水槽上 $Fr_1 = 1.72 \sim 19.55$ 的实验资料总结出来的。

b. 陈椿庭公式 $L_j = 9.4h_1(Fr_1 - 1)$。

c. 姚逐之公式 $L_j = 10.44h_1(Fr_1 - 1)^{0.78}$。

d. 切乌索夫公式 $L_j = 10.3h_1(Fr_1 - 1)^{0.81}$。

e. 吴持恭公式 $L_j = 10.8h_1(\sqrt{Fr_1} - 1)^{0.93}$。

f. 厄里瓦托斯基公式 $L = 6.9(h_2 - h_1)$。

到目前为止，对确定水跃长度范围的问题，工程界尚无一致的看法，上述公式也只能看作近似的计算公式。

②梯形断面的水跃长度公式：

$$L_j = 5h_2\left(1 + 4\sqrt{\frac{B_2 - B_1}{B_1}}\right)$$

式中，B_1、B_2 分别为跃前断面、跃后断面的水面宽度。

③无压圆管的水跃长度。

当 $d > h^2$ 时，$L_j = 6\dfrac{A_2 - A_1}{B_1}$。

式中，A_1、A_2 分别为跃前断面、跃后断面的过水断面面积，B_1 为跃前断面的水面宽度。

最后需要指出的是：a. 由于水跃段中的水流紊动强烈，因此，所有的跃长公式都是完全水跃跃长的时均值；b. 水跃长度随槽壁粗糙度的增加而缩短，上述公式可用于混凝土护坦上的跃长确定；c. 当棱柱体明渠底坡较小时，也可近似应用。

3. 棱柱体水平明渠中水跃的能量损失

（1）水跃能量损失的机理。水跃是水流流态的突变，其运动要素的变化非常剧烈。跃首断面流速最大，分布比较均匀；水跃段的流速分布呈 S 形，近底流速大，但值要比跃首断面小一些；跃尾断面的流速会进一步降低，但近底流速仍然大于表面部分的流速；在跃后段内，流速分布将不断调整，近底流速逐渐减小，上部流速逐渐增大，直到跃后段结束时，断面流速分布才呈现出紊流的流速分布，跃后段的长度（L_{jj}）一般为水跃长度的 2～3 倍，即 $L_{jj} = (2 ~ 3)L_j$。

在水跃段主流与表面水滚的交界面附近时均流速梯度很大，紊动混掺非常强烈，这个区域是产生旋涡的发源地。流速梯度越大，紊动越强烈，产生的紊动附加切应力也就越大。紊动混掺的结果，一方面使水流的动量、能量以及紊动涡体本身沿横向和纵向扩散，使水流的运动特征沿水深、沿流向不断获得调整，这中间必然伴随着能量及动量的变化。另一方面，强烈的紊动混掺产生了很大的紊动附加切应力，使水流的部分机械能很快转化为热能消耗掉，即产生很大的能量损失。主流与表面水滚的交界面附近既是强烈旋涡的发源地，又是水流机械能消耗最集中的所在。这就是水跃的能量损失机理。

水跃的水头损失应该是水跃段的水头损失 E_j 与跃后段水头损失 E_{jj} 的和。

（2）水跃段水头损失的计算。

$$E_j = \left(h_1 + \frac{\alpha_1 v_1^2}{2g}\right) + \left(h_2 + \frac{\alpha_2 v_2^2}{2g}\right)$$

式中，跃前断面水流为渐变流，可取 $a_1 = 1.0$。跃后断面的动能修正系数远大于 1.0，对矩形断面，可用下列经验公式计算：

$$\alpha_2 = 0.85Fr_1^2 + 0.25$$

$$\alpha_2 = 3.5\sqrt[3]{\frac{\eta}{\eta + 1}} - 3$$

$$\alpha_2 = 3\sqrt[3]{\eta} - 2$$

式中，η 为共轭水深比，$\eta = \dfrac{h_2}{h_1}$。

在工程实际中，水跃多产生于矩形断面棱柱体水平明渠当中。由矩形断面的特点，结合连续方程可得

$$E_j = \frac{h_1}{4\eta}\left[(\eta - 1)^3 - (\alpha_2 - 1)(\eta + 1)\right]$$

（3）跃后段水头损失的计算。

$$E_{jj}(h_2 + \frac{\alpha_2 v_2^2}{2g}) - (h_3 + \frac{\alpha_3 v_3^2}{2g})$$

由于可以认为 $h^2 = h^3$，$v^2 = v^3$，$\alpha^3 = 1.0$。

上式将化简为

$$E_{jj}(\alpha_2 - 1)\frac{v_2^2}{2g}$$

矩形断面棱柱体水平明渠中跃后段的能量损失

$$E_{jj} = \frac{h_1}{4\eta}(\alpha_2 - 1)(\eta + 1)$$

（4）水跃总水头损失。

$$E = E_j + E_{jj}$$

对棱柱体矩形断面水平明渠中的水跃，其水头损失可用下式计算。

$$E_j = \frac{h_1}{4\eta}(\eta - 1)^3$$

水跃段水头损失在水跃总水头损失中所占的比例为

$$\frac{E_j}{E} = 1 - (\alpha_2 - 1)\frac{\eta + 1}{(\eta - 1)^3}$$

对于非矩形断面明渠中的水跃，由于现在缺乏跃后断面动量修正系数 α^2 的计算公式，目前只能近似按下式计算。

$$E_{jj} = (h_1 + \frac{v_1^2}{2g}) + (h_2 + \frac{v_2^2}{2g})$$

即以水跃段的水头损失代替水跃的总水头损失。实践证明，当跃前断面的弗劳德数较大时，这种替代产生的误差不大。

（5）水跃的消能效率

水跃总水头损失 E 与跃前断面总水头 E_1 的比值称为水跃的消能效率。即

$$K_j = \frac{E}{E_1} \times 100\%$$

可见，K_j 值越大，水跃的消能效率越大，消能效果越好。

棱柱体矩形断面水平明渠水跃的消能效率可表示为

$$K_j = \frac{E}{E_1} = \frac{\frac{h_1}{4\eta}(\eta - 1)^3}{h_1 + \frac{v_1^2}{2g}} = \frac{(\sqrt{1 + 8Fr_1^2} - 3)^3}{8(\sqrt{1 + 8Fr_1^2} - 1)(2 + Fr_1^2)}$$

可见，消能效率 K_j 也是跃前断面弗劳德数的函数。

二、水跌

水跌，即水流自缓流过渡到急流的现象。水跌现象常发生在渠道底坡突变的地方或溢流堰的堰顶上等处。

处于缓流状态的水流，如遇到底坡突然变陡，将使水流急剧降落，并由缓流变为急流，

这就是跌水。急变流的 h 发生在距跌坎（3～4）h_k 处。

如图 6-31 所示，当上游缓坡渠道和下游陡坡渠道相接时，由于底坡的突变，引起一定范围内的水面下降，从上游的缓流过渡到下游的急流，在底坡突变，水跃现象常发生在渠道底坡突变的地方或溢流堰的堰顶上等处。

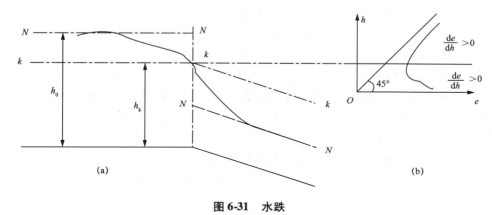

图 6-31　水跃

关于这点可以做如下解释：

在上游水流为均匀缓流：水深为 h_k，断面比能为 e，属于 $e = f(h)$ 的上支，由于变坡点的存在水深逐渐降低。e 逐渐减小，变化规律如图 6-31（b）所示，在上游的缓坡上，水深降到的最小值为 h_k。因为它相当于 e_{min}，即相当于能量耗散量的最大值，如果变坡处的水深小于 h_k，由图可知，所需的 e 将大于 e_{min}，这除非从外界补充一部分能量来，否则是不可能的，因此变坡处水深必为 h_k。

【例 6-9】有一水跃产生于一棱柱体矩形水平渠道中，已知 $b = 6$ m，$q = 5$ m³／（s·m），$h_1 = 0.5$ m，求跃后水深 h_2，跃长 L_j 和水跃的能量损失 ΔE_j。

解：
$$Fr_1 \frac{v_1}{\sqrt{gh_1}} = \frac{q}{h_1\sqrt{gh_1}} = \frac{5}{0.5\sqrt{9.8 \times 0.5}} = 4.518$$

（1）求跃后水深 h_2。
$$h_2 = \frac{h_1}{2}\left(\sqrt{1 + 8Fr_1^2} - 1\right) = \frac{0.5}{2}\left(\sqrt{1 + 8 \times 4.518^2} - 1\right) = 2.954(\text{m})$$

（2）求水跃长度 L_j。
$$L_j = 6.9(h_2 - h_1) = 6.9 \times (2.954 - 0.5) = 16.933(\text{m})$$

（3）求水跃的能量损失。
$$\alpha_2 = 0.85Fr_1^{2/3} + 0.25 = 0.85 \times 4.518^{2/3} + 0.25 = 2.573$$

$$v_1 = \frac{q}{h_1} = \frac{5}{0.5} = 10(\text{m/s})，v_2 = \frac{q}{h_2} = \frac{5}{2.954} = 1.693(\text{m/s})$$

$$\Delta E_j = E_1 - E_2 = \left(h_1 + \frac{\alpha_1 v_1^2}{2g}\right) - \left(h_2 + \frac{\alpha_2 v_2^2}{2g}\right) =$$

$$\left(0.5 + \frac{1.0 \times 10^2}{19.6}\right) - \left(2.954 + \frac{2.573 \times 1.693^2}{19.6}\right) = 2.272(\text{m})$$

夹岩水利枢纽及黔西北供水工程（以下简称"夹岩工程"）位于乌江左岸一级支流六冲河中游河段，为Ⅰ等大（1）型工程。工程以灌溉和供水为主、兼顾发电，总投资186.49亿元，水库总库容13.23亿 m³，多年平均供水量6.88亿 m³，总供水人口267万人，电站总装机90 MW。工程主要包括水源工程、毕大供水工程、灌区骨干输水工程三大部分。灌区骨干输水工程设计线路总长648.0 km，明渠设计长度为96.1 km。

以夹岩工程黔西分干渠标烂田湾渠道为例，浆砌石明渠原设计方案，渠身断面呈下窄上宽的倒梯形，内侧渠顶设置 0.35 m×0.25 m 的 C15 混凝土排水沟，渠底设计坡降为 1∶2 000，边坡支护采用喷 C20 素混凝土。渠身完全置于基岩内的渠段，采用 C15 混凝土浇筑渠身防渗体；渠槽一侧或两侧有局部或全部高于岩基面的渠段，外侧或内外侧采用 M7.5 浆砌石渠堤，渠身防渗体采用 15 cm 厚 C15 混凝土衬砌。现场开挖揭露情况表明：因烂田湾渠道覆盖层较厚，岩体垂直风化深度较深，地基均为软基，边坡主要为土质边坡，且为顺向坡，若开挖切脚后极易导致边坡失稳滑塌；边坡处理工作量大，且渠道处于半山腰，植被茂盛，上部岩体风化脱落及周围树枝落叶可能会造成渠道在运行过程淤积，增加后期运行管理费用。

考虑到烂田湾渠道边坡为顺向坡，为增加靠山体侧渠身的稳定性，将原设计中渠身防渗体采用 15 cm 厚 C15 混凝土衬砌调整为 30 cm 厚 M7.5 浆砌石衬砌及 10 cm 厚 C15 混凝土衬砌，如图 6-32 所示。

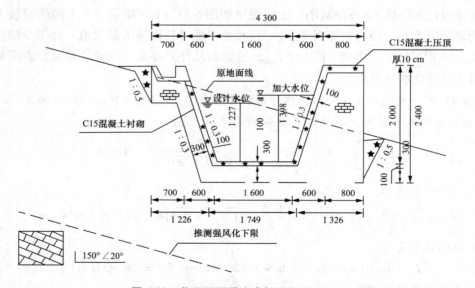

图 6-32　浆砌石明渠方案标准断面（mm）

本章小结

本章主要介绍了明渠均匀流概述，明渠均匀流形成的条件及特征，明渠均匀流的基本公式，明渠水力最优断面和允许流速，明渠均匀流水力计算的基本问题，无压圆管均匀流的水力计算，最大充满度、设计流速，明渠流动状态，水跃和水跌，实际工程中水流在构筑物中的流动状态。重点内容小结如下：

1. 明渠流动状态的判定方法

（1）干扰波波速 v_w 与水流速度 v 关系：$v < v_w$，水流为缓流。$v = v_w$，水流为临界流。$v > v_w$，水流为急流。

（2）干扰波波速计算：

1）$v_w < \sqrt{gh}$ 水流为缓流；

2）$v_w = \sqrt{gh}$ 水流为临界流；

3）$v_w > \sqrt{gh}$ 水流为急流。

（3）弗劳德数：$Fr < 1$ 为缓流；$Fr > 1$ 为急流；$Fr = 1$ 为临界流。

2. 断面单位能量与断面总能量的概念

（1）断面单位能量：$E_s = h\cos\theta + \dfrac{\alpha v^2}{2g} = h\cos\theta + \dfrac{\alpha Q^2}{2gA^2}$。

（2）断面总能量：$E = z_0 + \dfrac{P}{\gamma} + \dfrac{\alpha v^2}{2g} = E_s + z_0$。

3. 无压圆管均匀流的水力计算

基本公式：$Q = AC\sqrt{Ri}$

$$V = C\sqrt{Ri} = \frac{C}{2}\sqrt{d\left(1 - \frac{\sin\theta}{\theta}\right)\cdot i}$$

$$Q = AC\sqrt{Ri} = \frac{C}{16}d^{\frac{5}{2}}i^{\frac{1}{2}}\left[\frac{(\theta - \sin\theta)^3}{\theta}\right]^{\frac{1}{2}}$$

$$\alpha = \frac{h}{d} = \sin^2\frac{\theta}{4}$$

4. 水力最优断面的判定

在任何边坡系数 m 的情况下，水力最优梯形断面的水力半径 R 为水深 h 的一半。

5. 明渠均匀流的特征

（1）断面流速分布、断面平均流速、流量、动能修正系数等参数沿程不变。

（2）过流断面形状、尺寸、水深沿程不变。

（3）底坡、水力坡度、水面坡度三者相等，即 $i = J_p = J$。

6. 明渠均匀流的基本关系式

（1）谢才公式：$v = C\sqrt{RJ}$。

（2）曼宁公式：$v = \dfrac{1}{n}R^{\frac{2}{3}}i^{\frac{1}{2}}$，$C = \dfrac{1}{n}R^{\frac{1}{6}}$。

（3）巴甫洛夫斯基公式：$C = \dfrac{1}{R}R^y$，适用于 $0.1\,\text{m} \leqslant R \leqslant 3\,\text{m}$ 的明渠。

本章习题

一、选择题

1. 明渠均匀流只能出现在 (   )。

A. 平坡棱柱形渠道　B. 顺坡棱柱形渠道　C. 逆坡棱柱形渠道　D. 天然河道中

2. 水力最优断面是 (   )。

A. 造价最低的渠道断面　　　　　　　B. 壁面粗糙系数最小的断面

C. 过水断面积一定，湿周最小的断面　D. 过水断面积一定，水力半径最小的断面

3. 水力最优矩形渠道断面，宽深比 b/h 是 (   )。

A. 0.5　　　　　B. 1.0　　　　　C. 2.0　　　　　D. 4.0

4. 平坡和逆坡渠道中，断面单位能量沿程的变化：

A. $de/ds > 0$　B. $de/ds < 0$　C. $de/ds = 0$　　D. 都有可能

5. 明渠流动为急流时 (   )。

A. $Fr > 1$　　　B. $h > h_c$　　　C. $v < c$　　　　D. $de/dh > 0$

6. 明渠流动为缓流时 (   )。

A. $Fr < 1$　　　B. $h < h_c$　　　C. $v > c$　　　　D. $de/dh < 0$

7. 明渠水流由急流过渡到缓流时发生 (   )。

A. 水跃　　　B. 水跌　　　C. 连续过渡　D. 都可能

8. 在流量一定，渠道断面的形状、尺寸和壁面粗糙一定时，随底坡的增大，正常水深将 (   )。

A. 增大　　　B. 减小　　　C. 不变　　　　D. 不定

9. 在流量一定，渠道断面的形状、尺寸一定时，随底坡的增大，临界水深将 (   )。

A. 增大　　　B. 减小　　　C. 不变　　　　D. 不定

10. 宽浅的矩形断面渠道，随流量的增大，临界底坡 i_c 将 (   )。

A. 增大　　　B. 减小　　　C. 不变　　　　D. 不定

二、计算题

1. 明渠水流如图 6-33 所示，试求 1、2 断面间渠道底坡、水面坡度、水力坡度。

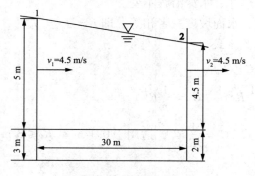

图 6-33　习题 1 图

2. 梯形断面土梁，底宽 $b = 3$ m，边坡系数 $m = 2$，水深 $h = 1.2$ m，底坡 $i = 0.000\ 2$，渠道受到中等养护，试求通过流量。

3. 修建混凝土砌面（较粗糙）的矩形渠道，要求通过流量 $Q = 9.7$ m³/s，底坡 $i = 0.001$，试按水力最优断面设计断面尺寸。

4. 修建梯形断面渠道，要求通过流量 $Q = 1$ m³/s，边坡系数 $m = 1.0$，底坡 $i = 0.002\ 2$，粗糙系数 $n = 0.03$，试按不冲允许流速 $[v_{max}] = 0.8$ m/s，设计断面尺寸。

5. 已知一钢筋混凝土圆形排水管道，污水流量 $Q = 0.2$ m³/s，底坡 $i = 0.005$，粗糙系数 $n = 0.014$，试确定此管道的直径。

6. 钢筋混凝土圆形排水管，已知直径 $d = 1.0$ m，粗糙系数 $n = 0.014$，底坡 $i = 0.002$，试校核此无压管道的过流量。

7. 三角形断面渠道如图 6-34 所示，顶角为 90°，通过流量 $Q = 0.8$ m³/s，试求临界水深。

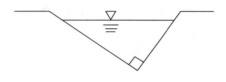

图 6-34　习题 7 图

8. 有一梯形土渠，底宽 $b = 12$ m，边坡系数 $m = 1.5$，粗糙系数 $n = 0.025$，通过流量 $Q = 18$ m³/s，试求临界水深及临界底坡。

9. 在矩形断面平坡渠道中发生水跃，已知跃前断面的 $Fr_1 = \sqrt{3}$，问跃后水深 h'' 是跃前水深 h' 的几倍？

10. 试分析图 6-35 所示棱柱形渠道中水面曲线衔接的可能形式。

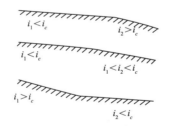

图 6-35　习题 10 图

11. 有棱柱形渠道如图 6-36 所示，各渠段足够长，其中底坡 $0 < i_1 < i_c$，$i_2 > i_3 > i_c$，闸门的开度小于临界水深 h_c，试绘出水面曲线示意图，并标出曲线的类型。

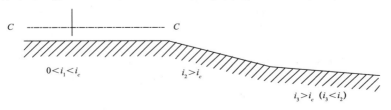

图 6-36　习题 11 图

12. 用矩形断面长渠道向低处排水如图 6-37 所示，末端为跌坎，已知渠道底宽 $b = 1$ m，底坡 $i = 0.000\ 4$，正常水深 $h_0 = 0.5$ m，粗糙系数 $n = 0.014$，试求：

（1）渠道末端出口断面的水深；（2）绘渠道中水面曲线示意图。

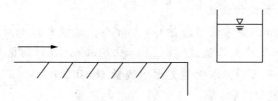

图 6-37　习题 12 图

13. 矩形断面长渠道如图 6-38 所示，底宽 $b = 2$ m，底坡 $i = 0.001$，粗糙系数 $n = 0.014$，通过流量 $Q = 3.0$ m³/s，渠尾设有溢流堰，已知堰前水深为 1.5 m，要求定量绘出堰前断面至水深 1.1 m 断面之间的水面曲线。

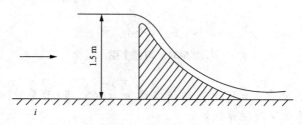

图 6-38　习题 13 图

第七章

堰流

第一节　堰流及其特征

一、堰和堰流

在缓流中，为控制水位和流量而设置的顶部溢流的障壁称为堰，缓流经堰顶溢流的急变流现象称为堰流。堰顶溢流时，由于堰对来流的约束，使堰前水面壅高，然后堰上水面降落，流过堰顶。

堰在工程中应用十分广泛，在水利工程中，溢流堰是主要的泄水建筑物；在给水排水工程中，是常用的溢流集水设备和量水设备；也是实验室常用的流量量测设备。

表征堰流的各项特征量如图 7-1 所示。

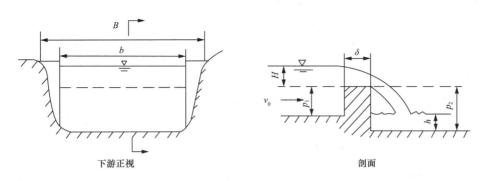

下游正视　　　　　　　　　　　　剖面

图 7-1　堰流

b—堰宽，水漫过堰顶的宽度；δ—堰顶厚度；H—堰上水头，上游水位在堰顶上最大超高；

p、p'—堰上、下游坎高；h—堰下游水深；B—上游渠道宽，上游来流宽度；v_0—行近流速，上游来流速度

本章主要讨论堰流的流量与其他特征量的关系。

二、堰的分类

堰顶溢流的水流情况，随堰顶厚度 δ 与堰上水头 H 的比值不同而变化，按 δ/H 比值范围将堰分为三类。

1. 薄壁堰 （$\delta/H < 0.67$）

堰前来流由于受堰壁阻挡，底部水流因惯性作用上弯，当水舌回落到堰顶高程时，距上

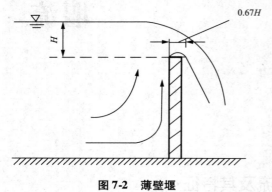

图 7-2 薄壁堰

游壁面约 $0.67H$，堰顶厚 $\delta < 0.67H$ 则过堰水流与堰顶为线接触，堰顶厚度对水流无影响，故称为薄壁堰（图 7-2）。薄壁堰具有稳定的水位流量关系，主要用作测量流量的设备。

2. 实用堰 （$0.67 \leqslant \delta/H < 2.5$）

堰顶厚度大于薄壁堰，堰顶厚对水流有一定的影响，但堰上水面仍一次连续降落，这样的堰型称为实用堰。实用堰的剖面有曲线形和折线形两种（图 7-3），水利工程中的大、中型溢流坝一般都采用曲线形实用堰，小型工程常采用折线形实用堰。

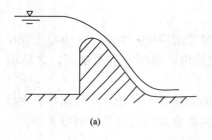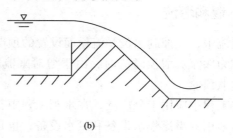

(a)   (b)

图 7-3 实用堰

（a）曲线形；（b）折线形

3. 宽顶堰 （$2.5 \leqslant \delta/H < 10$）

堰顶厚度较大，与堰上水头的比值超过 2.5，堰顶厚对水流有显著影响，在堰坎进口水面发生降落，堰上水流近似于水平流动，至堰坎出口水面再次降落与下游水流衔接，这种堰型称为宽顶堰（图 7-4）。堰宽增至 $\delta > 10H$，沿程水头损失不能忽略，流动已不属于堰流。

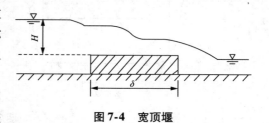

图 7-4 宽顶堰

工程上有许多流动，如流经平底进水闸（闸门底缘高出水面）、桥孔、无压短涵管等处的水流，虽无底坎阻碍，但受到侧向束缩，过水断面减小，其流动现象与宽顶堰溢流类同，故称无坎宽顶堰流。

第二节 宽顶堰溢流的水力计算

1. 基本公式

宽顶堰的溢流现象，随 δ/H 而变化，综合实际溢流情况，得出代表性的流动图形（图 7-5）。

由于堰顶上过流断面小于来流的过流断面，流速增加，动能增大，同时水流进入堰口有局部水头损失，造成堰上水流势能减小，水面降落。在堰进口不远处形成小于临界水深的收缩水深 $h_{c0} < h_c$，堰上水流保持急流状态，水面近似平行堰顶。在出口（堰尾）水面第二次降落，与下游连接。

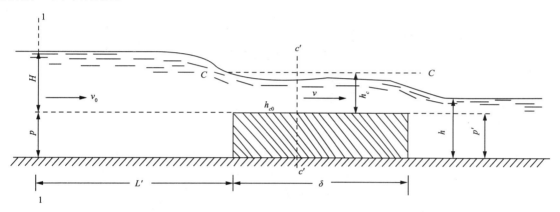

图 7-5 宽顶堰溢流

以堰顶为基准面，列上游断面 1—1、收缩断面 c'—c' 伯努利方程：

$$H + \frac{\alpha_0 v_0^2}{2g} = h_{c0} + \frac{\alpha v^2}{2g} + \xi \frac{v^2}{2g}$$

令 $H_0 = H + \dfrac{\alpha_0 v_0^2}{2g}$，为包括行近流速水头的堰上水头。又 h_{c0} 与 H_0 有关，表示为 $h_{c0} = kH_0$，k 是与堰口形式和堰的相对高度（用 p/H 表示）有关的系数。将 H_0 及 $h_{c0} = kH$ 代入前式，得流速

$$v = \frac{1}{\sqrt{\alpha + \zeta}} \sqrt{1 - k} \sqrt{2gH_0} = \varphi \sqrt{1 - k} \sqrt{2gH_0}$$

流量

$$Q = vkH_0 b = \varphi k \sqrt{1 - k} b \sqrt{2g} H_0^{3/2} = mb \sqrt{2g} H_0^{3/2} \tag{7-1}$$

式中 φ——流速系数：

$\varphi = \dfrac{1}{\sqrt{\alpha + \zeta}}$，这里局部阻力系数 ζ 与堰口形式和堰的相对高度 p/H 有关；

m——流量系数，$m = \varphi k \sqrt{1 - k}$，由决定系数 k、φ 的因素可知，m 取决于堰口形式和相对堰高 p/H。

别列津斯基（БереЗИНскИЙ. A. P.，1950 年）根据实验，提出流量系数 m 的经验公式：

（1）矩形直角进口宽顶堰［图 7-6（a）］。

当 $0 \leqslant p/H \leqslant 3.0$ 时，流量系数：

$$m = 0.32 + 0.01 \frac{3 - p/H}{0.46 + 0.75p/H} \tag{7-2}$$

当 $p/H > 3.0$ 时，流量系数取常数 $m = 0.32$。

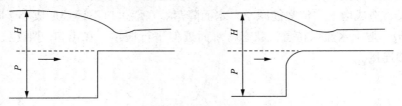

图 7-6　宽顶堰进口情况

（2）矩形修圆进口宽顶堰［图 7-6（b）］。

当 $0 \leqslant p/H \leqslant 3.0$ 时，流量系数取

$$m = 0.36 + 0.01 \frac{3 - p/H}{1.2 + 1.5p/H} \tag{7-3}$$

当 $p/H > 3.0$ 时，流量系数取常数

$$m = 0.36$$

2. 淹没的影响

下游水位较高，顶托过堰水流，造成堰上水流性质发生变化。堰上水深由小于临界水深变为大于临界水深，水流由急流变为缓流，下游干扰波能向上游传播，此时为淹没溢流（图 7-7）。

下游水位高于堰顶 $h_s = h - p' > 0$，是形成淹没溢流的必要条件。形成淹没溢流的充分条件是下游水位影响到堰上水流由急流变为缓流。据实验得到淹没溢流的充分条件近似为

$$h_s = h - p' \geqslant (0.75 \sim 0.85)H_0$$

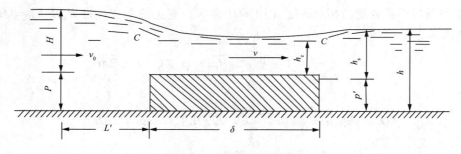

图 7-7　宽顶堰淹没溢流

淹没溢流由于受下游水位的顶托，堰的过流能力降低。淹没的影响用淹没系数表示，淹没宽顶堰的溢流量：

$$Q = \sigma_s mb \sqrt{2g}H_0^{3/2} \tag{7-4}$$

式中，σ_s 为淹没系数，主要随淹没程度 h_s/H_0 的增大而减小，见表 7-1。

表 7-1　宽顶堰的淹没系数

$\dfrac{h_s}{H_0}$	0.80	0.81	0.82	0.83	0.84	0.85	0.86	0.87	0.88	0.89
σ_s	1.00	0.995	0.99	0.98	0.97	0.96	0.95	0.93	0.90	0.87
$\dfrac{h_s}{H_0}$	0.90	0.91	0.92	0.93	0.94	0.95	0.96	0.97	0.98	
σ_s	0.84	0.82	0.78	0.74	0.70	0.65	0.59	0.50	0.40	

3. 侧收缩的影响

堰宽小于上游渠道宽，即 $b < B$，水流流进堰口后，在边墩前部发生脱离，使堰流的过流断面宽度实际上小于堰宽，同时也增加了水头损失，造成堰的过流能力降低，这就是侧收缩现象（图 7-8）。侧收缩的影响用收缩系数表示，非淹没有侧收缩的宽顶堰溢流量：

$$Q = m\varepsilon b \sqrt{2g}H_0^{3/2} \tag{7-5}$$

式中　b_c——收缩堰宽（$b_c = \varepsilon b$）；

ε——侧收缩系数，与相对堰高 p/H，相对堰宽 b/B，墩头形状（以墩形系数 a 表示）有关，对单孔宽顶堰有经验公式：

$$\varepsilon = 1 - \frac{a}{\sqrt[3]{0.2 + p/H}}\sqrt[4]{\frac{b}{B}}\left(1 - \frac{b}{B}\right) \tag{7-6}$$

式中，a 为墩形系数，矩形墩 $a = 0.19$，圆弧墩 $a = 0.10$。公式应用条件 $\dfrac{b}{B} \geqslant 0.2$，$p/H \leqslant 3$。

淹没式有侧收缩宽顶堰溢流量：

$$Q = \sigma_s m\varepsilon b \sqrt{2g}H_0^{3/2} = \sigma_s mb_c \sqrt{2g}H_0^{3/2} \tag{7-7}$$

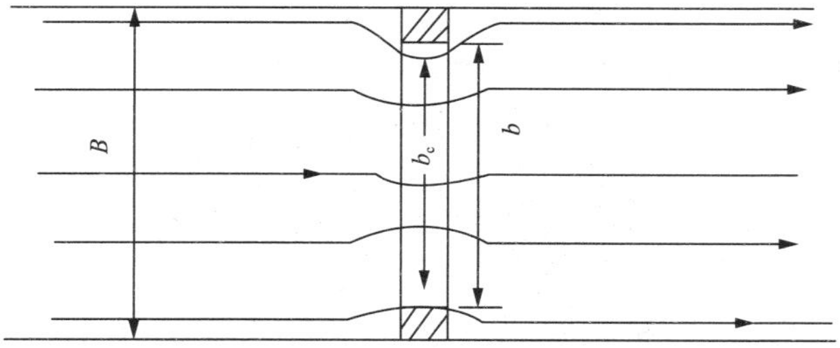

图 7-8　宽顶堰的侧收缩

【例 7-1】某矩形断面渠道，为引水灌溉修筑宽顶堰（图 7-9），已知渠道宽 $B = 3$ m，堰宽 $b = 2$ m，坝高 $p = p' = 1$ m，堰上水头 $H = 2$ m，堰顶为直角进口，墩头为矩形，下游水深 $h = 2$ m，试求过堰流量。

解：（1）判别出流形式。

$$h_s = h - p' = 1 \text{ m} > 0$$

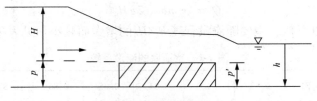

图 7-9　宽顶堰算例

$$0.8H_0 > 0.8H = 0.8 \times 2 = 1.6(\text{m}) > h_s$$

满足淹没溢流必要条件，但不满足充分条件，为自由式溢流。$b < B$，有侧收缩。综上，本堰为自由溢流有侧收缩的宽顶堰。

（2）计算流量系数 m。

堰顶为直角进口，$\dfrac{p}{H} = 0.5 < 3$，计算

$$m = 0.32 + 0.01 \times \frac{3 - \dfrac{p}{H}}{0.46 + 0.75 \dfrac{p}{H}} = 0.32 + 0.01 \times \frac{3 - 0.5}{0.46 + 0.75 \times 0.5} = 0.35$$

（3）计算侧收缩系数。

单孔宽顶堰，计算 $\varepsilon = 1 - \dfrac{a}{\sqrt[3]{0.2 + \dfrac{p}{H}}} \sqrt[4]{\dfrac{b}{B}} \left(1 - \dfrac{b}{B}\right) = 0.936$

（4）计算流量。

自由溢流有侧收缩宽顶堰，计算 $Q = m\varepsilon b \sqrt{2g} H_0^{\frac{3}{2}}$

其中
$$H_0 = H + \frac{\alpha v_0^2}{2g}, \quad v_0 = \frac{Q}{b(H + p)}$$

用迭代法求解 Q，第一次取 $H_{0(1)} \approx H$

$$Q_{(1)} = m\varepsilon b \sqrt{2g} H_{0(1)}^{\frac{3}{2}} = 0.35 \times 0.936 \times 2 \sqrt{2g} \times 2^{\frac{3}{2}}$$

$$Q_{(1)} = 2.9 \times 2^{\frac{3}{2}} = 8.2(\text{m}^3/\text{s})$$

$$v_{0(1)} = \frac{Q_{(1)}}{b(H + p)} = \frac{8.2}{6} = 1.37(\text{m/s})$$

第二次近似，取　$H_{0(2)} = H + \dfrac{\alpha v_{0(1)}^2}{2g} = 2 + \dfrac{1.37^2}{19.6} = 2.096(\text{m})$

$$Q_{(2)} = 2.9 \times H_{0(2)}^{\frac{3}{2}} = 2.9 \times (2.096)^{3/2} = 8.80(\text{m}^3/\text{s})$$

$$v_{0(2)} = \frac{Q_{(2)}}{6} = \frac{8.8}{6} = 1.47(\text{m/s})$$

第三次近似，取　$H_{0(3)} = H + \dfrac{\alpha v_{0(2)}^2}{2g} = 2.11 \text{ m}$

$$Q_{(3)} = 2.9 \times H_{0(3)}^{\frac{3}{2}} = 8.89 \text{ m}^3/\text{s}$$

$$\frac{Q_{(3)} - Q_{(2)}}{Q_{(3)}} = \frac{8.89 - 8.8}{8.89} = 0.01$$

本题计算误差限值定为 1%，则过堰流量为

$$Q = Q_{(3)} = 8.89 \ \text{m}^3/\text{s}$$

（5）校核堰上游流动状态

$$v_0 = \frac{Q_{(1)}}{b(H + p)} = \frac{8.89}{6} = 1.48 (\text{m}/\text{s})$$

$$Fr = \frac{v_0}{\sqrt{g(H + p)}} = \frac{1.48}{\sqrt{9.8 \times 3}} = 0.27 < 1$$

上游来流为缓流，流经障壁形成堰流，上述计算有效。

用迭代法求解宽顶堰流量高次方程，是一种基本的方法，但计算繁复，可编程用计算机求解。

第三节　薄壁堰和实用堰溢流的水利计算

薄壁堰和实用堰虽然堰型和宽顶堰不同，但堰流的受力性质（受重力作用不计沿程阻力）和运动形式（缓流经障壁顶部溢流）相同，因此具有相似的规律性和相同结构的基本公式。

一、薄壁堰流的水力计算

常用的薄壁堰的堰口形状有矩形和三角形两种。

1. 矩形薄壁堰

矩形薄壁堰溢流如图 7-10 所示。

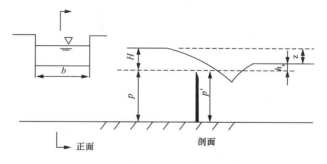

图 7-10　矩形薄壁堰溢流

因水流特点相同，基本公式的结构形式同式（7-1），对自由式溢流

$$Q = mb \sqrt{2g}H_0^{3/2}$$

为了能以实测的堰上水头 H 直接求得流量，将行近流速水头 $\frac{\alpha v_0^2}{2g}$ 的影响计入流量系数内，则基本公式改写为

$$Q = m_0 b \sqrt{2g} H^{3/2} \qquad (7\text{-}8)$$

式中，m_0 是计入行近流速水头影响的流量系数，需由实验确定。1898 年法国工程师巴赞（Bazin）提出经验公式：

$$m_0 = \left(0.405 + \frac{0.002\,7}{H}\right)\left[1 + 0.55\left(\frac{H}{H+p}\right)^2\right] \qquad (7\text{-}9)$$

式中，H、p 均以"m"计，公式适用范围为 $H \leqslant 1.24\ \text{m}$，$p \leqslant 1.13\ \text{m}$，$b \leqslant 2\ \text{m}$。

淹没影响和侧收缩影响：

下游水位高于堰顶 $h_s = h - p' > 0$ 是淹没溢流的必要条件，上、下游水位相对落差 $z/p' < 0.7$，发生淹没水跃是淹没溢流的充分条件。淹没溢流堰的过水能力降低，下游水面波动较大，溢流不稳定，所以用于量测流量用的薄壁堰，不宜在淹没条件下工作。

堰宽小于上游渠道的宽度 $b < B$ 时，水流在平面上受到束缩，堰的过水能力降低，流量系数可用修正的巴赞公式计算：

$$m_c = \left[0.405 + \frac{0.002\,7}{H} - 0.03\frac{B-b}{B}\right] \times \left[1 + 0.55\left(\frac{H}{H+p}\right)^2\left(\frac{b}{B}\right)^2\right] \qquad (7\text{-}10)$$

2. 三角形薄壁堰

用矩形堰量测流量，当小流量时，堰上水头 H 很小，量测误差增大。为使小流量仍能保持较大的堰上水头，就要减小堰宽，为此采用三角形堰（图7-11）。

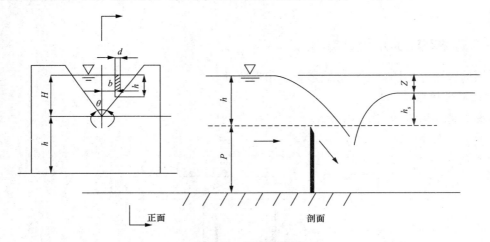

图 7-11　三角堰溢流

设三角形堰的夹角为 θ，自顶点算起的堰上水头为 H，将微小宽度 $\mathrm{d}b$ 看成薄壁堰流，则微小流量的表达式为

$$\mathrm{d}Q = m_0\sqrt{2g}\,h^{3/2}\mathrm{d}b$$

式中，h 为 $\mathrm{d}b$ 处的水头，由几何关系 $b = (H-h)\tan(\theta/2)$，则 $\mathrm{d}b = -\tan(\theta/2)$，代入上式

$$\mathrm{d}Q = -m_0\tan\frac{\theta}{2}\sqrt{2g}\,h^{3/2}\mathrm{d}h$$

堰的溢流量：

$$Q = -2m_0 \tan\frac{\theta}{2}\sqrt{2g}\int_H^0 h^{3/2}\mathrm{d}h = \frac{4}{5}m_0\tan\frac{\theta}{2}\sqrt{2g}H^{5/2}$$

（1）当 $\theta = 90°$，$0.07\,\mathrm{m} \leqslant H \leqslant 0.26\,\mathrm{m}$ 时，由实验得出 $m_0 = 0.395$，于是

$$Q = 1.4H^{5/2} \tag{7-11}$$

式中，H 为自堰口顶点算起的堰上水头，单位以"m"计，流量 Q 单位以"m^3/s"计。

（2）当 $\theta = 90°$，$0.06\,\mathrm{m} \leqslant H \leqslant 0.55\,\mathrm{m}$ 时，另有经验公式：

$$Q = 1.343H^{2.47} \tag{7-12}$$

注意：式中符号和单位与式（7-12）相同。

二、实用堰流的水力计算

实用堰是水利工程中用来挡水同时又能泄水的水工建筑物，按剖面形状分为曲线形实用堰［图 7-3（a）］和折线形实用堰［图 7-3（b）］。曲线形实用堰的剖面，是按矩形薄壁堰自由溢流水舌的下缘面加以修正定型的，折线形实用堰以梯形剖面居多。实用堰基本公式的结构形式同式（7-1）：

$$Q = mb\sqrt{2g}H_0^{3/2}$$

实用堰的流量系数 m 变化范围较大，视堰壁外形、水头大小及首部情况而定。初步估算，曲线形实用堰可取 $m = 0.45$，折线形实用堰可取 $m = 0.35 \sim 0.42$。淹没影响和侧收缩影响：

实用堰的淹没条件与薄壁堰相同，淹没影响用淹没系数 σ_s 表示：

$$Q = \sigma_s mb\sqrt{2g}H_0^{3/2}$$

式中，σ_s 为淹没系数，取决于下游相对堰高 p'/H_0，和相对淹高 h_s/H_0，p'/H_0 较大的堰，σ_s 主要随相对淹高 h_s/H_0 变化，见表 7-2（取 $H_0 \approx H$）。

表 7-2　实用堰的淹没系数

$\dfrac{h_s}{H}$	0.05	0.20	0.30	0.40	0.50	0.60	0.70	0.80	0.90	0.95	0.975	0.995	1.00
σ_s	0.997	0.985	0.972	0.957	0.935	0.906	0.856	0.776	0.621	0.470	0.319	0.100	0

当堰宽小于上游渠道的宽度 $b < B$，过堰水流发生侧收缩，造成过流能力降低。侧收缩的影响用收缩系数表示：

$$Q = m\varepsilon b\sqrt{2g}H_0^{3/2}$$

式中，ε 为侧收缩系数，初步估算时常取 $\varepsilon = 0.85 \sim 0.95$。

第四节　小桥孔径的水力计算

桥梁孔径计算方法分为"小桥"和"大中桥"两类。小桥孔径计算方法适用桥下不能冲刷的河槽，如人工加固或岩石河槽；大中桥孔径计算方法适用桥下河槽能够发生冲淤变形的天然河床。本节讨论小桥孔径的水力计算。

一、小桥孔过流的水力计算

小桥孔过流属无坎宽顶堰流，仍按宽顶堰溢流分析。根据下游水位是否影响桥孔过流，分为自由出流和淹没出流。

1. 自由出流

若下游河槽水深 h 不超过桥下河槽临界水深 h_c 的 1.3 倍，即 $h < 1.3h_c$，下游水位不影响桥孔过流，称为桥孔自由出流（图 7-12）。桥位河段为缓坡，桥上游水面线为 M 型水面线，桥前最大水深为 H，水流跌落进入桥下河槽后形成收缩断面水深 h_{c0}，略小于 h_c，其后水深逐渐增加，接近 h_c，水流保持急流状态，在出口后水面第二次降落与下游衔接。

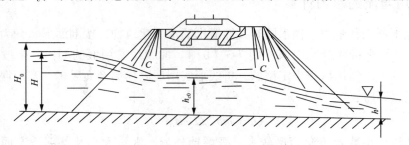

图 7-12　自由式小桥过流

列桥前断面和桥下收缩断面伯努利方程：

$$H + \frac{\alpha_0 v_0^2}{2g} = h_{c0} + \frac{\alpha v^2}{2g} + \zeta \frac{v^2}{2g}$$

令 $H_0 = H + \dfrac{\alpha_0 v^2}{2g}$，又 $h_{c0} = \psi h_c$，其中系数 ψ 视小桥进口形状而定，平滑进口 $\psi = 0.80 \sim 0.85$，非平滑进口 $\psi = 0.75 \sim 0.80$。代入前式，解得

流速

$$v = \frac{1}{\sqrt{\alpha + \zeta}} \sqrt{2g(H_0 - \psi h_c)} = \varphi \sqrt{2g(H_0 - \psi h_c)} \tag{7-13}$$

流量

$$Q = vA = \varepsilon b \psi h_c \varphi \sqrt{2g(H_0 - \psi_c)} \tag{7-14}$$

式中　φ ——小桥孔的流速系数，$\varphi = \dfrac{1}{\sqrt{\alpha + \zeta}}$；

ε ——小桥孔的侧收缩系数。

系数 φ 和 ε 的经验值列于表 7-3。

表 7-3　小桥的流速系数和侧收缩系数

小桥形式	φ（自由流）	φ（淹没流）	ε
单孔桥锥坡填土	0.56	0.90	0.90
单孔桥八字翼墙	0.56	0.90	0.85
多孔桥，无锥坡桥或桥台伸出锥坡外	0.54	0.85	0.80
拱桥，淹没拱脚	0.54	0.80	0.75

2. 淹没出流

若下游河槽水深 h 超过桥下河槽临界水深 h_c 的 1.3 倍，即 $h > 1.3h_c$，下游水位影响桥孔过流，此时为桥孔淹没出流（图 7-13）。

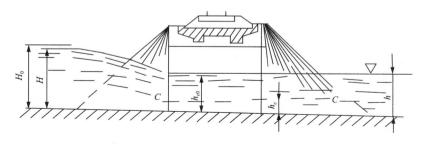

图 7-13　淹没式小桥过流

上游来流在桥孔进口水面降落，桥下河槽水深 h_{c0} 大于 h_c，忽略桥孔出口动能恢复，$h_{c0} = h$。列桥前断面和桥下断面的努利方程，得

$$v = \varphi \sqrt{2g(H_0 - h)} \tag{7-15}$$

$$Q = \varepsilon b h \varphi \sqrt{2g(H_0 - h)} \tag{7-16}$$

二、小桥孔径的水力计算

按桥梁孔径计算方法分类的特点，小桥孔径水力计算要满足通过设计流量时，桥下河槽不发生冲刷。为此，以不冲允许流速 v' 作为小桥孔径的设计流速，计算要点如下：

1. 计算临界水深

以不冲允许流速 v' 计算桥下河槽的临界水深，已知设计流量（设计频率的流量，由水文计算确定）Q，桥孔过水断面为矩形，设宽度为 b，因侧收缩影响，有效宽度为 ε_b，已知临界水深：

$$h_c = \sqrt[3]{\frac{\alpha Q^2}{g(\varepsilon b)^2}}$$

将设计流量 $Q = \varepsilon b \psi h_c v'$ 代入上式，化简得

$$h_c = \frac{\alpha \psi^2 v'^2}{g} \tag{7-17}$$

2. 计算小桥孔径

由式（7-17）算出 h_c，判别桥孔出流形式并计算孔径。

（1）自由出流（$h < 1.3h_c$），桥下河槽水深 $h_{c0} = \psi h_c$

孔径

$$b = \frac{Q}{\varepsilon \psi h_c v'}$$

（2）淹没出流（$h > 1.3h_c$），桥下河槽水深 $h_{c0} = h$。

实际工程中常采用标准孔径，铁路、公路桥梁的标准孔径有 4 m、5 m、6 m、8 m、

10 m、12 m、16 m、20 m 等多种。

3. 按采用的标准孔径验算桥孔过流情况

按采用的标准孔径 B，由 $h_c = \sqrt[3]{\dfrac{\alpha Q^2}{g(\varepsilon b)^2}}$ 重新计算 h_c，判别桥孔出流形式并计算桥下河槽的流速 v。

（1）自由出流（$h < 1.3h_c$），桥下河槽的流速：

$$v = \frac{Q}{\varepsilon B \psi h_c}$$

（2）淹没出流（$h > 1.3h_c$），桥下河槽的流速：

$$v = \frac{Q}{\varepsilon B h}$$

且 v 应小于 v'，以保证桥下河槽不发生冲刷。

4. 计算桥梁壅水

桥前壅水水深是上游水面线的控制水深，决定桥梁壅水的影响范围。就桥梁而言，过高的壅水，会部分或全部地淹没桥梁上部结构，使桥孔过流变为有压流，并使主梁受水平推力和浮力作用，导致上部结构在洪水中颤动解体，因此，桥梁壅水水深要控制在规范允许的范围内。

（1）自由出流，由式（7-13）：

$$H_0 = \frac{v^2}{2g\varphi^2} + \psi h_c$$

$$H = H_0 - \frac{\alpha_0 v_0^2}{2g} = H_0 - \frac{Q^2}{2g(B_1 H)^2} < H' \tag{7-18}$$

近似用
$$H \approx H_0 < H'$$

式中　B_1——桥前河槽宽；

　　　　H——桥梁允许壅水水深。

（2）淹没出流，由式（7-15）：

$$H_0 = \frac{v^2}{2g\varphi^2} + h$$

$$H = H_0 - \frac{\alpha_0 v_0^2}{2g} = H_0 - \frac{Q^2}{2g(B_1 H)^2} < H' \tag{7-19}$$

近似用
$$H \approx H_0 < H'$$

【例 7-2】 由水文计算已知小桥设计流量 $Q = 30 \text{ m}^3/\text{s}$，根据下游河段流量—水位关系曲线，求得该流量时下游水深 $h = 1.0 \text{ m}$。由规范，桥前允许壅水水深 $H' = 2 \text{ m}$，桥下允许流速 $v' = 3.5 \text{ m/s}$，由小桥进口形式，查得各项系数：$\varphi = 0.90$；$\varepsilon = 0.85$；$\psi = 0.80$。试设计此小桥孔径。

解：（1）计算临界水深：

$$h_c = \frac{\alpha \varphi^2 v'^2}{g} = \frac{1.0 \times 0.8^2 \times 3.5^2}{9.8} = 0.8(\text{m})$$

$1.3h_c = 1.3 \times 0.8 = 1.04(\text{m}) > h = 1.0 \text{ m}$，此小桥过流为自由出流。

（2）计算小桥孔径：

$$b = \frac{Q}{\varepsilon\varphi h_c v'} = \frac{30}{0.85 \times 0.8 \times 0.8 \times 3.5} = 15.8(\text{m})$$

取标准孔径 $B = 16$ m。

（3）重新计算临界水深：

$$h_c = \sqrt[3]{\frac{\alpha Q^2}{(\varepsilon B)^2 g}} = \sqrt[3]{\frac{1 \times 30^2}{(0.85 \times 16)^2 \times 9.8}} = 0.792(\text{m})$$

$1.3h_c = 1.3 \times 0.792 = 1.03(\text{m}) > h$，仍为自由出流。桥孔的实际流速：

$$v = \frac{Q}{\varepsilon B \varphi h_c} = \frac{30}{0.85 \times 16 \times 0.8 \times 0.792} = 3.48(\text{m/s})$$

$$v < v'，不会发生冲刷$$

（4）验算桥前壅水水深：

$$H \approx H_0 = \frac{v^2}{2g\varphi^2} + \varphi h_c = \frac{3.48^2}{19.6 \times 0.9^2} + 0.8 \times 0.792 = 1.396(\text{m})$$

$$H < H'，满足设计要求。$$

本章小结

本章主要介绍了堰流分类；薄壁堰、实用堰、宽顶堰等概念；堰流基本公式；堰流理论在小桥和消力池等水工构筑物的应用。重点内容小结如下：

1. 堰流

堰流：是指缓流经堰顶溢流的急变流现象。

2. 堰流基本公式

（1）宽顶堰溢流。

1）流速：

$$v = \frac{1}{\sqrt{\alpha + \zeta}} \sqrt{1 - K} \sqrt{2gH_0} = \varphi \sqrt{1 - K} \sqrt{2gH_0}$$

2）溢流量：

$$Q = vkH_0 b = \varphi k \sqrt{1 - K} b \sqrt{2g} H_0^{3/2} = mb \sqrt{2g} H_0^{3/2}$$

①非淹没有侧收缩的宽顶堰溢流量：

$$Q = m\varepsilon b \sqrt{2g} H_0^{3/2}$$

②淹没式有侧收缩的宽顶堰溢流量：

$$Q = \sigma_s m\varepsilon b \sqrt{2g} H_0^{3/2} = \sigma_s mb_c \sqrt{2g} H_0^{3/2}$$

（2）薄壁堰。

1）矩形薄壁堰。

对自由式溢流的溢流量：

$$Q = mb \sqrt{2g} H_0^{3/2}$$

$$Q = m_0 b \sqrt{2g} H^{3/2}$$

2）三角形薄壁堰堰溢流量：

$$Q = -2m_0 \tan\frac{\theta}{2} \sqrt{2g} \int_H^0 h^{3/2} \mathrm{d}h = \frac{4}{5} m_0 \tan\frac{\theta}{2} \sqrt{2g} H^{5/2}$$

当 $\theta = 90°$，$0.07 \text{ m} \leqslant H \leqslant 0.26 \text{ m}$ 时，由实验得出 $m_0 = 0.395$，于是

$$Q = 1.4H^{5/2}$$

当 $\theta = 90°$，$0.06 \text{ m} \leqslant H \leqslant 0.55 \text{ m}$ 时，另有经验公式

$$Q = 1.343H^{2.47}$$

（3）实用堰流。

1）实用堰基本公式。

$$Q = mb \sqrt{2g} H_0^{3/2}$$

2）淹没影响。

$$Q = \sigma_s mb \sqrt{2g} H_0^{3/2}$$

3）侧收缩影响。

$$Q = m\varepsilon b \sqrt{2g} H_0^{3/2}$$

本章习题

一、选择题

1. 堰流是指（　　）。

A. 缓流经障壁溢流　　B. 急流经障壁溢流　　C. 无压均匀流动　　D. 有压均匀流动

2. 符合以下（　　）条件的堰流是宽顶堰溢流。

A. $\dfrac{\delta}{H} < 0.67$　　　　B. $0.67 < \dfrac{\delta}{H} < 2.5$　　C. $2.5 < \dfrac{\delta}{H} < 10$　　D. $\dfrac{\delta}{H} < 10$

3. 自由式宽顶堰的堰顶水深 h_{c0} 应满足（　　）。

A. $h_{c0} < h_c$　　　　B. $h_{c0} > h_c$　　　　C. $h_{c0} = h_c$　　　　D. 不定（h_c 为临界水深）

4. 堰的淹没系数 σ_s 应满足（　　）。

A. $\sigma_s < 1$　　　　B. $\sigma_s > 1$　　　　C. $\sigma_s = 1$　　　　D. 都有可能

5. 小桥孔自由出流，桥下水深 h_{c0} 应满足（　　）。

A. $h_{c0} < h_c$　　　　B. $h_{c0} > h_c$　　　　C. $h_{c0} = h_c$　　　　D. 不定（h_c 为临界水深）

6. 小桥孔淹没出流的必要充分条件是下游水深 h（　　）。

A. $h > 0$　　　　B. $h \geqslant 0.8h_c$　　　　C. $h \geqslant h_c$　　　　D. $h \geqslant 1.3h_c$

二、计算题

1. 自由溢流矩形薄壁堰，水槽宽 $B = 2 \text{ m}$，堰宽 $b = 1.2 \text{ m}$，堰高 $p = p' = 0.5 \text{ m}$，试求堰上水头 $H = 0.25 \text{ m}$ 时的流量。

2. 一直角进口无侧收缩宽顶堰，堰宽 $b = 4.0 \text{ m}$，堰高 $p = p' = 0.6 \text{ m}$，堰上水头 $H = 1.2 \text{ m}$，堰下游水深 $h = 0.8 \text{ m}$，求通过的流量。

3. 设上题的下游水深 $h = 1.70 \text{ m}$，求流量。

4. 一圆进口无侧收缩宽顶堰，堰宽 $b = 1.8 \text{ m}$，堰高 $p = p' = 0.8 \text{ m}$，流量 $Q = 12 \text{ m}^3/\text{s}$，下游水深 $h = 1.73 \text{ m}$，求堰顶水头。

5. 矩形断面渠道宽 2.5 m，流量为 $1.5 \text{ m}^3/\text{s}$，水深 0.9 m，为使水面抬高 0.15 m，在渠道中设置低堰，已知堰的流量系数 $m = 0.39$，试求堰的高度。

6. 水面面积 50 000 m² 的人工贮水池，通过宽 4 m 的矩形堰泄流，溢流开始时堰顶水头为 0.5 m，堰的流量系数 $m = 0.4$，试求 9 小时后堰顶水头是多少？

7. 用直角三角形薄壁堰测量流量，如测量水头有 1% 的误差，所造成的流量计算误差是多少？

8. 小桥孔径设计，已知设计流量 $Q = 15$ m³/s，允许流速 $v' = 3.5$ m/s，桥下游水深 $h = 1.3$ m，取 $\varepsilon = 0.9$，$\varphi = 0.9$，$\psi = 1.0$，允许壅水高度 $H' = 2.2$ m，试设计小桥孔径 B。

第八章

渗流

水、石油、天然气等流体在孔隙介质中的运动称为渗流。这里的孔隙介质是指由颗粒或碎块材料组成的内部包含许多互相连通的孔隙和裂隙的物质。常见的孔隙介质包括土壤、岩层等多孔介质和裂隙介质。很多水利工程建筑物（如土坝、河堤）就是由孔隙介质构成。

渗流力学就是研究渗流的运动规律及其工程应用的一门科学。在水利工程中，渗流主要是指水在地表以下土壤或岩层孔隙中的运动，这种渗流也称为地下水运动。研究地下水流动规律的学科常称为地下水动力学，是渗流力学的一个分支。渗流力学在很多应用科学和工程技术领域有着广泛的应用，如土壤力学、地下水文学、石油工程、地热工程、给水工程、环境工程、化工和微机械等。此外，在国防工业中，如航空航天工业中的发热冷却，核废料的处理以及诸如防毒面罩的研制等都涉及渗流力学问题。

渗流的特点在于：第一，多孔介质比表面积较大，表面作用明显，任何时候都应考虑黏性；第二，在地下渗流中往往压力较大，因而通常要考虑流体的压缩性；第三，孔道形状复杂、阻力大、毛细作用较普遍，有时还要考虑分子力；第四，往往伴随有复杂的物理化学过程。

在社会的许多部门都会遇到渗流问题。例如，石油开采中油井的布设，水文地质方面地下水资源的探测，采矿、化工等。在水利部门常见的渗流问题有以下几方面。

（1）经过挡水建筑物的渗流，如土坝、围堰等。

（2）水工建筑物地基中的渗流。

（3）集水建筑物的渗流，如井、排水沟、廊道等。

（4）水库及河渠的渗流。

上述几方面的渗流问题，就其水力学内容来说，归纳起来不外乎是要求解决四方面的问题：①确定渗流量；②确定浸润线位置；③确定渗流压力；④估计渗流对土壤的破坏作用。

渗流力学是一门既有较长历史又年轻活跃的科学。从达西定律的出现到现在已过去一个半世纪。20世纪，石油工业的崛起极大地推动了渗流力学的发展。随着相关科学技术的发展，如高性能计算机的出现，核磁共振、CT扫描成像以及其他先进实验方法用于渗流，又将渗流力学大大推进了一步。近年来，随着非线性力学的发展，将分叉、混沌理论以及分形理论用于渗流，其他诸如格气模型的建立等，更使渗流力学的发展进入一个全新的阶段。

第一节 渗流的基本概念

水以不同的状态存在于土壤中，有气态水、附着水、毛细水和重力水。本章仅指重力水，沿用地下水的名称。渗流既然是水在土壤孔隙中的流动，其运动规律当然与土壤和水的特性有关。

一、土壤的分类

一切土壤及岩层均能透水，但不同的土壤或岩层的透水能力是不同的，有时甚至相差很大。这主要是由于各种土壤的颗粒组成不同而引起的。此外，在低水头下不透水的材料，在高水头作用下仍可能透水。本章重点研究土壤中的渗流，故可以根据土壤的透水能力在整个流动区内有无变化对土壤进行分类。

根据土壤任一点处各个方向的透水能力是否相同，土壤可分为各向同性土壤和各向异性土壤。

根据土壤所有各点在同一方向上透水能力是否都相同，土壤可分为均质土壤和非均质土壤。

实际土壤的情况往往非常复杂，为了使问题简化，大多数情况下我们都假定土壤是均质的、各向同性的。假设土壤由等直径的圆球颗粒组成时，其透水能力才不随空间位置及方向变化，是一种最为简单的土壤。当渗流区中包括若干透水能力各不相同的土壤，这种土壤称为层状土壤。其每一层可以当作均质、各向同性土壤。而当两层土壤的透水能力相差很大时，就可以将透水性很小的土壤近似看作不透水层。

二、水在土中的存在形式

土是多孔多相的松散颗粒集合体，具有透水性、溶水性、持水性、给水性等水力特性，土壤的水力特性是指与水分的存储和运移有关的性质，即水文地质性质。因此，水在土中的渗流规律一方面取决于水的物理力学性质，另一方面还要受到土的水力特性的制约。根据分析研究结论，水在土中的存在形式有表 8-1 所示几种类型。

表 8-1 水在土中的存在形式

分类	气态水	结合水		毛细水	重力水
		附着水	薄膜水		
概念	以蒸汽状态散逸于土孔隙中的水	以极薄的分子层吸附在土颗粒表面的水	以厚度不超过分子作用半径的薄层包围土颗粒的水	指在毛细管作用下在土孔隙中运动的水	指重力作用下在土壤孔隙中运动的水
特性	存量极少，一般不考虑	附着水呈现固态水的性质；薄膜水呈现液态水的近似性质；结合水其数量很少，一般不考虑		可以传递静水压强，除特殊情况外，一般不考虑	渗流理论研究的对象

土壤按水的存在状态，可分为饱和带与非饱和带（又称包气带），如图 8-1 所示。饱和带土壤孔隙全部为水所充满，主要为重力水区，也包括饱和的毛细水区。毛细水区与重力水区的分界面上的压强等于大气压强，此分界面称为潜水面或地下水面。为简单计，常将潜水面作为饱和带的顶面。非饱和带的土壤孔隙为水和空气所共同充满，其中气态水、附着水、薄膜水、毛细水、重力水都可能存在，其流动规律与饱和带重力水的流动规律不同；非饱和带中除重力外，还有土粒吸力、表面张力等作用，而且液流横断面和渗透性都随含水量的变化而变化。饱和带重力

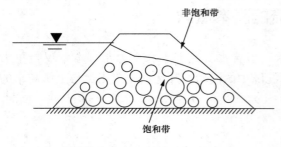

图 8-1 饱和带与非饱和带

水按其含水层的埋藏条件可分为潜水与承压水。

（1）潜水——第一个隔水层上，具有自由表面。

（2）承压水——两个隔水层之间的水。

三、渗流模型

渗流模型是渗流区域（流体和孔隙介质所占据的空间）的边界条件保持不变，略去全部土颗粒，认为渗流区连续充满流体，而流量与实际渗流相同，压强和渗流阻力也与实际渗流相同的替代流场。

渗流模型中某一过水断面积 ΔA（其中包括土颗粒面积和孔隙面积）通过的实际流量为 ΔQ，则 ΔA 上的平均速度，简称为渗流速度。

$$u = \frac{Q}{A}$$

而水在孔隙中的实际平均速度

$$u' = \frac{\Delta Q}{\Delta A'} = \frac{u\Delta A}{\Delta A'} = \frac{1}{n}u > u$$

式中 $\Delta A'$ —— ΔA 中孔隙面积；

$n = \dfrac{\Delta A'}{\Delta A}$，土的孔隙度，$n < 1$。

可见，渗流速度小于土孔隙中的实际速度。

渗流模型将渗流作为连续空间内连续介质的运动，使得前面基于连续介质建立起来的描述流体运动的方法和概念，能直接应用于渗流，使得在理论上研究渗流问题成为可能。

四、无压渗流和有压渗流

在渗流模型的基础上，渗流也可按欧拉法的概念进行分类，例如，根据各渗流空间点上的流动参数是否随时间变化，分为恒定渗流和非恒定渗流；根据流动参数与坐标的关系，分为一维、二维、三维渗流；根据流线是否平行直线，分为均匀渗流和非均匀渗流，而非均匀渗流又可分为渐变渗流和急变渗流。此外，从有无自由水面角度，渗流可分为有压渗流和无压渗流。

第二节　渗流基本定律——达西定律

流体在孔隙中流动，必然要有能量损失。法国工程师达西（Darcy H.，1856）通过实验研究，总结出渗流水头损失与渗流速度之间的关系式，后人称之为达西定律。

一、达西定律

达西渗流实验装置如图 8-2 所示。该装置为上端开口的直立圆筒，筒壁上、下两断面装有测压管，圆筒下部距筒底不远处装有滤板 C。圆筒内充填均匀砂层，由滤板托住。水由上端注入圆筒，并以溢水管 B 使水位保持恒定。水渗流即可测量出测压管水头差，同时透过砂层的水经排水管流入计量容器 V，以便计算实际渗流量。

由于渗流不计流速水头，实测的测压管水头差即为两断面间的水头损失为 $h_\text{w} = H_1 - H_2$，水力坡度为 $J = \dfrac{h_\text{w}}{l} = \dfrac{H_1 - H_2}{l}$。

达西由实验得出，圆筒内的渗流量 Q 与过流断面面积（圆筒面积）A 及水力坡度 J 成正比，并和土的透水性能有关，基本关系式为

$$Q = kAJ \tag{8-1}$$

或

$$v = \frac{Q}{A} = kJ \tag{8-2}$$

式中　v——渗流断面平均流速，称渗流速度；

K——反映土性质和流体性质综合影响渗流的系数，具有速度的量纲，称为渗透系数。

达西实验是在等直径圆筒内均质砂土中进行的，属于均匀渗流，可以认为各点的流动状况相同，各点的速度等于断面平均流速，式（8-2）可写为

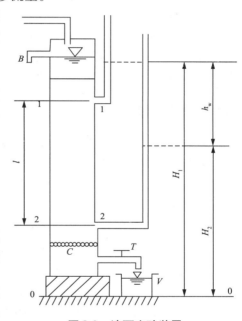

图 8-2　达西实验装置

$$u = kJ \tag{8-3}$$

式（8-3）称为达西定律，该定律表明渗流的水力坡度，即单位距离上的水头损失与渗流速度的一次方成比例，因此也称为渗流线性定律。

达西定律推广到非均匀、非恒定渗流中，其表达式为

$$u = kJ = -k\frac{\mathrm{d}H}{\mathrm{d}s} \tag{8-4}$$

式中　u——某点流速；

J——该点的水力坡度。

二、达西定律的适用范围

达西定律是渗流线性定律，后来范围更广的实验指出，随着渗流速度的加大，水头损失将与流速的 $1 \sim 2$ 次方成比例。当流速大到一定数值后，水头损失和流速的 2 次方成正比，可见达西定律有一定的适用范围。

关于达西定律的适用范围，可用雷诺数进行判别。因为土孔隙的大小、形状和分布在很大的范围内变化，相应的判别雷诺数为

$$Re = \frac{vd}{\nu} \leqslant 1 \sim 10 \tag{8-5}$$

式中　v——渗流断面平均流速（m/s）；

　　　d——土颗粒的有效直径，一般用 d_{10}，即筛分时占 10% 重量的土粒所通过的筛孔直径（m）；

　　　ν——水的运动黏度（m^2/s）。

为安全计，可把 $Re = 1.0$ 作为线性定律适用的上限。本章所讨论的内容，仅限于符合达西定律的渗流。

三、渗流系数

渗透系数是反映土性质和流体性质综合影响渗流的系数，是分析计算渗流问题最重要的参数。由于该系数取决于土颗粒大小、形状、分布情况及地下水的物理化学性质等多种因素，要准确地确定其数值相当困难。确定渗透系数的方法，大致分为三类。

1. 实验测定法

利用类似图 8-2 所示的渗流实验设备，实测水头损失 h_w 和 Q，按式（8-1）求得渗透系数：

$$k = \frac{Q_1}{Ah_w}$$

该法简单、可靠，但往往因实验用土样受到扰动，与实地原状土有差异。

2. 现场测定法

在现场钻井或挖试坑，做抽水或注水实验，再根据相应的理论公式反算渗透系数。

3. 经验计算方法

在有关手册或规范资料中，给出各种土的渗透系数值或计算公式，由于土的工程分类方法不统一，大都是经验性的，各有其局限性，可作为初步估算用。现将各类土的渗透系数列于表 8-2。

表 8-2　土的渗透系数

土名	渗透系数 k		土名	渗透系数 k	
	m/d	cm/s		m/d	cm/s
黏土	< 0.005	$< 6 \times 10^{-6}$	粗砂	$20 \sim 50$	$2 \times 10^{-2} \sim 6 \times 10^{-2}$
粉质黏土	$0.005 \sim 0.1$	$6 \times 10^{-6} \sim 1 \times 10^{-4}$	均质粗砂	$60 \sim 75$	$7 \times 10^{-2} \sim 8 \times 10^{-2}$

土名	渗透系数 k		土名	渗透系数 k	
	m/d	cm/s		m/d	cm/s
黏质粉土	$0.1 \sim 0.5$	$1 \times 10^{-4} \sim 6 \times 10^{-4}$	圆砾	$50 \sim 100$	$6 \times 10^{-2} \sim 1 \times 10^{-1}$
黄土	$0.25 \sim 0.5$	$3 \times 10^{-4} \sim 6 \times 10^{-3}$	卵石	$100 \sim 500$	$1 \times 10^{-1} \sim 6 \times 10^{-1}$
粉砂	$0.5 \sim 1.0$	$6 \times 10^{-4} \sim 1 \times 10^{-3}$	无填充物卵石	$500 \sim 1\,000$	$6 \times 10^{-1} \sim 1 \times 10$
细砂	$1.0 \sim 5.0$	$1 \times 10^{-3} \sim 6 \times 10^{-3}$	稍有裂隙岩石	$20 \sim 60$	$2 \times 10^{-2} \sim 7 \times 10^{-2}$
中砂	$5.0 \sim 20.0$	$6 \times 10^{-3} \sim 2 \times 10^{-2}$	裂隙多的岩石	>60	$>7 \times 10^{-2}$
均质中砂	$35 \sim 50$	$4 \times 10^{-2} \sim 6 \times 10^{-2}$			

第三节　地下水的渐变渗流

在透水地层中的地下水流动，很多情况是具有自由液面的无压渗流。无压渗流相当于透水地层中的明渠流动，水面线称为浸润线。同地上明渠流动的分类相似，无压渗流也可分为流线是平行直线、等深、等速的均匀渗流，均匀渗流的水深称为渗流正常水深，以 h_0 表示。但由于受自然水文地质条件的影响，无压渗流更多的是流线近于平行直线的非均匀渐变渗流。

因渗流区地层宽阔，无压渗流一般可按一维流动处理，并将渗流的过流断面简化为宽阔的矩形断面计算。

通过对渐变渗流的分析，可以得出地下水位变化规律、地下水的动向和补给情况。

一、裘皮依（J. Dupuit）公式

设非均匀渐变渗流，如图 8-3 所示。取相距为 ds 的过流断面 1—1、2—2，根据渐变流的性质，过流断面近于平面，面上各点的测压管水头皆相等。又由于渗流的总水头等于测压管水头，所以，1—1 与 2—2 断面之间任一流线上的水头损失相同，即 $H_1 - H_2 = -dH$。

因为渐变流的流线近于平行直线，1—1 与 2—2 断面间各流线的长度近于 ds，则过流断面上各点的水力坡度相等，即 $J = -\dfrac{dH}{ds}$。

代入式（8-4），过流断面上各点的流速相等，并等于断面平均流速，流速分布图为矩形，但不同过流断面的流速大小不同。

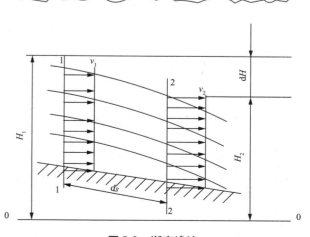

图 8-3　渐变渗流

$$v = u = kJ = -k\frac{dH}{ds} \quad (8\text{-}6)$$

上式称裴皮依公式，它是法国学者裴皮依在 1863 年首先提出的。公式形式虽然和达西定律一样，但含义已是非均匀渐变渗流过流断面上，平均速度与水力坡度的关系。

二、渐变渗流基本方程

设无压非均匀渐变渗流，不透水地层坡度为 i，取过流断面 1—1、2—2，相距 ds，水深和测压管水头的变化分别为 dh 和 dH（图 8-4）。

1—1 断面的水力坡度：

$$J = -\frac{dH}{ds} = -\left(\frac{dz}{ds} + \frac{dh}{ds}\right) = i - \frac{dh}{ds}$$

将 J 代入式（8-6），得 1—1 断面的平均渗流速度：

$$v = k\left(i - \frac{dh}{ds}\right) \tag{8-7}$$

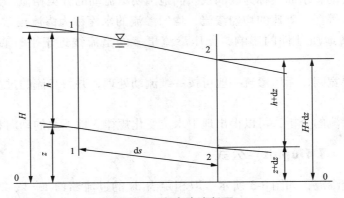

图 8-4　渐变渗流断面

渗流量：

$$Q = kA\left(i - \frac{dh}{ds}\right)$$

上式是无压恒定渐变渗流的基本方程，是分析和绘制渐变渗流浸润曲线的理论基础。

三、渐变渗流浸润曲线的分析

同明渠非均匀渐变流水面曲线的变化相比较，因渗流速度很小，流速水头忽略不计，所以浸润线既是测压管水头线，又是总水头线。由于存在水头损失，总水头线沿程下降，因此，浸润线也只能沿程下降，不可能水平，更不可能上升，这是浸润线的主要几何特征。

渗流区不透水基底的坡度分为顺坡（$i>0$），平坡（$i=0$），逆坡（$i<0$）三种。只有顺坡存在均匀渗流，有正常水深。无压渗流无临界水深及缓流、急流的概念，因此浸润线的类

型大为简化。

1. 顺坡渗流

对顺坡渗流，以均匀渗流正常水深 N—N 线，将渗流区分为上、下两个区域（图8-5）。

由渐变渗流基本方程式：

$$\frac{\mathrm{d}h}{\mathrm{d}s} = i - \frac{Q}{kA} \tag{8-8}$$

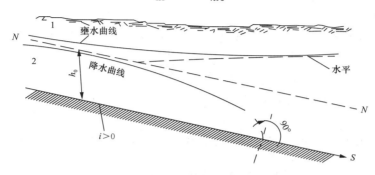

图8-5　顺坡基底渗流

为便于同正常水深比较，式中流量用均匀渗流计算式 $Q = kA_0 i$ 代入，得顺坡渗流浸润线微分方程式：

$$\frac{\mathrm{d}h}{\mathrm{d}s} = i(1 - \frac{A_0}{A}) \tag{8-9}$$

式中　A_0——均匀渗流的过流断面积；

A——实际渗流的过流断面积。

1 区（$h > h_0$）：

在式（8-9）中，$h > h_0$，$A > A_0$，$\frac{\mathrm{d}h}{\mathrm{d}s} > 0$，浸润线是渗流壅水曲线。其上游端 $h \to h_0$，$A \to A_0$，$\frac{\mathrm{d}h}{\mathrm{d}s} > 0$，以 $N - N$ 线为渐近线；下游端 $h \to \infty$，$A \to \infty$，$\frac{\mathrm{d}h}{\mathrm{d}s} \to i$，浸润线以水平线为渐近线。

2 区（$h < h_0$）：

在式（8-9）中，$h < h_0$，$A < A_0$，$\frac{\mathrm{d}h}{\mathrm{d}s} < 0$，浸润线是渗流降水曲线。其上游端 $h \to h_0$，$A \to A_0$，$\frac{\mathrm{d}h}{\mathrm{d}s} \to 0$，浸润线以 $N - N$ 为渐近线；下游端 $h \to 0$，$A \to 0$，$\frac{\mathrm{d}h}{\mathrm{d}s} \to -\infty$，浸润线与基底正交。由于此处曲率半径很小，不再符合渐变流条件，式（8-8）已不适用，这条浸润线的下游端实际上取决于具体的边界条件。

设渗流区的过流断面是宽度为 b 的宽阔矩形，$A = bh$，$A_0 = bh_0$ 代入式（8-9），并令 $\eta = \frac{h}{h_0}$，$\mathrm{d}h = h_0 \mathrm{d}\eta$，得到

$$\frac{i\mathrm{d}s}{h_0} = \mathrm{d}\eta + \frac{\mathrm{d}\eta}{\eta - 1}$$

将上式从断面 1—1 到 2—2 进行积分，得

$$\frac{i_1}{h_0} = \eta_2 - \eta_1 + 2.3\lg\frac{\eta_2 - 1}{\eta_1 - 1} \tag{8-10}$$

式中 $\eta_1 = \dfrac{h_1}{h_0}$，$\eta_2 = \dfrac{h_2}{h_0}$。

此式可用以绘制顺坡渗流的浸润线和进行水力计算。

2. 平坡渗流

平坡渗流区域如图 8-6 所示。令式（8-8）中底坡 $i = 0$，即得平坡渗流浸润线微分方程

$$\frac{dh}{ds} = -\frac{Q}{kA} \tag{8-11}$$

在平坡基底上不能形成均匀渗流。上式中 Q、k、A 皆为正值，故 $\dfrac{dh}{ds} < 0$，只可能有一种浸润线，为渗流的降水曲线。其上游端 $h \to \infty$，$\dfrac{dh}{ds} \to 0$，以水平线为渐近线；下游端 $h \to 0$，$\dfrac{dh}{ds} \to -\infty$，与基底正交，性质和上述顺坡渗流的降水曲线末端类似。

设渗流区的过流断面是宽度为 b 的宽阔矩形，$A = bh$，$\dfrac{Q}{b} = q$（单宽流量）。

代入式（8-11），整理得 $\dfrac{q}{k}ds = -hdh$，将该式从断面 1—1 到 2—2 积分

$$\frac{q_1}{k} = \frac{1}{2}(h_1^2 - h_2^2) \tag{8-12}$$

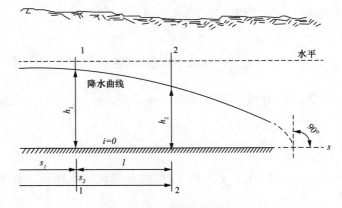

图 8-6 平坡基底渗流

此式可用于绘制平坡渗流的浸润曲线和进行水力计算。

3. 逆坡渗流

在逆坡基底上，也不可能形成均匀渗流。对于逆坡渗流也只有一种浸润线，为渗流的降水曲线，如图 8-7 所示。其微分方程和积分式，这里不详述。

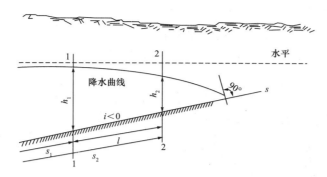

图 8-7　逆坡基底渗流

第四节　井和井群

井是汲取地下水源和降低地下水位的集水构筑物，应用十分广泛。

在具有自由水面的潜水层中凿的井，称为普通井或潜水井，其中贯穿整个含水层，井底直达不透水层的称为完整井，井底未达到不透水层的称为不完整井。

含水层位于两个不透水层之间，含水层顶面压强大于大气压强，这样的含水层称为承压含水层。汲取承压地下水的井，称为承压井或自流井。

下面讨论普通完整井和自流井的渗流计算。

一、普通完整井

水平不透水层上的普通完整井如图 8-8 所示。管井的直径 50 ~ 1 000 mm，井深可达 1 000 m 以上。

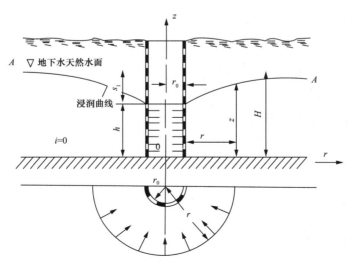

图 8-8　普通完整井

· 215 ·

设含水层中地下水的天然水面 $A—A$，含水层厚度为 H，井的半径为 r_0。从井内抽水时，井内水位下降，四周地下水向井中补给，并形成对称于井轴的漏斗形浸润面。如抽水流量不过大且恒定时，经过一段时间，向井内渗流达到恒定状态。井中水深和浸润漏斗面均保持不变。

取距井轴为 r，浸润面高为 z 的圆柱形过水断面，除井周附近区域外，浸润曲线的曲率很小，可看作恒定渐变渗流。

由裘皮依公式，即 $v = kJ = -k\dfrac{\mathrm{d}H}{\mathrm{d}s}$，将 $H = z$，$\mathrm{d}s = -\mathrm{d}r$ 代入上式得到 $v = k\dfrac{\mathrm{d}z}{\mathrm{d}r}$，因此渗流量 $Q = Av = 2\pi rk\dfrac{\mathrm{d}z}{\mathrm{d}r}$。

分离变量并积分

$$\int_h^z z\,\mathrm{d}z = \int_{r_0}^r \frac{Q}{2\pi k}\frac{\mathrm{d}r}{r}$$

得到普通完整井浸润线方程

$$z^2 - h^2 = \frac{Q}{\pi k}\ln\frac{r}{r_0} \tag{8-13}$$

或

$$z^2 - h^2 = \frac{0.732Q}{k}\lg\frac{r}{r_0} \tag{8-14}$$

从理论上讲，浸润线是以地下水天然水面线为渐近线，当 $r \to \infty$，$z = H$。但从工程实用观点来看，认为渗流区存在影响半径 R，R 以外的地下水位不受影响，即 $r = R$，$z = H$，代入式（8-14），得

$$Q = 1.366\frac{k(H^2 - h^2)}{\lg\dfrac{R}{r_0}} \tag{8-15}$$

抽水降深 $H - h$ 以 s 代替，即 $s = H - h$，式（8-15）整理得

$$Q = 2.732\frac{kHs\left(1 - \dfrac{s}{2H}\right)}{\lg\dfrac{R}{r_0}} \tag{8-16}$$

当 $\dfrac{s}{2H} \ll 1$，式（8-16）可简化为

$$Q = 2.732\frac{kHs}{\lg\dfrac{R}{r_0}} \tag{8-17}$$

式中　Q——产水量；

　　　　h——井水深；

　　　　s——抽水降深；

　　　　R——影响半径；

　　　　r_0——井半径。

影响半径 R 可由现场抽水试验测定，估算时，可根据经验数据选取，对于细砂 $R = 100 \sim$

200 m，中等粒径砂 $R = 250 \sim 500$ m，粗砂 $R = 700 \sim 1\ 000$ m。或用以下经验公式计算：

$$R = 3\ 000s\sqrt{k} \tag{8-18}$$

或
$$R = 575s\sqrt{Hk} \tag{8-19}$$

式中，k 单位为"m/s"，R、s 和 H 单位为"m"。

二、承压完整井

承压完整井如图 8-9 所示，含水层位于两不透水层之间。设水平走向的承压含水层厚度为 t，凿井穿透含水层，未抽水时地下水位上升到 H，为承压含水层的总水头，井中水面高于含水层厚 t，有时甚至高出地表面向外喷涌。

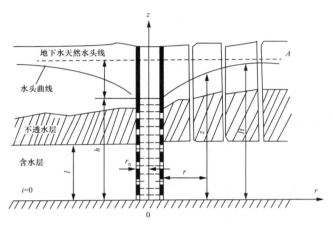

图 8-9　承压完整井

自井中抽水，并且水深由 H 降至 h，井周围测压管水头线形成漏斗形曲面。

取距井轴 r 处，测压管水头为 z 的过水断面，由裘皮依公式 $v = k\dfrac{\mathrm{d}z}{\mathrm{d}r}$，计算流量公式为

$Q = Av = 2\pi r t k\dfrac{\mathrm{d}z}{\mathrm{d}r}$，分离变量积分 $\displaystyle\int_h^z \mathrm{d}z = \frac{Q}{2\pi k t}\int_{r_0}^r \frac{\mathrm{d}r}{r}$，承压完整井水头线方程为 $z - h =$

$0.366\dfrac{Q}{kt}\lg\dfrac{r}{r_0}$。

同样引入影响半径概念，当 $r = R$ 时，$z = H$，代入上式，解得承压完整井涌水量公式：

$$Q = 2.732\frac{kt(H - h)}{\lg\dfrac{R}{r_0}} = 2.732\frac{kts}{\lg\dfrac{R}{r_0}} \tag{8-20}$$

三、井群

在工程中为了大量汲取地下水源，或更有效地降低地下水位，常需在一定范围内开凿多口井共同工作，这种情况称为井群。因为井群中各单井之间距离不很大，每一口井都处于其他井的影响半径之内，由于相互影响，使渗流区内地下水浸润面形状复杂化，总的产水量也不等于按单井计算产水量的总和。

设由 n 个普通完整井组成的井群如图 8-10 所示。各井的半径、出水量、至某点 A 的水平距离分别为 r_{01}、r_{02}、…、r_{0n}，Q_1、Q_2、…、Q_n 及 r_1、r_2、…、r_n。

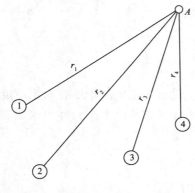

图 8-10 井群

若各井单独工作时，它们的井水深分别为 h_1、h_2、…、h_n，在 A 点形成的浸润线高度分别为 z_1、z_2、…、z_n，由式（8-14）可知各自的浸润线方程为

$$z_1^2 = \frac{0.732Q_1}{k}\lg\frac{r_1}{r_{01}} + h_1^2$$

$$z_2^2 = \frac{0.732Q_2}{k}\lg\frac{r_2}{r_{02}} + h_2^2$$

$$\vdots$$

$$z_n^2 = \frac{0.732Q_n}{k}\lg\frac{r_n}{r_{0n}} + h_n^2$$

各井同时抽水，在 A 点形成共同的浸润线高度 z，按势流叠加原理，其方程为 $z^2 = \sum_{i=1}^{n} z_i^2 = \sum_{i=1}^{n}\left(\frac{0.732Q_i}{k}\lg\frac{r_i}{r_{0i}} + h_i^2\right)$，当各井抽水状况相同，$Q_1 = Q_2 = Q = \cdots = Q_n$，$h_1 = h_2 = \cdots = h_n$ 时，则

$$z^2 = \frac{0.732Q}{k}\lg(r_1 r_2 \cdots r_n) - \lg(r_{01} r_{02} \cdots r_{0n})] + nh^2 \tag{8-21}$$

井群也具有影响半径 R，若 A 点处于影响半径处，可认为人 $r_1 \approx r_2 \approx \cdots \approx r_n = R$，而 $z = H$，得

$$H^2 = \frac{0.732Q}{k}\big[n\lg R - \lg(r_{01} r_{02} \cdots r_{0n})\big] + nh^2 \tag{8-22}$$

式（8-21）与式（8-22）相减，得井群的浸润面方程：

$$z^2 = H^2 - \frac{0.732Q}{k}\big[n\lg R - \lg(r_1 r_2 \cdots r_n)\big]$$

$$= H^2 - \frac{0.732Q_0}{k}\big[\lg R - \frac{1}{n}\lg(r_1 r_2 \cdots r_n)\big] \tag{8-23}$$

式中　$R = 575s\sqrt{Hk}$；

　　　s——井群中心水位降深（m）；

　　　$Q_0 = nQ$，为总出水量。

【例 8-1】 有一普通完整井，其半径为 $0.1\,\mathrm{m}$，含水层厚度（即水深）H 为 $8\,\mathrm{m}$，土的渗透系数为 $0.001\,\mathrm{m/s}$，抽水时井中水深 h 为 $3\,\mathrm{m}$，试估算井的出流量。

解： 最大抽水降深 $s = H - h = 8 - 3 = 5(\mathrm{m})$。由式（8-18）求影响半径

$$R = 3\,000s\sqrt{k} = 3\,000 \times 5\sqrt{0.001} = 474.3(\mathrm{m})$$

由式（8-15）求出水量：

$$Q = 1.366\frac{k(H^2 - h^2)}{\lg\dfrac{R}{r_0}} = 1.366 \times \frac{0.001(8^2 - 3^2)}{\lg\dfrac{474.3}{0.1}} = 0.02(\mathrm{m^3/s})$$

【**例 8-2**】为了降低基坑中的地下水位，在基坑周围设置了 8 个普通完整井，其布置如图 8-11 所示，已知潜水层的厚度 $H = 10$ m，井群的影响半径 $R = 500$ m，渗透系数 $k = 0.001$ m/s，井的半径 $r_0 = 0.1$ m，总抽水量 $Q_0 = 0.02$ m^3/s，试求井群中心 0 点地下水位降深为多少？

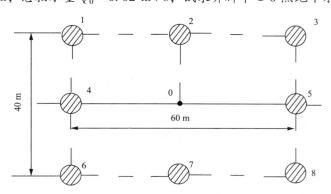

图 8-11　降低基坑地下水位

【**解**】各单井至 0 点的距离

$$r_4 = r_5 = 30 \text{ m}, \ r_2 = r_7 = 20 \text{ m}$$

$$r_1 = r_3 = r_6 = r_8 = \sqrt{(30^2 + 20^2)} = 36 (\text{m})$$

代入式（8-23），$n = 8$。

$$z^2 = H^2 - \frac{0.732 Q_0}{k} \left[\lg R - \frac{1}{8} \lg (r_1 r_2 \cdots r_8) \right]$$

$$= 10^2 - \frac{0.732 \times 0.02}{0.001} \left[\lg 500 - \frac{1}{8} \lg (30^2 \times 20^2 \times 36^4) \right]$$

$$= 82.05 \ (\text{m}^2)$$

$$z = 9.06 \text{ m}$$

0 点地下水位降深 $s = H - z = 0.94$ m

第五节　渗流对建筑物安全稳定的影响

前面各节围绕渗流量和浸润线的变化，阐述了地下水运动的一些基本规律，本章最后简略介绍渗流对建筑物安全稳定的影响。

一、扬压力

土木工程中有许多建在透水地基上，由混凝土或其他不透水材料建造的建筑物，渗流作用在建筑物基底上的压力称为扬压力。

以山区河流取水工程，建在透水岩石地基上的混凝土低坝（图 8-12）为例，介绍扬压力的近似算法。因坝上游水位高于下游水位，部分来水经地基渗透至下游，坝基底面任一点的渗透压强水头，等于上游河床的总水头减去入渗点至该点渗流的水头损失：

$$\frac{P_i}{\rho g} = h_1 - h_f = h_2 + (H - h_f)$$

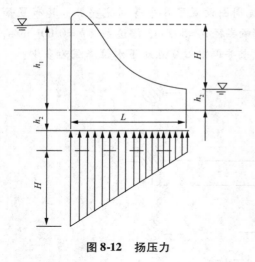

图 8-12 扬压力

由上式，可将渗流作用在坝基底面的压强及所形成的压力，看成由两部分组成：

下游水深 h_2 产生的压强，这部分压强在坝基底面上均匀分布，所形成的压力是坝基淹没 h_2 水深所受的浮力，作用在单位宽底面上的浮力：

$$P_{z1} = \rho g h_2 L$$

有效作用水头（$H - h_f$）产生的压强，根据观测资料，近似假定作用水头全部消耗于沿坝基流程的水头损失，且水头损失均匀分配，故这部分压强按直线分布，分布图为三角形，作用在单位宽底面上的渗透压力

$$P_{z2} = \frac{1}{2}\rho g H L$$

作用在单位宽坝基底面上的扬压力：

$$P_z = P_{z1} + P_{z2} = \frac{1}{2}\rho g (h_1 - h_2) L$$

非岩基渗透压强一般可按势流理论用流网的方法计算，从略。

扬压力的作用降低了建筑物的稳定性，对于主要依靠自重和地基间产生的摩擦力来保持抗滑动稳定性的重力式挡水建筑物，扬压力是稳定计算的基本载荷，不可忽视。

二、地基渗透变形

渗流对建筑物安全稳定的影响，除扬压力降低建筑物的稳定性之外，渗流速度过大，还会造成地基渗透变形，进而危及建筑物安全。地基渗透变形有管涌和流土两种形式。

1. 管涌

在非黏性土基中，渗流速度达一定值，基土中个别细小颗粒被冲动携带，随着细小颗粒被渗流带出，地基土的孔隙增大，渗流阻力减小，流速和流量增大，得以携带更大更多的颗粒，如此继续发展下去，在地基中形成空道，终将导致建筑物垮塌，这种渗流的冲蚀现象称为机械管涌，简称管涌。汛期江河堤防受洪水河槽高水位作用，在背河堤脚处发生管涌，是汛期常见的险情。

在石基中，地下水可将岩层所含可溶性盐类溶解带出，在地基中形成空穴，削弱地基的强度和稳定性，这种渗流的溶滤现象称为化学管涌。

2. 流土

在黏性土基中，因土颗粒之间有粘结力，个别颗粒一般不易被渗流冲动携带，而在渗出点附近，当渗透压力超过上部土体重量，会使一部分基土整体浮动隆起，造成险情，这种局部渗透冲破现象称为流土。

管涌和流土危及建筑物的安全，工程上可采取限制渗流速度，阻截基土颗粒被带出地面等多种防渗措施，来防止破坏性渗透变形。

渗流是岩土工程事故的主要诱因；在水利水电工程与基坑工程中，大多数事故是由渗流

引起的；渗流也是引发地质灾害的主要原因。

案例： 上海地铁四号线越江隧道事故。

（1）工程及事故概况。

浦东南路站－南浦大桥站区间隧道工程（图8-13）是上海市重大工程项目——地铁四号线工程的一个重要组成部分。浦东南路站到南浦大桥站区间隧道上行线长2 001 m，下行线长1 987 m，其中江中段440 m。区间隧道顶最大埋深为37.7 m，隧道中心线水平距离为10.984 m，隧道最大坡度为3.2%。

事故区域（图8-14）：

盾构从浦东向浦西推进，在穿越黄浦江后经防汛墙、外马路、文庙泵站、音像制品批发交易市场进入中山南路，在穿越多稼路后隧道上下行线逐渐由水平同向推进转为垂直同向推进直至浦西南浦大桥站。即图中用深颜色表示的就是本次事故的发生区域。

图8-13　浦东南路站－南浦大桥站区间隧道工程

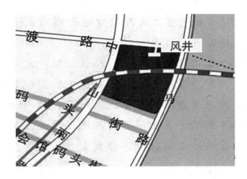

图8-14　事故区域

事故部位（图8-15）：

事故的发生点位于隧道的联络通道处（又称旁通道），联络通道采用冰冻法进行施工（风井采用逆作法施工，已完成）。

（2）事故过程。

2003年3月，中煤上海分公司开始安装冻结设备；

4月27日—5月11日，陆续供冷；

6月24日旁通道开始施工；

6月28日8：30，一台制冷机故障，16：00修复，发现土体温度3 ℃，停止冻土开掘；

6月30日，土体温度7.4 ℃，水压与第七层承压水压力相同，用干冰制冷；

7月1日0时，在冻土中凿出0.2 m孔洞，准备安装混凝土输送管，有水流出，越流越大；

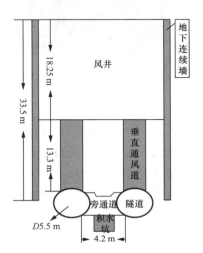

图8-15　事故部位

6时，大量水砂涌入旁通道，发出异响，人员撤出，周边建筑物下沉、地面裂缝、沉降，事故蔓延。

（3）险情情况。

7月1日凌晨，联络通道发生流砂涌水，导致隧道上下行线严重积水，进泥砂。同时，以风井为中心的地面开始出现裂缝、沉降。

6:00，音像楼发生明显变形，墙面开裂，房屋开始倾斜。

7:30，地面裂缝明显加剧，沉降加快。文庙泵站明显沉降、倾斜，风井也明显沉陷。

9:00，音像楼裙房发生二次突沉，并部分坍塌，大楼继续倾斜，墙面开裂加剧。

15:00，以风井为中心的地面沉陷加快，并逐步形成沉陷漏斗。坍塌范围扩展到董家渡路、中山南路、外马路、防汛墙。

20:00，防汛墙也开始出现裂缝，沉降进一步发展。

7月2日，隧道内继续大量进水，水位上涨速度较快，约每小时涨移15 m。管片损坏程度进一步扩展，并有管片连接螺栓崩断，响声传出。

地面沉陷的范围和深度在进一步扩大，以风井为中心的地面从沉陷漏斗发展成塌陷区，最深达4 m，临江大厦门口地面塌陷最深处约2 m，董家渡路沉陷达1 m，中山南路明显下沉，地面开裂发展加快。

音像市场倾斜加剧，楼板断裂；文庙泵站发生突沉（图8-16）；临江花苑大厦沉降速率加快，沉降量达12.2 mm，地下室出现裂缝（图8-17）。

河床严重扰动、下沉、滑移，近30 m防汛墙倒塌，近70 m防汛墙结构严重破坏，黄浦江水冲向风井并由风井进入地下隧道，加剧险情发展。

最终造成直接经济损失1.5亿元。

图8-16　发生突沉　　　　　　　　　　图8-17　出现裂缝

（4）抢险技术措施。

第一，封堵隧道，向隧道内灌水，尽快形成和保持隧道内外水土压力平衡。

第二，减少地面附加荷载，防止对地面的冲击震动。

第三，防止黄浦江水和地表水进入事故区段对隧道损坏的加剧。

第四，稳定土体，减少土体扰动范围，补充地层损失。

第五，保障抢险安全，为抢险提供有力保障。

本章小结

本章主要介绍了渗流，渗流的达西定律，地下水的渐变渗流，井和井群，渗流对建筑物安全稳定的影响。重点内容小结如下：

1. 达西定律

$$Q = kAJ$$

或

$$v = \frac{Q}{A} = kJ$$

2. 恒定渐变渗流的杜比公式

（1）顺坡渗流：

$$\frac{\mathrm{d}h}{\mathrm{d}s} = i - \frac{Q}{kA}$$

（2）平坡渗流：

$$\frac{\mathrm{d}h}{\mathrm{d}s} = -\frac{Q}{kA}$$

3. 普通完整井、承压完整井、井群（基坑）的水力计算

（1）普通完整井的水力计算。

普通完整井浸润线方程：

$$z^2 - h^2 = \frac{Q}{\pi k}\ln\frac{r}{r_0} \text{或} z^2 - h^2 = \frac{0.732Q}{k}\lg\frac{r}{r_0}$$

$$Q = 1.366\frac{k\ (H^2 - h^2)}{\lg\dfrac{R}{r_0}}$$

抽水降深 $H - h$ 以 s 代替：

$$Q = 2.732\frac{kHs\ \left(1 - \dfrac{s}{2H}\right)}{\lg\dfrac{R}{r_0}}$$

抽水降深 $H - h$ 以 s 代替，当 $\dfrac{s}{2H} \ll 1$

$$Q = 2.732\frac{kHs}{\lg\dfrac{R}{r_0}}$$

（2）承压完整井的水力计算。

承压完整井水头线方程为

$$z - h = 0.366\frac{Q}{kt}\lg\frac{r}{r_0}$$

承压完整井涌水量公式为

$$Q = 2.732\frac{kt\ (H - h)}{\lg\dfrac{R}{r_0}} = 2.732\frac{kts}{\lg\dfrac{R}{r_0}}$$

（3）井群（基坑）的水力计算：

$$z^2 = H^2 - \frac{0.732Q}{k}\left[n\lg R - \lg\ (r_1 r_2 \cdots r_n)\right]$$

本章习题

一、选择题

1. 比较地下水在不同土中渗透系数（黏土 k_1、黄土 k_2、细砂 k_3）的大小为（　　）。

A. $k_1 > k_2 > k_3$ 　　 B. $k_1 < k_2 < k_3$ 　　 C. $k_2 < k_1 < k_3$ 　　 D. $k_3 < k_1 < k_2$。

2. 地下水浸润线沿程变化为（　　）。

A. 下降 　　　　 B. 全程水平 　　　　 C. 上升 　　　　 D. 以上情况都可能

3. 地下水渐变渗流，过流断面上的渗流速度按（　　）。

A. 线性分布 　　 B. 抛物线分布 　　 C. 均匀分布 　　 D. 对数曲线分布

4. 达西定律的适用范围为（　　）。

A. $Re < 2\,300$ 　　 B. $Re > 2\,300$ 　　 C. $Re < 575$ 　　 D. $Re \leqslant 1 \sim 10$

5. 普通完整井的出水量（　　）。

A. 与渗透系数成正比 　　　　　　　 B. 与井的半径成正比

C. 与含水层厚度成正比 　　　　　　 D. 与影响半径成正比

二、计算题

1. 在实验室中用达西实验装置（图 8-2）来测定土样的渗透系数。如圆筒直径为 20 cm，两测压管间距为 40 cm，测得的渗流量为 100 mL/min，两测压管的水头差为 20 cm，试求土样的渗透系数。

2. 如图 8-18 所示，上、下游水箱中间有一连接管，水箱水位恒定，连接管内充填两种不同的砂层（$k_1 = 0.003$ m/s，$k_2 = 0.001$ m/s），管道断面面积为 0.01 m²，试求渗流量。

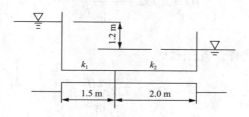

图 8-18 习题 2 图

3. 如图 8-19 所示，河中水位为 65.8 m，距河 300 m 处有一钻孔，孔中水位为 68.5 m，不透水层为水平面，高程为 55.0 m，土的渗透系数 $k = 16$ m/d，试求单宽渗流量。

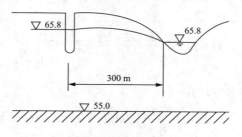

图 8-19 习题 3 图

4. 某工地以潜水为给水水源。由钻探测知含水层为夹有砂粒的卵石层，厚度为 6 m，渗透系数为 0.001 16 m/s，现打一普通完整井，井的半径为 0.15 m，影响半径为 150 m，试求井中水位降深 3 m 时，井的涌水量。

5. 从一承压井取水，如图 8-20 所示。井的半径 $r_0 = 0.1$ m，含水层厚度 $t = 5$ m，在离井中心 10 m 处钻一观测孔，在未抽水前，测得地下水的水位 $H = 12$ m，现抽水量 $Q = 36$ m³/h，井中水位降深 $s_0 = 2$ m，观测孔中水位降深 $s_1 = 1$ m，试求含水层的渗透系数 k 及井中水位降深 $s_0 = 3$ m 时的涌水量。

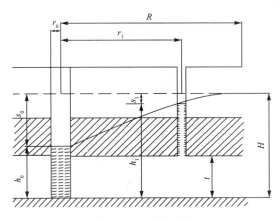

图 8-20 习题 5 图

第九章

气体射流

第一节　无限空间淹没紊流射流的特征

一、射流结构

对工程实际中通风工程、空调工程应用较为广泛的流体流入无限空间的流动，即是气体紊流射流。以无限空间中圆断面紊流射流为例，介绍射流起始段、过渡断面、主体段的射流特征，如图 9-1 所示。

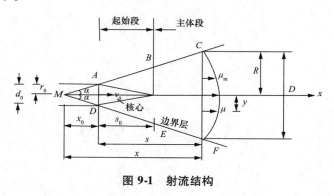

图 9-1　射流结构

气流自半径为 r_0 的圆断面喷嘴喷出。出口断面上的速度被认为均匀分布，皆为 u_0 值，且流动为紊流。取射流轴线 Mx 为 x 轴。

经过许多学者的实验和观测，得出这种射流的流动特性及结构图形，如图 9-1 所示。

由于射流为紊流型，紊流的横向脉动造成射流与周围介质之间不断发生质量、动量交换，带动周围介质流动，使射流的质量流量、射流的横断面面积沿 x 方向不断增加，形成了向周围扩散的锥体状流动场，如图 9-1 所示的锥体 $CAMDF$。

二、几何特征

实验结果及半经验理论都得出射流外边界可看成一直线，其上速度为零，如图 9-1 上的 AB 线及 DE 线所示。AB、DE 延至喷嘴内交于 M 点，此点称为极点，∠AMD 的一半称为极角 α，又称扩散角 α。

设圆断面射流截面的半径为 R（或平面射流边界层的半宽度 b），它和从极点起算的距离成正比，即 R = Kx。截面到极点的距离为 x。由图 9-1 看出

$$\tan\alpha = \frac{R}{x} = \frac{Kx}{x} = 3.4a \tag{9-1}$$

式中　K——实验系数，对圆断面射流 K = 3.4a；

　　　a——紊流系数，由实验决定，是表示射流流动结构的特征系数。

紊流系数 a 与出口断面上紊流强度（脉动速度的均方根值与平均速度值之比）有关，紊流强度越大，说明射流在喷嘴前已"紊乱化"，具有较大的与周围介质混合的能力，则 a 值也大，使射流扩散角 α 增大，被带动的周围介质增多，射流速度沿程下降加速。a 还与射流出口断面上速度分布的均匀性有关。如果速度分布均匀 $u_{最大}/u_{平均} = 1$，则 a = 0.066；如果不太均匀，例如 $u_{最大}/u_{平均} = 1.25$，则 a = 0.076；各种不同形状喷嘴的紊流系数和扩散角的实测值列于表 9-1。

表 9-1　紊流系数

喷嘴种类	a	2α	喷嘴种类	a	2α
带有收缩口的喷嘴	0.066	25°20′	带金属网格的轴流风机	0.24	78°40′
	0.071	27°10′	收缩极好的平面喷口	0.108	29°30′
圆柱形管	0.076	29°00′	平面壁上锐缘夹缝	0.118	32°10′
	0.08				
带有导风板的轴流式通风机	0.12	44°30′	具有导叶且加工磨圆边口的风道上纵向缝	0.155	41°20′
带导流板的直角弯管	0.20	68°30′			

从表中数值可知，喷嘴上装置不同形式的风板栅栏，出口截面上气流的扰动紊乱程度不同，因而紊流系数 a 也就不相同。扰动大的紊流系数 a 值增大，扩散角 α 也增大。由式（9-1）可知，a 值确定，射流边界层的外边界线也就被确定，射流即按一定的扩散角 α 向前做扩散运动，这就是它的几何特征。应用这一特征，对圆断面射流可求出射流半径沿射程的变化规律，如图 9-1 所示。可有

$$\frac{R}{r_0} = \frac{x_0 + s}{x_0} = 1 + \frac{s}{\dfrac{r_0}{\tan\alpha}} = 1 + 3.4\alpha\frac{s}{r_0} = 3.4\left(\frac{as}{r_0} + 0.294\right) \tag{9-2}$$

又　　　　$$\frac{R}{r_0} = \frac{\dfrac{x_0}{r_0} + \dfrac{s}{r_0}}{\dfrac{x_0}{r_0}} = \frac{\overline{x_0} + \bar{s}}{\dfrac{1}{\tan\alpha}} = 3.4a(\overline{x_0} + \bar{s}) = 3.4a\bar{x} \tag{9-2a}$$

以直径表示

$$\frac{D}{d_0} = 6.8\left(\frac{as}{d_0} + 0.147\right) \tag{9-2b}$$

式（9-2）是以出口截面起算的无因次距离 $\bar{s} = \dfrac{s}{r_0}$ 表达的无因次半径 $\bar{R} = \dfrac{R}{r_0}$ 的变化规律，而式（9-2a）是以极点起算的无因次距离 $\bar{x} = \dfrac{x_0 + s}{r_0} = \overline{x_0} + \bar{s}$ 的表达式。式（9-2a）说明了射流半径与射程的关系，即无因次半径正比于由极点算起的无因次距离。

三、运动特征

通过大量实验证实了射流各断面的流速分布相似，并得出相似关系式：$\dfrac{u}{u_m} = \left[1 - \left(\dfrac{y}{R}\right)^{1.5}\right]^2$。

为了找出射流速度分布规律，许多学者做了大量实验，对不同横截面上的速度分布进行了测定。这里仅给出特留彼尔在轴对称射流主体段的实验结果，以及阿勃拉莫维奇在起始段内的测定结果，如图9-2（a）和图9-3（a）所示。

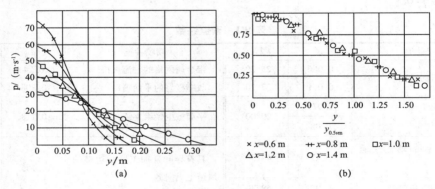

图9-2　主体段流速分布

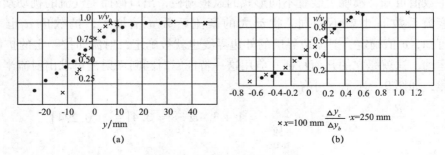

图9-3　起始段流速分布

从两图中可见，无论主体段或起始段内，轴心速度最大，从轴心向边界层边缘，速度渐减小至零。同时可以看出，距喷嘴距离越远（x 值增大），边界层厚度越大，而轴心速度则越小。也就是，随着 x 的增大，速度分布曲线不断地扁平化。

如果纵坐标用相对速度，或无因次速度；横坐标用相对距离，或无因次距离以代替原图中的速度 v 和横向距离 y，就得到图 9-2（b）和图 9-3（b）的曲线。对照图 9-4（b），主体段内无因次距离与无因次速度的取法规定：

$$\frac{y}{y_{0.5v_m}} = \frac{\text{截面上任一点至轴心的距离}}{\text{同截面上 } 0.5v_m \text{ 点至轴心的距离}}$$

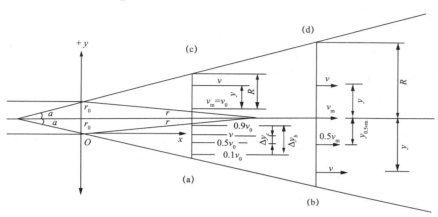

图 9-4　流速分布距离规定

（a）起始段实验资料；（b）主体段实验资料；（c）起始段半经验式；（d）主体段半实验式

在上式中，$0.5v_m$ 点表示速度为轴心速度的一半之处点。

$$\frac{v}{v_m} = \frac{\text{截面上 } y \text{ 点的速度}}{\text{同截面上轴心点的速度}}$$

阿伯拉莫维奇整理起始段时，所用无因次量为

$$\frac{\Delta y_c}{\Delta y_b} = \frac{y - y_{0.5v_0}}{y_{0.9v_0} - y_{0.1v_0}}$$

$$\frac{v}{v_0} = \frac{y \text{ 点速度}}{\text{核心速度}}$$

式中　y——起始段任一点至 ox 线的距离，ox 线是以喷嘴边缘所引平行轴心线的横坐标轴；

$\quad y_{0.5v_0}$——同一截面上 $0.5v_0$ 点至边缘轴线 ox 的距离；

$\quad y_{0.9v_0}$——同一截面上 $0.9v_0$ 点至边缘轴线 ox 的距离；

$\quad y_{0.1v_0}$——同一截面上 $0.1v_0$ 点至 ox 线的距离。

经过这样整理便得出图 9-2（b）及图 9-3（b）。可以看到原来各截面不同的速度分布曲线，均变换成为同一条无因次分布线。这种同一性说明，射流各截面上速度分布的相似性。这就是射流的运动特征。

用半经验公式表示射流各横截面上的无因次速度分布如下：

$$\frac{v}{v_m} = \left[1 - \left(\frac{y}{R} \right)^{1.5} \right]^2 \tag{9-3}$$

$$\frac{y}{R} = \eta$$

$$\frac{v}{v_m} = [1 - \eta^{1.5}]^2 \tag{9-3a}$$

上式如用于起始段，仅考虑边界层中流速分布，参看图9-4（c）。则式中：

y——截面上任意点至核心边界的距离；

R——同截面上边界层厚度；

v——截面上边界层中 y 点的速度；

v_m——核心速度 v_0。

上式如用于主体段，参看图9-4（d）。则式中：

y——横截面上任意点至轴心距离；

R——该截面上射流半径（半宽度）；

v—— y 点上速度；

v_m——该截面轴心速度。

由此得出从轴心或核心边界到射流外边界的变化范围为 $0\rightarrow1$。$\frac{v}{v_m}$ 从轴心或核心边界到射流边界的变化范围为 $1\rightarrow0$。

四、动力特征

通过对射流脱离体进行受力分析，证明无限空间紊流淹没射流的主体段各断面满足动量守恒。

实验证明，射流中任意点上的静压强均等于周围气体的压强。现取图9-5中1—1和2—2之间的射流段为分离体，分析其上受力情况。因各面上所受静压强均相等，则 x 方向外力之和为零。据动量方程可知，各横截面上轴向动量相等——动量守恒，这就是射流的动力学特征。以圆断面射流为例应用动量守恒原理，列出表达式。

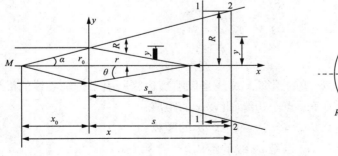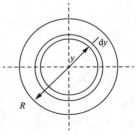

图9-5 射流计算式的推证

出口截面上动量流量为 $\rho Q v_0 V_0 = \rho\pi\gamma_0^2 v_0^2$ 场弱，任意横截面上轴向的动量流量则需积分。

$$\int_0^R v\rho 2\pi y \mathrm{d}y v = \int_0^R 2\pi\rho v^2 y \mathrm{d}y$$

所列动量守恒式为

$$\pi\rho r_0^2 v_0^2 = \int_0^R 2\pi\rho v^2 y \mathrm{d}y \tag{9-4}$$

第二节　圆断面与平面射流

一、圆断面射流分析

根据紊流射流的几何、运动和动力三大特征，可得出圆断面射流流速、流量等沿射程 s 的变化规律如下。

（1）轴心流速 u_m：

$$\frac{u_m}{v_0} = \frac{0.48}{\frac{as}{d_0} + 0.147} \tag{9-5}$$

（2）断面流速 Q：

$$\frac{Q}{Q_0} = 4.4\left(\frac{as}{d_0} + 0.147\right) \tag{9-6}$$

（3）断面平均流速 v_1：

$$\frac{v_1}{v_0} = \frac{0.095}{\frac{as}{d_0} + 0.147} \tag{9-7}$$

（4）质量平均流速 v_2：因为 $v_1 \approx 20\% u_m$，工程上一般用轴心附近较高的流速区而非整个射流边界层，故引入质量平均流速 v_2。$\rho Q v_2$ 为该断面的实际动量，即

$$\rho Q v_2 = \int_Q \rho \mathrm{d}Q \cdot u \tag{9-8}$$

则有

$$\frac{v_2}{v_0} = \frac{Q_0}{Q} = \frac{0.23}{\frac{as}{d_0} + 0.147} \Rightarrow v_2 \approx 47\% u_m$$

可见质量平均流速 v_2 能更好地反映轴心附近较高的流速区。

圆断面射流的具体计算公式见表 9-2。

表 9-2　主要参数的计算公式

主要参数	计算公式
主体段轴心流速 v_m	$\dfrac{v_m}{v_0} = \dfrac{0.965}{\frac{as}{r_0} + 0.294} = \dfrac{0.48}{\frac{as}{d_0} + 0.147} = \dfrac{0.96}{a\bar{x}}$
主体段断面流量 Q_v	$\dfrac{Q_v}{Q_{v0}} = 2.2\left(\dfrac{as}{r_0} + 0.294\right) = 4.4\left(\dfrac{as}{d_0} + 0.147\right) = 2.2a\bar{x}$
主体段断面平均流速 v_1	$\dfrac{v_1}{v_0} = \dfrac{0.19}{\frac{as}{r_0} + 0.294} = \dfrac{0.095}{\frac{as}{d_0} + 0.147} = \dfrac{0.19}{a \cdot \bar{x}}$
主体段质量平均流速 v_2	$\dfrac{v_2}{v_0} = \dfrac{Q_{v0}}{Q_v} = \dfrac{0.454\,5}{\frac{as}{r_0} + 0.294} = \dfrac{0.23}{\frac{as}{d_0} + 0.147} = \dfrac{0.454\,5}{a\bar{x}}$
起始段核心长度 s_n	$s_n = 0.671\dfrac{r_0}{a}, \bar{s_n} = \dfrac{s_n}{r_0} = \dfrac{0.671}{a}$

主要参数	计算公式
起始段核心收缩角 θ	$\tan\theta = \dfrac{r_0}{s_n} = 1.49a$
起始段流量 Q_v	$\dfrac{Q'_v + Q''_v}{Q_{v0}} = 1 + 0.76\dfrac{as}{r_0} + 1.32\left(\dfrac{as}{r_0}\right)^2$
起始段断面平均流速 v_1	$= \dfrac{1 + 0.76\dfrac{as}{r_0} + 1.32\left(\dfrac{as}{r_0}\right)^2}{1 + 6.8\dfrac{as}{r_0} + 11.56\left(\dfrac{as}{r_0}\right)^2}$
起始段质量平均流速 v_2	$\dfrac{v_2}{v_0} = \dfrac{Q_{v0}}{Q'_v + Q''_v} = \dfrac{1}{1 + 0.76\dfrac{as}{r_0} + 1.32\left(\dfrac{as}{r_0}\right)^2}$

注：射流起始段很短，对工程上意义不大，故工程设计中只考虑射流主体段

二、平面射流分析

气体从狭长缝隙中外射运动时，射流在条缝长度方向几乎无扩散运动，只能在垂直条缝长度的各个平面上扩散运动。这种流动可视为平面运动，故被称为平面射流。

平面射流喷口高度以 $2b_0$（b_0 半高度）表示，a 值见表 9-1 后三项；φ 值为 2.44，于是 $\tan\alpha = 2.44a$。而其几何、运动和动力特征完全与圆断面射流相似，所以各项运动参数规律的推导基本与圆断面类似，这里不再推导。列公式于表 9-3 中。

表 9-3 射流参数的计算

段名	参数名称	符号	圆断面射流	平面射流
	扩散角	α	$\tan\alpha = 3.4a$	$\tan\alpha = 2.44a$
	射流直径或半高度	D b	$\dfrac{D}{d_0} = 6.8\left(\dfrac{as}{d_0} + 0.147\right)$	$\dfrac{b}{b_0} = 2.44\left(\dfrac{as}{b_0} + 0.41\right)$
	轴心速度	v_m	$\dfrac{v_m}{v_0} = \dfrac{0.48}{\dfrac{as}{d_0} + 0.147}$	$\dfrac{v_m}{v_0} = \dfrac{1.2}{\sqrt{\dfrac{as}{b_0} + 0.41}}$
主体段	流量	Q_V	$\dfrac{Q_v}{Q_{v0}} = 4.4\left(\dfrac{as}{d_0} + 0.147\right)$	$\dfrac{Q_v}{Q_{v0}} = 1.2\sqrt{\dfrac{as}{b_0} + 0.41}$
	断面平均流速	v_1	$\dfrac{v_1}{v_0} = \dfrac{0.095}{\dfrac{as}{d_0} + 0.147}$	$\dfrac{v_1}{v_0} = \dfrac{0.492}{\sqrt{\dfrac{as}{d_0} + 0.41}}$
	质量平均流速	v_2	$\dfrac{v_2}{v_0} = \dfrac{0.23}{\dfrac{as}{d_0} + 0.147}$	$\dfrac{v_2}{v_0} = \dfrac{0.883}{\sqrt{\dfrac{as}{b_0} + 0.41}}$

段名	参数名称	符号	圆断面射流	平面射流
起始段	流量	Q_v	$\dfrac{Q_v}{Q_{v0}} = 1 + 0.76\dfrac{as}{r_0} + 1.32\left(\dfrac{as}{r_0}\right)^2$	$\dfrac{Q_v}{Q_{v0}} = 1 + 0.43\dfrac{as}{b_0}$
	断面平均流速	v_1	$\dfrac{v_1}{v_0} = \dfrac{1 + 0.76\dfrac{as}{r_0} + 1.32\left(\dfrac{as}{r_0}\right)^2}{1 + 6.8\dfrac{as}{r_0} + 11.56\left(\dfrac{as}{r_0}\right)^2}$	$\dfrac{v_1}{v_0} = \dfrac{1 + 0.43\dfrac{as}{b_0}}{1 + 2.44\dfrac{as}{b_0}}$
	质量平均流速	v_2	$\dfrac{v_2}{v_0} = \dfrac{1}{1 + 0.76\dfrac{as}{r_0} + 1.32\left(\dfrac{as}{r_0}\right)^2}$	$\dfrac{v_2}{v_0} = \dfrac{1}{1 + 0.43\dfrac{as}{b_0}}$
	核心长度	s_n	$s_n = 0.672\dfrac{r_0}{a}$	$s_n = 1.03\dfrac{b_0}{a}$
	喷嘴至极点距离	x_0	$x_0 = 0.294\dfrac{r_0}{a}$	$x_0 = 0.41\dfrac{b_0}{a}$
	喷嘴至极点距离	θ	$\tan\theta = 1.49a$	$\tan\theta = 0.97a$

从表 9-3 中可以看出，各无因次参数（$\overline{v_m}$、$\overline{v_1}$、$\overline{v_2}$）对平面射流来说，都与 $\sqrt{\dfrac{as}{b_0}} + 0.41$ 无因次距离有关。和圆断面射流相比，流量沿程的增加、流速沿程的衰减都要慢些。这是因为运动的扩散被限定在垂直于条缝长度的平面上的缘故。

第三节　温差和浓差射流

在采暖通风空调工程中，常采用冷风降温、热风采暖，这时就要用温差射流。将有害气体及灰尘浓度降低，就要用浓差射流。所谓温差、浓差射流，就是射流本身的温度或浓度与周围气体的温度、浓度有差异。本节主要是研究射流温差、浓差分布场的规律。同时，讨论由温差浓差引起射流弯曲的轴心轨迹。

如本章第一节中射流的形成所述，横向动量交换、旋涡的出现，使射流出现质量交换、热量交换和浓度交换。而在这些交换中，由于热量扩散比动量扩散要快些，因此温度边界层比速度边界层发展要快些、厚些，如图 9-6 所示。实线为速度边界层，虚线为温度边界层的内外界线。

浓度扩散与温度相似，然而在实际应用中，为简化计，可以认为，温度、浓度内外的边界与速度内外的边界相同。于是，参数 R、Q_v、v_m、v_1、v_2 等可使用前两节所述公式，仅对轴心温差 ΔT_m——平均温差等沿射程的变化规律进行讨论。

对温差射流：

出口断面温差 $\Delta T_0 = T_0 - T_e$。

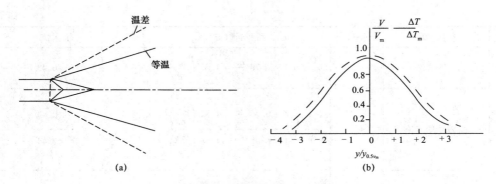

图 9-6　温度边界层与速度边界层的对比

轴心上温差 $\Delta T_{\mathrm{m}} = T_{\mathrm{m}} - T_e$。

截面上任一点温差 $\Delta T = T - T_e$。

对浓差射流：

出口断面浓差 $\Delta \chi_0 = \chi_0 - \chi_e$。

轴心上浓差 $\Delta \chi_{\mathrm{m}} = \chi_{\mathrm{m}} - \chi_e$。

截面上任意一点浓差 $\Delta \chi = \chi - \chi_e$。

实验得出，截面上温差分布、浓差分布与速度分布关系如下：

$$\frac{\Delta T}{\Delta T_{\mathrm{m}}} = \frac{\Delta \chi}{\Delta \chi_{\mathrm{m}}} = \sqrt{\frac{v}{v_{\mathrm{m}}}} = 1 - \left(\frac{y}{R}\right)^{1.5} \tag{9-9}$$

将 $\dfrac{\Delta T}{\Delta T_{\mathrm{m}}}$ 与 $\dfrac{v}{v_{\mathrm{m}}}$ 同绘在一个无因次坐标上，如图 9-6（b）所示。无因次温差分布线，在无因次速度线的外部，证实了前面的分析。

热力学特征：在等压的情况下，以周围气体的焓值作为起算点，射流各横截面上的相对焓值不变。

设喷嘴断面上单位时间的相对焓值为 $\rho Q_{v0} c \Delta T_0$，则与射流任意横截面上单位时间通过的相对焓值 $\displaystyle\int^Q \rho c \Delta T \mathrm{d}Q_v$ 相等。

一、轴心温差 ΔT_{m}

根据相对焓值相等，有

$$\rho Q_{v0} c \Delta T_0 = \int_0^R 2\pi \rho c \Delta T y \mathrm{d}y \cdot v$$

两端除以 $\rho \pi R^2 v_{\mathrm{m}} c \Delta T_{\mathrm{m}}$，并将式（9-9）代入，得

$$\left(\frac{r_0}{R}\right)^2 \cdot \left(\frac{v_0}{v_{\mathrm{m}}}\right) \cdot \left(\frac{\Delta T_0}{\Delta T_{\mathrm{m}}}\right) = 2 \int_0^1 \frac{v}{v_{\mathrm{m}}} \cdot \frac{\Delta T}{\Delta T_{\mathrm{m}}} \cdot \frac{y}{R} \mathrm{d}\left(\frac{y}{R}\right)$$

$$= 2 \int_0^1 \left(\frac{v}{v_{\mathrm{m}}}\right)^{1.5} \frac{y}{R} \mathrm{d}\left(\frac{y}{R}\right)$$

查表 9-2，$B_{1.5} = 0.064$，且将主体段 $\dfrac{R}{r_0}$、$\dfrac{v_{\mathrm{m}}}{v_0}$ 代入，于是得出主体段轴心温差变化规律为

$$\frac{\Delta T_m}{\Delta T_0} = \frac{0.706}{\dfrac{as}{r_0} + 0.294} = \frac{0.35}{\dfrac{as}{d_0} + 0.147} = \frac{0.706}{a\bar{x}} \tag{9-10}$$

二、质量平均温差 ΔT_2

用质量平均温差可以推导出任意断面的相应焓值。

所谓质量平均温差，就是以该温差乘上 $\rho Q_v c$，便得出相对焓值，以符号 ΔT_2 表示。

列出口断面与射流任一横截面相对焓值的相等式，于是得

$$\Delta T_2 = \frac{\rho c Q_{t0} \Delta T_0}{\rho Q_v c} = \frac{Q_{t0} \Delta T_0}{Q_v}$$

无因次质量温差与 Q_{t0}/Q_v 相等，将式（9-6）代入，得

$$\frac{\Delta T_2}{\Delta T_0} = \frac{Q_{t0}}{Q_v} = \frac{0.455}{\dfrac{as}{r_0} + 0.294} = \frac{0.23}{\dfrac{as}{d_0} + 0.147} = \frac{0.455}{a\bar{x}} \tag{9-11}$$

三、起始段质量平均温差 ΔT_2

起始段轴心温差 ΔT_m 是不变化的，与 ΔT_0 同，无须讨论。而质量平均温差只要把 Q_{t0}/Q_v 代为起始段无因次流量即得

$$\frac{\Delta T_2}{\Delta T_0} = \frac{1}{1 + 0.76\dfrac{as}{r_0} + 1.32\left(\dfrac{as}{r_0}\right)^2} \tag{9-12}$$

对于浓差射流，其规律与温差射流相同。所以，温差射流公式完全适用浓差射流，见表9-4。

表9-4　浓差、温差的射流计算

段名	参数名称	符号	圆断面射流	平面射流
主体段	轴心温差	ΔT_m	$\dfrac{\Delta T_m}{\Delta T_0} = \dfrac{0.35}{\dfrac{as}{d_0} + 0.147}$	$\dfrac{\Delta T_m}{\Delta T_0} = \dfrac{1.032}{\sqrt{\dfrac{as}{b_0} + 0.41}}$
	质量平均温差	ΔT_2	$\dfrac{\Delta T_2}{\Delta T_0} = \dfrac{0.23}{\dfrac{as}{d_0} + 0.147}$	$\dfrac{\Delta T_2}{\Delta T_0} = \dfrac{0.833}{\sqrt{\dfrac{as}{b_0} + 0.41}}$
	轴心浓差	Δr_m	$\dfrac{\Delta r_m}{\Delta r_0} = \dfrac{0.35}{\dfrac{as}{d_0} + 0.147}$	$\dfrac{\Delta r_m}{\Delta r_0} = \dfrac{1.032}{\sqrt{\dfrac{as}{b_0} + 0.41}}$
	质量平均浓差	Δr_2	$\dfrac{\Delta r_2}{\Delta r_0} = \dfrac{0.23}{\dfrac{as}{d_0} + 0.147}$	$\dfrac{\Delta r_2}{\Delta r_0} = \dfrac{0.833}{\sqrt{\dfrac{as}{b_0} + 0.41}}$

段名	参数名称	符号	圆断面射流	平面射流
起始段	质量平均温差	ΔT_2	$\dfrac{\Delta T_2}{\Delta T_0} = \dfrac{1}{1 + 0.76\dfrac{as}{r_0}1.32\left(\dfrac{as}{r_0}\right)^2}$	$\dfrac{\Delta T_2}{\Delta T_0} = \dfrac{1}{1 + 0.43\dfrac{as}{b_0}}$
	质量平均浓差	Δr_2	$\dfrac{\Delta r_2}{\Delta r_0} = \dfrac{1}{1 + 0.76\dfrac{as}{r_0}1.32\left(\dfrac{as}{r_0}\right)^2}$	$\dfrac{\Delta r_2}{\Delta r_0} = \dfrac{1}{1 + 0.43\dfrac{as}{b_0}}$
	轴线轨迹方程		$\dfrac{y}{d_0} = \dfrac{x}{d_0}\tan\alpha + Ar\left(\dfrac{x}{d_0\cos_\alpha}\right)^2$ $\times\left(0.51\dfrac{ax}{d_0\cos_\alpha} + 0.35\right)$	$\dfrac{y}{2b_0} = \dfrac{0.226Ar\left(a\dfrac{x}{2b_0} + 0.205\right)^{5/2}}{a^2\sqrt{T_1/T_0}}$ $\dfrac{y}{2b_0}\cdot\dfrac{\sqrt{T_1/T_0}}{Ar}$ $= \dfrac{0.226}{a^2}\left(a\dfrac{x}{2b_0} + 0.205\right)^{5/2}$

四、射流弯曲

温差射流或浓差射流由于密度与周围密度不同，所受的重力与浮力不相平衡，使整个射流将发生向上或向下弯曲。但整个射流仍可看作对称于轴心线，因此了解轴心线的弯曲轨迹后，便可得出整个弯曲的射流。通过一喷嘴喷出热射流的轨迹，如图9-7所示。

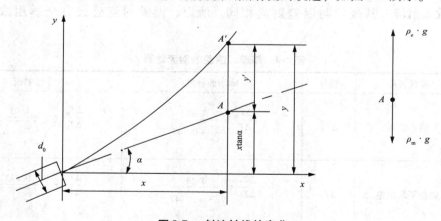

图 9-7　射流轴线的弯曲

我们采用近似的处理方法：取轴心线上的单位体积流体作为研究对象，只考虑受重力与浮力作用，应用牛顿定律推导公式。

有一射流自直径为 d_0 的喷嘴中喷出，射流轴线与水平线成 α 角，现分析弯曲轨迹。图9-7所给 A 处即为轴心线上单位体积气流，其上所受重力为 $\rho_m g$，浮力为 $\rho_e g$。则总的向上合力为 $(\rho_e - \rho_m)g$。根据牛顿定律有

$$F = \rho_m \cdot j(\rho_e - \rho_m)g = \rho_m j$$

$$j = \frac{\rho_e - \rho_m}{\rho_m} \cdot g$$

式中，j 为垂直向上的加速度。图 9-7 中可得射流轴心 A 点偏离的纵向距为 y'，则 y' 和射流的垂直分速度、垂直加速度三者之间的关系为

$$j = \frac{\mathrm{d}u_y}{\mathrm{d}t} = \frac{\mathrm{d}^2 y'}{\mathrm{d}t^2}; u_y = \int j\mathrm{d}t$$

$$y' = \int u_y \mathrm{d}t = \int \mathrm{d}t \int j\mathrm{d}t$$

将 j 式代入，得

$$y' = \int \mathrm{d}t \int \left(\frac{\rho_e}{\rho_m} - 1\right)g \cdot \mathrm{d}t$$

气体在等压过程时，状态方程式为 $\rho g T = $ 常数。可得

$$\frac{\rho_e g}{\rho_m g} = \frac{T_m}{T_e}; \frac{\rho_e}{\rho_m} = \frac{T_m}{T_e}$$

$$\frac{\rho_e}{\rho_m} - 1 = \frac{T_m}{T_e} - 1 = \frac{T_m - T_e}{T_e} = \frac{\Delta T_m}{\Delta T_0} \cdot \frac{\Delta T_0}{\Delta T_e}$$

将轴心温差换为轴心速度关系，应用式（9-5）和式（9-16）两式，得

$$\frac{\rho_e}{\rho_m} - 1 = 0.73\left(\frac{v_m}{v_0}\right)\frac{\Delta T_0}{T_e}$$

$$y' = \int \mathrm{d}t \int 0.73\left(\frac{v_m}{v_0}\right)\left(\frac{\Delta T_0}{T_e}\right)g\mathrm{d}t$$

$$= \frac{0.73g}{v_0} \cdot \frac{\Delta T_0}{T_e}\int \mathrm{d}t \int v_m \mathrm{d}t$$

因为

$$v_m = \frac{\mathrm{d}s}{\mathrm{d}t}$$

积分

$$\int \mathrm{d}t \int v_m \mathrm{d}t = \int s\mathrm{d}t \frac{1}{v_0}\int \frac{v_0}{v_m} \cdot v_m s\mathrm{d}t = \frac{1}{v_0}\int \frac{v_0}{v_m} \cdot \frac{\mathrm{d}s}{\mathrm{d}t} \cdot s\mathrm{d}t = \frac{1}{v_0}\int \frac{v_0}{v_m}s\mathrm{d}s$$

再用 $\frac{v_m}{v_0}$ 倒数代入，且一并代入 y' 式，得

$$y' = \frac{0.73g}{v_0^2} \cdot \frac{\Delta T_0}{T_e}\int \frac{\dfrac{as}{r_0} + 0.294}{0.965}s\mathrm{d}s$$

$$= \frac{g\Delta T_0}{v_0^2 T_e}\left(0.51\frac{a}{2r_0}s^3 + 0.11s^2\right)$$

将 0.11 改为 0.35 以符合实验数据，有

$$y' = \frac{g \cdot \Delta T_0}{v_0^2 T_e}\left(0.51\frac{a}{2r_0}s^3 + 0.35s^2\right) \tag{9-13}$$

式（9-19）给出了射流轴心轨迹偏离值 y 随 s 变化的规律。如以图 9-7 中坐标表示，$s = \frac{x}{\cos\alpha}$，且除以喷嘴直径 d_0，便得出无因次轨迹方程为

$$\frac{y}{d_0} = \frac{x}{d_0}\tan\alpha + \left(\frac{gd_0\Delta T_0}{v_0^2 T_e}\right)\left(\frac{x}{d_0\cos\alpha}\right)^2\left(0.51\frac{ax}{d_0\cos\alpha} + 0.35\right)$$

式中，$\dfrac{gd_0\Delta T_0}{v_0^2 T_e} = Ar$ 为阿基米德准数，于是上式变为

$$\frac{y}{d_0} = \frac{x}{d_0}\tan\alpha + Ar\left(\frac{x}{d_0\cos\alpha}\right)^2\left(0.51\frac{ax}{d_0\cos\alpha} + 0.35\right) \tag{9-14}$$

对于平面射流，有

$$\frac{\bar{y}}{Ar} \cdot \sqrt{\frac{T_e}{T_0}} = \frac{0.226}{a^2}(a\bar{x} + 0.205)^{\frac{5}{2}} \tag{9-14a}$$

式中

$$\bar{y} = \frac{y}{2b_0}; \bar{x} = \frac{x}{2b_0}$$

【例9-1】 工作地点质量平均风速要求3 m/s，工作面直径$D = 2.5$ m，送风温度为15 ℃，车间空气温度为30 ℃，要求工作地点的质量平均温度降到25 ℃，采用带导叶的的轴流风机，其紊流系数$a = 0.12$。求：（1）风口的直径及速度；（2）风口到工作面的距离。

解：温差
$$T_0 = 15 - 30 = -15(℃)$$
$$T_2 = 25 - 30 = -5(℃)$$
$$\frac{\Delta T_2}{\Delta T_0} = \frac{0.23}{\dfrac{as}{d_0} + 0.147} = \frac{-5}{-15}$$

求出 $\dfrac{as}{d_0} + 0.147 = 0.23 \times \dfrac{15}{5} = 0.69$，代入下式

$$\frac{D}{d_0} = 6.8\left(\frac{as}{d_0} + 0.147\right) = 6.8 \times 0.69$$

所以
$$d_0 = \frac{D}{6.8 \times 0.69} = \frac{2.5}{6.8 \times 0.69} = 0.525(\text{m})$$

工作地点质量平均风速要求3 m/s。

因为
$$\frac{v_2}{v_0} = \frac{0.23}{\dfrac{as}{d_0} + 0.147} = \frac{5}{15} = \frac{3}{v_0}$$

所以
$$v_0 = 9 \text{ m/s}$$

风口到工作面距离s可用下式求出

$$\frac{as}{d_0} + 0.147 = 0.69$$

$$\frac{0.12s}{0.525} = 0.543; s \approx 2.38 \text{ m}（图9-8）$$

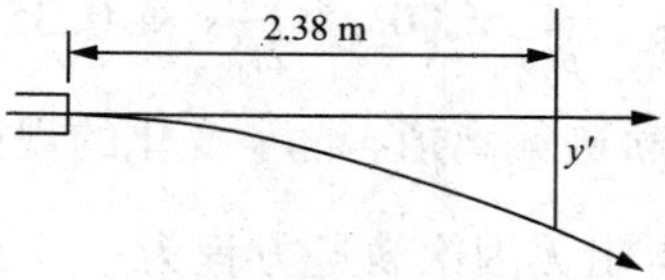

图9-8　射流的下降

【例 9-2】 数据同上题，求射流在工作面的下降值 y'。

解： 周围气体温度

$$T_e = 273 + 30 = 303 \, (\text{K})$$
$$\Delta T_0 = -15 \, \text{K}; v_0 = 9 \, \text{m/s}; a = 0.12$$
$$d_0 = 0.525 \, \text{m}; s = 2.38 \, \text{m}$$

$$y' = \frac{g \Delta T_0}{v_0^2 T_e} \left(0.51 \frac{a}{d_0} s^3 + 0.35 s^2 \right)$$

$$= \frac{9.8 \times (-15)}{9^2 \times 303} \left(0.51 \times \frac{0.12}{0.525} \times 2.38^3 + 0.35 \times 2.38^2 \right)$$

$$= -0.021 \, 3 \, (\text{m})$$

案例：如图 9-9 所示，通过喷口送风实现了圆断面射流，喷口主要用于空调送风口与人员活动范围有较大距离的环境里，当公共场所（如各种候机大厅、体育馆、展览馆及装配车间等）面积很大，利用吊顶送风口不能将空气均匀送到或达不到效果时，这种情况下就要安装喷口在侧面送风。如图 9-10 所示，条缝型风口实现了平面射流，可以将其安装在吊顶内，选用时主要控制材质、规格、出口风速、全压损失和气流射程等。直片条缝风口，风口由固定叶片组成，叶片沿平行于长边排列，每节最大连续长度可做成 3 m，也可把两节或多节拼起来使用，拼缝处采用插接板连接，可用于室内送、回风口，适用公共建筑的舒适性空调和工业建筑（纺织厂）的工作区送风。从不同形式风口送出的气流与周围气体温度和污染物浓度有差值时，通过气体的射流不断与室内空气进行掺混，对环境温度和空气质量进行调节。例如夏季时，送冷风对室内进行降温，冬季送热风对室内进行升温，当室内污染物浓度较高时，送入清洁空气降低污染浓度。通过气体射流，使空间温度、湿度和洁净度等各方面达到舒适，以上就是空气调节和通风系统的功能。

图 9-9 喷口

图 9-10 条缝风口

本章小结

本章以圆断面紊流射流为例，介绍了无限空间的紊流射流的射流特征，包括射流结构、几何特征，运动特征和动力特征。对比了圆断面射流和平面射流的流速和流量等参数的变化规律。介绍了温差射流及浓差射流中温差和浓差的分布场及其应用。重要内容小结如下：

1. 无限空间淹没紊流射流的特征

（1）射流结构：对工程实际中工业通风、空气调节应用较为广泛的流体流入无限空间的流动，即是气体紊流射流。

（2）几何特征：

$$\frac{R}{r_0} = \frac{x_0 + s}{x_0} = 1 + \frac{s}{r_0/\tan\alpha} = 1 + 3.4\alpha\left(\frac{as}{r_0} + 0.294\right)$$

以出口截面起算的无因次距离 $\bar{s} = \frac{s}{r_0}$ 表达的无因次半径 $\bar{R} = \frac{R}{r_0}$ 的变化规律：

$$\frac{R}{r_0} = \frac{x_0/r_0 + s/r_0}{x_0/r_0} = \frac{\bar{x}_0 + \bar{s}}{1/\tan\alpha} = 3.4a\ (\bar{x}_0 + \bar{s})\ = 3.4\overline{ax}$$

（3）运动特征：

1）相似关系式：$\dfrac{u}{u_m} = \left[1 - \left(\dfrac{y}{R}\right)^{1.5}\right]^2$

2）射流各横截面上的无因次速度分布：$\dfrac{v}{v_m} = \left[1 - \left(\dfrac{y}{R}\right)^{1.5}\right]^2$

（4）动力特征：

动量守恒式：$\pi\rho r_0^2 v_0^2 = \displaystyle\int_0^R 2\,\pi\rho v^2 y \mathrm{d}y$

2. 圆断面与平面射流

（1）圆断面射流分析：

1）轴心流速 u_m：$\dfrac{u_m}{v_0} = \dfrac{0.48}{\dfrac{as}{d_0} + 0.147}$

2）断面流速 Q：$\dfrac{Q}{Q_0} = 4.4\ \left(\dfrac{as}{d_0} + 0.147\right)$

3）断面平均流速 v_1：$\dfrac{v_1}{v_0} = \dfrac{0.095}{\dfrac{as}{d_0} + 0.147}$

4）质量平均流速 v_2：$v_2 \approx 47\% u_m$

（2）平面射流分析：

各无因次参数（$\bar{v}_m$、$\bar{v}_1$、$\bar{v}_2$）对平面射流来说，都与 $\sqrt{\dfrac{as}{b_0} + 0.41}$ 无因次距离有关。和圆断面射流相比，流量沿程的增加、流速沿程的衰减都要慢些。这是因为运动的扩散被限定在垂直于条缝长度的平面上的缘故。

3. 温差和浓差射流

（1）轴心温差 ΔT_m：$\dfrac{\Delta T_m}{\Delta T_0} = \dfrac{0.706}{\dfrac{as}{d_0} + 0.294} = \dfrac{0.35}{\dfrac{as}{d_0} + 0.147} = \dfrac{0.706}{a\bar{x}}$

（2）质量平均温差 ΔT_2：$\dfrac{\Delta T_2}{\Delta T_0} = \dfrac{Q_{v0}}{Q_v} = \dfrac{0.455}{\dfrac{as}{r_0} + 0.294} = \dfrac{0.23}{\dfrac{as}{d_0} + 0.147} = \dfrac{0.455}{a\bar{x}}$

（3）起始段质量平均温差 ΔT_2：$\dfrac{\Delta T_2}{\Delta T_0} = \dfrac{1}{1 + 0.76\dfrac{as}{r_0} + 1.32\left(\dfrac{as}{r_0}\right)^2}$

对于浓差射流，其规律与温差射流相同。所以温差射流公式完全适用于浓差射流。

（4）射流弯曲：对于平面射流，有

$$\frac{\bar{y}}{Ar} \cdot \sqrt{\frac{T_e}{T_0}} = \frac{0.226}{a^2}(a\bar{x} + 0.205)^{5/2}$$

本章习题

1. 圆断面射流喷口流量 $Q_0 = 0.5$ m³/s，喷口直径 $D_0 = 0.5$ m，试求 2 m 处的射流直径 D，轴心速度 u_m，断面平均流速 v_1 及质量平均流速 v_2。

2. 某工作区设置空气淋浴，需要工作区射流直径为 3 m，轴心速度为 5 m/s，若采用圆柱形喷口送风，喷口直径为 0.6 m，试求作用区离喷口的距离 s 及喷口风速 v_0。

3. 某体育馆的圆柱形送风口，风口直径 $D_0 = 0.5$ m，风口至比赛区为 50 m，要求比赛区的质量平均风速不超过 0.4 m/s，求送风口的送风量应不超过多少 m³/s？

4. 某矩形风口的断面尺寸为 300 mm×400 mm，紊流系数 $\alpha = 0.1$，送风量为 2 500 m³/h，求距出口断面 3.0 m 处的最大风速、断面尺寸、风量和断面平均流速。

5. 若在某铸造车间浇铸线工人操作地点装设空气淋浴设备，工艺要求空气淋浴地带射流直径 $D = 1.2$ m，在工作地带形成空气淋浴的质量平均流速 $v_2 = 2.5$ m/s，采用矩形喷口送风，喷口尺寸为 0.3 m×0.6 m，试求喷口离工作地带的距离及喷口风量。

一元可压缩流动（气体动力学）

在前面的章节中，我们所研究的流体均视为不可压缩流体，即认为流体在运动过程中密度不变，这种简化对于液体和低速运动的气体是适用的。但是，当气体流动的速度较高、压差较大时，气体密度不再保持不变，而会发生显著的变化，从而影响气体运动的规律。前面所讨论的不可压缩流体的动力学理论，在这里完全不适用，必须应用可压缩流体模型，研究其运动规律。气体动力学主要研究可压缩流体运动规律及其在工程中的应用。由于气体密度变化及运动过程的不同，会引起气体的其他状态参数发生相应的变化，它们之间的变化关系要利用热力学基本知识。因此，研究可压缩流体的运动规律，除需要气体动力学的知识外，还需要热力学知识。

本章主要介绍可压缩流体动力学的一些最基本知识。其中包括气体动力学的基本方程；音速和马赫数；喷管流动。

第一节　一元可压缩流动的基本方程

一、连续性方程

第三章已得到一元恒定流动连续性方程：

$$\rho v A = 常量$$

对上式微分，整理得到

$$\frac{\mathrm{d}\rho}{\rho} + \frac{\mathrm{d}A}{A} + \frac{\mathrm{d}v}{v} = 0 \tag{10-1}$$

式（10-1）为可压缩流体一元恒定流动连续性方程的微分形式。

二、运动方程

沿 s 方向取元流段 $\mathrm{d}s$，如图 10-1 所示，两截面面积均为 $\mathrm{d}A$。沿流向列运动方程：$\Sigma F =$

$ma = m\dfrac{\mathrm{d}v}{\mathrm{d}t}$。

即

$$S \cdot \rho \mathrm{d}A\mathrm{d}s + p\mathrm{d}A - \left(p + \frac{\partial p}{\partial S}\mathrm{d}s\right)\mathrm{d}A = \rho \mathrm{d}A\mathrm{d}s\frac{\mathrm{d}v}{\mathrm{d}t}$$

式中 s 为单位质量力。全式除以 $\rho \mathrm{d}s$ 整理得到

$$S - \frac{1}{\rho}\frac{\partial p}{\partial S} = \frac{\mathrm{d}v}{\mathrm{d}t} \tag{10-2}$$

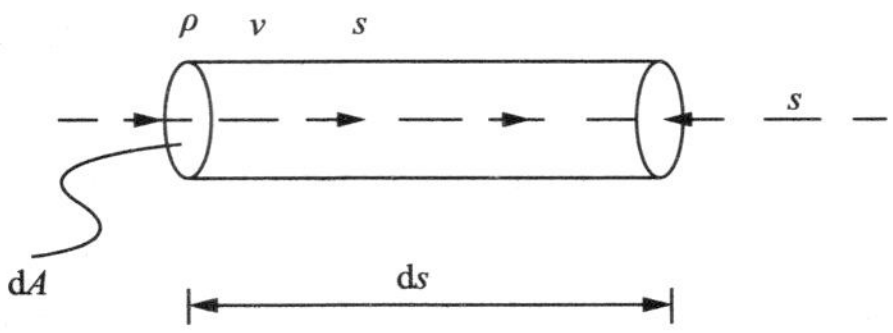

图 10-1 气体微元流动

式（10-2）为理想流体一元流运动微分方程。

等式右边的加速度项可以写成

$$\frac{\mathrm{d}v}{\mathrm{d}t} = \frac{\partial v}{\partial t} + \frac{\partial v}{\partial s} \cdot \frac{\mathrm{d}s}{\mathrm{d}t} = \frac{\partial v}{\partial t} + v\frac{\partial v}{\partial s}$$

式中 $\dfrac{\partial v}{\partial t}$ 称为时变加速度，$v\dfrac{\partial v}{\partial s}$ 称为位变加速度。

对于恒定流动：$\dfrac{\partial v}{\partial t} = 0$，式（10-2）可简化为 $S - \dfrac{1}{\rho}\dfrac{\mathrm{d}p}{\mathrm{d}s} = v\dfrac{\mathrm{d}v}{\mathrm{d}s}$。

对于质量力只有重力的恒定流，可忽略 S，可得到

$$\frac{1}{\rho}\frac{\mathrm{d}p}{\mathrm{d}s} + v\frac{\mathrm{d}v}{\mathrm{d}s} = 0 \Rightarrow \frac{\mathrm{d}p}{\rho} + v\mathrm{d}v = 0 \tag{10-3}$$

式（10-3）为理想流体一元恒定流运动方程。

第二节　理想气体典型流动的能量方程

理想气体在流动过程中，其状态一般存在等容、等温、可逆绝热及多变等热力过程。利用这些过程中压强、密度和温度间的关系，与式（10-3）联合可以求得相应热力过程的过程方程式。本节通过理想流体欧拉运动微分方程，应用热力学过程的三种状态条件得出气体一元定容流动、等温流动、绝热流动过程方程式。

一、气体一元定容流动

热力学中定容过程是指在容积不变，或比容不变的条件下进行的热力过程。定容流动指气体容积不变的流动，即密度不变。通过密度不变的给定条件，结合不可压缩理想流体元流能量方程忽略质量力的形式，得到单位质量理想气体的能量方程式：

$$\frac{p}{\rho} + \frac{v^2}{2} = 常量$$

或

$$\frac{p}{\rho g} + \frac{v^2}{2g} = 常量 \tag{10-4}$$

其物理意义在第三章中已讨论。

二、气体一元等温流动

热力学中等温过程是指气体在温度 T 不变条件下所进行的热力过程。等温流动是指气体

温度 T 保持不变的流动。通过温度不变的给定条件，结合不可压缩理想流体元流能量方程忽略质量力的形式以及等温过程方程式，得到气体等温流动方程式：

$$\frac{p}{\rho} = RT = 常量$$

将上式代入式（10-3）中，并积分得到

$$RT\ln p + \frac{v^2}{2} = 常量 \tag{10-5}$$

三、气体一元绝热流动

在无能量损失且与外界又无热量交换的情况下，为可逆的绝热过程，又称为等熵过程。等熵情况下，气体参数服从等熵过程方程式：

$$\frac{p}{\rho^n} = 常量 = C$$

于是

$$\rho = \left(\frac{p}{C}\right)^{\frac{1}{k}}$$

式中 k 为气体的绝热指数，空气 $k = 1.4$。将上式代入式（10-4）中并积分：

$$\int\left(\frac{C}{p}\right)^{\frac{1}{k}} \cdot \mathrm{d}p + \int\frac{\mathrm{d}(v^2)}{2} = C^{\frac{1}{k}} \cdot \frac{k}{k-1} \cdot p^{\frac{k-1}{k}} + \frac{v^2}{2} = 常量$$

将 $C = \dfrac{p}{\rho^n}$ 代入上式得到

$$\frac{k}{k-1} \cdot \frac{p}{\rho} + \frac{v^2}{2} = 常量$$

或

$$\frac{k}{k-1} \cdot \frac{p}{\rho} + \frac{p}{\rho} + \frac{v^2}{2} = 常量 \tag{10-6}$$

【例10-1】 火箭发动机，如图10-2所示。燃烧室内燃气温度 $T = 2\,300$ K，压强 $p = 4\,900$ kPa，气流速度 $v_0 = 0$，燃气的 $k = 1.25$，$R = 400$ J/（kg·K）。燃气流经喷管时与外界无热交换和能量损失，求喷管出口面上的流速，出口面上的 $p = 394$ kPa，$T = 1\,700$ K。

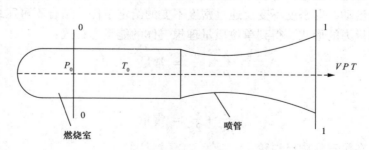

图 10-2 火箭发动机示意

解： 由题意可按等熵流动处理

对 0—0 与 1—1 截面有

$$\frac{k}{k-1} \cdot \frac{p_0}{\rho_0} + \frac{v_0^2}{2} = \frac{k}{k-1} \cdot \frac{p}{\rho} + \frac{v^2}{2}$$

由于 $v = 0$ 得到

$$v = \sqrt{\frac{2k}{k-1}\left(\frac{p_0}{\rho_0} - \frac{p}{\rho}\right)}$$

由状态方程有

$$\frac{p_0}{\rho_0} = RT_0 \ , \ \frac{p}{\rho} = RT$$

代入上式得到

$$v = \sqrt{\frac{2k}{k-1}(RT_0 - RT)}$$

于是

$$v = \sqrt{\frac{2 \times 1.25}{1.25-1} \times 400(T_0 - T)}$$
$$= 1\,549.2 \ (\text{m/s})$$

【例 10-2】 工程中常遇到用等截面长管道输送气体。由于气体与外界进行充分的热交换，同时存在摩擦损失。试推导管道中任意两截面上的压强关系式。

解： 由题意可认为此类管流为等截面等温摩擦管流。利用连续性方程式（10-1）和运动微分方程式（10-3）推导

由连续性方程

$$\rho_1 v_1 A_1 = \rho_2 v_2 A_2 = \rho v A$$

因 $A_1 = A_2 = A$ 得

$$\frac{v}{v_1} = \frac{\rho_1}{\rho} \tag{a}$$

由

得

$$\mathrm{d}(\rho v A) = 0$$

$$\frac{\mathrm{d}\rho}{\rho} = -\frac{\mathrm{d}v}{v} \tag{b}$$

由等温过程方程

$$\frac{\rho}{\rho} = \frac{\rho_1}{\rho_1} = RT = C \tag{c}$$

得

$$\frac{\mathrm{d}\rho}{\rho} = \frac{\mathrm{d}p}{p} \tag{d}$$

$$\frac{\mathrm{d}\rho}{\rho} = -\frac{\mathrm{d}v}{v} \tag{e}$$

由（a）和（c）得到

$$\frac{\rho_1}{\rho} = \frac{p_1}{p} = \frac{v}{v_1}$$

于是

$$\frac{\rho_1}{\rho} \cdot \frac{p_1}{p} = \frac{v}{v_1} \cdot \frac{v}{v_1} = \frac{v^2}{v_1^2}$$

得

$$\rho p v^2 = \rho_1 p_1 v_1^2$$

和

$$\frac{1}{\rho v^2} = \frac{p}{\rho_1 v_1^2 p_1} \tag{f}$$

$$\frac{\mathrm{d}p}{p} + v\mathrm{d}v + \lambda \frac{v^2}{2d} \cdot \mathrm{d}l = \frac{2\mathrm{d}p}{\rho v^2} + \frac{2\mathrm{d}v}{v} + \frac{\lambda}{d}\mathrm{d}l = 0 \tag{g}$$

将式（e）和式（f）代入式（g）得

$$\frac{2p\mathrm{d}p}{\rho_1 v_1^2 p_1} - 2\frac{\mathrm{d}p}{p} + \frac{\lambda}{d}\mathrm{d}l = 0 \tag{h}$$

假设截面 1 处的参数 p_1，ρ_1，v_1 为已知，λ 可视为常量，则积分式（h）得

$$\frac{2}{\rho_1 v_1^2 p_1} \int_1^2 p\mathrm{d}p = 2 \int_1^2 \frac{\mathrm{d}p}{p} - \frac{\lambda}{d} \int_0^1 \mathrm{d}l$$

$$p_2^2 - p_1^2 = \rho_1 v_1^2 p_1 \left(2\ln p_2 - 2\ln p_1 - \frac{\lambda}{d}l \right)$$

得到

$$p_2^2 - 2\rho_1 v_1^2 p_1 \ln p_2 = p_1^2 - 2\rho_1 v_1^2 p_1 \ln p_1 - \rho_1 v_1^2 p_2 \frac{\lambda}{d}l \tag{i}$$

式（i）为等截面管等温摩擦流的压强变化关系。比较 p_2 与 $2\ln p$ 项，可忽略 $2\ln p$ 项，式（i）简化为

$$p_2^2 = p_1^2 - \rho_1 v_1^2 p_2 \frac{\lambda}{d}l$$

得到

$$p_2 = p_1 \sqrt{1 - \frac{\rho_1 v_1^2}{p_1} \frac{\lambda}{d}l} \tag{j}$$

等温时 $p_1/\rho_1 = RT$，代入式（j）

$$p_2 = p_1 \sqrt{1 - \frac{v_1^2}{RT} \frac{\lambda}{d}l} \tag{k}$$

式（k）为等截面等摩擦管流简化后压强计算公式。

第三节　声速和马赫数

一、声速

流体中某处受外力作用，使其压力发生变化，称为压力扰动，压力扰动就会产生压力波，向四周传播。微小扰动在流体中的传播速度就是声音在流体中的传播速度，称为声速。

声音在流体中传播的速度与流体的压缩性（或弹性）和密度有关。取等截面直圆管（图10-3），管中充满静止的可压缩气体。活塞在外力的作用下以微小速度 dv 向右移动，产生一个微小扰动的平面压缩波，压缩波的波峰就是扰动与未扰动流体的分界面，它以声速 c 向右传播，波峰前的流体密度和压强为静止状态时的 ρ 和 p；波峰后的流体由于压缩波的作用密度和压强变化为 $\rho + d\rho$ 和 $p + dp$（图10-4）。

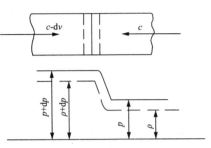

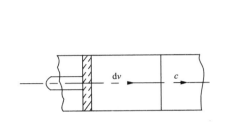

图10-3　活塞运动产生微小扰动　　　图10-4　微小扰动传播过程

将坐标固定在波峰上，分析波峰传播过程。取包含波峰在内的控制体，如图中虚线区域，并使两虚线控制面无限接近，设管道截面面积为 A，控制体右侧的流体以声速 c 进入控制体内，流体的密度为 ρ。

控制体左侧，流体将以 $c - dv$ 的速度流出，其密度为 $\rho + d\rho$，于是对控制体内的连续性方程为

$$c\rho A = (c - dv)(\rho + d\rho)A$$

展开，略去二阶微量得到

$$\frac{d\rho}{\rho} = \frac{dv}{c} \qquad (10\text{-}7)$$

对控制体建立动量方程，忽略控制体的质量力和摩擦切应力作用，得到

$$pA - (p + dp)A = \rho c A[(c - dv) - c]$$

整理得

$$dp = \rho c dv \qquad (10\text{-}8)$$

利用式（10-7）和式（10-8）消去 dv，得到声速公式

$$c = \sqrt{\frac{dp}{d\rho}} \qquad (10\text{-}9)$$

式（10-9）是用微小扰动平面波推出的，但同样适用球面波的微小扰动情况。它也适用液体中的声速计算。

由第一章知道，$\dfrac{dp}{d\rho} = \dfrac{E}{\rho}$，将其代入上式，得到

$$c = \sqrt{\frac{E}{\rho}} \qquad (10\text{-}10)$$

式中 E 为流体的弹性模量。式（10-10）表明，声速与流体的弹性有密切关系，反映出流体的压缩性能。

由于声波传播速度很快，在其传播过程中与外界来不及进行热交换，且忽略摩擦损失，

所以声波整个传播过程可视为等熵过程。

应用等熵过程方程

$$\frac{d}{\rho^k} = c$$

得到

$$\frac{dp}{d\rho} = k\frac{p}{\rho} = kRT$$

代入式（10-9）得到气体中声速公式：

$$c = \sqrt{\frac{dp}{d\rho}} = \sqrt{k\frac{p}{\rho}} = \sqrt{kRT} \tag{10-11}$$

称此声速为当地声速。

在常压下，15 ℃空气中的声速算得

$$c = \sqrt{kRT} = \sqrt{1.4 \times 287 \times (273 + 15)} = 340(\text{m/s})$$

二、马赫数

（一）马赫数的定义

马赫数 M 是气体动力学中的一个重要的无因次性能参量，它反映在流动过程中，气体的压缩性能（弹性）。马赫数是气流截面上的当地流速 v 与当地声速 c 之比，用 M 符号表示，即

$$M = \frac{v}{c} \tag{10-12}$$

气体动力学根据 M 数值，将流动分为以下三种流动状态。

$M > 1$，即 $v > c$，气流速度大于声速，为超声速流动。

$M = 1$，即 $v = c$，气流速度等于声速，为跨声速流动。

$M < 1$，即 $v < c$，气流速度小于声速，为亚声速流动。

（二）马赫数的物理意义

1. 动能与内能的比值

马赫数的物理意义可由下式分析得到

$$M^2 = \frac{v^2}{c^2} = \frac{v^2}{\kappa RT}$$

式中，v^2 表示气体宏观运动动能的大小，气体温度 T 表示气体内能的大小。因此，马赫数反映了气体的宏观运动动能与气体内能之比。M 小表明气体的内能大而宏观运动动能小，此时速度的变化不会引起温度的明显变化，即速度变化不会引起动能的变化，气体可当作不可压缩流体；当 M 很大时，动能相对于内能很大，微小的速度变化则可引起温度等参数的明显变化，此时的气体则当作可压缩流体。

2. 惯性力与弹性力的比值

马赫数的物理意义还可由下式分析得到

$$M^2 = \frac{v^2}{c^2} = \frac{v^2}{\frac{E}{\rho}} = \frac{\rho v^2}{E}$$

上式表明，M 是惯性力与由压缩引起的弹性力之比。M 数越小，弹性力越大，流体的压缩性越小，此时，气体可当作不可压缩流体；反之，M 数越大，惯性力越大，流体的压缩性则越大，此时的气体则当作可压缩流体。

一般地，当 M 数小于 0.3 时，速度相对变化量引起的密度相对变化量小于 10%，此时可不考虑密度的变化，忽略气体的压缩性，按不可压缩气体处理。

【例 10-3】某飞机在海平面和 11 000 m 高空均以 1 150 km/h 飞行，问这架飞机在海平面和在 1 1000 m 高空的飞行 M 是否相同？

【解】飞机的飞行速度

$$v = 1\ 150 \times \frac{1\ 000}{3\ 600} = 319(\text{m/s})$$

由于海平面上的音速为 340 m/s，故在海平面上的 M 数为 $M = \dfrac{319}{340} = 0.938$，即亚声速飞行。

在 11 000 m 高空的声速为 295 m/s，故在海平面上的 M 数为 $M = \dfrac{319}{295} = 1.08$，即超声速飞行。

小故事：我国天问一号火星探测器在经历 290 多天航行，飞越 3.2 亿千米，终于降落在火星表面。接近火星时经过 3 个减速阶段：首先是利用火星大气层减速，其大气密度只有地球的 1%；然后是降落伞减速，天问降落器是在 2 马赫下（约 600 m/s）展开伞具的；最后是天问着陆器自身喷气动力减速，慢慢平稳落在火面（地面）。天问一号是在经历火星大气层摩擦、完全自动避障和自动脱离飞行器后成功实现地外行星着陆的，反映了我国在地外星际航天器自主控制、气体动力学、地外星际遥控等领域的巨大成就。

第四节　气体参数与通道断面的关系

一、连续方程的另一形式

一元绝热流动能量方程有

$$\frac{\mathrm{d}p}{\rho} + v\mathrm{d}v = 0$$

与连续性方程（10-1）联立，消除 ρ，将 $c^2 = \dfrac{\mathrm{d}p}{\mathrm{d}\rho}$，$M^2 = \dfrac{v^2}{c^2}$ 代入，有

$$\frac{\mathrm{d}A}{A} = (M^2 - 1)\frac{\mathrm{d}v}{v} \tag{10-13}$$

得到

$$\frac{\mathrm{d}v}{v} = \frac{1}{M^2 - 1}\frac{\mathrm{d}A}{A} \tag{10-14}$$

这就是一元绝热流动气流速度变化与管道截面变化的关系式。

将 $\mathrm{d}p = c^2\mathrm{d}\rho$ 代入能量方程

$$\frac{\mathrm{d}p}{\rho} + v\mathrm{d}v = \frac{c^2 \cdot \mathrm{d}\rho}{\rho} + v\mathrm{d}v = 0$$

$$\frac{\mathrm{d}\rho}{\rho} = -\frac{v^2}{c^2} \cdot \frac{\mathrm{d}v}{v} = -M^2 \cdot \frac{\mathrm{d}v}{v}$$

将式（10-13）代入得到

$$\frac{\mathrm{d}\rho}{\rho} = -\frac{M^2}{M^2-1} \cdot \frac{\mathrm{d}A}{A} \tag{10-15}$$

由能量方程有

$$\mathrm{d}p = -\rho v^2 \cdot \frac{\mathrm{d}v}{v}$$

将 $\rho = \dfrac{kp}{c^2}$ 代入上式

$$\mathrm{d}p = -\frac{kp}{c^2} \cdot v^2 \cdot \frac{\mathrm{d}v}{v} = -kpM^2 \cdot \frac{\mathrm{d}v}{v}$$

或

$$\frac{\mathrm{d}p}{p} = -kM^2 \cdot \frac{\mathrm{d}v}{v}$$

将式（10-13）代入得到

$$\frac{\mathrm{d}p}{p} = -\frac{kM^2}{M^2-1}\frac{\mathrm{d}A}{A} \tag{10-16}$$

将式（10-13）与式（10-14）相比有

$$\frac{\dfrac{\mathrm{d}\rho}{\rho}}{\dfrac{\mathrm{d}v}{v}} = \frac{-\dfrac{M^2}{M^2-1}}{\dfrac{1}{M^2-1}} = -M^2 \tag{10-17}$$

二、气体参数与通道断面的关系

分析式（10-13）~式（10-17）可得出如下结论（表10-1）：

表 10-1 亚声速与超声速流动各参数随 M 的变化关系

流动状态	dA<0			dA>0		
	流速 dv	压力 dp	密度 dρ	流速 dv	压力 dp	密度 dρ
亚声速 $M<1$	>0	<0	<0	<0	>0	>0
超声速 $M>1$	<0	>0	>0	>0	<0	<0

（1）当 $M<1$ 时，$v<c$，即亚声速流动，此时，$M^2-1<0$，$\mathrm{d}A$ 与 $\mathrm{d}v$ 具有相反的符号，因此，随着管道截面的增加，流速减小；反之流速增大。亚声速流动的上述特征与不可压缩流体相似。

（2）当 $M>1$ 时，$v>c$，即超声速流动，此时，$M^2-1>0$，$\mathrm{d}A$ 与 $\mathrm{d}v$ 具有相同的符号，因此，随着管道截面的增加，流速也增加；反之流速减小。

（3）当 $M=1$ 时，$v=c$，气流速度与当地声速相等，此时的流动状态称为临界状态，断面上气流的几何、物理和运动参量称为临界参数。如过流截面为临界截面，用 A_k 表示；速度为临界速度 v_k，音速为临界声速 c_k，且 $v_k = c_k$。还有临界压强 p_k、临界密度 ρ_k 和临界温度 T_k 等。

$M = 1$ 时，由式（10-13）得到 $dA = 0$，表明对于流动管道是变截面情况时，此处的截面为该管道的极值截面，当流速由亚声速过渡到超声速流动状态时，其管道截面必须先由大到小，而后又必须由小到大的连续变化。这变化过程必定存在一个极小截面，此截面也就是对应着流速为声速的截面。因而，对应 $M = 1$ 的临界截面只能是最小值截面，即 A_k 是管道中的最小截面。

三、拉伐尔喷管（Laval Nozzle）

工程上，为了获得超声速的气流，根据气流的上述特性，可使流体先流经收缩管道，使气流的最小截面上达到声速，然后进入扩张管，让气流进一步加速，达到超声速流动。这种先收缩后扩张的管道称为拉伐尔喷管，如图 10-5 所示。它广泛用于喷气推进的发动机上。

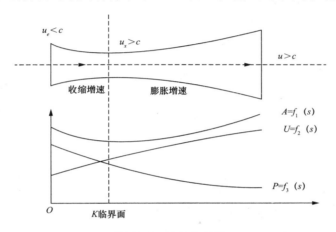

图 10-5　拉伐尔喷管

【**例 10-4**】如图 10-6 所示，某空对空导弹以 $M = 2$ 速度追击目标，飞行高度处的大气压强 $p = 90\ \text{kPa}$，温度 $T = 273\ \text{K}$。试求导弹头部尖顶处的温度和压强。空气 $K = 1.4$。

解：导弹头部尖顶处是速度滞止的驻点，此处的参数即为滞止参数，故可求出 T_0 和 p_0 即为导弹尖顶处的温度和压强。

$$T_0 = \left(1 + \frac{k-1}{2}M^2\right) \times T = \left(1 + \frac{1.4-1}{2} \times 2^2\right) \times 273 = 491.4\,(\text{K})$$

$$p_0 = \left(1 + \frac{k-1}{2}M^2\right)^{\frac{k}{k-1}} \times p = \left(1 + \frac{1.4-1}{2} \times 2^2\right)^{\frac{1.4}{1.4-1}} \times 90 = 704.2\,(\text{kPa})$$

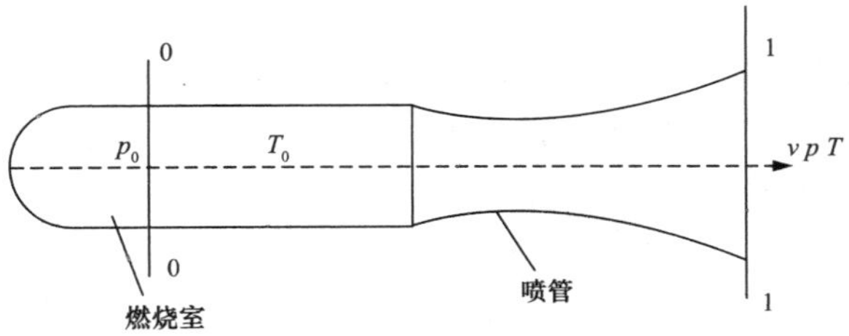

图 10-6　导弹示意图

本章小结

本章主要介绍了一元可压缩流体动力学的基本知识，重要内容小结如下：

1. 气体动力学的基本方程

（1）连续性方程：$\dfrac{\mathrm{d}\rho}{\rho} + \dfrac{\mathrm{d}A}{A} + \dfrac{\mathrm{d}v}{v} = 0$。

（2）理想流体一元恒定流运动方程：$\dfrac{\mathrm{d}p}{\rho} + v\mathrm{d}v = 0$。

（3）能量方程：

1）一元定容流动：$\dfrac{p}{\rho g} + \dfrac{v^2}{2g} = $ 常量。

2）一元等温流动：$RT\ln p + \dfrac{v^2}{2} = $ 常量。

3）一元绝热流动：$\dfrac{k}{k-1} \cdot \dfrac{p}{\rho} + \dfrac{p}{\rho} + \dfrac{v^2}{2} = $ 常量。

2. 声速和马赫数

（1）声速：$c = \sqrt{\dfrac{\mathrm{d}p}{\mathrm{d}\rho}} = \sqrt{k\dfrac{p}{\rho}} = \sqrt{kRT}$。

（2）马赫数：$M = \dfrac{v}{c}$。

气体动力学根据 M 数值，将流动分为以下三种流动状态。

$M > 1$，即 $v > c$，气流速度大于声速，为超声速流动。

$M = 1$，即 $v = c$，气流速度等于声速，为跨声速流动。

$M < 1$，即 $v < c$，气流速度小于声速，为亚声速流动。

3. 气体参数与通道断面的关系

（1）当 $M < 1$ 时，$v < c$，即亚声速流动，此时，$M^2 - 1 < 0$，$\mathrm{d}A$ 与 $\mathrm{d}v$ 具有相反的符号，因此，随着管道截面的增加，流速减小；反之流速增大。亚音速流动的上述特征与不可压缩流体相似。

（2）当 $M > 1$ 时，$v > c$，即超声速流动，此时，$M^2 - 1 > 0$，$\mathrm{d}A$ 与 $\mathrm{d}v$ 具有相同的符号，因此，随着管道截面的增加，流速也增加；反之流速减小。

（3）当 $M = 1$ 时，$v = c$，气流速度与当地声速相等，此时的流动状态称为临界状态，断面上气流的几何、物理和运动参量称为临界参数。

4. 拉伐尔喷管

工程上，为了获得超声速的气流，根据气流的上述特性，可使流体先流经收缩管道，使气流的最小截面上达到声速，然后进入扩张管，让气流进一步加速，达到超声速流动。这种先收缩后扩张的管道称为拉伐尔喷管。

本章习题

1. 空气做定熵流动，某点的温度 $t_1 = 60\ ℃$，速度 $v_1 = 14.6\ \text{m/s}$，在同一流线上，另一点的温度 $t_2 = 40\ ℃$，求该点的速度。$[$已知空气 $R = 287\ \text{J/}(\text{kg}\cdot\text{K})$，$k = 1.4]$

2. 飞机在温度为 $20\ ℃$ 的海平面上，以 $960\ \text{km/h}$ 的速度飞行，求飞机的马赫数。

3. 空气罐中的绝对压强为 $750\ \text{kPa}$，温度为 $40\ ℃$，通过一个喉部直径为 $30\ \text{mm}$ 的拉伐尔喷管向大气喷射，大气压强为 $101\ \text{kPa}$。求：喷管出口截面直径和马赫数。

第十一章

不可压缩流体的三元流动

在前面的章节中，我们主要讨论了理想流体和黏性流体的一元流动，为解决工程实际中大量存在的一元流动问题奠定了理论基础。但是，许多实际流体的流动差不多都是空间的流动，即流场中流体的速度和压力等流动参数在二个或三个坐标轴方向都发生变化。本章论述流体的三元流动，主要内容是有关流体运动的基本概念和基本原理，以及描述不可压缩流体流动的基本方程和定解条件。

前述流体静力学和一元流动的基本方程，即是本章三元流动的基本方程在一元流动特殊条件下的简化结果。因此，学习时，可将本章与第二、三章相联系，次序上也可前后调整。

第一节　流体微团运动的分析

由理论力学可知，刚体的运动可以分解为平移和旋转两种基本运动。流体运动要比刚体运动复杂得多，流体微团基本运动形式有平移运动、旋转运动和变形运动等，而变形运动又包括线变形和角变形两种。

为进一步分析流体微团的分解运动及其几何特征，现在分别说明流体微团在运动过程中所呈现出的平移运动、线变形运动、角变形运动和旋转运动。

为简化分析，仅讨论在 xoy 平面上流体微团的运动。假设在时刻 t，流体微团 $ABCD$ 为矩形，其上各点的速度分量如图 11-1 所示。由于微团上各点的速度不同，经过时间 dt，势必发生不同的运动，微团的位置和形状都将发生变化，现分析下。

1. 平移运动

由图 11-1 可知，微团上 A、B、C、D 各点的速度分量中均有 u 和 v 两项，在经过 dt 时间后，矩形微团 $ABCD$ 向右、向上分别移动 udt、vdt 距离，即平移到位置，形状不变，如图 11-2（a）所示。u、v 即为该流体微团平移运动的运动速度。

2. 线变形运动

在图 11-1 中，比较 B 与 A、C 与 D 点在 x 方向及 D 与 A、C 与 B 点在 y 方向的速度差可

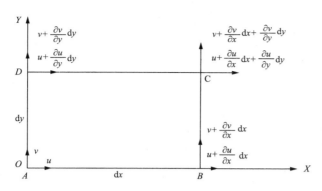

图 11-1　分析流体微团平面运动用图

得 $u_B - u_A = \dfrac{\partial u}{\partial x}\mathrm{d}x$；$u_C - u_D = \dfrac{\partial u}{\partial x}\mathrm{d}x$；$v_D - v_A = \dfrac{\partial v}{\partial y}\mathrm{d}y$；$v_C - v_B = \dfrac{\partial v}{\partial y}\mathrm{d}y$。

由此可知，流体线段 AB 和 DC 在 $\mathrm{d}t$ 时间内将伸长（或缩短）$\dfrac{\partial u}{\partial x}\mathrm{d}x\mathrm{d}t$，同样，$AD$ 和 BC 线段将缩短（或伸长）$\dfrac{\partial v}{\partial y}\mathrm{d}y\mathrm{d}t$。

定义单位时间内单位长度流体线段的伸长（或缩短）量为流体微团的线变速率，则沿 x 轴方向的线变形速率为

$$\frac{\partial u}{\partial x}\mathrm{d}x\mathrm{d}t \,/\,(\mathrm{d}x\mathrm{d}t) \;=\; \frac{\partial u}{\partial x} \;=\; \varepsilon_{xx}$$

同理可得流体微团沿 y 轴方向和沿 z 轴方向的线变形速率分别为

$$\varepsilon_{yy} \;=\; \frac{\partial v}{\partial y},\; \varepsilon_{zz} \;=\; \frac{\partial w}{\partial z}$$

上述即线变形运动所引起的速度变化及其物理意义。

将 x、y、z 方向的线变形速率加在一起，有

$$\varepsilon_{xx} + \varepsilon_{yy} + \varepsilon_{zz} = \frac{\partial u}{\partial x} + \frac{\partial v}{\partial y} + \frac{\partial w}{\partial z} \tag{11-1}$$

对于不可压缩流体，上式等于零，是不可压缩流体的连续性方程，表明流体微团在运动中体积不变。而三个方向的线变形速率之和所反映的实质是流体微团体积在单位时间的相对变化，称为流体微团的体积膨胀速率。因此，不可压缩流体的连续性方程也是流体不可压缩的条件。在图 11-2（b）中示出了该流体微团的平面线变形。

3. 角变形运动

在图 11-1 中，比较 D 和 A、C 和 B 在 x 方向及 B 和 A、C 和 D 在 y 方向的速度差可得

$$u_D - u_A = \frac{\partial u}{\partial y}\mathrm{d}y \;,\; u_C - u_B = \frac{\partial u}{\partial y}\mathrm{d}y \;,\; v_B - v_A = \frac{\partial v}{\partial x}\mathrm{d}x \;,\; v_C - v_D = \frac{\partial v}{\partial x}\mathrm{d}x$$

由此可知，若速度增量均为正值，流体微团在 $\mathrm{d}t$ 时间内则发生图 11-2（c）所示的角变形运动。由图可见，由于 D 点和 A 点、C 点和 B 点在 x 方向的运动速度不同，致使 AD 流体边在 $\mathrm{d}t$ 时间内顺时针转动了 $\mathrm{d}\beta$ 角度；由于 B 点和 A 点、C 点和 D 点在 y 方向的速度不同，致使 AB 流体边在 $\mathrm{d}t$ 时间内逆时针转动了 $\mathrm{d}\alpha$ 角度。于是，两正交流体边 AB 和 AD 在 $\mathrm{d}t$ 时间内变

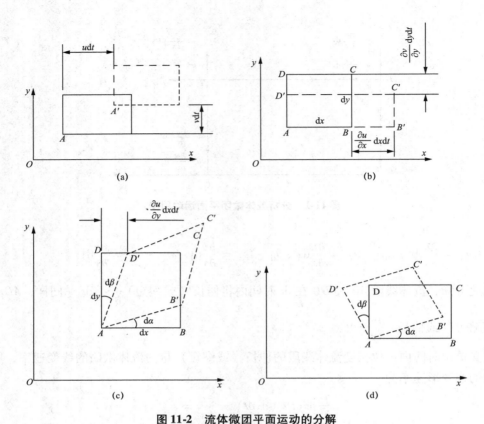

图 11-2　流体微团平面运动的分解

（a）平移运动；（b）线变形运动；（c）角变形运动；（d）旋转运动

化了（$\mathrm{d}\alpha + \mathrm{d}\beta$）角度。显然，微元角度 $\mathrm{d}\alpha$ 和 $\mathrm{d}\beta$ 可由下列公式求得

$$\mathrm{d}\alpha \approx \tan\mathrm{d}\alpha = \frac{\partial v}{\partial x}\mathrm{d}x\mathrm{d}t/\mathrm{d}x = \frac{\partial v}{\partial x}\mathrm{d}t$$

$$\mathrm{d}\beta \approx \tan\mathrm{d}\beta = \frac{\partial u}{\partial y}\mathrm{d}y\mathrm{d}t/\mathrm{d}y = \frac{\partial u}{\partial y}\mathrm{d}t$$

通常把两正交微元流体边的夹角在单位时间内的变化量定义为角变形速度，而把该夹角变化的平均值在单位时间内的变化量（角变形速度的平均值）定义为剪切变形速率。则在 xy 平面上，将流体微团的剪切变形速率记为 $\varepsilon_{xy}(\varepsilon_{xy} = \varepsilon_{yx})$，因此有

$$\varepsilon_{xy} = \varepsilon_{yx} = \frac{(\mathrm{d}\alpha + \mathrm{d}\beta)/2}{\mathrm{d}t} = \frac{1}{2}\left(\frac{\partial v}{\partial x} + \frac{\partial u}{\partial y}\right)$$

同理，也可得到 yx 平面和 x 平面上的剪切变形速率 ε_{yz} 和 ε_{zx}。于是，过流体微团任一点 A 的三个正交微元流体面上的剪切变形速率分别为

$$\varepsilon_{xy} = \varepsilon_{yx} = \frac{1}{2}\left(\frac{\partial v}{\partial x} + \frac{\partial u}{\partial y}\right)$$

$$\varepsilon_{yz} = \varepsilon_{zy} = \frac{1}{2}\left(\frac{\partial w}{\partial y} + \frac{\partial v}{\partial z}\right)$$

$$\varepsilon_{zx} = \varepsilon_{xz} = \frac{1}{2}\left(\frac{\partial u}{\partial z} + \frac{\partial w}{\partial x}\right)$$

上述即为由该剪切变形所引起的速度变化及其物理含义。

4. 旋转运动

由图 11-2（c）可知，流体微团在 dt 时间内出现了角变形运动。若微元角度 $d\alpha = d\beta$，则流体微团只发生角变形；若 $d\alpha = -d\beta$，即 $\partial v/\partial x = -\partial u/\partial y$，则流体微团只发生旋转，不发生角变形，如图 11-2（d）所示。一般情况下，$|d\alpha| \neq |d\beta|$，流体微团在发生角变形的同时，还要发生旋转运动。

在旋转运动中，用符号 ω 表示流体微团旋转角速度的大小，其定义：单位时间内过流体微团上 A 点的任两条正交微元流体边在其所在平面内旋转角度的平均值，称作 A 点流体微团的旋转角速度在垂直该平面方向的分量。如图 11-2（c）所示，在 xy 平面上，过 A 点的两正交流体边 AB 和 AD，AB 边在 dt 时间内逆时针旋转了微元角度 $d\alpha$，AD 边在 dt 时间内顺时针旋转了微元角度 $d\beta$，通常规定以逆时针旋转为正，则该两条正交微元流体边在 xy 平面内的旋转角度的平均值为 $\frac{1}{2}(d\alpha - d\beta)$，于是得流体微团沿 z 轴方向的旋转角度分量为

$$\omega_z = \frac{1}{2}\left(\frac{d\alpha - d\beta}{dt}\right) = \frac{1}{2}\left(\frac{\partial v}{\partial x} - \frac{\partial u}{\partial y}\right)$$

同理可求得流体微团沿 x 轴方向和 y 轴方向旋转角速度的分量 ω_x 和 ω_y。于是，以流体微团 A 点为轴的旋转角速度 ω 的三个分量分别为

$$\omega_x = \frac{1}{2}\left(\frac{\partial w}{\partial y} - \frac{\partial v}{\partial z}\right)$$

$$\omega_y = \frac{1}{2}\left(\frac{\partial u}{\partial z} - \frac{\partial w}{\partial x}\right)$$

$$\omega_z = \frac{1}{2}\left(\frac{\partial v}{\partial x} - \frac{\partial u}{\partial y}\right)$$

$$\omega = \sqrt{\omega_x^2 + \omega_y^2 + \omega_z^2} \tag{11-2}$$

写成矢量形式为

$$\vec{\omega} = \omega_x \vec{i} + \omega_y \vec{j} + \omega_z \vec{k} = \frac{1}{2}\nabla \times \vec{V} \tag{11-3}$$

上述即为由该旋转运动所引起的速度变化及其物理含义。

综上所述，在一般情况下，流体微团的运动总是可以分解成整体平移运动、旋转运动、线变形运动及角变形运动，与此相对应的是平移速度、旋转角速度、线变形速率和剪切变形速率。这就是亥姆霍兹速度分解定理。

【例 11-1】 已知流速分布（1）$u = -ky$，$v = kx$，$w = 0$；（2）$u = -\dfrac{y}{x^2 + y^2}$，$v = \dfrac{x}{x^2 + y^2}$，$w = 0$。求旋转角速度、线变形速度和角变形速度。

【解】（1）当 $u = -ky$，$v = kx$

$$\frac{\partial u}{\partial y} = -k \quad \frac{\partial v}{\partial x} = k$$

$$\omega_z = \frac{1}{2}(k + k) = k \qquad \omega_y = \omega_x = 0$$

$$\varepsilon_{xy} = \frac{1}{2}(k - k) = 0 \qquad \varepsilon_{zx} = \varepsilon_{yz} = 0$$

$$\varepsilon_{xx} = \varepsilon_{yy} = \varepsilon_{zz} = 0$$

表示这种流动是以角速度 k 旋转的运动。由于不存在变形速度，流体像固体那样旋转。第三章中讲述的流线方程：

$$-\frac{\mathrm{d}x}{ky} = \frac{\mathrm{d}y}{kx}, \qquad k(x\mathrm{d}x + y\mathrm{d}y) = 0$$

$$x^2 + y^2 = C$$

为圆周簇。

（2）当 $u = -\dfrac{y}{x^2 + y^2}$，$v = \dfrac{x}{x^2 + y^2}$，$w = 0$

$$\frac{\partial u}{\partial y} = \frac{y^2 - x^2}{(x^2 + y^2)^2} \qquad \frac{\partial v}{\partial x} = \frac{y^2 - x^2}{(x^2 + y^2)^2}$$

$$\omega_z = 0 \qquad \omega_y = \omega_x = 0$$

$$\varepsilon_{xy} = \frac{y^2 - x^2}{(x^2 + y^2)^2} \qquad \varepsilon_{yz} = \varepsilon_{zx} = 0$$

第二节　三元不可压缩流动的连续性方程

和一元流连续性方程相似，推导三元流连续性微分方程，是在流场中选取边长为 $\mathrm{d}x$、$\mathrm{d}y$、$\mathrm{d}z$ 的长方形微元控制体，写出流入和流出该空间的质量流量平衡条件（图 11-3）。由于流体不可压缩，质量流量平衡条件可用体积流量平衡条件来代替，即在 $\mathrm{d}t$ 时间内流出和流入微元控制体的净流体体积为零。

设控制体中心点的坐标为 x、y、z，中心点的速度为 u_x、u_y、u_z。则控制体左侧面中心点沿 x 方向的流速为 $u_x - \dfrac{\partial u_x}{\partial x} \cdot \dfrac{\mathrm{d}x}{2}$，右侧面中心点沿 x 方向的流速为 $u_x + \dfrac{\partial u_x}{\partial x} \cdot \dfrac{\mathrm{d}x}{2}$。因而，在 $\mathrm{d}t$ 时间内，沿 x 方向流出和流入微元控制体的净流体体积为

$$\left(u_x + \frac{\partial u_x}{\partial x} \cdot \frac{\mathrm{d}x}{2}\right)\mathrm{d}y \cdot \mathrm{d}z \cdot \mathrm{d}t - \left(u_x - \frac{\partial u_x}{\partial x} \cdot \frac{\mathrm{d}x}{2}\right)\mathrm{d}y \cdot \mathrm{d}z \cdot \mathrm{d}t$$

$$= \frac{\partial u_x}{\partial x} \cdot \mathrm{d}x \cdot \mathrm{d}y \cdot \mathrm{d}z \cdot \mathrm{d}t$$

同理，在 $\mathrm{d}t$ 时间内沿 y、z 方向流出和流入微元控制体的净流体体积分别为

$$\frac{\partial u_y}{\partial y} \cdot \mathrm{d}x \cdot \mathrm{d}y \cdot \mathrm{d}z \cdot \mathrm{d}t$$

$$\frac{\partial u_z}{\partial z} \cdot \mathrm{d}x \cdot \mathrm{d}y \cdot \mathrm{d}z \cdot \mathrm{d}t$$

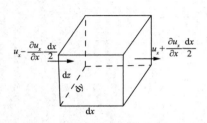

图 11-3　微元控制体的流量平衡

根据不可压缩流体连续性条件，$\mathrm{d}t$ 时间内沿 x、y、z 方向流出和流入微元控制体的净流体体积之和应为零，即

$$\left(\frac{\partial u_x}{\partial x} + \frac{\partial u_y}{\partial y} + \frac{\partial u_z}{\partial z} \right) \cdot \mathrm{d}x \cdot \mathrm{d}y \cdot \mathrm{d}z \cdot \mathrm{d}t = 0$$

因而

$$\frac{\partial u_x}{\partial x} + \frac{\partial u_y}{\partial y} + \frac{\partial u_z}{\partial z} = 0 \qquad (11\text{-}4)$$

这就是不可压缩流体的连续性微分方程。这个方程对恒定流和非恒定流都适用。

对于如图 11-4 所示的一元流动，单位时间内流进和流出微小段 ds 内的流体体积之和为

$$u \cdot \mathrm{d}A - \left(u + \frac{\partial u}{\partial s} \cdot \mathrm{d}s \right) \cdot \left(\mathrm{d}A + \frac{\partial (\mathrm{d}A)}{\partial s} \cdot \mathrm{d}s \right) = 0$$

略去高阶微项后，上式简化为

$$\frac{\partial (u \cdot \mathrm{d}A)}{\partial s} = 0$$

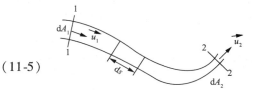

因此得
$$u \cdot \mathrm{d}A = 常量 \qquad (11\text{-}5)$$
或写为

$$u_1 \cdot \mathrm{d}A_1 = u_2 \cdot \mathrm{d}A_2$$

图 11-4　微小流束的流量平衡

上式即为一元流动的连续性方程式。

【**例 11-2**】 管中流体做均匀流动，是否满足连续性方程。

解：管中流体做均匀流动，$u_y = u_z = 0$，沿 x 方向流速不变，说明 u_x 与 x 无关，它只能是 y、z 的函数，$u_x = f(y, z)$，则

$$\frac{\partial u_x}{\partial x} + \frac{\partial u_y}{\partial y} + \frac{\partial u_z}{\partial z} = \frac{\partial f(y,z)}{\partial x} + 0 + 0 = 0$$

因此满足连续性方程。即在均匀流条件下，不管断面流速如何分布，均满足连续性条件。

【**例 11-3**】 试证流速为 （1）$u_x = -ky$，$u_y = kx$，$u_z = 0$；（2）$u_x = -\dfrac{x}{x^2 + y^2}$，$u_y = \dfrac{x}{x^2 + y^2}$，$u_z = 0$ 的流动满足连续性条件。

解：（1）
$$u_x = -ky, \ u_y = kx, \ u_z = 0$$

因
$$\frac{\partial u_x}{\partial x} = 0, \ \frac{\partial u_y}{\partial y} = 0, \ \frac{\partial u_z}{\partial z} = 0$$

则
$$\frac{\partial u_x}{\partial x} + \frac{\partial u_y}{\partial y} + \frac{\partial u_z}{\partial z} = 0$$

（2）
$$u_x = -\frac{x}{x^2 + y^2}, \ u_y = \frac{x}{x^2 + y^2}, \ u_z = 0$$

$$\frac{\partial u_x}{\partial x} = \frac{2xy}{(x^2 + y^2)^2}, \ \frac{\partial u_y}{\partial y} = \frac{-2xy}{(x^2 + y^2)^2}$$

则
$$\frac{\partial u_x}{\partial x} + \frac{\partial u_y}{\partial y} + \frac{\partial u_z}{\partial z} = 0$$

两种流动均满足连续性条件。

第三节　三元不可压缩流动的运动微分方程

一、运动方程的分析

在黏性不起作用的平衡流体中，或者在没有黏性的理想运动流体中，作用在流体微元表面上的表面力只有与表面相垂直的压应力（压强），而且压应力又具有一点上各向同性的性质。但是在运动着的实际流体中取出边长 $\mathrm{d}x$、$\mathrm{d}y$、$\mathrm{d}z$ 的六面体微元，由于黏性影响，当微元有剪切变形时，作用在微元体 $ABCDEFGH$（图 11-5）上的表面力就不仅有压应力 p，而且也有切应力 τ。当微元有直线变形时，一点上的压应力也不再具有各向同性的性质了。因为每个微元表面上的表面力都有三个分量，故而实际流体中点，例如图中的 $A\,(x,\,y,\,z)$ 点上的应力可用九个元素组成的一个应力矩阵来代表。

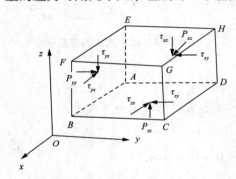

图 11-5　流体微元上的应力示意图

$$p_{xx}\,\tau_{xy}\,\tau_{xz}$$
$$\tau_{yx}\,p_{yy}\,\tau_{yz}$$
$$\tau_{zx}\,\tau_{zy}\,p_{zz}$$

应力矩阵的元素沿 p_{xx} · p_{zz} 主对角线也是对称的。应力的第一个下标表示应力作用面的法线方向，第二个下标表示应力的方向。将它们分别标注在包含 A 点在内的三个微元表面上，则如图 11-5 所示。这里假定外界对微元这三个表面的法向应力都沿坐标的正向，切向应力都沿坐标的负向。

根据牛顿第二定律，$\sum F = ma$。

对某流体微团

$$\vec{f}\delta m + \vec{p}\delta A + \vec{\tau}\delta A = \delta m\,\frac{\mathrm{d}\vec{u}}{\mathrm{d}t}$$

上式中第一项表示质量力，第二项和第三项表示表面力。

将表面力用速度变量（u）来表示：

（1）法向应力 p 可用线变形速率表示：

$$p_{xx} = -p_t + 2\mu\,\frac{\partial u_x}{\partial x}$$

（2）切向应力 τ 可用角变形速率表示：

$$\tau_{xy} = \mu\left(\frac{\partial u_y}{\partial x} + \frac{\partial u_x}{\partial y}\right)$$

二、运动微分方程（N-S 方程）

根据牛顿第二定律，$\sum F = ma$，x 方向的运动微分方程如下：

$$X - \frac{1}{\rho}\frac{\partial p}{\partial x} + v\left(\frac{\partial^2 u_x}{\partial x^2} + \frac{\partial^2 u_x}{\partial y^2} + \frac{\partial^2 u_x}{\partial z^2}\right) = \frac{\mathrm{d}u_x}{\mathrm{d}t} \tag{11-6}$$

或写成
$$X - \frac{1}{\rho} \frac{\partial p}{\partial x} + v \nabla^2 u_x = \frac{\mathrm{d} u_x}{\mathrm{d} t} \tag{11-7}$$

式中
$$\frac{\mathrm{d} u_x}{\mathrm{d} t} = \frac{\partial u_x}{\partial t} + u_x \frac{\partial u_x}{\partial x} + u_y \frac{\partial u_x}{\partial y} + u_z \frac{\partial u_x}{\partial z}$$

三个轴向的运动微分方程：

$$\left. \begin{array}{l} X - \dfrac{1}{\rho} \dfrac{\partial p}{\partial x} + v \nabla^2 u_x = \dfrac{\mathrm{d} u_x}{\mathrm{d} t} \\[2mm] Y - \dfrac{1}{\rho} \dfrac{\partial p}{\partial y} + v \nabla^2 u_y = \dfrac{\mathrm{d} u_y}{\mathrm{d} t} \\[2mm] Z - \dfrac{1}{\rho} \dfrac{\partial p}{\partial z} + v \nabla^2 u_z = \dfrac{\mathrm{d} u_z}{\mathrm{d} t} \end{array} \right\} \tag{11-8}$$

这就是不可压缩黏性流体的运动微分方程，一般通称为纳维—斯托克斯方程（N-S 方程）。这是不可压缩流体最普遍的运动微分方程。

以上三式加上不可压缩流体的连续性方程：

$$\frac{\partial u_x}{\partial x} + \frac{\partial u_y}{\partial y} + \frac{\partial u_z}{\partial z} = 0$$

共四个方程，原则上可以求解方程组中的四个未知量：流速分量 u_x、u_y、u_z 和压强 p。求解速度分量和压强只需从连续性方程和运动方程出发，而不必与能量方程联立，这是不可压缩流体流动求解的一大特点。

由于速度是空间坐标 x、y、z 和时间 t 的函数，式（11-8）中的加速度项可以展开为四项，例如

$$\begin{aligned} \frac{\mathrm{d} u_x}{\mathrm{d} t} &= \frac{\partial u_x}{\partial t} + \frac{\partial u_x}{\partial x} \frac{\mathrm{d} x}{\mathrm{d} t} + \frac{\partial u_x}{\partial y} \frac{\mathrm{d} y}{\mathrm{d} t} + \frac{\partial u_x}{\partial z} \frac{\mathrm{d} z}{\mathrm{d} t} \\[2mm] &= \frac{\partial u_x}{\partial t} + u_x \frac{\partial u_x}{\partial x} + u_y \frac{\partial u_x}{\partial y} + u_z \frac{\partial u_x}{\partial z} \end{aligned} \tag{11-9}$$

要注意的是在流速分量 u_x 对时间 t 求全微分时，指的是某一任取的流体质点的速度对时间的微分，因此就是加速度，此时：$u_x = u_x(x, y, z, t) = u_x[x(t), y(t), z(t), t]$。这种描述方法是拉格朗日法，故函数中的变量 x、y 和 z 指的是该质点在运动过程中的位置坐标，因此是时间 t 的函数，并非独立变量。而式（11-9）右端的四项中的各量又是独立变量 x、y、z 和 t 的函数，是欧拉描述方法。这样，式（11-9）就完成了对加速度分量 $\mathrm{d} u_x / \mathrm{d} t$ 的描述由拉格朗日法到欧拉法的转换。

式中右边第一项表示空间固定点的流速随时间的变化（对时间的偏导数），称为时变加速度或当地加速度，后三项表示固定质点的流速由于位置的变化而引起的速度变化，称为位变加速度。例如第二项 $u_x \dfrac{\partial u_x}{\partial x}$：$u_x$ 表示在同一时刻由于在 x 方向上位置不同引起的单位长度上速度的变化，$\dfrac{\partial u_x}{\partial x}$ 是流体质点在单位时间内在 x 方向上位置变化，因此两者乘积 $u_x \dfrac{\partial u_x}{\partial x}$ 表示流体质点的流速分量 u_x 在单位时间内单纯由于在 x 方向上的位移所产生的速度变化。

时变加速度和位变加速度之和又称为流速的随体导数。这种将随体导数物理量对时间的

全微商分解成时变导数和位变导数的方法对流体质点所具有的物理量（矢量或标量）均适用。

这样，纳维—斯托克斯方程又可写成

$$
\left.
\begin{aligned}
X - \frac{1}{\rho}\frac{\partial p}{\partial x} + v\left(\frac{\partial^2 u_x}{\partial x^2} + \frac{\partial^2 u_x}{\partial y^2} + \frac{\partial^2 u_x}{\partial z^2}\right) \\
= \frac{\partial u_x}{\partial t} + u_x\frac{\partial u_x}{\partial x} + u_y\frac{\partial u_x}{\partial y} + u_z\frac{\partial u_x}{\partial z} \\
Y - \frac{1}{\rho}\frac{\partial p}{\partial y} + v\left(\frac{\partial^2 u_y}{\partial x^2} + \frac{\partial^2 u_y}{\partial y^2} + \frac{\partial^2 u_y}{\partial z^2}\right) \\
= \frac{\partial u_y}{\partial t} + u_x\frac{\partial u_y}{\partial x} + u_y\frac{\partial u_y}{\partial y} + u_z\frac{\partial u_y}{\partial z} \\
Z - \frac{1}{\rho}\frac{\partial p}{\partial z} + v\left(\frac{\partial^2 u_z}{\partial x^2} + \frac{\partial^2 u_z}{\partial y^2} + \frac{\partial^2 u_z}{\partial z^2}\right) \\
= \frac{\partial u_z}{\partial t} + u_x\frac{\partial u_z}{\partial x} + u_y\frac{\partial u_z}{\partial y} + u_z\frac{\partial u_z}{\partial z}
\end{aligned}
\right\}
\tag{11-10}
$$

从数学上看，纳维—斯托克斯方程是二阶非线性非齐次的偏微分方程组，对于大多数较复杂的不可压缩黏性流体的流动问题，难以用该方程求出精确解。目前只能对一些简单的流动问题，例如圆管中的层流、平行平面间的层流以及同心圆环间的层流等，才能求得精确解。近代计算技术的迅速发展，电子计算机的广泛应用，已能够用纳维—斯托克斯方程求解出许多复杂流动问题的数值解。

第四节　理想流体运动微分方程及其积分

当流体为理想流体时，运动黏性系 $v = 0$，纳维—斯托克斯方程式（11-10）简化为

$$
\left.
\begin{aligned}
\frac{\partial u_x}{\partial t} + u_x\frac{\partial u_x}{\partial x} + u_y\frac{\partial u_x}{\partial y} + u_z\frac{\partial u_x}{\partial z} = X - \frac{1}{\rho}\frac{\partial p}{\partial x} \\
\frac{\partial u_y}{\partial t} + u_x\frac{\partial u_y}{\partial x} + u_y\frac{\partial u_y}{\partial y} + u_z\frac{\partial u_y}{\partial z} = Y - \frac{1}{\rho}\frac{\partial p}{\partial y} \\
\frac{\partial u_z}{\partial t} + u_x\frac{\partial u_z}{\partial x} + u_y\frac{\partial u_z}{\partial y} + u_z\frac{\partial u_z}{\partial z} = Z - \frac{1}{\rho}\frac{\partial p}{\partial z}
\end{aligned}
\right\}
\tag{11-11}
$$

这就是理想不可压缩流体的运动微分方程。第三章中的元流能量方程等均可由此式积分导得。

一、静止流场

如果流体处于静止状态，$u_x = u_y = u_z = 0$，则式（11-11）简化为

$$
\begin{cases}
X - \frac{1}{\rho}\frac{\partial p}{\partial x} = 0 \\
Y - \frac{1}{\rho}\frac{\partial p}{\partial y} = 0 \\
Z - \frac{1}{\rho}\frac{\partial p}{\partial z} = 0
\end{cases}
$$

此即欧拉平衡方程——流体平衡微分方程。

现在我们把理想流体运动微分方程（11-11）进行变换，成为包含旋转角速度项的形式。

为此，在方程中第一式的加速度项加 $\pm u_y \dfrac{\partial u_y}{\partial x}$，$\pm u_z \dfrac{\partial u_z}{\partial x}$ 之后，整理为

$$X - \frac{1}{\rho}\frac{\partial p}{\partial x} = \frac{\partial u_x}{\partial t} + \left(u_x \frac{\partial u_x}{\partial x} + u_y \frac{\partial u_y}{\partial x} + u_z \frac{\partial u_z}{\partial x} \right) + u_y \left(\frac{\partial u_x}{\partial y} - \frac{\partial u_y}{\partial x} \right) + u_z \left(\frac{\partial u_x}{\partial z} - \frac{\partial u_z}{\partial x} \right)$$

可以看出，第一括号可以转变为

$$u_x \frac{\partial u_x}{\partial x} + u_y \frac{\partial u_y}{\partial x} + u_z \frac{\partial u_z}{\partial x} = \frac{\partial}{\partial x}\left(\frac{u_x^2 + u_y^2 + u_z^2}{2} \right) = \frac{\partial}{\partial x}\left(\frac{u^2}{2} \right)$$

而第二、三两个括号为

$$u_y \left(\frac{\partial u_x}{\partial y} - \frac{\partial u_y}{\partial x} \right) + u_z \left(\frac{\partial u_x}{\partial z} - \frac{\partial u_z}{\partial x} \right) = 2\left(\omega_y u_z - \omega_z u_y \right)$$

这样，全方程可写为

$$\left.\begin{aligned} X - \frac{1}{\rho}\frac{\partial p}{\partial x} - \frac{\partial u_x}{\partial t} - \frac{\partial}{\partial x}\left(\frac{u^2}{2} \right) &= 2\left(\omega_y u_z - \omega_z u_y \right) \\[2mm] Y - \frac{1}{\rho}\frac{\partial p}{\partial y} - \frac{\partial u_y}{\partial t} - \frac{\partial}{\partial y}\left(\frac{u^2}{2} \right) &= 2\left(\omega_z u_x - \omega_x u_z \right) \\[2mm] Z - \frac{1}{\rho}\frac{\partial p}{\partial z} - \frac{\partial u_z}{\partial t} - \frac{\partial}{\partial z}\left(\frac{u^2}{2} \right) &= 2\left(\omega_x u_y - \omega_y u_x \right) \end{aligned}\right\} \tag{11-12}$$

二、恒定流场

现在，考虑上式在恒定流条件下的能量积分。此时，$\dfrac{\partial u_x}{\partial t} = \dfrac{\partial u_y}{\partial t} = \dfrac{\partial u_z}{\partial t} = 0$ 并设质量力有势函数 W，方程式转化为

$$\frac{\partial}{\partial x}\left(-W + \frac{p}{\rho} + \frac{u^2}{2} \right) = 2 \begin{vmatrix} u_y & u_z \\ \omega_y & \omega_z \end{vmatrix}$$

$$\frac{\partial}{\partial y}\left(-W + \frac{p}{\rho} + \frac{u^2}{2} \right) = 2 \begin{vmatrix} u_z & u_x \\ \omega_z & \omega_x \end{vmatrix}$$

$$\frac{\partial}{\partial z}\left(-W + \frac{p}{\rho} + \frac{u^2}{2} \right) = 2 \begin{vmatrix} u_x & u_y \\ \omega_x & \omega_y \end{vmatrix}$$

为了对这个方程进行能量积分，将三式分别乘以 $\mathrm{d}x$、$\mathrm{d}y$、$\mathrm{d}z$，表示力做的功。并相加，使右项成为全微分：

$$\mathrm{d}\left(-W + \frac{p}{\rho} + \frac{u^2}{2} \right) = 2 \begin{vmatrix} u_y & u_z \\ w_y & w_z \end{vmatrix} \mathrm{d}x + 2 \begin{vmatrix} u_z & u_x \\ w_z & w_x \end{vmatrix} \mathrm{d}y + 2 \begin{vmatrix} u_x & u_y \\ w_x & w_y \end{vmatrix} \mathrm{d}z$$

即

$$\mathrm{d}\left(-W + \frac{p}{\rho} + \frac{u^2}{2} \right) = 2 \begin{vmatrix} \mathrm{d}x & \mathrm{d}y & \mathrm{d}z \\ u_x & u_y & u_z \\ \omega_x & \omega_y & \omega_z \end{vmatrix} \tag{11-13}$$

三、质量力只有重力的恒定流场

我们先研究方程左项中

$$-W + \frac{p}{\rho} + \frac{u^2}{2}$$

质量力仅为重力 $W = -gz$ 的条件下：

$$gz + \frac{p}{\rho} + \frac{u^2}{2}$$

或

$$z + \frac{p}{\gamma} + \frac{u^2}{2g}$$

这就是我们熟知的断面单位总能量。当

$$\mathrm{d}\left(gz + \frac{p}{\rho} + \frac{u^2}{2}\right) = 0$$

则积分得

$$gz + \frac{p}{\rho} + \frac{u^2}{2} = \mathrm{const}$$

或

$$z + \frac{p}{\gamma} + \frac{u^2}{2g} = \mathrm{const}$$

就得出理想流体恒定流能量方程式。

从式（11-13）看出，满足下列条件：

$$\begin{vmatrix} \mathrm{d}x & \mathrm{d}y & \mathrm{d}z \\ u_x & u_y & u_z \\ \omega_x & \omega_y & \omega_z \end{vmatrix} = 0$$

才能得到理想流体恒定流能量方程式。根据行列式性质，只有任一行全等于零，或任两行成比例，行列式的值才等于零。

现在讨论这样的条件：

（1）$u_x = 0, u_y = 0, u_z = 0$。流体静止在整个静止流体空间，$z + \frac{p}{\gamma} = C$。此式即为静压强分布公式。

（2）$\frac{\mathrm{d}x}{u_x} = \frac{\mathrm{d}y}{u_y} = \frac{\mathrm{d}z}{u_z}$。这是流线方程式。适合这个条件的各点在同一流线上，在同一流线上各流体质点的总水头值相等，不同流线有不同的总水头值。例如圆筒内盛水，使圆筒绕筒轴旋转。筒内水流的流线形成封闭的圆周。每一流线满足理想流体能量方程，但不同流线总能量不相同。

第三章中所述的元流断面无限小，元流的极限即是流线，因此流线上成立的能量方程即是理想不可压缩流体恒定流的元流能量方程式。考虑黏性的影响，以及对流动损失和动能作平均化处理后，得到总流能量方程式。

其他条件如下：

（3）$\omega_x = 0, \omega_y = 0, \omega_z = 0$。这是无旋流条件，在无旋流的空间各点，处处满足能量方程，也即流场内各点的总能量相同。

（4）$\dfrac{\mathrm{d}x}{\omega_x} = \dfrac{\mathrm{d}y}{\omega_y} = \dfrac{\mathrm{d}z}{\omega_z}$。这是涡线方程式。所谓涡线，如本章第二节所述，是有旋流中一系列线，在线上的一切流体质点，均以此线为轴而旋转。上述水在绕轴旋转的圆筒中，每一铅直线都是涡线。在每一涡线上满足理想流体能量方程。

（5）$\dfrac{\omega_x}{u_x} = \dfrac{\omega_y}{u_y} = \dfrac{\omega_z}{u_z} = k$。则 $\omega_x = ku_x, \omega_y = ku_y, \omega_z = ku_z$，而涡线方程为

$$\frac{\mathrm{d}x}{\omega_x} = \frac{\mathrm{d}y}{\omega_y} = \frac{\mathrm{d}z}{\omega_z}$$

代入得

$$\frac{\mathrm{d}x}{u_x} = \frac{\mathrm{d}y}{u_y} = \frac{\mathrm{d}z}{u_z}$$

即流线方程。说明螺旋流动是涡线和流线相重合的流动，即流动中各质点沿某方向流动，同时以此方向线为轴而旋转。在螺旋流动中，全部流动均满足理想流体能量方程。

（6）$\mathrm{d}x = \mathrm{d}y = \mathrm{d}z = 0$。无物理意义。

本章小结

本章主要介绍了不可压缩流体的三元流动的基本知识，重点内容小结如下：

一、概念

（1）平移运动；

（2）线变形运动；

（3）角变形运动；

（4）旋转运动。

二、公式（基本方程）

（1）三元不可压缩流体连续性方程：

$$\frac{\partial u_x}{\partial x} + \frac{\partial u_y}{\partial y} + \frac{\partial u_z}{\partial z} = 0 \qquad \text{判别流体连续的条件}$$

（2）三元不可压缩流动的运动微分方程（$N-S$ 方程）：

$$X - \frac{1}{\rho}\frac{\partial p}{\partial x} + v\left(\frac{\partial^2 u_x}{\partial x^2} + \frac{\partial^2 x}{a y^2} + \frac{\partial^2 u_x}{\partial z^2}\right) = \frac{\mathrm{d}u_x}{\mathrm{d}t}$$

三个轴向的运动微分方程：

$$\left.\begin{aligned} X - \frac{1}{\rho}\frac{\partial p}{\partial x} + v\,\nabla^2 u_x &= \frac{\mathrm{d}u_x}{\mathrm{d}t} \\[2mm] Y - \frac{1}{\rho}\frac{\partial p}{\partial y} + v\,\nabla^2 u_y &= \frac{\mathrm{d}u_y}{\mathrm{d}t} \\[2mm] Z - \frac{1}{\rho}\frac{\partial p}{\partial z} + v\,\nabla^2 u_z &= \frac{\mathrm{d}u_z}{\mathrm{d}t} \end{aligned}\right\}$$

（3）理想流体运动微分方程：

$$\left.\begin{array}{l}\dfrac{\partial u_x}{\partial t} + u_x\dfrac{\partial u_x}{\partial x} + u_y\dfrac{\partial u_x}{\partial y} + u_z\dfrac{\partial u_x}{\partial z} = X - \dfrac{1}{\rho}\dfrac{\partial p}{\partial x} \\[2ex] \dfrac{\partial u_y}{\partial t} + u_x\dfrac{\partial u_y}{\partial x} + u_y\dfrac{\partial u_y}{\partial y} + u_z\dfrac{\partial u_y}{\partial z} = Y - \dfrac{1}{\rho}\dfrac{\partial p}{\partial y} \\[2ex] \dfrac{\partial u_z}{\partial t} + u_x\dfrac{\partial u_z}{\partial x} + u_y\dfrac{\partial u_z}{\partial y} + u_z\dfrac{\partial u_z}{\partial z} = Z - \dfrac{1}{\rho}\dfrac{\partial p}{\partial z}\end{array}\right\}$$

1）静止流场：

$$\left.\begin{array}{l}X - \dfrac{1}{\rho}\dfrac{\partial p}{\partial x} - \dfrac{\partial u_x}{\partial t} - \dfrac{\partial}{\partial x}\left(\dfrac{u^2}{2}\right) = 2(\omega_y u_z - \omega_z u_y) \\[2ex] Y - \dfrac{1}{\rho}\dfrac{\partial p}{\partial y} - \dfrac{\partial u_y}{\partial t} - \dfrac{\partial}{\partial y}\left(\dfrac{u^2}{2}\right) = 2(\omega_z u_x - \omega_x u_z) \\[2ex] Z - \dfrac{1}{\rho}\dfrac{\partial p}{\partial z} - \dfrac{\partial u_z}{\partial t} - \dfrac{\partial}{\partial z}\left(\dfrac{u^2}{2}\right) = 2(\omega_x u_y - \omega_y u_x)\end{array}\right\}$$

2）恒定流场：

$$\mathrm{d}\left(-W + \dfrac{p}{\rho} + \dfrac{u^2}{2}\right) = 2\begin{vmatrix}\mathrm{d}x & \mathrm{d}y & \mathrm{d}z \\ u_x & u_y & u_z \\ \omega_x & \omega_y & \omega_z\end{vmatrix}$$

$$z + \dfrac{p}{\gamma} + \dfrac{u^2}{2g} = \mathrm{const}$$

3）质量力只有重力的恒定流场：

几种典型情况：

a. $u_x = 0, u_y = 0, u_z = 0$。流体静止在整个静止流体空间 $z + \dfrac{p}{\gamma} = C$。此式即静压强分布公式。

b. $\dfrac{\mathrm{d}x}{u_x} = \dfrac{\mathrm{d}y}{u_y} = \dfrac{\mathrm{d}z}{u_z}$　　即流线方程式。

c. $\omega_x = 0, \omega_y = 0, \omega_z = 0$　　　即无旋流条件。

d. $\dfrac{\mathrm{d}x}{\omega_x} = \dfrac{\mathrm{d}y}{\omega_y} = \dfrac{\mathrm{d}z}{\omega_z}$　　即涡线方程式。

e. $\dfrac{\omega_x}{u_x} = \dfrac{\omega_y}{u_y} = \dfrac{\omega_z}{u_z} = k$　　螺旋流动是涡线和流线相重合的流动。

本章习题 \\\

1. 一不可压缩流体的流动。x 方向的速度分量为 $u_x = ax^2 + by$，z 方向的速度分量为 0，求 y 方向的速度分量 u_y，其中与为常数，已知 $y = 0$ 时，$u_y = 0$。

2. 已知不可压缩流体平面流动的速度场为 $\begin{cases}u_x = xt + 2y \\ u_y = xt^2 - yt\end{cases}$（m/s），试求：$t = 1\ \mathrm{s}$ 时，点 A（1，2）处液体质点的加速度。

3. 下列不可压缩流体的流场是否连续？

（1）$u_x = 4, u_y = 3x$；（2）$u_x = 4xy, u_y = 0$；

（3）$u_x = x^2 + 2xy, u_y = y^2 + 2xy$；（4）$u_x = \dfrac{kx}{x^2 + y^2}, u_y = \dfrac{ky}{x^2 + y^2}$；

（5）$u_x = y + z, u_y = z + x, u_z = y + x$；（6）$u_x = k\ln(xy), u_y = -ky/x$。

4. 已知速度分布 $u_x = x^2 + y + z, u_y = 2x^2 + y^2 + z^2, u_z = 4xy - 2yz - 2zx$。求点 $(x, y, z) = (0, -1, 2)$ 处流体微团的下列物理量：（1）旋转角速度；（2）角变形速度。

5. 某不可压缩流体三元流动，已知 $u_x = x^2 + y + x + y + 2, u_y = y^2 + 2yz$，并设 $u_z = (x, y, z) = 0$。根据连续条件求 u_z。

6. 已知不可压缩流体黏性流体平面流动的流速分量为 $\begin{cases} u_x = Ax \\ u_y = -Ay \end{cases}$，$A$ 为常数。试求：
（1）应力 p_{xx}、p_{yy}、τ_{xy}、τ_{yx}；（2）假设忽略外力作用，且 $x = y = 0$ 处压强为 p_0，写出压强分布表达式。

7. 有一恒定二元明渠均匀层流，如图 11-6 所示。试证明该水流流速分布公式为 $u_x = \dfrac{g}{2v}\sin\alpha(2hy - y^2)$。

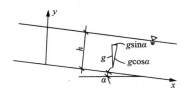

图 11-6　习题 7 图

第十二章

绕流运动

第一节 平面无旋流动

一、平面流动及其流函数

在流场中，某一方向（取做 z 轴方向）流速为零，$u_z = 0$，而另两方向的流速 u_x、u_y 与上述轴向坐标 z 无关的流动，称为平面流动。如以下两种流动：

（1）$u_x = -ky$，$u_y = +kx$，$u_z = 0$；

（2）$u_x = \dfrac{-y}{x^2 + y^2}$，$u_y = \dfrac{x}{x^2 + y^2}$，$u_z = 0$。

图 12-1 所示为工业液槽的侧边吸气就是平面运动的实例。被吸的工业液废气在液槽的长度方向不产生流动，而仅在垂直液槽长度方向的 $x-y$ 平面上从液槽两旁的狭缝吸风口被吸走，因而流动仅产生在 $x-y$ 平面上。

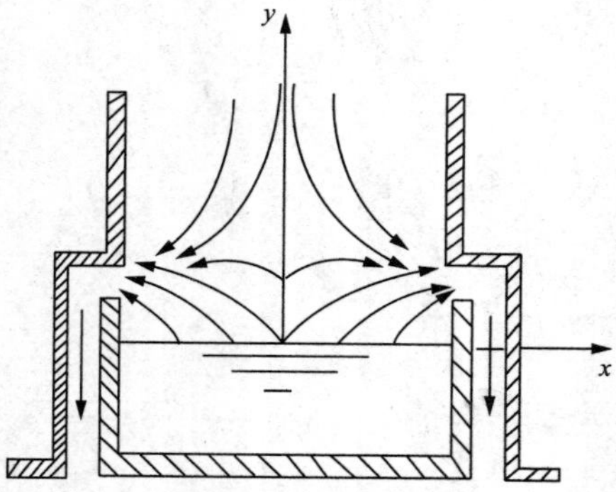

在不可压缩流体平面流动中，连续性方程简化：

$$\frac{\partial u_x}{\partial x} + \frac{\partial u_y}{\partial y} = 0 \qquad (12\text{-}1)$$

由式（12-1）可以定义一个函数 ψ，令

$$u_x = \frac{\partial \psi}{\partial y}, u_y = -\frac{\partial \psi}{\partial x} \qquad (12\text{-}2)$$

满足式（12-2）的函数 ψ 称为流函数。

一切不可压缩流体的平面流动，无论是有旋流动或是无旋流动都存在流函数，但是，只有无旋流动才存在势函数。所以，对于平面流动问题，流函数具有更普遍的性质，它是研究平面流动的一个重要工具。

图 12-1 工业液槽

在平面流动中，流线微分方程为

$$\frac{\mathrm{d}x}{u_x} = \frac{\mathrm{d}y}{u_y}$$

或
$$u_x \mathrm{d}y - u_y \mathrm{d}x = 0 \tag{12-3}$$

二、无旋流动及其势函数

平面无旋运动是旋转角速度为零的平面运动。在平面运动中，仅只有一个坐标方向上的旋转角速度分量 w_x。当 $w_x = 0$ 时，则满足

$$\frac{\partial u_y}{\partial x} = \frac{\partial u_x}{\partial y} \tag{12-4}$$

这时速度势函数全微分为

$$\mathrm{d}\varphi = \frac{\partial \varphi}{\partial x}\mathrm{d}x + \frac{\partial \varphi}{\partial y}\mathrm{d}y \tag{12-5}$$

并满足拉普拉斯方程：

$$\frac{\partial^2 \varphi}{\partial x^2} + \frac{\partial^2 \varphi}{\partial y^2} = 0 \Rightarrow \nabla^2 \varphi = 0 \tag{12-6}$$

由于某些问题采用极坐标比较方便，现将速度势函数写为极坐标 $\varphi(r,\theta)$ 的形式。根据势函数的特征，沿 r 和 θ 方向的分速度等于势函数对相应方向的偏导数：

$$u_r = \frac{\partial \varphi}{\partial r}$$

$$u_\theta = \frac{\partial \varphi}{r \partial \theta} \tag{12-7}$$

用极坐标分析得到的无旋条件为

$$\frac{\partial u_r}{r \partial \theta} = \frac{\partial u_\theta}{\partial r} + \frac{u_\theta}{r} \tag{12-8}$$

拉普拉斯方程极坐标表示式为

$$\frac{\partial^2 \varphi}{r^2 \partial \theta^2} + \frac{\partial^2 \varphi}{\partial r^2} + \frac{1}{r}\frac{\partial \varphi}{\partial r} \tag{12-9}$$

由于流函数与势函数共同以流速相互联系，它们互为共轭调和函数，所以，若已知其中一个函数，即能求出另一个函数。

由于流函数等值线（流线）和势函数等值线（简称等势线）相互垂直，我们可对 $\psi(x, y) = C$ 的常数值 C 给以一系列等差数值：ψ_1、$\psi_1 + \Delta\psi$、$\psi_1 + 2\Delta\psi$、……，在流场中绘出相应的一系列流线。再对 $\psi(x,y) = C$ 的常数值 C 给以另一系列等差数值：φ_1、$\varphi_1 + \Delta\varphi$、$\varphi_1 + 2\Delta\varphi$、…，并绘入同一流场，得出相应的一系列等势线。这两簇曲线构成正交曲线网格，称为流网，如图 12-2 所示。

流场中的流网，可以利用流线和等势线相互正交，形成曲线正方网格的特性，直接在流场中徒手绘出。具体绘法是用一张绘图纸，先绘出流场。根据流动的大致方向，试绘一系列流线以及垂直于流线的等势线，形成正交网格。初绘之后，检查不符合流网的特性的地方，用橡皮擦去，重新修改，逐渐形成互相垂直的正方形网格。最后绘成基本上符合流网特性的

两簇曲线（图 12-3），绘制时，抓住边界条件是重要的。一般说来，固体边界都是边界流线；过水断面或势能相等的线，都是边界等势线。对于给定流场，绘出边界等势线和边界流线，就确定了流网的范围。

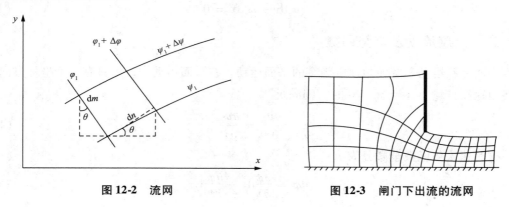

图 12-2 流网　　　　　　　　　　图 12-3 闸门下出流的流网

在流网中，等势线簇的势函数值沿流线方向增大，而流线簇的流函数值则沿流线方向逆时针旋转 90° 后所指的方向增加。

流网有下列性质：

（1）流线与等势线正交；

（2）相邻两流线的流函数值之差，是此两流线间的单宽流量。

为了证明，在曲线 ψ_1 和 $\psi_1 + \Delta\psi$ 上，沿等势线向 ψ 值增大的方向取 a、b 两点，求通过两点间的单宽流量。从图 12-4 可以看出，从 a 到 b 取 dx、dy，流速分速为 u_x、u_y，则单宽流量 dq 应为通过 dx 的单宽流量 $u_y dx$ 和通过 dy 的单宽流量 $u_x dy$ 之和。但由 a 到 b，dx 为负值，而流量应为正值，所以，$u_y d_x$ 应冠以负号，即

$$dq = u_x dy - u_y dx$$

与流函数的表达式比较，得

$$dq = d\psi$$

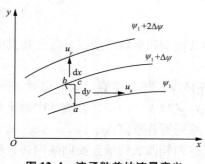

图 12-4 流函数差的流量意义

即两流线间的流函数差值，等于两流线间的单宽流量。流线簇既然是按流函数差值相等绘出的，则任一相邻两流线间的流量相等。根据连续性方程，两流线间的流速和流线间距离成反比。流线越密，流速越大；流线越疏，流速越小。这样，流线簇不仅能表征流场的流速方向，也能表征流速的大小。

（3）流网中每一网格的相邻边长维持一定的比例。

至此，我们已引进了势函数 φ 和流函数 ψ 的概念，阐述了它们的主要性质。一个流动存在势函数的条件仅仅是流动无旋，只要无旋，那么，不管是可压缩流体，还是不可压缩流体，也不管是恒定流，还是非恒定流，三元流还是二元流，都存在势函数。对于不可压缩流体无旋流动，势函数 φ 满足拉普拉斯方程。

流函数 ψ 存在的条件是不可压缩流体，以及流动是平面问题，与流动是否无旋，是否恒

定和是否具有黏性无关。当流动又是无旋时，则流函数 ψ 也满足拉普拉斯方程。顺便指出，对于可压缩流体或空间轴对称流动的流函数定义，本章不做讨论。

势函数 φ 和流函数 ψ 所满足的拉普拉斯方程由连续性方程演变得到。

这样，我们讨论的理想不可压缩流体平面无旋流动的求解方法就增加了下列几种途径：一是以流函数 ψ 为未知函数的拉普拉斯方程和初边值条件；另一是以势函数为未知函数的拉普拉斯方程和初边值条件。

对于不可压缩流体平面无旋流动，势函数和流函数是共轭调和函数，满足哥西—黎曼条件：

$$\frac{\partial \varphi}{\partial x} = \frac{\partial \psi}{\partial y}, \frac{\partial \varphi}{\partial y} = -\frac{\partial \psi}{\partial x} \tag{12-10}$$

因此，可引入复函数 $w_z = \varphi + i\psi w$ 作为未知函数，利用复变函数求解析函数的方法求解。

【例 12-1】 已知某不可压缩平面流动：$u_x = x^2 - y^2$，$u_y = -2xy$。

求：（1）是否连续？（2）如连续，求 ψ。（3）是否无旋？（4）如无旋，求 φ。

解：（1）检查连续性：$\dfrac{\partial u_x}{\partial x} + \dfrac{\partial u_y}{\partial y} = \dfrac{\partial}{\partial x}(x^2 - y^2) + \dfrac{\partial}{\partial y}(-2xy) = 2x - 2x = 0$，满足连续性条件。

（2）求 ψ：$\because \dfrac{\partial \psi}{\partial y} = u_x = x^2 - y^2$

对 y 积分：$\psi = x^2 y - \dfrac{1}{3}y^3 + f(x)$ ——①用"待定函数法"求 ψ

先将 x 视为常数对 y 积分，积分常数视为 x 的函数。

式①再对 x 求偏导：$\dfrac{\partial \psi}{\partial x} = 2xy + f'(x)$ ——②

又 $\because \dfrac{\partial \psi}{\partial x} - u_y = 2xy$ ——③

比较②和③：$f'(x) = 0 \Rightarrow f(x) = C$

令 $C = 0$ 再代回式①，得 $\psi = x^2 y - \dfrac{1}{3}y^3$

（3）检查有无旋：

$$\frac{\partial u_x}{\partial y} = \frac{\partial}{\partial y}(x^2 - y^2) = -2y$$

无旋

$$\frac{\partial u_x}{\partial x} = \frac{\partial}{\partial x}(-2xy) = -2y$$

（4）求 φ：同理用待定系数法 $\Rightarrow \varphi = \dfrac{1}{3}x^3 - y^2 x$

三、几种典型的平面无旋流动

这里仅介绍均匀直线流、源流、汇流和环流四种简单的平面无旋流动。

1. 均匀直线流

速度分量为 $u_x = a, u_y = b, u_z = 0$ 的流动即为在 xoy 平面上的均匀直线流,如图12-5所示。

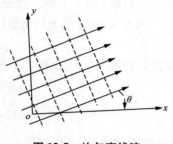

图12-5 均匀直线流

因为在均匀直线流动中,流速及其在 x、y 方向上的分速度保持为常数,则存在势函数 φ:

$$d\varphi = u_x dx + u_y dy = adx + bdy$$

$$\varphi = \int adx + bdy = ax + by$$

流函数根据:

$$d\psi = u_x dy - u_y dx = ady - bdx$$

得

$$\psi = ay - bx$$

当流动平行于 y 轴,$u_x = 0$,则

$$\varphi = by, \quad \psi = -bx$$

当流动平行于 x 轴时,$u_y = 0$,则

$$\varphi = ax, \quad \psi = ay$$

2. 源流

设想流体从垂直于平面的直线,沿径向 r 均匀地四散流出,这种流动称为源流,如图12-6所示。垂直单位长度所流出的流量为 Q_v,Q_v 称为源流强度。连续性条件要求,流经任意半径 r 的圆周的流量 Q_v 不变,则径向流速 u_r 等于流量 Q_v 除以周长 $2\pi r$,即

$$u_r = \frac{Q_v}{2\pi r}, u_\theta = 0$$

势函数用

$$\varphi = \int u_r dr + \int u_\theta r d\theta = \int \frac{Q_v}{2\pi r} dr + \int 0 \cdot r d\theta$$

$$\varphi = \frac{Q_v}{2\pi} \ln r$$

流函数用

$$\psi = \int u_r r d\theta - \int u_\theta dr = \int \frac{Q_v}{2\pi r} r d\theta - \int 0 \cdot dr$$

$$\psi = \frac{Q_v}{2\pi} \theta$$

直角坐标系下相应函数的表达式为

$$\varphi = \frac{Q_v}{2\pi} \ln \sqrt{x^2 + y^2}$$

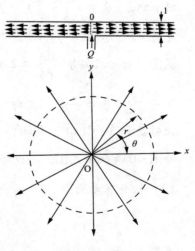

图12-6 源流

$$\psi = \frac{Q_v}{2\pi} \arctan \frac{y}{x}$$

可以看出,源流流线为从源点向外射出的射线,而等势线为同心圆周簇。

3. 汇流

当流体反向流动,即流体从四方向某汇合点集中,这种流动称为汇流,如图12-7所示。

汇流的流量称为汇流强度，它的势函数和流函数，是源流相应的函数的负值。

$$\varphi = -\frac{Q_v}{2\pi}\ln r$$

$$\psi = -\frac{Q_v}{2\pi}\theta$$

直角坐标系下相应函数的表达式为

$$\varphi = -\frac{Q_v}{2\pi}\ln \sqrt{x^2 + y^2}$$

$$\psi = -\frac{Q_v}{2\pi}\arctan \frac{y}{x}$$

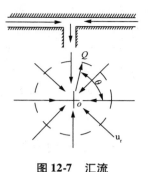

图 12-7　汇流

4. 环流

流场中各流体质点均绕某点以周向流速做圆周运动，因而流线为同心圆簇，而等势线为自圆心发出的射线簇，这种流动称为环流，如图 12-8 所示。环流的流函数和势函数分别是

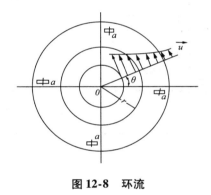

图 12-8　环流

$$\psi = -\frac{\Gamma}{2\pi}\ln r$$

$$\varphi = \frac{\Gamma}{2\pi}\theta$$

将源流的流函数和势函数互换，把 Q_v 换为速度环量 Γ，若考虑到流动方向，就得出上式。速度环量通常是对封闭周边写出的，在环流的情况下，是沿某一流线写出的速度环量，称为环流强度。

$$\Gamma = \int_0^{2\pi} u_\theta r\mathrm{d}\theta = 2\pi r u_\theta = 常量$$

因此，环流速度为

$$u_r = 0$$

$$u_\theta = \frac{\partial \varphi}{r\partial \theta} = \frac{\Gamma}{2\pi r}$$

第二节　绕流运动的基本概念

边界层的概念是 1904 年德国著名的力学家普朗特在海德尔堡第三届国际数学家学会上宣读的《关于摩擦极小的流体运动》论文中首先提出的。他根据理论研究和实际观察，证实了对于水和空气等黏性系数很小的流体，在大雷诺数下绕物体流动时，黏性对流动的影响仅限于紧贴物体壁面的薄层中，而在这一薄层外黏性的影响很小，完全可以忽略不计。普朗特把这薄层称为边界层，或称附面层。

在绕流中，流体作用在物体上的力可以分为两个分量：一是垂直于来流方向的作用力，叫作升力；另一是平行于来流方向的作用力，叫作阻力。本章主要讨论绕流阻力。绕流阻力可以认为由两部分组成，即摩擦阻力和形状阻力。实验证明，像水和空气这样一些黏性小的流体在绕过物体运动时，其摩擦阻力主要发生在紧靠物体表面的一个流速梯度很大的流体薄层内。这个薄层就叫附面层。形状阻力主要是指流体绕曲面体或具有锐缘棱角的物体流动时，附面层要发生分离，从而产生旋涡所造成的阻力。这种阻力与物体形状有关，故称为形状阻力。这两种阻力都与附面层有关，所以，我们先建立附面层概念。

附成层是黏性流体紧贴固体表面所形成的沿固体表面法向速度变化极大、厚度极薄的一层流体运动层。

常见的附面层研究问题分为两类：一类是研究通道流场的内部问题；另一类是研究绕流流场的外部问题。

一、平面边界层

为帮助理解附面层的概念，同时了解它的形成，观察如图 12-9 所示的一均匀来流，以 u_0 流速平行于平板流过该平板的绕流流动。

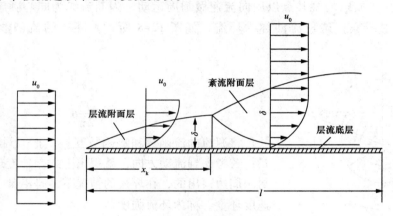

图 12-9　附面层概念

当不考虑流体黏性作用时，绕流经平板上的流速将不会有任何变化，仍保持均匀分布。但实际上存在黏性作用，使与平板表面接触的流体质点速度变为零。然而，沿法向，离开表面的流体，流速急剧增加，在极薄流层内，迅速接近未受扰动的流速 u_0，如图 12-9 所示。

显然，在流场中就出现了两个性质不同的流动区域。在紧贴平板表面形成一极薄层，在这薄层内，沿平板法向方向，流速由表面上为零迅速增长到接近于 u_0，流速变化很大，且流动是有旋运动流动。这就是附面层。在这层之外，流速已恢复到 u_0，且流动是无旋的，沿法向无速度梯度，这一较大的流动区，称为势流区。由此得到，黏性流体绕流运动，势必形成两个流动区：一个是附面层流动区；另一个是附面层外的较大范围的势流区。

附面层流动区有以下特性：

（1）附面层的厚度沿长度方向逐渐增加，如图 12-9 所示。

（2）附面层内，沿物体表面外法线方向，速度由在表面上的零迅速增长到接近未扰动的速度，因而，在这极小的距离内，势必出现很大的速度梯度。根据牛顿内摩擦力定律，附面层内将产生很大的内摩擦力，由此就形成了摩擦阻力。

（3）由于附面层内存在很大的速度梯度，则造成强烈的涡旋，因而流动是有旋运动。

（4）附面层内部沿物体表面法向 y 轴上的压强保持不变，即 $\frac{\partial p}{\partial y} = 0$。这个特性对讨论附面层具有重要意义，因为势流区流动的压强沿长度的变化通过势流流动分析能求得，于是附面层外边界层上沿长度方向的压强也就确定下来，应用此特性就可以完全确定附面层内沿长度方向的压强变化规律了。

（5）附面层外边界，通常定义在物体表面法向上的速度为 99% 的未扰动速度，即 $0.99u_0$ 的位置处。在外边界外为势流区，其内为有旋流动区。

（6）附面层内流动也存在层流与紊流两种流动的流态。如图 12-6 在 x_k 距离内，流体是层流流态；在大于 x_k 距离的平板表面上，层流转变为紊流，形成紊流附面层。在紊流附面层内，还存在一很薄的层流底层。

（7）在附面层内，层流流态转化为紊流的条件用临界雷诺数来判定，实验得到此临界雷诺数的大小为

$$Re_{x_k} = \frac{u_0 \cdot x_k}{v} = 10^5 \sim 5 \times 10^5$$

如果用附面层的厚度 δ_k 来表示，则为

$$Re_{\delta_k} = \frac{u_0 \cdot \delta_k}{v} = 3\ 000 \sim 3\ 500$$

式中 δ_k 为 x_k 处的附面层厚度。

二、曲面边界层

当流体绕曲面体流动时，沿附面层外边界上的速度和压强都不是常数。根据理想流体势流理论的分析，在图 12-10 所示的曲面体 B 点断面以前，由于过流断面的收缩，流速沿程增加，因而压强沿程减小（$\frac{\partial p}{\partial x} < 0$）。在 B 点断面以后，由于断面不断扩大，速度不断减小，因而压强沿程增加（$\frac{\partial p}{\partial x} > 0$）。由此可见，在附面层的外边界上，$B$ 点必然具有速度的最大值和压强的最小值。

由于在附面层内，沿壁面法线方向的压强都是相等的，故以上关于压强沿程的变化规律，不仅适用附面层的外边界，也适用附面层内。在 B 点断面前，附面层为减压加速区域，流体质点一方面受到黏性力的阻滞作用，另一方面又受到压差的推动作用，即部分压力势能转为流体的动能，故附面层内的流动可以维持。当流体质点进入 B 点断面后面的增压减速区，情况就不同了，流体质点不仅受到黏性力的阻滞作用，压差也阻止着流体的前进，越是靠近壁面的流体，受黏性力的阻滞作用越大。在这两个力的阻滞下，靠近壁面的流速就趋近于零。S 点以后的流体质点在与主流方向相反的压差作用下，将产生反方向的回流。但是离物体壁面较远的流体，由于附面层外部流体对它的带动作用，仍能保持前进的速度。这样，回流和前进这两部分运动方向相反的流体相接触，就形成旋涡。旋涡的出现势必使附面层与壁面脱离，这种现象称为附面层的分离，而 S 点就称为分离点。

由上述分析可知，附面层的分离只能发生在断面逐渐扩大而压强沿程增加的区段内，即

增压减速区。

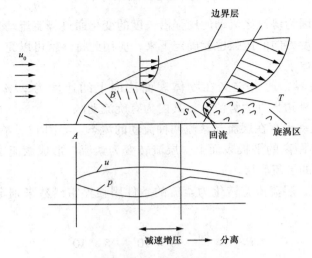

图 12-10　曲面附面层分离

　　边界层分离的发生是由于在流动方向上，与流动方向相反的压差阻力和壁面黏性阻力使边界层内流体动能消耗殆尽，从而产生的分离，形成回流区或旋涡。其中黏性阻力和压差阻力之和统称为物体阻力。对于圆柱体和球体等钝头体，压差阻力要比黏性阻力大得多；而流体纵向流过平板时一般只有黏性阻力。虽然从物理分析上能够完全清楚物体阻力形成过程，但是要从理论上确定一个任意形状物体的阻力，至今还是十分困难的。目前还只能在风洞中用实验方法测得，即风洞实验。

　　通过实验分析可得，物体阻力与来流的动压头 $\frac{1}{2}\rho v^2$ 及物体在垂直于来流方向上的截面面积 A 的乘积成正比，即

$$F_D = C_D \frac{\rho v^2}{2} A$$

式中　　F_D——物体总阻力（N）；
　　　　C_D——无量纲的阻力系数。

　　为便于比较各种形状物体阻力，工程上引用无因次阻力系数 C_D 来表示物体阻力大小。另外由实验得知，对于不同的不可压缩流体的几何相似物体，如果雷诺数相同，则它们的阻力系数也相同。因此，在不可压缩流体中，对于来流方向具有相同方位角的几何相似物，其阻力系数只与雷诺数有关。

　　因此，通过改变雷诺数、流体流速和物体形状可以影响物体总阻力。

　　若流体流速较大，形成的边界层可能为湍流边界层。在此情况下，由于流体的惯性力较大，流体克服阻力的能力较大，则分离点将向下游区移动。相反，若流体流速较小或 Re 较小时，其形成的边界层可能是层流边界层。此时流体的惯性力较小，流体克服黏性阻力和压差阻力的能力较小，则分离点将向上游区移动。

　　因为分离点的位置，旋涡区的大小，与物体的形状有关，故称形状阻力。对于有尖角的

物体，流动在尖角处分离，越是流线形的物体，分离点越靠后。如图 12-11 所示，当物体外形做成流线形时，分离点 S 就会推后，从而缩小旋涡区，从而减小形状阻力。

生活中，飞机、汽车、潜艇的外形尽量做成流线形，就是为了推后分离点，缩小旋涡区，达到减小形状阻力的目的。

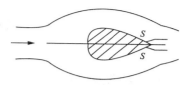

图 12-11 流线形边界层分离

三、卡门涡街

当流体绕圆柱体流动时，在圆柱体后半部分，流体处于减速增压区，附面层要发生分离。物体后面的流动特性取决于

$$Re = \frac{u_0 d}{\nu}$$

式中 u_0——来流速度；

d——圆柱体直径；

ν——流体的运动黏度。

当 $Re < 40$ 时，附面层对称分离，形成两个旋转方向相对的对称旋涡，随着 Re 的增大，分离点不断向前移。Re 再增大，则涡旋的位置已不稳定。在 $Re = 40 \sim 70$ 时，可观察到尾流中有周期性的振荡。待 Re 数达到 90 左右，旋涡从柱体后部交替释放出来，如图 12-12 所示，这种物体后面形成有规律的交错排列的旋涡组合，称为卡门涡街。

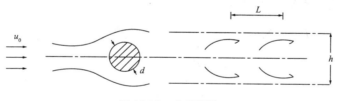

图 12-12 卡门涡街

出现卡门涡街时，旋涡交替产生并脱落，因此将产生交变力，从而被绕流柱体产生振动及噪声；当交变力频率与柱体材料的固有频率接近时，便会产生共振现象，使振动加剧；振动会使周围空气发出声响效应，若其频率与柱体材料的固有频率接近时，又会产生所谓的声振，使振动及噪声加剧。如 1904 年华盛顿吊桥被风吹毁事故，就是因此造成的。

关于涡街振动频率的计算，在 $Re = 250 \sim 2 \times 10^5$ 的范围内，斯特洛哈尔提出的经验公式为

$$\frac{fd}{u_0} = 0.198 \left(1 - \frac{19.7}{Re}\right)$$

在高 Re 的情况下，柱体后已不见规则性的涡街了。

卡门涡街不限于圆柱体，一切钝性物体同样会出现卡门涡街，受到涡街振动的作用。

第三节　绕流阻力和升力

一、绕流阻力

绕流阻力包括摩擦阻力和形状阻力，附面层理论用于求摩擦阻力。形状阻力一般依靠实验来决定。绕流阻力的计算式为

$$F_D = C_D \frac{\rho u_0{}^2}{2} \times A_\perp$$

式中　F_D——物理所受的绕流阻力；

C_D——无因次的阻力系数；

A——物体的投影面积；

u_0——未受干扰时的来流速度；

ρ——流体密度。

以圆球绕流为例分析绕流阻力的变化规律。

设圆球做匀速直线运动，若流动的雷诺数 $Re = \dfrac{u_0 d}{\nu}$ 很小，在忽略惯性力的前提下，可以导出

$$F_D = 3\pi\mu d u_0$$

称为斯托克斯公式。

由上述绕流阻力的计算式可得

$$F_D = 3\pi\mu d u_0 = \frac{24}{\dfrac{u_0 d \rho}{\mu}} \cdot \frac{\pi d^2}{4} \cdot \frac{\rho u_0{}^2}{2} = \frac{24}{Re} A \cdot \frac{\rho u_0{}^2}{2}$$

因此

$$C_D = \frac{24}{Re}$$

阻力系数 $C_D \cdot Re$ 关系存在以下规律（图 12-13）：

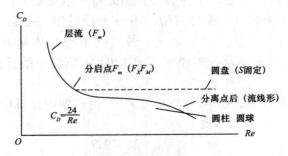

图 12-13　阻力系数 C_D 与 Re 关系

1. 绕平板流动

流体平行于平板的绕流流动，是一种典型的只有摩擦阻力而无形状阻力的流动，因此仅

与附面层中的流动状态有关。即

$$C_D = f(Re)$$

2. 绕圆球流动

$R<1$ 时，斯托克斯公式与实测结果一致，斯托克斯公式是正确的；

$R \geq 1$ 时，由于圆球是光滑的曲面，圆球绕流既有摩擦阻力，又有形状阻力。R 越大，附面层的分离点的位置越向前移，形状阻力随之加大，而摩擦阻力则有所减小，因此随之变化。

$R \approx 3 \times 10^5$ 时，C_D 值突然下降。这是由于附面层出现紊流，而紊流的掺混作用，使附面层内的流体质点取得更多的动能补充，使分离点的位置后移，形状阻力大大降低。虽然摩擦阻力有所增加，但总的绕流阻力还是大大地减小。

3. 绕圆盘流动

此时与雷诺数无关，C_D 值为常数。这是因为此时圆盘绕流只有形状阻力，没有摩擦阻力，附面层的分离点固定在圆盘的边线上。由于分离点位置保持不变，形状阻力也就不变，因而 C_D 值保持不变。

二、绕流升力

由于绕流的物体上下侧所受的压力不相等，因此，在垂直于流动方向存在着升力 F_L。如图可见，在绕流物体的上部流线较密集，下部流线较稀疏，也就是说，上部的流速大于下部的流速。由能量方程可知，流速大则压强小，因此，物体下部的压强比物体上部的压强大，说明了升力的存在。升力对于轴流风机和轴流水泵的叶片设计具有重要意义，良好的叶片形状应具有较大的升力和较小的阻力。升力的计算公式为

$$F_L = C_L A_{11} \frac{\rho u^2}{2}$$

式中　C——平行于流向的投影面积；

　　　A——升力系数。

【例 12-2】 如图 12-14 所示，间距为 500 m 的两输电塔架，两塔间架设 20 根直径为 20 mm 的电缆，风以 80 km/h 横向吹过电缆，求电缆架承受的水阻力。（已知：空气 $\rho = 1.2$ kg/m^2，$C_D = 1.2$）

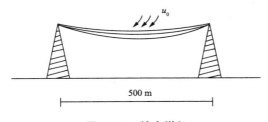

图 12-14　输电塔架

【解】 已知：

$$80 \text{ km/h} = \frac{80 \times 1\,000}{3\,600} \text{ m/s} \approx 22.22 \text{ m/s} \qquad 此风速相当于十级风$$

一根电缆受到的风阻力为

$$F_D = C_D \frac{\rho v^2}{2} A = 1.2 \times \frac{1.2 \times 22.22^2}{2} \times 500 \times 0.02 = 3.55 (\text{kN})$$

则 20 根电缆受到的总阻力为：$20 \times 3.55 = 71 (\text{kN})$

本章小结

本章主要介绍了绕流运动的基本知识，重要内容小结如下：

1. 平面无旋流动

研究 z 轴方向流速为零的平面流动，结合工程实例，依据连续方程定义流函数，即函数 $\psi：u_x = \frac{\partial \psi}{\partial y}, u_y = -\frac{\partial \psi}{\partial x}$。流线方程表达为 $\frac{\mathrm{d}x}{u_x} = \frac{\mathrm{d}y}{u_y}$。

研究流函数 ψ 和势函数 φ 的关系，得到三个结论：

（1）$u_x = \frac{\partial \varphi}{\partial x} = \frac{\partial \psi}{\partial y}$；

（2）$u_y = \frac{\partial \varphi}{\partial y} = -\frac{\partial \psi}{\partial x}$；

（3）流线（ψ）与等势线（φ）相交。

2. 几种典型的平面无旋流动

包括均匀直线流动、点流、点汇、环流。表现势流的可叠加性，介绍了三种叠加势流：绕桥墩流动（均匀直线流 + 源流），绕机翼流动（均匀直线流 + 源流 + 汇流），泵内流动（源流 + 环流）。

3. 绕流运动的基本概念

（1）平面边界层：$Re_{x_k} = \frac{u_0 \cdot x_k}{v} = 10^5 \sim 5 \times 10^5$。

（2）曲面边界层：边界层分离的发生是由于在流动方向上，与流动方向相反的压差阻力和壁面黏性阻力使边界层内流体动能消耗殆尽，从而产生的分离，形成回流区或旋涡。其中黏性阻力和压差阻力之和统称为物体阻力。

物体总阻力：$F_D = C_D \frac{\rho v^2}{2} A$。

（3）卡门涡街。斯特洛哈尔提出的经验公式为：$\frac{fd}{u_0} = 0.198(1 - \frac{19.7}{Re})$

4. 绕流阻力和升力

绕流阻力的计算式为：$F_D = C_D \frac{\rho u_0^2}{2} \times A_\perp$。

（1）绕平板流动：

$$C_D = f(Re)$$

（2）绕圆球流动：

存在圆球：F_x、F_m。

$$Re\downarrow \text{，} F_m\uparrow \text{，} C_D = f(Re)$$
$$Re\uparrow \text{，} F_x\uparrow \text{，} C_D = f(Re,S)$$

（3）绕圆盘流动：

S 点固定，CD 不变，与 Re 无关。

5. 绕流阻力

$$F_L = C_L A_{11} \frac{\rho u^2}{2}$$

本章习题

1. 已知某平面势流 $\varphi = 4(x^2 - y^2)$，求 u_x、u_y 和流函数 ψ。

2. 某黏性流体流场的流速函数：$u_x = \dfrac{-y}{x^2+y^2}$，$u_y = \dfrac{x}{x^2+y^2}$，$u_z = 0$。求速度势函数 $\varphi(x, y)$，并检验是否满足拉普拉斯方程。

3. 已知平面流动的势函数 $\varphi = x^2 - y^2 - x$，求流速和流函数。

4. 气温 100 ℃，速度 14.7 m/s 的风速横向吹过直径为 30 mm 的高压电线，求产生的卡门涡街的振动频率。

5. 浮于水面上长 $l = 0.8$ m，宽 $b = 0.4$ m 的矩形平板，以速度 $u_0 = 0.5$ m/s 拖动均速前进，求水平方向所用拖动力 F。已知水的 $\rho = 998.2$ kg/m³，$v = 1.007 \times 10^{-6}$（m²/s），如果增大速度 u_0 至 1 m/s，则 F 为多少？

6. 高 $H = 25$ m 圆柱烟囱，直径 $d = 0.6$ m，求风速 $u_0 = 12$ m/s 横向吹过烟囱时，烟囱所受作用力。已知空气 $\rho = 1.205$ kg/m³，运动黏滞系数 $\nu = 15.7 \times 10^{-6}$ m²/s。

离心式泵与风机的理论基础

第一节　工作原理与性能参数

一、离心式泵与风机的基本结构

1. 离心泵结构

离心泵的主要部件有叶轮、吸入室、压出室、轴向力平衡装置及密封装置等，具体位置如图 13-1～图 13-3 所示。

叶轮是泵的重要部件之一，作用是将原动机的机械能传递给液体，使液体的压力能和速度能均有所提高。叶轮水力性能的优劣对泵的效率影响最大，因而叶轮在传递能量的过程中流动损失应该最小。叶轮的材料应该具有高强度、抗腐蚀、耐冲刷的性能。

吸入室的作用是将液体从吸入管路引入叶轮。一个设计好的吸入室，应该在最小阻力损失的情况下，将液流引入叶轮。叶轮进口处的液流速度分布要均匀，一般使液流在吸入室内有加速，将吸入管路内的液流速度变为叶轮入口所需的速度。吸入室中的阻力损失要比压出室小很多，但是吸入室形状设计的优劣对进入叶轮的液体流动情况影响很大，对泵的气蚀性能有直接影响。

从叶轮中获得能量的液体，流出叶轮进入压出室。压出室将原来的高速液体汇集起来，引向次级叶轮的进口或引向压出口，同时还将液体中的部分动能转变成压力能。压出室中液体的流速较大，所以液体在流动的过程中要产生较大的阻力损失，因此，泵不仅需要性能良好的叶轮，还必须有良好的压出室，才能保证泵的效率。

为平衡轴向力，在多级泵上通常装置平衡盘、平衡鼓或平衡盘与平衡鼓联合装置、双平衡鼓装置。

离心泵应用广泛，按照工作时产生的压力大小可分为低压泵（压力在 2 MPa 以下）、中压泵（压力为 2～6 MPa）、高压泵（压力在 6 MPa 以上）。离心泵结构有多种形式，下面以几种典型结构为例介绍一下离心泵的整体结构。

图 13-1 所示为 IS 型泵，即单极单吸清水离心泵。悬臂结构，轴承装于叶轮的同一侧，轴向力用平衡孔平衡。IS 型泵系列性能范围：流量为 6.3 ~ 400 m^3/h，扬程为 5 ~ 125 m，适用输送温度不高于 80 ℃的水或物理化学性质与水相似的其他液体。

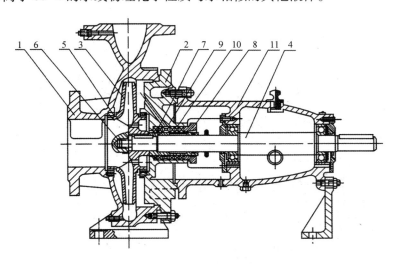

图 13-1　IS 型泵结构

1—泵体；2—泵盖；3—叶轮；4—轴；5—密封环；6—叶轮螺母；7—轴套；

8—填料压盖；9—填料环；10—填料；11—悬架轴承部件

图 13-2 所示为 S 型泵，即单级双吸中开式离心泵。单级双吸结构，水平中开式，残余的轴向力由推力滚动轴承承受。S 型泵系列性能范围：流量为 72 ~ 2 020 m^3/h，扬程为 12 ~ 125 m，适用输送温度不高于 80 ℃的液体。S 型泵适用工厂、矿山、城市给水，也用作中小型火力发电厂循环水泵。

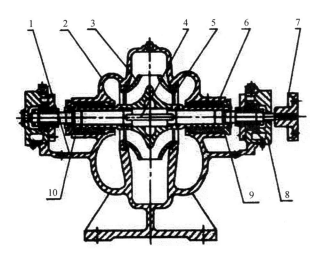

图 13-2　S 型泵结构

1—泵体；2—泵盖；3—叶轮；4—轴；5—双吸密封环；6—轴套；

7—联轴器；8—轴承体；9—填料压盖；10—填料

图 13-3 所示为节段型多级离心泵，结构上采用卧式、多级泵分段式，在工况突变时，常会受到冲击，产生热应力，容易造成泵动静部分的摩擦与振动。因而运转安全、平稳、噪声低、寿命长、安装维修方便。节段型多级离心泵检修时需要先拆卸进出水管道，再解体泵。

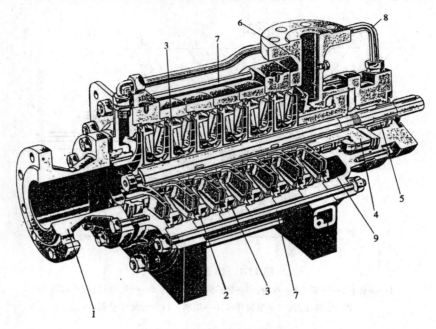

图 13-3　节段型多级离心泵结构

1—吸入室；2—叶轮；3—导叶；4—双平衡鼓装置；5—轴端密封；6—排出管；
7—拉紧螺栓；8—回水管；9—压出室

2. 离心风机结构

离心风机由机壳、机轴、叶轮及电动机等组成，如图 13-4 所示。机壳一般由钢板制成，坚固可靠，可为分整体式和半开式，半开式便于检修。叶轮由叶片、曲线型前盘和平板后盘组成。

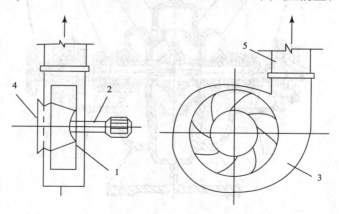

图 13-4　离心风机结构示意

1—叶轮；2—机轴；3—机壳；4—吸气口；5—排气口

根据使用的条件不同，离心风机出风口方向，规定了"左"或"右"的回转方向，各有 8 种不同的基本出风口位置，如图 13-5 所示。若基本角度位置不够，还可以补充 15°、30°、60°、75°、105°、120°、…。

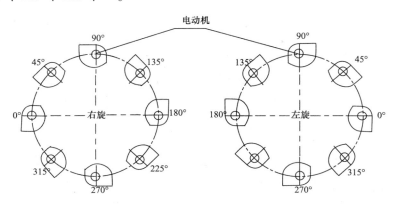

图 13-5　基本出风口位置

二、离心式泵与风机的工作原理

泵的外壳容器是静止不动的，而外壳内的叶轮由原动机带动做高速旋转，流体在高速旋转的叶轮内，借叶片的作用获得能量，被甩出叶轮，叶轮内形成真空。同时，外界的流体沿叶轮中心流入叶轮。如此，周而复始，循环工作。图 13-6 所示的离心式水泵，叶轮 3 旋转后叶片对水流做功，将液体抛入泵壳 1 内，泵壳 1 汇集液体送入压水管 5。液体流出泵后，叶轮内产生真空，水池的水在大气压力作用下通过滤网和吸水管 4 而进入叶轮内获得能流量。

上述分析，完全适用离心风机，但离心风机可以在任何时候启动，而离心泵启动前必须使泵腔体内充满需要泵送的液体，否则泵启动后无法向外界提供液体。如启动前不向泵内灌满液体，则叶轮只能带动空气旋转。而空气容密度约为水密度的千分之一，所形成的真空不足以吸入密度比它大 700 多倍的水。泵吸水管不能漏气，若泵壳内无水或进入较多空气，会造成气蚀损害，无水运转更导致水泵干磨发热，造成损坏。关闭离心泵时，应先缓慢关闭出口阀门，再停电动机，否则压出管中的高压液体可能反冲入泵内，造成叶轮高速反转，以至损坏。

三、离心式泵与风机的性能参数

1. 泵的扬程和风机压头

单位重量的液体在泵内所获得的能量，泵出口与进口截面能量差，称为扬程，用符号 H 表示，单位 m。如图 13-7 所示，泵欲将液体从位置 1 输送至位置 2，此时液体流动时所需的能量，即泵所需要的扬程可以通过式（13-1）来计算：

$$H = \Delta z + \frac{p_2 - p_1}{\gamma} + \frac{v_2^2 - v_1^2}{2g} \,(\text{m}) \tag{13-1}$$

单位体积的气体在风机内所获得的能量也即风机出口高于进口截面的能量，称为全压

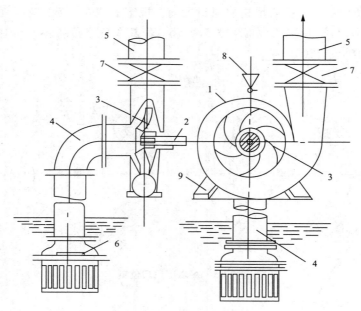

图 13-6　离心式水泵

1—泵壳；2—泵轴；3—叶轮；4—吸水管；5—压水管；
6—底阀；7—闸阀；8—灌水漏斗；9—泵座

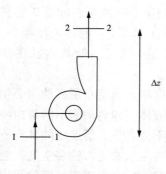

图 13-7　选择泵扬程计算

（压头），用符号 p 表示，单位 Pa。风机的全压可以通过式（13-2）来计算：

$$p = p_{2j} - p_{1j} + \frac{\rho(v_2^2 - v_1^2)}{2}\,(\text{Pa}) \tag{13-2}$$

2. 流量

单位时间内泵或风机在出口截面所输送的流体量称为流量。常有体积流量和质量流量两种。体积流量用符号 q_v 表示，单位为 m³/s、m³/min、m³/h；质量流量用符号 q_m 表示，单位为 kg/s、kg/min、kg/h。

3. 功率及效率

流体从泵或风机中实际所得到的功率称为有效功率，可以通过式（13-3）计算：

$$P_e = \frac{\rho g q_v H}{1\,000} \tag{13-3}$$

式中　P_e——有效功率（kW）；

　　　ρ——液体的密度（kg/m³）；

　　　q_v——泵输送液体的流量（m³/s）；

　　　H——泵给予液体的扬程（m）。

风机全压 p 的单位是 Pa，所以其有效功率为

$$P_e = \frac{q_v p}{1\,000} \tag{13-4}$$

原动机传到泵或风机轴端上的功率，称为轴功率，也称泵与风机的输入功率。轴功率与有效功率的关系为

$$P = \frac{P_e}{\eta} \tag{13-5}$$

式中　　P——轴功率（kW）；

η——泵或风机的总效率。

泵或风机的总效率用于评定泵与风机运行经济性的优劣，是综合效率。

4. 转速

泵与风机轴每分钟的转数称为转速，以 n 表示，单位为 r/min。泵与风机的转速越高，则它们所输送的流量、扬程（全压）越大。

第二节　离心式泵与风机的基本方程

一、速度三角形和理想叶轮

1. 速度三角形

流体在叶轮中的运动是一个复合运动。叶轮带着流体一起做旋转运动，称为牵连运动，其速度用 $\vec{u}$ 表示。流体沿叶轮流道的运动，称为相对运动，其速度用 $\vec{\omega}$ 表示。叶轮中的流体相对于地面的运动称为绝对运动，其速度用 $\vec{v}$ 表示。则，各速度之间的关系式为

$$\vec{v} = \vec{u} + \vec{\omega} \tag{13-6}$$

图 13-8 所示为叶轮内流体的运动。流体在叶轮内的复合运动用速度三角形来表示。图 13-9 所示为叶轮流道叶片进口与出口处的速度三角形。下标"1"表示叶轮叶片进口处的流体速度。下标"2"表示叶轮叶片出口处的流体速度。绝对速度 v 与圆周速度 u 间的夹角用 α 表示，相对速度 ω 与圆周速度反方向的夹角用 β 表示。绝对速度在圆周方向上的分量，称为圆周分速 v_u。绝对速度在轴面（经过泵与风机的轴心线所作的平面）上的投影，称为轴面速度 v_m。

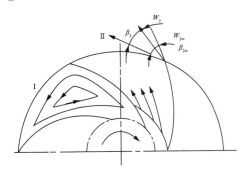

图 13-8　叶轮内流体的运动

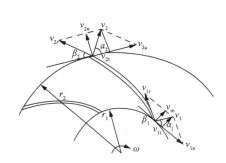

图 13-9　速度三角形

叶轮叶片进、出口处的圆周分速：

$$v_{1u} = v_1\cos\alpha_1 \tag{13-7}$$

$$v_{2u} = v_2\cos\alpha_2 \tag{13-8}$$

叶轮叶片进、出口处的轴面速度：

$$v_{1m} = v_1\sin\alpha_1 \tag{13-9}$$

$$v_{2m} = v_2\sin\alpha_2 \tag{13-10}$$

2. 理想叶轮

为方便讨论问题，得出结论，做两点假设：

（1）泵与风机内流动的流体为无黏性流体。推导方程时可不计能量损失。

（2）叶轮上叶片厚度无限薄，叶片数无穷多。因此流道的宽度无限小，那么流体完全沿着叶片的弯曲形状流动。

满足以上两种假设的叶轮称为理想叶轮。

二、基本方程——欧拉方程

推导基本方程式时，将叶轮近似看作平面，那么流体在叶轮内的流动就是平面流动。然后应用动量矩方程。流体动量矩方程指出，在定常流动中，单位时间内流体动量矩的变化，等于作用在流体上的外力矩。

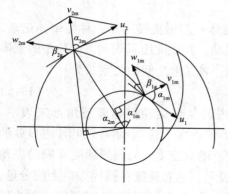

图13-10　推导基本方程式

如图13-10所示，设流入叶轮的流体体积流量为q_{VT}，以叶轮进口及叶轮出口为控制面，则在单位时间内叶轮叶片进口处流入的流体动量矩为

$$\rho\, q_{vT}\, v_{1\infty}\, r_1\cos\alpha_{1\infty}$$

（凡符号下角标有"∞"者，均表示叶片数为无穷多叶轮的参数。）

同时，在叶轮出口处单位时间内流出的流体动量矩为

$$\rho\, q_{vT}\, v_{2\infty}\, r_2\cos\alpha_{2\infty}$$

根据动量矩方程

$$M = \rho\, q_{vT}(v_{2\infty}\, r_2\cos\alpha_{2\infty} - v_{2\infty}\, r_2\cos\alpha_{2\infty}) \tag{13-11}$$

式中　M——作用在流体上的外力矩（N·m）。

倘若叶轮的旋转角速度为ω，在式（13-11）两端乘以ω得

$$M\omega = \rho q_{vT}(v_{2\infty}u_2\cos\alpha_{2\infty} - v_{1\infty}u_1\cos\alpha_{1\infty}) \tag{13-12}$$

$M\omega$表示叶轮旋转时传递给流体的功率。在考察无黏性流体运动时，叶轮传递给流体的功率，应该等于流体在叶轮中所获得的功率$\rho g\, q_{vT}\, H_{T\infty}$。$H_{T\infty}$表示为单位重量无黏性的流体，通过叶片数为无穷多的工作轮时所获得的能量，称为无黏性流体、叶片数无穷多时泵的扬程。于是

$$M\omega = \rho\, gq_{vT}H_{T\infty}$$

所以

$$H_{T\infty} = \frac{1}{g}(v_{2\infty}u_2\cos\alpha_{2\infty} - v_{1\infty}u_1\cos\alpha_{1\infty})$$

$$= \frac{1}{g}(u_2v_{2u\infty} - u_1v_{1u\infty}) \tag{13-13}$$

该方程反映了能量增加与叶轮中各种流速的关系：

（1）$H_{T\infty}$ 的大小与流动过程无关，与进出口处的流速有关。

（2）$H_{T\infty}$ 的大小与流体种类无关。

三、方程的修正和理论扬程

叶轮内流体从进口流向出口，同时在流道内产生一个与叶轮转向相反的轴向涡旋 ω，如图 13-11 所示。当叶轮内流体从进口流向出口时，流道内均匀的相对速度受到轴向涡旋的破坏。在叶片工作面附近，相对速度的方向与轴向涡旋形成的流动速度方向相反，两个速度叠加的结果使合成的相对速度减小。而在叶片非工作面附近，两种速度的方向相同，速度叠加的结果使合成的相对流速增加。根据伯努利方程，在叶片工作面附近的流体速度较低处，相应的压力就较高；在叶片非工作面附近的流体速度较高处，相应的压力就较低。

同时，在流道内因为产生了轴向涡旋，所以叶轮出口处流体的相对速度偏离了叶片的切线方向，使流体出流的角度 β_2 小于叶片出口处的安装角 β_{2g}。流体出流角度减小成 β_2 后，对泵与风机的扬程（全压）有什么影响呢？如图 13-12 所示，叶片数有限多时，出流角度从 β_{2g} 降低至 β_2 后，$v_{2u\infty}$ 就减小成 v_{2u} 了。这就是相对速度产生滑移，造成流体出口的旋转不足，致使扬程下降，即

$$H_T = \frac{1}{g}(u_2v_{2u} - u_1v_{1u}) < H_{T\infty} = \frac{1}{g}(u_2v_{2u\infty} - u_1v_{1u\infty}) \tag{13-14}$$

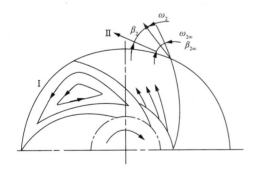

图 13-11　轴向涡旋

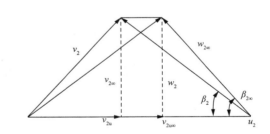

图 13-12　叶片有限数与无限数时的出口速度三角形

叶片有限多、无黏性流体的基本方程，称为理论扬程。

第三节　叶形及其对性能的影响

一、出口安装角与叶形

叶片式泵与风机的能量传递，主要依靠旋转叶轮对流体做功。离心式泵与风机的叶片形

状、弯曲形式对泵与风机的扬程、全压、流量和效率有很大影响。

如图 13-13 所示，离心式叶轮叶片的形式有三：

一是叶片弯曲方向与叶轮旋转方向相反，如图 13-13（a）所示。其叶片出口的几何角 $\beta_{2g} < 90°$，称为后向式叶片。

二是叶片弯曲方向沿叶轮的径向展开，如图 13-13（b）所示。其叶片出口的几何角 $\beta_{2g} = 90°$，称为径向式叶片。

三是叶片弯曲方向与叶轮旋转方向相同，如图 13-13（b）所示。其叶片出口的几何角 $\beta_{2g} > 90°$，称为前向式叶片。

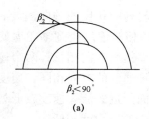 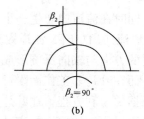 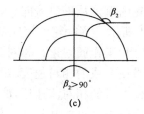

图 13-13 离心式叶轮叶片形式

（a）后向式；（b）径向式；（c）前向式

二、叶形对机械性能的影响

三种不同形式的叶片，对扬程的影响，可以在固定变量的前提下进行比较，如：相同的叶轮外径 D_2 与内径 D_1、相同的转速 n、相同的叶片进口安装角 β_{1g} 及相等的流量 q_{VT} 等。

为简化问题的讨论，设三种叶片的进口几何角 $\alpha_{1\infty} = 90°$，则

$$H_{T\infty} = \frac{u_2 v_{2u\infty}}{g} \tag{13-15}$$

图 13-14 所示为三种叶片的出口速度三角形，现进行分析。

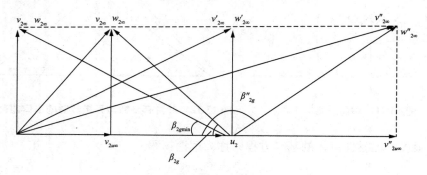

图 13-14 三种叶片的出口速度三角形

1. $\beta_{2g} < 90°$

$$v_{2u\infty} < u_2$$

$$H_{T\infty} = \frac{u_2 v_{2u\infty}}{g} < \frac{u_2^2}{g} \qquad (13\text{-}16)$$

随着后向式叶片的 β_{2g} 不断减少，$H_{T\infty}$ 也不断下降。若 β_{2g} 减少到使 $\alpha_{2\infty} = 90°$ 时，$v_{2u\infty} = 0$，相应的 $H_{T\infty} = 0$。此时的 β_{2g} 为最小值 $\beta_{2g\min}$。

2. $\beta_{2g} = 90°$

$$v'_{2u\infty} = u_2$$

$$H'_{T\infty} = \frac{u_2 v'_{2u\infty}}{g} = \frac{u_2^2}{g} \qquad (13\text{-}17)$$

显然，径向式叶片产生的扬程要比后向式大。

3. $\beta_{2g} > 90°$

$$v''_{2u\infty} > u_2$$

$$H''_{T\infty} = \frac{u_2 v''_{2u\infty}}{g} > \frac{u_2^2}{g} \qquad (13\text{-}18)$$

前向式叶片的 β_{2g} 不断增大，$H''_{T\infty}$ 也不断增大。当 β_{2g} 增大至

$$v''_{2u\infty} = 2u_2$$

时，此时的 β_{2g} 为最大值 $\beta_{2g\max}$，相应的扬程亦为最大，即

$$H''_{T\infty} = \frac{2u_2^2}{g} \qquad (13\text{-}19)$$

由以上分析可知，泵或风机所输出的扬程、全压 $H_{T\infty}$、$p_{T\infty}$，随着叶片出口安装角 β_{2g} 的增加而增大。所以，后向式叶片所产生的扬程最小，径向式叶片所产生的扬程较大，前向式叶片所产生的扬程最大。

由图 13-14 所示的速度三角形可看出，后向式叶片流体出口绝对速度最小，所以动能也最小。因为流动损失与动能成正比，流动损失小，自然流动效率就高。而前向式及径向式叶片流体的动能都比后向式叶片大，所以流动效率均较低。同时，为了将部分动能转变成压力能，必然伴随有较大的能量损失。因此，后向式叶片在能量形式的转换过程中，伴随的能量损失是最低的。离心式泵多采用后向式叶片。

第四节　离心式泵与风机的理论性能曲线

泵与风机的工作是以输送流量 q_V、产生扬程 H、全压 p、所需轴功率 P 及效率 η 来体现的。这些工作参数之间存在着相应的关系。当流量 q_v 或转速 n 变化时，就会引起其他参数相应的变化。

要正确选择和使用泵或风机，需了解泵或风机各个参数之间的关系。将泵或风机主要参数间的相互关系用曲线来表达，即称为泵或风机的性能曲线。所以，性能曲线是在一定的进口条件和转速下，泵或风机供给的扬程或全压、所需轴功率、具有的效率与流量之间的关系曲线。这些曲线中，以 $H—q_v$ 和 $p—q_v$ 最为重要。

一、流量与扬程之间的关系 $H—q_v$

$$H_{T\infty} = \frac{u_2 v_{2u\infty}}{g}$$

当泵与风机转速不变，则已定的泵或风机其圆周速度 u_2 是一个固定的值。故 $H_{T\infty}$ 只随着 $v_{2u\infty}$ 的改变而变化。由叶轮出口速度三角形可得

$$v_{2u\infty} = u_2 - v_{2m\infty}\cot\beta_{2g}$$

而

$$v_{2m\infty} = \frac{q_{vT}}{\pi D_2 b_2}$$

$$H_{T\infty} = \frac{u_2^2}{g} - \frac{u_2 q_{vT}}{g\pi D_2 b_2}\cot\beta_{2g}$$

令

$$A = \frac{u_2^2}{g}; \quad B = \frac{u_2}{g\pi D_2 b_2}\cot\beta_{2g}$$

则上式为

$$H_{T\infty} = A - Bq_{vT} \tag{13-20}$$

上式说明了 $H_{T\infty}$ 是 q_{vT} 的线性函数。不同的 β_{2g} 会产生不同的 $H_{T\infty}$ 与 q_{vT} 的关系。

若 $\beta_{2g} = 90°$，叶片为径向式，因 $\cot\beta_{2g} = 0$，则

$$H_{T\infty} = \frac{u_2^2}{g}$$

上式表达了 $H_{T\infty}$ 与 q_{vT} 无关，它是一条与横坐标轴平行的直线，如图 13-15 所示。

若 $\beta_{2g} < 90°$，叶片为后向式，因 $\cot\beta_{2g} > 0$，则

$$H_{T\infty} = A - Bq_{vT}$$

上式表达了性能曲线为一条自左向右下降的倾斜直线。随着流量 q_{vT} 的增大，$H_{T\infty}$ 逐渐下降，如图 13-15 所示。

若 $\beta_{2g} > 90°$，叶片为前向式，因 $\cot\beta_{2g} < 0$，则

$$H_{T\infty} = A + Bq_{vT}$$

上式表明了性能曲线为一条自左向右上升的倾斜直线。随着流量 q_{vT} 的增大，$H_{T\infty}$ 逐渐增大，如图 13-15 所示。

二、流量与功率之间的关系 $P—q_V$

对于理想流体，可以表示 $P_T = P_e = \gamma Q_T H_T$。由式（13-20）可得

$$P_T = \gamma Q_T(A - B\cot\beta_2 Q_T)$$

上式表明了性能曲线为一条二次曲线。与前述分析同理，可得出性能曲线如图 13-16 所示。

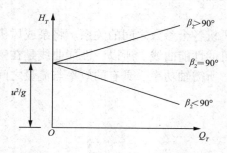

图 13-15 $H_{T\infty}—q_{VT}$ 性能曲线

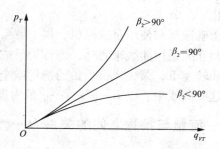

图 13-16 $P_T—q_{VT}$ 性能曲线

第五节　离心式泵与风机的实际性能曲线

一、水力损失

流体从泵或风机进口流至出口的过程中，会遇到许多流动阻力，产生水力损失。水力损失主要由两部分组成：一是阻力损失，包括摩擦阻力和局部阻力；二是工况变化而造成的冲击损失。

流体在吸入部分、叶轮流道、导叶及压出部分的流动过程中，由于流体的黏性而产生沿程阻力损失，一般计算公式为

$$h_f = \lambda \frac{l}{4R} \frac{\rho v^2}{2} \tag{13-21}$$

式中　λ——沿程阻力系数；

$\quad$ l——流道的长道（m）；

$\quad$ R——流道截面的水力半径（m）。

实际上，测量长度 l 和计算水力半径 R，确定沿程阻力系数都非常困难。一般可用以下公式表示，即

$$h_f = K_1 q_v^2 \tag{13-22}$$

式中　K_1——对给定的泵或风机，K_1 是一个常数。

流体在泵或风机中流动时，遇到转弯、截面面积的变化造成流体边界层的分离，产生涡旋和二次流。流体运动速度的大小与方向的变化产生的损失，称为局部阻力损失。可用下式表示：

$$h_j = K_2 q_v^2 \tag{13-23}$$

式中　K_2——对已知的泵或风机，K_2 是一个反映局部阻力系数的常数。

沿程阻力损失和局部阻力损失之和 h_w：

$$h_w = h_f + h_j = K_3 q_v^2 \tag{13-24}$$

冲击损失一般发生在泵或风机在非设计工况下工作时。如果泵或风机在设计工况下运转，则流体流入角 β_1 与叶片进口安装角 β_{1g} 一致，则无冲击损失。泵与风机在非设计工况下工作，在叶轮出口处的流体运动方向亦发生变化，因此叶轮出口亦产生流体的冲击，造成冲击损失。

冲击损失 h_s 与流量的平方成正比。叶轮进口、出口的冲击损失为

$$h_s = K_4 (q_v - q_{vd})^2 \tag{13-25}$$

式中　K_4——冲击损失系数。

泵与风机的流动损失的大小，用流动效率 η_h 表示，即

$$\eta_h = \frac{H_T - \Sigma \Delta h}{H_T} = \frac{H}{H_T} \tag{13-26}$$

二、容积损失

在旋转与静止的部件之间不可避免地有间隙存在，高压区的流体会通过间隙流入低压

区。从高压区流入低压区的这部分流体，虽然在叶轮中获得了能量，但消耗在流动的阻力上，这种能量损失称为容积损失。

离心泵与离心风机的容积损失是由于泄漏所引起的，而泄漏主要发生在：①叶轮入口处的密封间隙；②平衡轴向力装置的间隙；③导叶隔板与轴（轴套）间隙；④轴端密封间隙。

泵与风机的容积损失的大小，用容积效率 η_v 表示，即

$$\eta_v = \frac{Q_T - q}{Q_T} = \frac{Q}{Q_T} \tag{13-27}$$

三、机械损失

泵与风机的机械损失包括轴与轴承的摩擦损失，轴与轴端密封的摩擦损失及叶轮圆盘的摩擦损失。

轴与轴承、轴端密封的摩擦损失与轴承的形式、轴端密封的形式和结构有关。但这项功率损失 ΔP 不大，占泵与风机轴功率 P 的 1% ~ 5%。

叶轮圆盘摩擦损失产生的原因，是叶轮的两侧与泵壳间充有泄漏的流体，这些流体受到叶轮两侧的作用力后，产生从轴心向壳体壁的回流运动。做回流运动的流体旋转角速度约为叶轮旋转角速度的一半。做回流运动的流体要消耗叶轮给它的能量，因为流体在回流时要产生摩擦、改变流动方向，有损耗能量。

泵与风机机械损失的大小，用机械效率来表示，即

$$\eta_m = \frac{P - \Delta P_m}{P} \tag{13-28}$$

式中　ΔP_m——机械损失功率。

离心泵机械效率一般为 0.90 ~ 0.97，离心风机机械效率一般为 0.92 ~ 0.98。

四、泵与风机的全效率

评定泵与风机运行经济性的优劣，应该是上述三个效率的综合体现，即全效率。泵与风机全效率应该为

$$\eta = \eta_h \eta_v \eta_m \tag{13-29}$$

离心泵与风机的总效率因容量、形式、结构而异。离心泵总效率 η 为 0.62 ~ 0.92。大容量高温高压锅炉给水泵的总效率 η 在 0.80 ~ 0.85。离心风机的总效率 η 在 0.70 ~ 0.90。

五、实际性能曲线

综合考虑各种损失后，通过测量与计算，得到一系列相对应于每一阀门开度的流量、扬程、全压、功率及效率，将这些数据绘制在图上，可得实际性能曲线。图 13-17 所示为 4B20 型离心泵性能曲线。

当 $q_v = 0, H = H_0, P = P_0$ 为阀门关闭时的工况，称为空转状态。在空转状态下，泵与风机的效率自然为零。在 η—q_v 曲线上有一最高效率点。泵与风机在此工况下运转，经济性最佳。选择泵与风机时，应考虑它们将来经常运行在最高效率点及其附近区域。一般规定工况

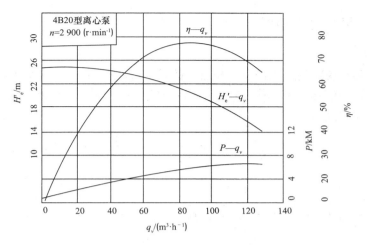

图 13-17　离心泵性能曲线

点的效率应不小于最高效率的 0.92 ~ 0.95，据此所得出的工作范围，称为经济工作区，或最高效率区。

泵与风机的 H—q_v、p—q_v 性能曲线形状有三类。如图 13-18 所示，曲线 1 为平坦形状，即流量变化较大时，扬程、全压变化较小。因为锅炉给水泵要求在流量变化较大时，扬程变化较小，因此最宜选用这种形状的性能曲线。另外，当要求流量在较大范围内变化，而在小流量时能节能，也可选择平坦的 H—q_v 性能曲线。

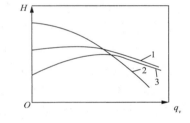

图 13-18　不同形状的 H—q_v 曲线

曲线 2 为陡降的性能曲线。这种性能曲线的特点是，流量变化不大，而扬程（全压）变化较大。水位波动较大情况下的循环水泵，可选用这种性能曲线。

曲线 3 是具有驼峰状的性能曲线。这种驼峰状性能曲线在上升段工作是不稳定的。希望 H—q_v 性能曲线不出现上升段，或者上升段的区域越窄越好。后弯式叶片的叶轮可避免出现上升段的 H—q_v 性能曲线，但前弯式叶片的叶轮出现驼峰状的 H—q_v 性能曲线基本上是不可避免的。

第六节　相似定律与比转数

黏性流体在泵与风机中流动情况相当复杂，目前还无法进行精确计算。在设计泵与风机时，为了比较各种设计方案并择优，需要进行试验。如果以实型泵或风机进行试验，往往难以进行。利用相似原理可以将模型的试验结果换算到实型泵或风机上。另外，相似原理也是设计泵与风机的基础，进行相似工况性能换算的根据。

泵或风机如果满足下列的相似条件，它们彼此就相似。

一、泵与风机的力学相似

1. 几何相似

泵或风机实型和模型的过流部分，相对应的线性尺寸有同比值，对应的角度相等，则彼此间几何相似。若用下标"p"表示实型泵或风机的参数，无下标者表示模型泵或风机的参数，则几何相似应该满足：

$$\frac{b_{1p}}{b_1} = \frac{b_{2p}}{b_2} = \frac{D_{2p}}{D_2} = \cdots = \frac{D_p}{D} \tag{13-30a}$$

$$Z_p = Z \tag{13-30b}$$

2. 运动相似

泵或风机模型和实型的过流部分，相对应点上的速度三角形相似。根据相似三角形的特点可得

$$\frac{v_{1p}}{v_1} = \frac{\omega_{1p}}{\omega_1} = \frac{v_{2p}}{v_2} = \cdots = \frac{u_p}{u} = \frac{D_p}{D}\frac{n_p}{n} \tag{13-31}$$

3. 动力相似

泵或风机模型和实型的过流部分，相对应点流体微团上作用的同名力比值相等，方向相同。作用在流体微团上的力一般有重力、压力、惯性力和黏性力。实践中四个力的比值不可能均相等。流体在泵与风机中流动，惯性力和黏性力起主要作用。因此，只要惯性力和黏性力能有同比值，就可以满足动力相似条件。惯性力与黏性力的相似判别数是雷诺数 Re，所以只要泵或风机模型和实型中流体的 Re 数相等，即动力相似。但实际上要保证它们的 Re 数相等也难以实现。可是，在泵与风机中流体的 Re 数都很大，往往处在阻力平方区内，这样即使它们的 Re 数不相等，但阻力系数仍不变，它们已落在自模区内，所以能自动满足动力相似的要求。

二、相似定律

泵或风机凡满足几何相似、运动相似和动力相似，它们间存在着相似的关系，必定满足相似定律。

1. 流量相似定律

泵或风机的流量 $q_v = \pi D_2 b_2 v_{2m}\varphi_2\eta_v$，在相似工况下，它们之间的关系为

$$\frac{q_{vp}}{q_v} = \frac{\pi D_{2p}b_{2p}v_{2mp}\varphi_{2p}\eta_{vp}}{\pi D_2 b_2 v_{2m}\varphi_2\eta_v}$$

由于它们几何相似，所以 $\varphi_{2p} = \varphi_2$，则

$$\frac{q_{vp}}{q_v} = \left(\frac{D_p}{D}\right)^3 \frac{n_p}{n}\frac{\eta_{vp}}{\eta_v} \tag{13-32}$$

2. 扬程（压头）相似定律

泵的扬程公式为 $H = \dfrac{u_2 v_{2u} - u_1 v_{1u}}{g}\eta_h$，在相似工况下，它们之间关系为

$$\frac{H_p}{H} = \frac{u_{2p}v_{2up} - u_{1p}v_{1up}}{u_2 v_{2u} - u_1 v_{1u}}\frac{\eta_{hp}}{\eta_h}$$

$$u_{2p}\, v_{2up} = \left(\frac{D_p}{D}\frac{n_p}{n}\right)^2 u_2\, v_{2u}\ ;\ u_{1p}\, v_{1up} = \left(\frac{D_p}{D}\frac{n_p}{n}\right)^2 u_1\, v_{1u}$$

所以

$$\frac{H_p}{H} = \left(\frac{D_p}{D}\frac{n_p}{n}\right)^2 \frac{\eta_{hp}}{\eta_h} \tag{13-33}$$

风机的全压比为

$$\frac{p_p}{p} = \frac{\rho_p}{\rho}\left(\frac{D_p}{D}\frac{n_p}{n}\right)^2 \frac{\eta_{hp}}{\eta_h} \tag{13-34}$$

3. 功率相似定律

泵的轴功率 $P = \dfrac{\rho g\, q_v H}{1\,000\,\eta}$，$\eta = \eta_m \eta_h \eta_v$，在相似工况下，功率之比为

$$\frac{P_p}{P} = \frac{\rho_p}{\rho}\left(\frac{D_p}{D}\right)^5 \left(\frac{n_p}{n}\right)^3 \frac{\eta_m}{\eta_{mp}} \tag{13-35}$$

一般来说，泵与风机实型的 η_m、η_h、η_v 要大于模型的三个效率。在实际应用时，如果 $\dfrac{D_p}{D}$ 和 $\dfrac{n_p}{n}$ 不太大时，可近似将它们的效率取相等。那么相似三定律为

$$\frac{q_{vp}}{q_v} = \left(\frac{D_p}{D}\right)^3 \frac{n_p}{n} \tag{13-36}$$

$$\frac{H_p}{H} = \left(\frac{D_p}{D}\frac{n_p}{n}\right)^2 ;\frac{p_p}{p} = \frac{\rho_p}{\rho}\left(\frac{D_p}{D}\frac{n_p}{n}\right)^2 \tag{13-37}$$

$$\frac{P_p}{P} = \frac{\rho_p}{\rho}\left(\frac{D_p}{D}\right)^5 \left(\frac{n_p}{n}\right)^3 \tag{13-38}$$

三、比转数

1. 比转数定义

在具体设计、选择及改造泵与风机时，应用相似三定律不便，需要有一个包括这些参数在内的综合参数。这个综合的相似特征数，称为比转数。通过相似定律可以推导得出泵的比转数的表达式，即

$$n_s = \frac{n q_v^{1/2}}{H^{3/4}} \tag{13-39}$$

式中　n——泵转速（r/min）；

　　　q_v——泵的体积流量（m³/s）；

　　　H——泵的扬程（m）。

风机的比转数公式，同样可以推导得出

$$n_s = \frac{n\, q_v^{1/2}}{p^{3/4}} \tag{13-40}$$

式中　n——风机的转速（r/min）；

　　　q_v——风机的体积流量（m³/s）；

p——风机的全压（Pa）。

2. 比转数分析

分析比转数的公式，若转速 n 不变，比转速低，则必定是流量小、扬程（全压）大；反之比转数高，必定是流量大，扬程（全压）小。即随着比转速由低到高，泵与风机的流量由小变大，扬程（全压）由大变小。所以，离心式泵或风机的特点是小流量、高扬程（全压）；轴流式泵或风机的特点是大流量、低扬程（全压）。

在比转数由低到高的变化过程中，要满足流量由小变大，扬程（全压）由大变小，叶轮的结构应该是 D_2 由大变小，b_2 由小变大。比转速低，叶轮狭长；比转速高，叶轮短宽。

四、相似定律的应用

1. 气体密度改变

两台相似的风机，气体密度不同，它们之间的关系为

$$Q = Q_0, \eta = \eta_0$$

$$\frac{p}{p_0} = \frac{\rho}{\rho_0} = \frac{B}{101.325} \cdot \frac{273 + t_0}{273 + t}$$

$$\frac{P}{P_0} = \frac{\rho}{\rho_0} \tag{13-41}$$

由上式可知，输送不同的流体时，流量、扬程都与密度无关，只有风压和轴功率与密度有关。

2. 转速改变

两台相似的泵或风机，在不同的转速下工作，它们之间的关系为

$$\eta = \eta_{\mathrm{m}}$$

$$\frac{Q}{Q_{\mathrm{m}}} = \frac{n}{n_{\mathrm{m}}} \tag{13-42}$$

$$\frac{H}{H_{\mathrm{m}}} = \left(\frac{n}{n_{\mathrm{m}}}\right)^2 \tag{13-43}$$

$$\frac{P}{P_{\mathrm{m}}} = \left(\frac{n}{n_{\mathrm{m}}}\right)^3 \tag{13-44}$$

由上式可知，同一台泵或风机，只改变转速时，流量与转速比呈线性关系，扬程（全压）与转速比成平方关系，功率与转速比成三次方对比例关系。

3. 叶轮形状改变

两台相似的泵或风机，叶轮形状不同，它们之间的关系为

$$\eta = \eta_0$$

$$\frac{Q}{Q_0} = \left(\frac{D}{D_0}\right)^3 \tag{13-45}$$

$$\frac{H}{H_0} = \left(\frac{D}{D_0}\right)^2 \tag{13-46}$$

$$\frac{P}{P_0} = \left(\frac{D}{D_0}\right)^5 \tag{13-47}$$

由上式可知，叶轮外径发生变化时，流量与外径比成三次方关系，扬程（全压）与外径比成平方关系，功率与外径比成五次方比例关系。

4. 转速和叶轮形状同时改变

两台相似的泵或风机，叶轮形状和转速均不同，它们之间的关系如图 13-19 所示。

已知曲线 I，点 $A_1(Q_{A_1}, H_{A_1}) \rightarrow$ 点 $A_2(Q_{A_2}, H_{A_2})$。点 $B_1(Q_{B_1}, H_{B_1}) \rightarrow$ 点 $B_2(Q_{B_2}, H_{B_2})$ 得曲线 II，因为效率不变，所以转速 1 效率线经平移即可得到转速 2 效率曲线。

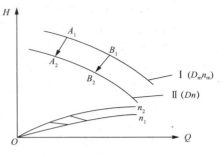

图 13-19 叶轮形状和转速不同

本章小结

本章主要介绍了离心式泵与风机的基本知识，重点内容小结如下：

1. 离心式泵与风机的基本结构和工作原理

2. 离心式泵与风机的性能参数

（1）泵的扬程：$H = \Delta Z + \dfrac{p_2 - p_1}{\gamma} + \dfrac{v_2^2 - v_1^2}{2g}$（m）。

风机全压：$p = p_{2j} - p_{1j} + \dfrac{\rho(v_2^2 - v_1^2)}{2}$（Pa）。

（2）流量。

（3）功率及效率。

泵有效功率：$P_e = \dfrac{\rho g q_v H}{1\,000}$。

风机有效功率：$P_e = \dfrac{q_v p}{1\,000}$。

轴功率与有效功率的关系为：$P = \dfrac{P_e}{\eta}$。

（4）转速。

3. 离心式泵与风机的基本方程

（1）速度三角形：

$$\vec{v} = \vec{u} + \vec{\omega}$$

（2）基本方程——欧拉方程：

$$H_{T\infty} = \frac{1}{g}(v_{2\infty} u_2 \cos\alpha_{2\infty} - v_{1\infty} u_1 \cos\alpha_{1\infty})$$

$$= \frac{1}{g}(u_2 v_{2u\infty} - u_1 v_{1u\infty})$$

4. 叶形及其对性能的影响

5. 离心式泵与风机的理论性能曲线

6. 离心式泵与风机的实际性能曲线

7. 泵与风机的力学相似

（1）几何相似；

（2）运动相似；

（3）动力相似。

8. 泵与风机满足相似定律

（1）流量相似定律

$$q_v = \dfrac{q_{vp}}{\left(\dfrac{D_p}{D}\right)^3 \dfrac{n_p}{n} \dfrac{\eta_{vp}}{\eta_v}}$$

（2）扬程（压头）相似定律：

$$\frac{H_p}{H} = \left(\frac{D_p n_p}{D\ n}\right)^2 \frac{\eta_{hp}}{\eta_h}$$

$$\frac{p_p}{p} = \frac{\rho_p}{\rho} \left(\frac{D_p n_p}{D\ n}\right)^2 \frac{\eta_{hp}}{\eta_h}$$

（3）功率相似定律：

$$\frac{P_p}{P} = \frac{\rho_p}{\rho} \left(\frac{D_p}{D}\right)^5 \left(\frac{n_p}{n}\right)^3 \frac{\eta_m}{\eta_{mp}}$$

9. 比转数

$$n_s = \frac{n q_v^{1/2}}{H^{3/4}}; \quad n_s = \frac{n q_v^{1/2}}{p^{3/4}}$$

10. 相似定律的应用

本章习题

1. 泵与风机的主要参数有哪些？转速与效率的大小对泵与风机有哪些影响？

2. 叙述离心泵与风机的作用原理。

3. 离心泵与风机的叶片有哪几种形式？它们各有什么特点？

4. 分析泵与风机产生机械损失、容积损失和流动损失的原因。

5. 分析提高泵与风机机械效率、容积效率和流动效率的措施。

6. 比转速的意义是什么？有什么用途？

7. 某管路系统的低位水箱容器液面上的压力为 $10^5\ Pa$，高位水箱容器液面上的压力为 $4\,000\ kPa$。现将低位水箱的水提高 $30\ m$ 送入高位水箱，整个管路系统的流动阻力 $27.6\ m$，求选择泵时至少应该保证的扬程。

8. 离心风机 $n = 2\,900\ r/min$，流量 $q_v = 12\,800\ m^3/h$，全压 $p = 2\,630\ Pa$，全压效率 $\eta = 0.86$，求风机轴功率 P 为多少？

9. 离心泵转速为 $480\ r/min$，扬程为 $136\ m$，流量 $q_v = 5.7\ m^3/s$，轴功率 $P = 9\,860\ kW$。设容积效率、机械效率均为 92%，$\rho = 1\,000\ kg/m^3$，求流动效率。

第十四章

离心式泵与风机的工况分析及调节

第一节　泵与风机管路系统中的工况点

前面我们已研究了泵与风机的性能曲线、性能曲线的换算、无因次性能曲线。它告诉我们：某一台泵或风机在某一转数下，所提供的流量和扬程是密切相关的，并有无数组对应值（ Q_1,H_1 ）、（ Q_2,H_2 ）、（ Q_3,H_3 ）、……。一台泵或风机究竟能给出哪一组（ Q,H ）值，即在泵与风机性能曲线上哪一点工作，并非任意，而是取决于所连接的管路性能。当泵或风机提供的压头与管路所需要的压头得到平衡，由此也就确定了泵或风机所提供的流量，这就是泵或风机的"自动平衡性"。此时，如该流量不能满足设计需要，就需另选一条泵或风机的性能曲线，不得已时也可调整管路性能来满足需要。

一、管路特性曲线

1. 液流管路

如图 14-1 所示，液流系统管路的管路特性曲线为图中 CE 曲线，其管路特性方程为

$$H = \Delta Z + \frac{\Delta p}{\gamma} + \sum h_l$$
$$= H_1 + S_H Q^2 \qquad (14\text{-}1)$$

其中

$$S_H = \frac{8\left(\lambda \dfrac{l}{d} + \sum \xi\right)}{g\pi^2 d^4}$$

当 $\Delta p = 0$ ，管路特性方程变为

$$H = \Delta Z + S_H Q^2$$

此时管路特性曲线变为图 14-1 中曲线 $C'E'$ ；

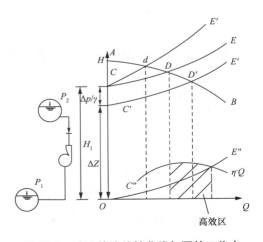

图 14-1　液流管路特性曲线与泵的工作点

当 $\Delta p = 0$、$\Delta Z = 0$，管路特性方程变为

$$H = S_H Q^2$$

此时管路特性曲线变为图 14-1 中曲线 $C''E''$。

2. 气流管路

如图 14-2 所示，气流系统管路忽略气体高度的压力影响（$\gamma \Delta Z \to 0$）时，管路特性曲线为图中 CE 曲线，其管路特性方程为

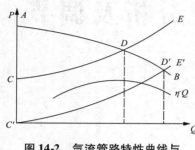

图 14-2 气流管路特性曲线与风机的工作点

$$p = \Delta p + \sum p_l$$
$$= \Delta p + S_p Q^2$$

其中

$$S_p = \frac{8\left(\lambda\dfrac{l}{d} + \sum \xi\right)\rho}{\pi^2 d^4}$$

当 $\Delta p = 0$，管路特性方程变为

$$P = S_p Q^2$$

此时管路特性曲线变为图 14-2 中曲线 $C'E'$。

二、泵或风机的工作点

如上所述，管路系统的特性是由工程实际要求所决定的，与泵或风机本身的性能无关。但是工程所提出的要求，即所需的流量及其相应的压头必须由泵或风机来满足，这是一对供求矛盾。利用图解方法可以方便地加以解决。

将泵或风机的性能曲线和管路系统的特性曲线同绘在一张坐标图（图 14-1）上。管路特性曲线 CE 是一条二次曲线。选用某一适当的泵或风机，其性能曲线由 AB 表示。AB 与 CE 相交于 D 点。显然，D 点表明所选定的泵或风机可以在流量为 Q_D 的条件下，向该装置提供的扬程为 H。如果 D 点所表明的参数能满足工程提出的要求，而又处在泵或风机特性曲线风机的高效率（图中 Q—η 曲线上的粗实线部分）范围内，这样的安排是恰当且经济的。管路特性曲线与泵或风机的性能曲线之交点 D 就是泵或风机的工作点。

【**例 14-1**】当某管路系统风量为 500 m³/h 时，系统阻力为 300 Pa，今预选一个风机的性能曲线如图 14-3 所示。试计算：（1）风机实际工作点；（2）当系统阻力增加 50% 时的工作点；（3）当空气送入有正压 150 Pa 的密封舱时的工作点。

【**解**】（1）先绘出管网特性曲线。

$$h_1 \text{ 或 } p = SQ^2$$

$$S = \frac{300}{(500)^2} = 0.001\,2$$

当 $\quad Q = 500 \text{ m}^3/\text{h}$，$p = 300 \text{ Pa}$

$\quad\quad Q = 750 \text{ m}^3/\text{h}$，$p = 675 \text{ Pa}$

$\quad\quad Q = 250 \text{ m}^3/\text{h}$，$p = 75 \text{ Pa}$

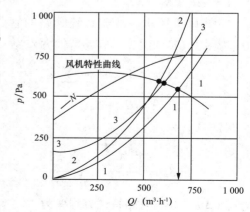

图 14-3 风机工况计算举例
（$n = 2\,800 \text{ r/min}$）

由此可以绘出管网特性曲线 1—1。由曲线 1—1 与风机特性曲线交点（工作点）得出，当 $p = 550$ Pa 时，$Q = 690$ m³/h。

（2）当阻力增加 50% 时，管网特性曲线将有所改变。

$$S = \frac{300 \times 1.5}{(500)^2} = 0.001\ 8$$

$$Q = 500\ \text{m}^3/\text{h 时}, p = 450\ \text{Pa}$$

$$Q = 750\ \text{m}^3/\text{h 时}, p = 1\ 012\ \text{Pa}$$

$$Q = 250\ \text{m}^3/\text{h 时}, p = 112\ \text{Pa}$$

由此可绘出管网特性曲线 2—2。由曲线 2—2 与风机特性曲线交点得出，当压力为 610 Pa 时，$Q = 570$ m³/h。

（3）对第一种情况附加正压 150 Pa（管路系统两端压差）。

$$p = 150 + SQ^2$$

$$Q = 500\ \text{m}^3/\text{h}, p = 300 + 150 = 450(\text{Pa})$$

$$Q = 750\ \text{m}^3/\text{h}, p = 150 + 675 = 825(\text{Pa})$$

$$Q = 250\ \text{m}^3/\text{h}, p = 150 + 75 = 225(\text{Pa})$$

按此点作出管网特性曲线 3—3（它相当于 1—1 曲线平移 150 Pa），由它与风机特性曲线的交点得出：当 $p = 590$ Pa 时，$Q = 590$ m³/h。

此例可看出：当压力增加 50% 时，风量减少 $\dfrac{690 - 570}{690} \times 100\% = 17\%$，即压力急剧增加，风机风量相应降低，但不与压力增加成比例。因此，当管网计算压力与实际应耗压力存在某些偏差时，对实际风量的影响并不突出。

此例的计算结果风量均不能等于所要求的 $Q = 500$ m³/h。由此，当风机供给的风量不能符合实际要求时，可采取以下三种方法进行调整：

（一）**降低或增加管网的阻力（压力）损失**［**图 14-4（a）**］

增大管网管径或降低管网管径（有时不得已要关小阀门），使管网特性改变，例如曲线 1—1，由阻力降低而变为 2—2，风量因而由 Q_1 增加到 Q_2。

（二）**更换风机**［**图 14-4（b）**］

这时管网特性没有变化，用适合所需风量的另一风机（2—2）代替原预选的风机（1—1），以满足风量 Q_2。

（三）**改变风机转速**［**图 14-4（c）**］

改变风机转速，以改变风机特性曲线由（1—1）变为（2—2）。改变转速的方法很多，例如用变速电动机，改变供电频率，改变皮带轮的传动转数比，采用水力联轴器等（详见本章第三节）。

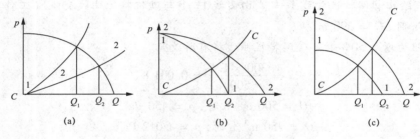

图 14-4 风机工作的调整

（a）改变阻力损失；（b）更换风机；（c）改变风机转速

第二节 泵或风机的联合工作

在实际工程中，有时需将两台或多台的泵或风机并联或串联在一个共同管路系统中联合工作，目的在于增加系统中的流量或压头。

联合工作的方式，可分为并联或串联，联合运行的工况需根据联合运行的机器总性能曲线与管路性能曲线确定。

一、并联运行

多台泵、风机并联工作为目前工程中广泛采用的联合工作方式，其特点主要有各台设备的工作压头相同，而总流量等于各台设备在该工作压头下的流量之和。并联一般适用以下情况。

（1）当用户需要流量大，而大流量的泵或风机制造困难或造价太高时；

（2）流量需求变化幅度大，通过停开设备台数以调节流量时；

（3）管路特性曲线较平坦的管道系统。

（一）运行工况点

合成特性曲线（Ⅰ+Ⅱ），只能起始于 G 点。

做法：同一 H 下，单机 Q 叠加。

A：并联工作点；

D_1、D_2：并联时单机的 $Q_A = Q_1 + Q_2$ 工况点；

A_1、A_2：单机运行工作点。

（二）运行分析

（1）由图 14-5 看出，$q_1 > Q_1$；$q_1 > Q_2$，而 $Q_1 + Q_2 = Q_A$，也就是 $Q_A < q_1 + q_2$。所以两机并联运行时均未发挥出单机的能力，并联总流量小于两单机单独运行的流量和。说明两机并联都受到了"需共同压头"的制约。一般，两机并联增加流量的效果，只有在管路压头损失小（管路曲线较平坦）的系统才明显。

（2）由图 14-5 中还可以看出，两台风机分别单独运行时所提供的流量都小于联合运行的流量 Q_A，即 $q_1 < Q_A$，$q_2 < Q_A$。

（3）由图 14-5 中可以看出，单机运行的压头均低于联合运行的压力值 H_A。这种压头差

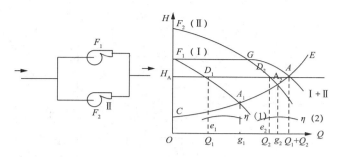

图 14-5　并联运行

值是由于并联运行的流量增大后，增加了流动损失所引起的。

（4）并联运行是否经济合理，要通过研究各机效率而定。并联后，应使每台机的效率 e_1、e_2 保持在高效区工作。

（5）两台性能曲线不同的泵或风机并联运行的特殊情况（图 14-6）。这里以风机为例。两台不同型号或转数的风机 A 与 B，并联的总性能曲线为 $A+B$，然而，管路性能曲线 1，不与曲线 $A+B$ 相交，单台的流量可能并不增加。甚至还可能通过 A 风机发生倒流，使总流量反而小于 B 风机单独运行的情况。因此宜同型号并联，防止"倒灌"。

综上所述，通过机器并联以增加管网流量或通过开、停并联机器台数跳跃式地调节管网流量的做法，对管路曲线较平坦的系统是有利，一般情况下应少用并联运行，但目前空调冷热水系统中，多台水泵并联已广为采用，此时，宜采用相同型号及转速的水泵。

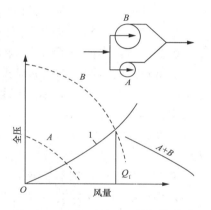

图 14-6　两台型号不同风机的并联

二、串联运行

应用场合:管路 $Q\downarrow$,$p\uparrow$;管路特性曲线较陡。

应用原则：串联机的型号、转速应相同。

多台泵、风机串联工作在目前工程中并不常见，其特点是通过各台设备的流量相同，而总压头为各台设备在该流量下的压头的总和。

并联一般适用以下情况：①管路所需;流量小而压头大，单机不能提供所需的压头时，就应再串一台，以增加压头或扬程；②管路性能曲线较陡。

串联时，第一台的出口与第二台的吸入口相连接，如图 14-7 所示。

两台机串联运行时，联合性能曲线在同一流量下进行各单机的扬程或全压叠加而成，如图 14-7 所示。图中 A 为串联后的工作点；D_1 和 D_2 是参加串联运行时各机的工作点；A_1 与 A_2 为不联合单开某机的工作点。

通过工况分析可以得出下述结论：

（1）由图 14-7 可以看出，$H_A < h_1 + h_2$ 串联后，H 并非成倍增加，受"共同流量"制约；

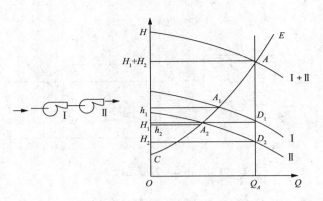

图 14-7　串联运行

（2）单机单独运行不能满足 H_A ，即 $h_1 < H_A$ ，$h_2 < H_A$ 。

（3）串联后压头增加，同时阻力也增加。

（4）串联后，应使每台机保持在高效区。

若为两台性能曲线不同的风机串联时的特殊情况如下：

A 和 B 是两台性能不同的风机各自的性能曲线。当管路特性曲线 1 不与 $A + B$ 联合曲线相交时（图 14-8），会发生串联后的全压与单台相同，或者还小于单台风机，同时风量也有所减少，功率消耗却增加。

此外，从图 14-9 看出，单机性能曲线分别为 A_1B_1 与 A_2B_2 ，第一台风机的最大扬程为 H_{10} ，第二台为 H_{20} ，管路特性曲线表示出 C 点所需扬程为 H_1 ，这里 $H_1 > H_{10} > H_{20}$ ，所以如若任何单机单独运行都不能满足管路装置对扬程的需要时势必要进行串联工作。因此，要尽可能采用性能曲线相同的泵或风机进行串联。

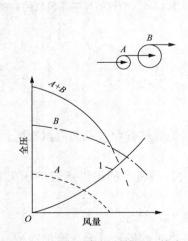

图 14-8　两台型号不同的风机的串联

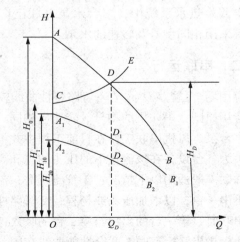

图 14-9　两台性能曲线不相同的泵或风机串联运行

一般说来，设备联合运行要比单机运行效果差，且工况复杂，分析麻烦。

第三节　离心式泵或风机的工况调节

在实际工程中，伴随着系统的需求不同，泵与风机都要经常进行流量调节。

前已述及，泵或风机在管网中工作，其工作点是泵或风机的性能曲线与管路特性曲线的交点。要改变这个工作点，就应从改变机器性能曲线或改变管路特性曲线这两个途径着手。

一、改变管路性能曲线的调节方法

在泵或风机转数不变的情况下，只调节管路阀门开度（节流）人为地改变管路性能曲线。

（一）压出管上阀门节流

利用开大或关小泵或风机压出管上阀门开度，从而改变管路的阻抗系数 S，使管路特性曲线改变，以达到调节流量的目的，此种调节方法十分简单，故应用很广。然而，因它是通过改变阀门阻力（增、减管网阻力）来改变流量的，当减小流量时，就需额外增加阻力，将消耗更多能量，不利于节能。

为估算这一节流损失，下面分析一下阀门全开和关到某一开度时的两种情况。

当阀门全开时，其管路特性曲线为 H'_c（图 14-10），设此时管路阻抗系数为 S_1，流量 Q_1 最大，则管路阻力损失最小为 $S_1 Q_1^2$，工作点为 D。

当阀门关至某一开度时，则管路曲线由 H'_c 变为 H''_c，此时管路阻抗系数为 S_2，流量减至 Q_2，工作点由 $D \rightarrow D'$，阻力损失为 $S_2 Q_2^2$，而该流量 Q_2 对应于原管路的损失为 $S_1 Q_2^2$，其余部分（$S_2 - S_1$）Q_2^2 为节流的额外压头损失。图 14-10 中 1 区为原管路阻力损失部分；2 区为节流损失部分；3 区为节流所带来泵或风机的效率下降损失部分。

（二）吸入管上阀门节流

当关小风机吸入管上阀门时，不仅使管路特性曲线由原来的 CE 改变为 CE'（图 14-11），实际上也改变了风机的性能曲线，由 AB 变为 AB'。因为当吸入阀关小时，风机入口气体的压强也降低，相应的气体密度 ρ 就变小，其风机性能曲线也发生相应的改变，于是节流后的工作点由原 D 移至 D' 点上，其节流的额外压头损失也相应减小，所以比压出端节流有利。

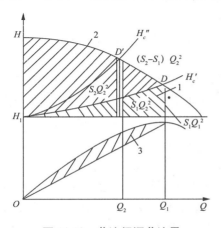

图 14-10　节流阀调节流量

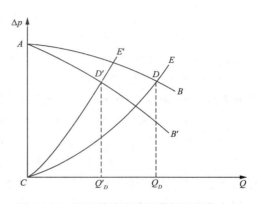

图 14-11　吸风管路中的调节阀及调节工况

应当注意的是，对于水泵，通常只能采用压出端节流。因为调节阀装在吸水管上，会使泵吸入口真空度增大，容易导致气蚀（详见第十五章）。

除节流法外，在某些化工厂还采用吸水池液位变化的自动调节流量法，这相当于管路曲线平移，使泵的运转工作点改变。

二、改变泵或风机性能曲线的调节方法

由于空调事业的发展带来能耗剧增，为节约其能耗，各种变流量的泵或风机及变风量系统（VAV）和变水量系统（VWV）等相继问世。它们大多是在管路及阀门都不做任何改变，即管路特性曲线不变的条件下，来调节泵或风机的性能曲线。所采用的方法有改变泵或风机转速，改变风机进口导流阀的叶片角度、切削泵的叶轮外径及改变风机的叶片宽度和角度等。

（一）改变泵或风机的转速

由相似定律可知，当改变泵或风机转速 n 时其效率基本不变，但流量、压头及功率都按下式改变：

$$\frac{Q}{Q_m} = \sqrt{\frac{H}{H_m}} = \sqrt[3]{\frac{N}{N_m}} = \frac{n}{n_m}$$

按此公式可将泵或风机在某一转速下的性能曲线换算成另一转速下的新的性能曲线。它与不变的管路性能高线 CE 的交点，即工作点由 A 点变至 D 点，则泵或风机的流量由 Q_A 变至 Q_D（图 14-12）。

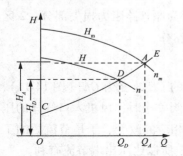

图 14-12　改变泵或风机性能调节方法的分析

注意：采用变速法时，应验算泵或风机是否超过最高允许转速和电动机是否过载。

改变泵或风机转速时，推荐方法有如下几种：

1. 改变电动机转速

由电工学可知，异步电动机的理论转速 $n(\mathrm{r/min})$ 为

$$n = \frac{60f}{p}(1-s)$$

式中　f——为交流电频率（Hz）；我国电网 $f = 50$ Hz；

　　　p——为电动机磁极对（数）；

　　　s——电动机转差率（其值甚小，一般异步电动机为 $0 \sim 0.1$）。

从上式看出，改变转速可从改变 p 或 f 着手，因而产生了如下常用的电动机调速法：

（1）采用可变磁极对（数）的双速电机。此种电动机有两种磁极数，通过变速电气开关，可方便地进行改变极数运行，它的调速范围目前只有两级，故调速是跳跃式的（从 3 000 r/min 至 1 500 r/min，1 500 r/min 至 1 000 r/min 或由 1 000 r/min 至 750 r/min）。

（2）变频调速。变频调速是 20 世纪 80 年代的卓越科技成果。它是通过均匀改变电动机定子供电频率 f 达到平滑地改变电动机的同步转速的。只要在电动机的供电线路上跨接变频率调速器即可按用户所需的某一控制变量（如流量、压力或温度等）的变化自动地调整频率及定子供电电压，实现电动机无级调速。不仅如此，它还可以通过逐渐上升

频率和电压，使电动机转速逐渐升高（电动机的这种启动方式叫软启动），当泵或风机达到设定的流量或压力时就自动地稳定转速而旋转，又可使机器在超过市电频率下运转，从而提高机器的出力（"小马拉大车"）。目前国内用于泵或风机调速的 XBT 系列变频调速电气控制柜已成批生产。

此外，采用可控硅调压实现电动机多级调速装置，如上海产的 ZN 系列智能控制柜及适用大中型机器的带内反馈晶闸管串级调速的 NTYR 系列三相异步电动机进行无级调速。

2．其他变速调节方法

其他变速调节方法有调换皮带轮变速、齿轮箱变速及水力耦合器变速等。

泵或风机变转数调节方法，不仅调节性能范围宽，而且并不产生其他调节方法所带来的附加能量损失，是一种调节经济性最好的方法。

（二）改变风机进口导流叶片角度

在风机进口处装导流器又称风机启动多叶调节阀，它有轴向和径向两种，如图 14-13 所示。

当改变导流叶片角度时，能使风机本身的性能曲线改变。这是由于导流片使气流预旋改变了进入叶轮的气流方向所致。

由于导流器的结构简单，使用方便，其调节已有标准图，有些风机出厂时就附有此阀，有时则由设计者按风机入口直径选装。

鉴于导流叶片既是风机的组成部分，又是管路上的调节阀，因此，它的转动既改变了风机性能曲线，同时又改变了管路性能曲线，因而调节性能灵活。

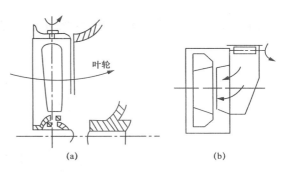

图 14-13　供调节用的进入导流叶片

（a）轴向导流器；（b）径向导流器

图 14-14 所示为采用导流器调节法的特性曲线图，当风机导流叶片角度为 0°（相当于未装导流器，风机在设计流量下工作）、30°、60°时，风机性能曲线和管路特性曲线均有三条，其工作点分别为 1、2、3。

调节导流叶片角度而减少风量时，通风机功率沿着 1′、2′、3′下降。如不装导流器（风机曲线为 0°线），只靠前述的管网节流来使风量减小到 Q_2 和 Q_3 时，则风机功率是沿着叶片角度为 0°的功率曲线由 1′向 2″、3″移动，所以用导流器调节，比单用管路节流阀调节所消耗功率小，是一种比较经济的调节方法，值得推广。

（三）切削水泵叶轮调节其性能曲线

切削叶轮直径是离心泵的一种独特调节方法。叶轮直径切小后，叶轮出口处参数的变化对泵性能的影响，可由前述公式 $H_T = \dfrac{u_2^2}{g} - \dfrac{u_2}{g} \cdot \dfrac{Q_T}{F_2} \cot\beta_2$ 看出，当 D_2 减小时如转速不变，u_2 要减小，使性能曲线下降，以达到调节流量的目的（图 14-15）。

当叶轮切小后，与原叶轮并不相似了。因为叶轮直径与叶轮宽度之比及出口安装角 β_2

都变了，所以前述的相似叶轮关系就只能勉强近似采用。

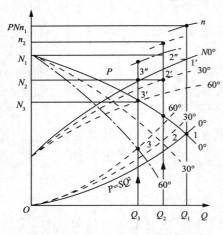

图 14-14　导流器调节特性曲线图

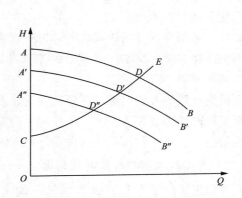

图 14-15　车削叶轮的调节方法

调节后的参数一般按经验公式进行换算，根据我国博山水泵厂的经验，建议按下式进行计算：

$$\frac{Q'}{Q} = \frac{D'_2 F'_2}{D_2 F_2} \tag{14-2}$$

$$\frac{H'}{H} = \left(\frac{D'_2}{D_2}\right)^2 \cdot \frac{\cot\beta'_2}{\cot\beta_2} \tag{14-3}$$

$$\frac{N'}{N} = \left(\frac{D'_2}{D_2}\right)^3 \cdot \frac{F'_2}{F_2} \cdot \frac{\cot\beta'_2}{\cot\beta_2} \tag{14-4}$$

式中　Q'、H'——叶轮切削后的流量（扬程）；

D'_2、F'_2、β'_2——叶轮切削后的外径、出口过流面积和叶片出口安装角。

实践证明，如果切削量不大，则切削后的泵与原泵在效率方面近似相等，故上三式可不考虑 F_2 与 β_2 的修正，仅取直径比进行换算。

通常水泵厂对同一型号的泵除提供标准叶轮外，还提供二、三种不同直径的叶轮供用户选用。例如 2BA－6 型泵的标准轮径为 162 mm；第一次切制后轮径为 148 mm（称为 2BA－6A 型）；第二次切制后为 132 mm（称为 2BA－6B 型），它们的性能曲线分别如图 14-15 中的 AB、$A'B'$ 和 $A''B''$。

当切削量太大时，泵的效率将明显下降。通常叶轮的切削量与其比转速 n_s 有关，见表 14-1。

表 14-1　叶轮最大切削量与比转速 n_s 的关系表

n_s	60	120	200	300	350
$\dfrac{D_0 - D'_2}{D_2}$	0.2	0.15	0.11	0.09	0.01

（四）　改变叶片宽度和角度的调节方法

改变叶片角度的调节方法，国内仅在轴流风机上采用，如有些类型的轴流风机本身带有调节叶片角度的装置。

改变叶片宽度的调节方法国外变风量风机上有所采用，它是在风机入口处插入一个可以沿轴向滑动的套管（图 14-16），调节此套管插入叶轮的深度，就起到调节叶片宽度的效果，从而改变了风机性能曲线。目前国内尚无此产品。

三、改变并联泵台数的调节方法

在大型排灌站或热水系统中，可用改变并联泵运行台数进行流量调节，这是一种很简单的调节方式。其操作方法通常是监视前方水池液面，以控制泵的运转台数，并同时在这种系统中装有专门用来补充调节幅度的小机组。

由图 14-17 可看出，因并联台数不同，其并联后的性能曲线各异。于是，与管道曲线 H_c 相交得 A、B、C 等若干工作点，由于 A、B、C 的流量变化很大，故此法不便进行流量的微调。另外，若这一系统改为一台泵运行时，则这台泵可能会因流量过大（指大于并联运行时各机的流量）而易发生气蚀。为避免这些缺点，此方法常和节流调节共同使用。

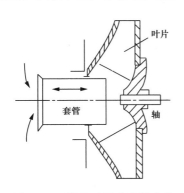

图 14-16　调节叶片宽度的方法

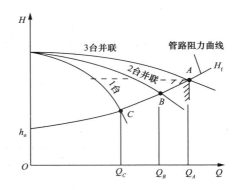

图 14-17　不同并联台数的工况分析

四、泵与风机的启动

泵或风机的启动，对原动机而言属于轻荷载启动。因此，在中、小型装置中，机组启动并无问题。但对大型机组的启动，则因机组惯性大，阻力矩大，就会引起很大的冲击电流，影响电网的正常运行，因此必须对启动予以足够的重视。

前已述及，当转速不变时，离心式泵或风机的轴功率 N 随流量的增加而增加；对轴流泵或风机，轴功率 N 随流量 Q 的增加而减小；而混流泵则介于两者之间。所以离心泵或风机在 $Q=0$ 时 N 最小，故应关阀启动；轴流泵或风机 $Q=0$ 时 N 最大（参见第十五章），应开阀启动。

据统计，在关闭阀门时，机器功率 $N_{Q=0}$ 值变化范围如下：

离心式泵或风机　　　　　$N_{Q=0} = （30\% ～ 90\%）N$

混流泵　　　　　　　　　$N_{Q=0} = （100\% ～ 130\%）N$

轴流式泵或风机　　　　　$N_{Q=0} = （140\% ～ 200\%）N$

式中，N 为机器额定轴功率（kW）。

【例 14-2】设有一台水泵，当转速 $n = 1\,450$ r/min 时，其参数列于表 14-2。

表14-2　例14-2表

$Q/(\text{L}\cdot\text{s}^{-1})$	0	2	4	6	8	10	12	14
H/m	11	10.8	10.5	10	9.2	8.4	7.4	6
$\eta/\%$	0	15	30	45	60	65	55	30

管路系统的综合阻力数 $S = 0.0243\ \text{s}^2/\text{m}^5$，几何扬水高度 $H_z = 6\ \text{m}$，上下两水池水面均为大气压。求：

（1）泵装置在运行时的工作参数。

（2）当采用改变泵转速方法使流量变为 6 L/s 时，泵的转速应为多少？相应的其他参数是多少？

（3）如以节流阀调节流量，使 $Q = 6$ L/s，有关工作参数是多少？

解：（1）将表中在 $n = 1\ 450$ r/min 的参数绘成 Q—H 曲线与 Q—η 曲线，如图 14-20 所示。根据式（14-1）计算管路系统特性：

$$H = H_1 + SQ^2 = 6 + 0.024Q^2$$

用适当的流量值代入此式可得表 14-3 的数据。

据此将管路特性曲线绘于图 14-18 上，如 CE。Q—H 与 CE 的交点即为工作点 A。从图上可以查得该泵的工作参数为

$$Q = 10\ \text{L/s}$$
$$H = 8.4\ \text{m}$$
$$\eta = 65\%$$

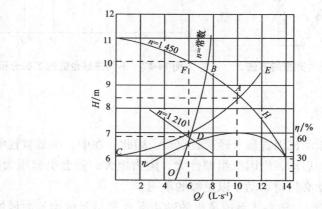

图 14-18　例 14-2 图

表14-3　例14-2 计算数据1

$Q/(\text{L}\cdot\text{s}^{-1})$	0	2	4	6	8	10	12
H/m	6	6.1	6.38	6.86	7.54	8.4	9.46

所需的轴功率计算如下：

$$N = \frac{\gamma QH}{\eta} = \frac{9.807 \times \dfrac{10}{1\ 000} \times 8.4}{0.65} = 1.27\,(\text{kW})$$

（2）改变泵转速将流量减少到 6 L/s 时，因管路性能曲线未变，故可在性能曲线上的 D 点查得 $H_D = 6.86$ m。

由于相似定律只能适用于相似工况，故在求改变流量后的转速等参数之前，首先要求出对应于 D 点的，在 $n = 1\,450$ r/min 条件下的相似工况点。

对于 Q—H 曲线上的相似工况点应同时满足式

$$\frac{H}{H_D} = \left(\frac{n}{n_D}\right)^2 = \left(\frac{Q}{Q_D}\right)^2$$

或

$$\frac{H}{Q^2} = \frac{H_D}{Q_D^2} = K_D = 常数$$

根据已知条件 $Q_D = 6$ L/s、$H_D = 6.86$ m，代入上式可得出

$$K_D = \frac{H}{Q^2} = 0.191$$

此式说明所有 $K_D = 0.191$ 的点所代表的工况点都是相似的。将适当的 Q 值代入此式后计算出相应的 H 值的结果列于表 14-4，据此绘出与 D 点相似的相似工况点曲线，如图 14-20 所示。

表 14-4　例 14-2 计算数据 2

$Q/(\text{L} \cdot \text{s}^{-1})$	0	2	4	6	7	8	10
H/m	0	0.76	3.06	6.86	9.36	12.22	19.1

相似工况点曲线是一条二次曲线。在推导相似定律的过程中，相似工况的效率都认为是相等的，所以这条曲线也表示了等效率曲线。

由图 14-18 可知，OB 与 $n = 1\,450$ r/min 的 Q—H 曲线相交于 B 点，查图 14-20 可得出 $Q_B = 7.1$ L/s、$H_B = 9.5$ m。最后计算工作点为 D 的泵的转速 n_D：

$$n_D = n \frac{Q_D}{Q_B} = 1\,450 \times \frac{6}{7.1} \approx 1\,210\,(\text{r/min})$$

D 点的效率与 B 点效率相同，查图 14-20 可得

$$\eta_D = \eta_B = 52\%$$

轴功率可按下式算出：

$$N_D = \frac{\gamma Q_D H_D}{\eta_D} = \frac{9.807 \times \dfrac{6}{1\,000} \times 6.86}{0.52} = 0.78\,(\text{kW})$$

（3）用节流阀调节流量时，泵的性能曲线不变，工作点应位于图 14-20 上的 F 点，查图可得

$$Q = 6\,\text{L/s}$$
$$H = 10\,\text{m}$$
$$\eta = 45\%$$

计算轴功率：

$$N_F = \frac{\gamma Q_F H_F}{\eta_F} = \frac{9.807 \times \dfrac{6}{1\,000} \times 10}{0.45} = 1.31\,(\text{kW})$$

根据以上计算可以看出采用节流方法调节时有额外损失 $H_F - H_D = 10 - 6.86 = 3.14\,(\text{m})$，轴功率是改变泵转速时轴功率的 $1.31/0.78 = 1.68$ 倍。多消耗 **68%**。

案例：

上海国际饭店空调水系统如图 14-19 所示。

此系统运行中发现，即使在供冷达到满负荷甚至超负荷时，水泵的扬程低于设计选用值，在供暖运行时此现象更为突出。根据水泵性能曲线的一般形状，可知随着流量增加扬程要逐渐减小。此现象反映，空调水系统的循环水量供大于求，水泵运行效率下降和耗电量增加，需改造水泵。第一步将原有水泵叶轮切小，以降低水泵扬程；第二步调换水泵（参见图 14-20 及表 14-5）。

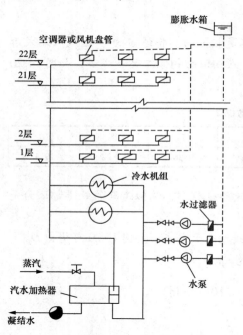

图 14-19 空调水系统基本流程图

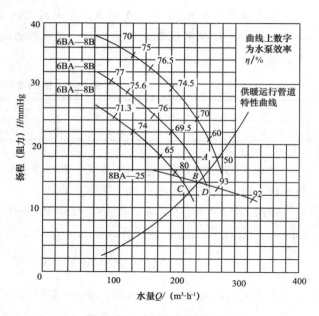

图 14-20 水泵运行状态分析

表 14-5 水泵测定和计算数据

水泵型号	运行工作点	水泵测定数据			水泵推算数据				备注
		进口压力/kPa	出口压力/kPa	电机电流/A	扬程/kPa	流量/(m³·h⁻¹)	效率η/%	轴功率/kW	
6BA - 8					325	170	76.5	19.7	水泵最高效率
6BA - 8	A	681	859	49.5	178	275	50	26.7	
6BA - 8A	B	686	835	40	149	240	47	20.7	
6BA - 8B	C	700	820	35	120	225	45	16.3	
8BA - 25	D	691	829	22	138	245	81	11.0	

注：压力测量用量程 0~1.6 MPa，分度 0.1 MPa 精密压力表。

原选的水泵 6BA-8 型，其运行的工作点为 A，其扬程是 178 kPa，流量是 25 m³/h，效率 η 约为 50%，实测输入电动机电流 49.5 A。而从样本曲线查出，该水泵在最高效率点（$\eta = 76.5\%$）时，相应的扬程为 325 kPa，流量为 170 m³/h。

当水泵叶轮切小到相当于 6BA-8A 水泵时，其运行工作点为 B，实测电动机输入电流为 40 A，即每小时节电 5~6 kW。

当水泵叶轮再切小到相当于 6BA-8B 水泵时，运行工作点为 C，实测输入电流下降到 35 A，即每小时节电 8~9 kW，此时流量减少了 18%。仍能满足需要。说明切削叶轮的改造是成功的。但水泵效率并未提高，且略有下降。

第二步为提高水泵运行效率，改造 8BA-6 型水泵其工作点为 D，效率高达 81%，实测电动机输入电流为 22 A，为改造前的 44%。

本章小结

通过介绍管路特性曲线，与之前泵与风机的性能曲线在同一坐标系内相交得到泵或风机的工作点，由不同形状的曲线相交可以得到稳定工作点或不稳定工作点，工况也不同。两台及两台以上泵或风机联合工作的方式，可分为并联或串联，联合运行的工况需根据联合运行的机器总性能曲线与管路性能曲线确定。可以通过改变管路性能曲线、泵或风机的性能曲线或并联台数的调节方法实现其工况的调节。还介绍了风管系统内的压力分布，便于工况分析。重要内容小结如下：

1. 泵与风在管路系统中的工况点

（1）管路特性曲线：

1）液流管路特性方程：
$$H = \Delta Z + \frac{\Delta p}{\gamma} + \Sigma h_l$$
$$= H_1 + S_H Q^2$$

2）气流管路特性方程：
$$p = \Delta p + \Sigma p_l$$
$$= \Delta p + S_p Q^2$$

（2）泵或风机的工作点：

当风机供给的风量不能符合实际要求时，可采取以下三种方法进行调整：

1）减少或增加管网的阻力（压力）损失；

2）更换风机；

3）改变风机转速。

2. 泵或风机的联合工作

（1）并联运行；

（2）串联运行。

3. 离心式泵或风机的工况调节

（1）改变管路性能曲线的调节方法：

1）压出管上阀门节流；

2）吸入管上阀门节流。

（2）改变泵或风机性能曲线的调节法：

1）改变泵或风机的转速；

2）改变风机进口导流叶片角度；

3）切削水泵叶轮调节其性能曲线；

4）改变叶片宽度和角度的调节方法。

（3）改变并联泵台数的调节方法。

（4）泵与风机的启动。

本章习题

1. 什么情况时，风机性能下降被称为"系统效应"，如何避免？

2. 水泵或风机的性能曲线与管路的性能曲线之间有何关系？这两条曲线的交点代表什么？

3. 某离心式水泵往一给水管路中供水，由于工程扩建，要求的总水头比以前提高了，试问该水泵还能不能供水？如果能供水，其工作点如何移动？

4. 离心式泵与风机的并联、串联运行有何特点？如何确定联合运行工作点？

泵或风机的安装方法与选择

第一节　离心泵的构造特点

本节除简单介绍离心式泵的类型外，将扼要地阐述离心泵的主要部件形式、构造特点，以及典型的离心泵装置的管路系统。

一、离心泵的类型

离心泵根据泵转轴的位置不同可以分为卧式泵和立式泵两类，它们都是叶片式泵；也可按机壳型式、吸入方式、叶轮级数等分成若干种类，见表15-1。

表15-1　离心泵的类型

泵轴位置	机壳形式	吸入方式	叶轮级数	泵类举例
卧式	蜗壳式	单吸	单级 多级	单吸单级泵、屏蔽泵、自吸泵、水轮泵 蜗壳式多级泵、两级悬臂泵
		双吸	单级 多级	双吸单级泵 高速大型多级泵（第一级双吸）
	导叶式	单吸 双吸	多级 多级	分段多级泵 高速大型多级泵（第一级双吸）
立式	蜗壳式	单吸	单级 多级	屏蔽泵、水轮泵、大型立式泵 立式船用泵
		双吸	单级	双吸单级涡轮泵
	导叶式	单吸	单级 多级	作业面潜水泵、深井泵、潜水电泵

最常见的离心泵是单级单吸泵，如图15-1（a）所示。这种泵广泛用于国民经济中各个

部门。其所能提供的流量范围为 4.5 ~ 300 m³/h，扬程为 8 ~ 150 m。

典型的单吸单级泵的结构如图 15-2 所示。有些小型泵还可以将泵叶轮直接安装在特制的加长电动机轴上，如 B 型泵和 BZ 型泵。这样泵体与电动机外壳相固定成为没有托架和轴承的直联式结构，就大大减少了零件的数量和整机的重量。

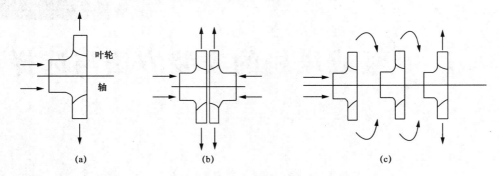

图 15-1　离心式泵结构简图
（a）单吸单级泵；（b）双吸单级泵；（c）分段式多级泵

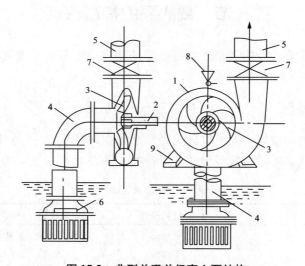

图 15-2　典型单吸单级离心泵结构
1—泵壳；2—泵轴；3—叶轮；4—吸水管；
5—压水管；6—底阀；7—闸阀；8—灌水漏斗；9—泵座

另一种广泛应用的离心泵为双吸单级泵，如图 15-1（b）所示。这种泵实际上等于两个相同的叶轮背靠背地同装在一根转轴上并联工作。液体是从两侧轴向地流入两个叶轮，然后转为径向进入叶片间的流道，最后在机壳内汇合流向出口。这种泵的流量较大，能自动平衡轴向推力。我国生产的双吸单级泵的流量范围为 120 ~ 20 000 m³/h，扬程为 10 ~ 110 m。

分段式多级泵具有较高的扬程，如图 15-1（c）所示。这类泵在结构上将几个叶轮装在同一根转轴上，每个叶轮叫作一级，一台泵可以有两级到十余级。每级叶轮之间设有固定的导叶。流体进入第一级叶轮加压后经导叶依次进入第二级、第三级叶轮。第一级一般为单吸式，但也可以制成双吸式。为了平衡轴向推力，泵内通常装有平衡盘。我国生产的分段式多级泵，中压的流量为 5 ~ 720 mm³/h，扬程为 100 ~ 650 m。高压多级泵的扬程可达 2 800 m 左右。多级泵通常用于高扬程提升液体和锅炉给水。图 15-3 所示为 TSW 型分段式多级泵的外观图。

表 15-1 中所列其他类型的离心泵大多具有专门用途，可以参看其他专门著作。

图 15-3　TSW 型分段式多级泵

离心泵还可以按用途不同进行分类，例如农用水泵、给水泵、污水泵、污泥泵、泥浆泵、锅炉给水泵、冷凝水泵、水力采煤泵、氨水泵等，不再一一列举介绍。

二、离心泵主要部件结构形式

尽管离心泵的类型繁多，但由于作用原理基本相同，因而它们的主要部件大体类同。现在分别介绍如下。

（一）叶轮

叶轮是泵的最主要的部件。叶轮有开式、半开式及闭式叶轮三种。

开式叶轮只有叶片而没有前盘和后盘，多用于输送含有杂质的液体，例如污水泵的叶轮采用开式叶轮。

半开式叶轮没有前盖只设后盘。闭式叶轮既有前盘也有后盘。清水泵的叶轮都是闭式叶轮。

图 15-4 所示是一只闭式叶轮的外观图。离心泵的叶轮形式都采用后向叶型。

（二）吸入室

吸入室的作用主要在于使液体进入泵体的流动损失最小。吸入室形式通常采用锥体管式和圆环形式，以前者最普遍，其锥度为 7° ~ 18°，如图 15-5 所示。

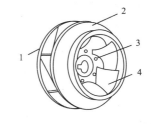

图 15-4　离心式泵的闭式叶轮

1—后盖板；2—前盖板；
3—平衡孔；4—叶片

圆环形吸入室与锥体管式吸入室相比其主要优点是轴向尺寸较短，结构较简单；缺点是流体进入叶轮的撞击损失和旋涡损失较大，流速分布也较不均匀，因此总损失较大。多级泵中大多采用圆环形入口，因为这种泵的入口损失在泵的总扬程中的比重不大。

（三）机壳

机壳收集来自叶轮的液体，并使部分流体的动能转换为压力能，最后将流体均匀地引向次级叶轮或导向排出口。单级离心泵的机壳大多为螺旋形蜗式机壳（图15-6）。有些机壳内还有设置固定的导叶。

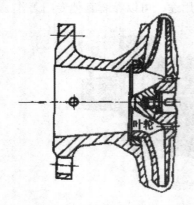 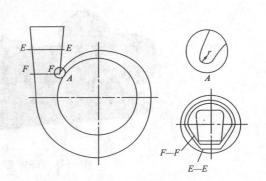

图 15-5　离心泵的锥体管式吸入室　　　　图 15-6　离心泵的螺旋形蜗式机壳

（四）密封环

密封环又称减漏装置。通常在泵体和叶轮上分别安设密封环（图15-7），其作用为减少机内高压区泄漏到低压区的液体量。由于动环与定环之间的间隙较小，密封环容易磨损，磨损后将使泵的效率降低，因此密封环应定期更换。

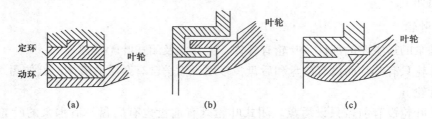

图 15-7　泵内密封环的几种形式
（a）圆柱形；（b）迷宫形；（c）锯齿形

（五）轴封

在泵轴伸出泵体处，旋转的泵轴和固定的泵体之间设置轴封。其作用为减少泵内压强较高的液体流向泵外，或防止空气侵入泵内。常用的轴封有填料轴封、骨架橡胶轴封、机械轴封和浮动环轴封等种类。图15-8所示是最常采用的填料轴封机构。但其中的填料不能压得过紧，也不能压得过松，应以压盖调节到有液体成滴状自填料向外渗漏，并以每分钟泄漏60滴左右为宜。常用的填料物质为浸透石墨或黄油的棉织物（或石棉），也有用金属箔包石棉芯的填料。通常轴封还设有专门的通水冷却装置。

（六）轴向力平衡装置

单吸单级泵和某些多级泵的叶轮有轴向推力存在。产生的轴向推力主要是由作用在叶轮

两侧的流体压强不平衡所引起的。图 15-9（a）
表明了作用于单吸单级泵叶轮两侧的压强分布情
况。中叶轮后盘外侧具有较密的影线部分就是由
于后盘外侧压强较叶轮前盘中央处的压强大所引
起的轴向推力。如果不消除这种轴向推力，将导
致泵轴及叶轮的窜动和受力引起的相互研磨而损
伤部件。

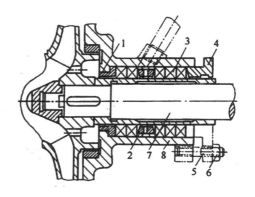

图 15-8　泵的填料轴封机构

1—填料套；2—填料环；3—填料；4—压盖；
5—长扣双头螺栓；6—螺母；7—泵轴；8—泵体

通常采用下述几种措施来消除轴向推力：
①在叶轮后盘外侧适当地点设置密封环，其直径
与前盘密封环大致相等。流体通过此增设的密封
环后压强有所降低，从而趋向于与叶轮进口侧的
低压强相平衡。②设置平衡管或在后盘上开设平
衡孔［图 15-9（b）］，同时采用止推轴承平衡剩
余压力。③多级泵的轴向推力常用平衡鼓与止推轴承相配合的专门平衡机构进行平衡；也有
采用平衡盘的平衡机构。平衡盘能根据不平衡力的大小自动调整其位置来达到平衡。参见有
关书籍。

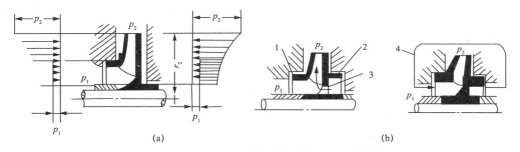

图 15-9　叶轮两侧压强分布与轴向力的平衡机构

（a）叶轮两侧的压强分布；（b）平衡孔与平衡管

r_2—叶轮外半径；p_1—泵内低压；p_2—泵内高压

1—前盘密封环；2—后盘密封环；3—平衡孔；4—平衡管

离心泵除以上介绍的主要部件外，还有泵轴、托架、联轴器、轴承等其他部件。此处
从略。

三、离心式泵装置的管路和附件

如上所述，离心泵与风机的基本原理是相同的，只是所输送的介质不同。从泵和风机输
出的有效功率 $H_e = \gamma QH$ 来看，两者的区别在于 γ（重度）不同，当采用离心泵提升液体时，
就必须向泵内（包括吸水管内）充满液体。为此，在泵体上常设有充液孔或漏斗，有时还
另设真空抽气泵将水抽入吸水管和泵体，否则就只能输送空气而打不上水来。因此，泵在提
升液体的整个泵装置中，除离心泵外，常配有管路和其他一些必要的附件。典型的泵装置示
意如图 15-10 所示。

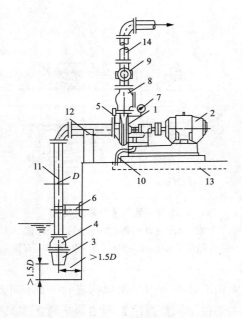

图 15-10　离心泵装置的管路系统

1—离心泵；2—电动机；3—拦污栅；4—底阀；
5—真空计；6—防振件；7—压力表；8—止回阀；
9—闸阀；10—排水管；11—吸入管；12—支座；
13—排水沟；14—压出管

图 15-10 中离心泵 1 与电动机 2 用联轴器相连接，共装在同一座底座上，这些通常都是由制造厂配套供应的。

管段从吸液池液面下方的拦污栅 3 开始到泵的吸入口法兰为止，叫作吸入管段。底阀 4 用于泵启动前灌水时阻止漏水。泵的吸入口处装有真空计 5，以便观察吸入口处的真空度。吸入管段的水力阻力应尽可能降低，其上一般不设置阀门。水平管段要向泵方向抬升（$i = 1/50$）。过长的吸入管段要装设防振件 6。

泵出口以上的管段是压出管段。压力表 7 装于泵的出口，以观察出口压强。止回阀 8 用来防止压出管段中的液体倒流。闸阀 9 则用来调节流量的大小。应当注意使压出管段的重量支承在适当的支座上，而不直接作用在泵体上。

此外，还应装设排水管 10，以便将填料盖处漏出的水引向排水沟 13。有时，由于防振的需要，还在泵的出、入口处设高压橡胶软接头。

另外，安装在供热空调循环水系统上的水泵，又需在其出、入口安装温度计，入口管上装闸阀及水过滤器，并将吸入口处所装真空计改为压力表。

第二节　泵的气蚀与安装高度

一、泵安装于各种管路时的扬程计算

（一）根据泵上压力表和真空计读数确定扬程

在泵出口与入口处所装压力表和真空计所指示的读数可以近似地表明泵在工作时所具有的实际扬程。

根据图 15-11 所示简图，以下水池液面为基准，列出断面 1—1 与 2—2 的能量方程后可得出泵的扬程为

$$H = \frac{p_2 - p_1}{\gamma} + \frac{v_2^2 - v_1^2}{2g}$$

当作用在上水池和下水池液面的压强均为大气压 p_a 时，则有如下的关系式

$$\frac{p_2}{\gamma} = \frac{p_a + p_M}{\gamma}$$

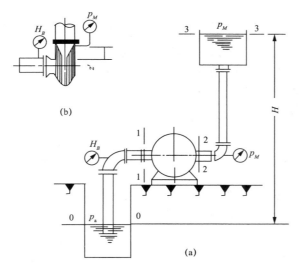

图 15-11　计算泵的扬程的示意

（a）泵安装简图；（b）压力表与真空计的安装高差

$$\frac{p_1}{\gamma} = \frac{p_a}{\gamma} - H_B$$

式中　　p_M——泵出口处压力表的读数（Pa）；

　　　　H_B——泵吸入口处真空计所示的真空（m）。

代入上述用能量方程式表示的扬程计算式，可得

$$H = \frac{p_a + p_M}{\gamma} - \left(\frac{p_a}{\gamma} - H_B\right) + \frac{v_2^2 - v_1^2}{2g}$$
$$= \frac{p_M}{\gamma} + H_B + \frac{v_2^2 - v_1^2}{2g} \tag{15-1}$$

式中符号同前。

通常泵吸入口与出口的流速相差不大，以 $\dfrac{v_2^2 - v_1^2}{2g}$ 计的速度头可以忽略不计。于是可得

$$H = \frac{p_M}{\gamma} + H_B \tag{15-2}$$

由此可见在泵装置中，一般可以用压力表与真空计的示度近似地表明泵的扬程。

应用式（15-1）及式（15-2）时，应注意压力表与真空计的安装位置是否存在高差。当两者具有高差 z' 如图 15-11（b）所示时，则应按下式计算泵的扬程：

$$H = \frac{p_M}{\gamma} + H_B + \frac{v_2^2 - v_1^2}{2g} + z' \tag{15-3}$$

（二）泵在管网中工作时所需扬程的确定

1. 泵向开式（与大气相通）水池供水时

如果希望得到泵的扬程与整个泵与管路系统装置之间的关系，可以列出图 15-11（a）中断面 0—0 与断面 3—3 间的能量方程式来求出：

$$H = H_z + \frac{p_a}{\gamma} + \frac{v_3^2}{2g} + h_1 + h_2 - \left(\frac{p_a}{\gamma} + \frac{v_0^2}{2g}\right) = \frac{v_3^2 - v_0^2}{2g} + H_z + h_t \qquad (15\text{-}4)$$

式中　H_z——上下两水池液面的高差，也称几何扬水高度（m）；

　　　　h_t——整个泵装置管路系统的阻力损失（m），$h_t = h_1 + h_2$；

　　　　h_1——吸入管段的阻力损失（m）；

　　　　h_2——压出管段的阻力损失（m）。

其余符号同前。

如两池水面足够大时，则可以认为上下水池流速 $v_3 = v_1 = 0$，上式就简化为

$$H = H_z + h_t \qquad (15\text{-}5)$$

此式说明泵的扬程为几何扬水高度和管路系统流动阻力之和。根据式（15-4）和式（15-5）得出扬程，作为分析工况和选择泵型的依据。

需要注意的是，目前高层建筑空调系统中，常将冷却水系统的冷却塔布置在楼顶上。此时，计算冷凝水泵所需扬程 H 时，H_z 应等于冷却塔本身喷水管至水池的高差，如图 15-12 所示，且不可误认为等于 H_a。

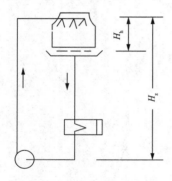

图15-12　计算冷凝水泵扬程

2. 泵向压力容器供水时

显然，当上部水池不是开式，而是将液体压入压力容器时，例如，锅炉补给水泵需将水由开式补水池（液面压强为大气压 p_a）压入压强为 p 的锅炉，则在计算时应考虑 $\dfrac{p - p_a}{\gamma}$ 的附加扬程。如从低压容器（压强为 p_0）向高压容器（压强 p）供水时所需扬程应附加 $\dfrac{p - p_0}{\gamma}$。

3. 泵在闭合环路管网上工作时

值得重点阐述的是，泵的扬程是指单位重量流体从泵入口到出口的能量增量，它与泵的出口水头是两个不同的概念，不能片面地理解为泵能将水提升 H（m）高。

【**例15-1**】如图 15-13 所示，某工厂由冷冻站输送冷冻水到空气调节室的蓄水池，采用一台单吸单级离心水泵。在吸水口测得流量为 60 L/s，泵前真空计指示真空度为 4 m，吸水口径 25 cm。泵本身向外泄漏流量约为吸水口流量的 2%。泵出口压力表读数为 3.0 kgf/cm²，泵出口直径为 0.2 m。压力表安装位置比真空计高 0.3 m，求泵的扬程。

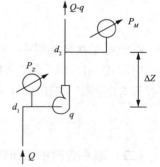

图15-13　例15-1图

解：$p_M = 3.0\ \text{kgf/cm}^2 = 30\,000 \times 9.807 = 294.0\,(\text{kPa})$

$$H_B = 4\ \text{m}$$

$$Z' = 0.3\ \text{m}$$

$$Q = 60\ \text{L/s} = 0.06\ \text{m}^3/\text{s}$$

$$v_2 = \frac{0.06 \times (1 - 0.02) \times 4}{3.14 \times (0.2)^2} = 1.87\,(\text{m/s})$$

$$v_1 = \frac{0.06 \times 4}{3.14 \times (0.25)^2} = 1.22\,(\text{m/s})$$

$$H = \frac{p_M}{\gamma} + H_B + \frac{v_2^2 - v_1^2}{2g} + z' = \frac{294.0}{9.807} + 4 + \frac{(1.87)^2 - (1.22)^2}{2 \times 9.807} + 0.3$$

$$= 30 + 4 + 0.102 + 0.3 \approx 34.4\,(\text{m})$$

二、泵的气蚀现象

本书前面提到，离心泵在管网中工作时，其泵入口处的压强是"最低"的，它低于吸入管上任意点的压强，有时会低于大气压强（图15-11），这样后继流体才能不断地流入泵内。

由物理学知识可知，当液面压强降低时，相应的汽化温度也降低。例如，水在一个大气压（101.3 kPa）下的汽化温度为100 ℃；一旦水面压强降至0.024 atm（2.43 kPa），水在20 ℃时就开始沸腾，开始汽化的液面压强叫作汽化压强，用 p_v 代表。

如果泵内某处的压强（图15-14中的 p_k）低至该处液体温度下的汽化压强，即 $p_k \leqslant p_v$，部分液体就开始汽化，形成气泡；与此同时，由于压强的降低，原来溶解于液体的某些活泼气体，如水中的氧也会逸出而成为气泡。这些气泡随液流进入泵内高压区，由于该处压强较高，气泡迅即破灭。于是将在局部产生高频率、高冲击力的水击，不断击打泵内部件，尤其是工作叶轮，将其表面冲击成为蜂窝状或海绵状。此外，在凝结热的助长下，活泼气体还对金属发生化学腐蚀，以致金属表面逐渐脱落从而破坏。这种现象就是气蚀。

顾名思义，"气蚀"是指侵蚀破坏材料之意，它是"空（气）泡"现象所产生的后果。

产生"气蚀"的具体原因有可能是以下几种：

泵的安装位置高出吸液面的高差太大，即泵的几何安装高度 H_g（图15-15）过大；

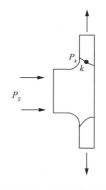

图 15-14　泵内易发生气蚀的部位

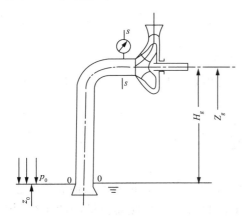

图 15-15　离心泵的几何安装高度

泵安装地点的大气压较低，例如安装在高海拔地区；泵所输送的液体温度过高等。

三、泵的吸水高度

如上所述，正确决定泵吸入口的压强（真空度），是控制泵运行时不发生气蚀而正常工作的关键，它的数值与泵吸入侧管路系统及液池面压力等密切相关。

用能量方程不难建立出求泵吸入口压强的计算公式。这里列出图15-15中吸液池面0—0和泵入口断面 s—s 之间的能量方程：

$$z_0 + \frac{p_0}{\gamma} + \frac{v_0^2}{2g} = z_s + \frac{p_s}{\gamma} + \frac{v_s^2}{2g} + \sum h_s$$

式中　z_0、z_s——液面和泵入口中心标高（m），$z_s - z_0 = H_g$；

　　　p_0、p_s——液面和泵吸入口处的液面压强（Pa）；

　　　v_0、v_s——液面处和泵吸入口的平均流速（m/s）；

　　　$\sum h_s$——吸液管路的水头损失（m）。

通常认为，吸液池面处的流速甚小，$v_0 = 0$，由此可得

$$\frac{p_0}{\gamma} - \frac{p_s}{\gamma} = H_g + \frac{v_s^2}{2g} + \sum h_s \tag{15-6}$$

此式说明，吸液池面与泵吸入口之间泵所提供的压强水头差，是使液体得以一定速度（泵吸入口处速度水头为 $\frac{v_s^2}{2g}$），克服吸入管道阻力（$\sum h_s$）而吸升 H_g 高度（又叫泵的安装高度）的原动力。

如果吸液池面受大气压 p_a 作用，即 $p_0 = p_a$，则泵吸入口的压强水头 $\frac{p_s}{\gamma}$ 就低于大气压的水头 $\frac{p_a}{\gamma}$，这恰是泵吸入口处真空压力表所指示的吸入口压强水头 H_s（又称吸入口真空高度），其单位为 m。于是式（15-6）可改写成

$$H_s = \frac{p_0}{\gamma} - \frac{p_s}{\gamma} = H_g + \frac{v_s^2}{2g} + \sum h_s \tag{15-7}$$

通常，泵是在某一定流量下运转，则 $\frac{v_s^2}{2g}$ 及管路水头损失 $\sum h_s$，都应是定值，所以泵的吸入口真空度 H_s 将随泵的几何安装高度 H_g 的增加而增加。如果吸入口真空度增加至某一最大值 H_{smax} 时，即泵的吸入口处压强接近液体的汽化压力 p_v 时，则泵内就会开始发生气蚀。H_{smax} 又叫极限吸入口真空度。通常，开始气蚀的极限吸入口真空度 H_{smax} 值是由制造厂用试验方法确定的。显然，为避免发生气蚀，由式（15-7）确定的实际 H_g 值应小于 H_{smax} 值，为确保泵的正常运行，制造厂又在 H_{smax} 值的基础上规定了一个"允许"的吸入口真空度，用 $[H_s]$ 表示，即

$$H_s \leqslant [H_s] = H_{smax} - 0.3 \text{ m} \tag{15-8}$$

在已知泵的允许吸入口真空度 $[H_s]$ 的条件下，可用式（15-7）计算出"允许"的水泵安装高度 $[H_g]$，而实际的安装高度 H_g 应遵守：

$$H_g < [H_g] \leqslant [H_s] - \left(\frac{v_s^2}{2g} + \sum h_s \right) \tag{15-9}$$

允许吸入口真空度 $[H_s]$ 的修正如下：

第一，由于泵的流量增加时，自真空计安装点到叶轮进口附近，流体流动损失和流速水头都增加，结果使叶轮进口附近 k 点的压强 p_k 更低了，所以 $[H_s]$ 应随流量增加而有所降低（图 15-16）。因此，用式（15-9）确定 $[H_g]$ 时，必须以泵在运行中可能出现的最大流量为准。

第二，$[H_s]$ 值是由制造厂在大气压为 101.325 kPa 和 20 ℃的清水条件下试验得出的。当泵的使用条件与上述条件不符时，应对样本上规定的 $[H_s]$ 值按下式进行修正。

$$[H'_s] = [H_s] - (10.33 - h_A) + (0.24 - h_v) \qquad (15\text{-}10)$$

式中　$10.33 - h_A$ ——因大气压不同的修正值，其中 h_A 是当地的大气压强水头（m），可由图 15-17 查得；

$\qquad$ $0.24 - h_v$ ——因水温不同所作的修正值，其中 h_v 是与水温相对应的汽化压强水头（m），可由表 15-2 查出。0.24 为 20 ℃水的汽化压强。

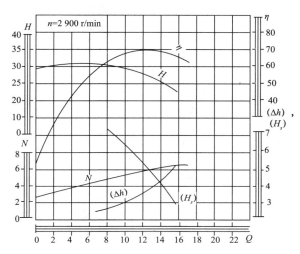

图 15-16　离心泵的 $Q—[H_s]$ 和 $Q—[\Delta h]$ 曲线简图　　图 15-17　海拔高度与大气压的关系

表 15-2　不同水温下的汽化压强表

水温/℃	5	10	20	30	40	50	60	70	80	90	100
汽化压强/kPa	0.7	1.2	2.4	4.3	7.5	12.5	20.2	31.7	48.2	71.4	103.3

注意：一般卧式泵的安装高度 H_g 的数值，是指泵的轴心线距吸液池液面的高差；大型泵应以吸液池液面至叶轮入口边最高点的距离为准。

四、按气蚀余量确定泵的吸水高度

目前对泵内流体的空泡现象的理论研究或计算，大多数还是以液体汽化压强 p_v 作为发生空泡的临界压力。所以为避免发生空泡现象，至少应该使泵内液体的最低压强 p_{min} 大于液体在该温度时的汽化压强 p_v，即 $p_{min} > p_v$。

下面，我们讨论泵内压强最低点的位置，和最低压强的数值。

从液流进入水泵后的能量变化过程图（图 15-18）可以看出：

液体自吸入口 s 流进叶轮的过程中，在它还未被增压之前，因流速增大及流动损失，而使静压水头由 $\dfrac{p_s}{\gamma}$ 降至 $\dfrac{p_k}{\gamma}$。这说明泵的最低压强点不在泵的吸入口 s 处，而是在叶片进口的背部 k 点处。

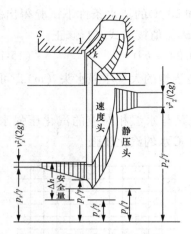

图 15-18 液流进入泵后的能量变化过程

k 点的压强 p_k 可由下式求出。

从泵吸入口 s 断面至叶片进口边前之 1 断面写出液流的能量方程（"s" 及 "1" 断面皆相对于固定坐标系）为：

$$z_s + \frac{p_s}{\gamma} + \frac{v_s^2}{2g} = z_1 + \frac{p_1}{\gamma} + \frac{v_1^2}{2g} + h_{s \to 1}$$

式中　　z_1、p_1、v_1 ——液流在叶片进口前 1 断面的标高、压强和速度；

　　　　　$h_{s \to 1}$ ——液流从 s 断面至 1 断面的水头损失。

当液流从 1 断面进入叶轮到 k 点时，它们的能量平衡关系就应该用相对运动的伯努利方程来表示。此方程不同于一般能量方程之处有两点：①坐标系由固定转为运动；②在方程中有能量输入项，在本例中即为离心力对单位重量流体所做的功 $\dfrac{u_k^2 - u_1^2}{2g}$。于是有

$$z_1 + \frac{p_1}{\gamma} + \frac{w_1^2}{2g} + \frac{u_k^2 - u_1^2}{2g} = z_k + \frac{p_k}{\gamma} + \frac{w_k^2}{2g} + h_{1 \to k} \tag{15-11}$$

式中　　z_k、p_k、w_k、u_k ——液流在 k 点的标高、压强、相对速度和圆周速度；

　　　　　$h_{1 \to k}$ ——液流自 1 断面至 k 点的水头损失。

合并上述两方程，经整理可得

$$\frac{p_k}{\gamma} = \frac{p_s}{\gamma} + \frac{v_s^2}{2g} - \left[(z_k - z_s) + \frac{w_k^2 - w_1^2}{2g} + \frac{v_1^2}{2g} + \frac{u_1^2 - u_k^2}{2g} + h_{s \to k} \right] \tag{15-12}$$

式中　　$h_{s \to k}$ ——液流从 s 断面至 k 点的水头损失。

上式右端的前两项正是泵吸入口处流体所具有的总水头；方括号内的五项恰是液体由泵吸入口 s 断面至 k 点的水头降低值，并用 $\dfrac{\Delta p}{\gamma}$ 代表，即

$$\frac{p_k}{\gamma} = \frac{p_s}{\gamma} + \frac{v_s^2}{2g} - \frac{\Delta p}{\gamma}$$

当 k 点的液体压强 p_k 等于该温度下的汽化压强 p_v 时，即 $p_k = p_v$ 时，液体就开始发生汽化，造成气蚀，这是一个临界状态，在临界状态下，即有

$$\left(\frac{p_s}{\gamma} + \frac{v_s^2}{2g} \right) - \frac{p_v}{\gamma} = \frac{\Delta p}{\gamma} \tag{15-13}$$

该式左面括号内两项和是泵吸入口的总水头，由式（15-6）看出，它只取决于吸入管的吸水高度 H_g、吸液池液面压强 p_a 及吸入管道的阻力 $\sum h_s$。于是，等式左端就代表液体自吸液池经吸水管到达泵吸入口，所剩下的总水头距发生汽化的水头尚剩余的水头值——实际气蚀余量 Δh。

如果实际气蚀余量 Δh，正好等于泵自吸入口 s 到压强最低点 k 之水头降 $\dfrac{\Delta p}{\gamma}$ 时，就刚好

发生气蚀，当 $\Delta h > \dfrac{\Delta p}{\gamma}$ 时，就不会产生气蚀。所以 $\dfrac{\Delta p}{\gamma}$ 又被人们称作临界气蚀余量 $\Delta h_{\min}$。

在工程实践中，为确保安全运行，规定了一个必需的气蚀余量，以 $[\Delta h]$ 表示。对于一般清水泵来说，为不发生气蚀，又增加了 0.3 m 的安全量（对于锅炉给水泵、冷凝泵等，制造厂商只直接提供试验所得的 $\Delta h_{\min}$ 值，由用户自行决定安全量），故有

$$[\Delta h] = \Delta h_{\min} + 0.3 = \frac{\Delta p}{\gamma} + 0.3 \tag{15-14}$$

实际工程中，就整个泵装置而言，显然应使泵入口处的实际汽蚀余量 Δh 值符合以下安全条件，以使液体在流动过程中，自泵入口 s 到最低压头点 k，水头降低 $\dfrac{\Delta p}{\gamma}$ 后，最低的压强还高于气化压强 p_v。

$$\Delta h = \frac{p_s}{\gamma} + \frac{v_s^2}{2g} - \frac{p_v}{\gamma} \geqslant [\Delta h] = \Delta h_{\min} + 0.3 \tag{15-15}$$

式中每一项均应以 m 为单位。

应当指出，和 $[H_s]$ 相仿，$[\Delta h]$ 也随泵流量的不同而变化。图 15-15 所示的泵的性能曲线中绘有一条 $Q - [\Delta h]$ 曲线，可以看出当流量增加时，必需的气蚀余量 $[\Delta h]$ 将急剧上升。如果忽视这一特点，常会导致泵在运行中产生噪声、振动和性能变坏。特别是在吸升状态和输送温度较高的液体时，要随时注意泵的流量变化引起的运行状态的变化。

将式（15-6）变换为 $\dfrac{p_s}{\gamma}$ 的表达式，然后代入式（15-15），可得

$$\Delta h = \frac{p_0}{\gamma} - \frac{p_v}{\gamma} - H_g - \sum h_s \tag{15-16}$$

可以进一步用 $[\Delta h]$ 来表达泵的允许几何安装高度 $[H_g]$。为此，在式（15-16）中用 $[\Delta h]$ 代替 Δh，同时应以 $[H_g]$ 代替 H_g，于是得出

$$[H_g] = \frac{p_0 - p_v}{\gamma} - \sum h_s - [\Delta h] \tag{15-17}$$

此式与式（15-19）有相同的实用意义，只不过是从不同的角度来确定泵的几何安装高度 H_g 值。

通过以上分析说明：$\Delta h_{\min}$ 就是液体流入泵后，但还未被叶轮增压前，所降低的水头值 $\dfrac{\Delta p}{\gamma}$，它是因流速增大和水力损失而引起的。影响这一水头降的主要因素，是泵吸入室与叶轮进口的几何形状和流速，因此它与泵的结构有关，而与吸水管系统和液体性质等参数无关，它的数值大小，在一定程度上反映了泵抗气蚀能力的高低。

五、泵的几种不同的吸入管段装置

以上阐述是以泵的安装位量比吸液面高的情况（图 15-10）为例的，即吸入管段的作用是用来吸升液体。这是一种最常见的泵装置形式。

还可能遇到泵安装在吸液面下方的情况，例如采暖系统的循环泵。此外，吸液面压强有可能不是大气压，而是对于某种汽化压力之下。这意味着泵所吸入的介质本身处于液、汽两

相的汽化状态。例如锅炉给水泵和冷凝水泵的吸液面压强常处于汽化压力之下。这两种吸入管段都属于"灌注式"（图 15-19）。

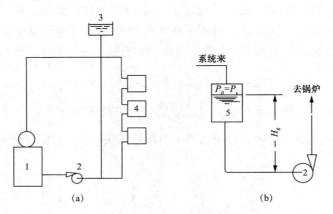

图 15-19　泵的灌入式吸入管段

（a）锅炉给水泵；（b）冷凝水泵

1—锅炉；2—循环水泵；3—膨胀水箱；4—散热器；5—冷凝水箱

究竟在什么情况下要采用灌注式吸入管段装量呢？这必须根据式（15-9）、式（15-10）或式（15-17）做出技术上的判断。

例如，图 15-17（b）的锅炉冷凝水泵装置中，冷凝水箱中液面压强 p_0 常常等于汽化压力 p_v，则按式（15-17）可求出"允许"的水泵吸上高度 $[H_g]$ 来判断：

$$[H_g] = -([\Delta h] + h_1) = -(\Delta h_{min} + h_1 + 0.3)$$

计算所得为负的 $[H_g]$ 值就表明泵的安装位必须处于冷凝水箱液面的下方，从而使泵处于灌注式吸入管段下工作，才能保证泵内不致发生气蚀。

综上可见，使泵吸送 5 ℃的冷水，从水泵允许吸上高度 $[H_g]$ 的式（15-17）可看出 $[H_g]$ < 10.33 m（大气压强水头）。这就是说：无论扬程多高的离心泵也不能将水从 10 m 以下的井中把水吸上来，但水泵的压送高度将不受此限。为此，当需要从深度大于 10 m 的深井中取水时，就需将泵装于井内，于是便产生了"深井泵"。

【例 15-2】有一台吸入口径为 600 mm 的双吸单级泵，输送常温清水，其工作参数为 $Q = 880$ L/s，允许吸上真空高度为 3.5 m，吸入管段的阻力估计为 0.4 m，求：

（1）如几何安装高度为 3.0 m 时，该泵能否正常工作？

（2）如该泵安装在海拔为 1 000 m 的地区，抽送 40 ℃的清水，允许的几何安装高度为若干？

解：（1）先求泵的入口流速。

$$v_s = \frac{Q}{A} = \frac{\dfrac{880}{1\,000} \times 4}{(0.6)^2 \pi} = 3.1\,(\text{m/s})$$

相应的速度水头：$\dfrac{v_s^2}{2g} = \dfrac{3.1 \times 3.1}{2 \times 9.8} = 0.49\,(\text{m})$

根据式（15-9）计算允许几何安装高度为

$$[H_g] = [H_s] - \frac{v_s^2}{2g} - h_1 = 3.5 - 0.49 - 0.4 = 2.61 (\text{m})$$

因为 $H_g = 3.0$ m $> [H_g]$，故该泵不能进行正常工作。

（2）由图 15-16 查出海拔 1 000 m 处的大气压为 9.2 m，根据表 15-2 查得水温 40 ℃ 时的汽化压力为 0.75 m，按式（15-10）求出修正后的允许吸上真空高度为

$$[H'_s] = [H_s] - (10.33 - h_A) + (0.24 - h_v)$$
$$= 3.5 - 10.33 + 9.2 + 0.24 - 0.75 = 1.86 (\text{m})$$

将求得的 $[H'_s]$ 代替式（15-9）中的 $[H_s]$，计算出允许的几何安装高度：

$$[H_g] = [H'_s] - \frac{v_s^2}{2g} - h_1 = 1.86 - 0.49 - 0.4 = 0.97 (\text{m})$$

【例 15-3】 有一单吸单级离心式泵，流量 $Q = 68$ m³，$\Delta h_{\min} = 2$ m，从封闭容器中抽送温度为 40 ℃ 的清水，容器中液面压强为 8.829 kPa，吸入管段阻力为 0.5 m，试求该泵允许几何安装高度是多少？水在 40 ℃ 时的密度为 992 kg/m³。

【解】 从表 15-2 查得水在 40 ℃ 时的汽化压力相当于 $h_v = 0.75$ m，根据式（15-17）及式（15-14）可求出 $[H_g]$：

$$[H_g] = \frac{p_0 - p_v}{\gamma} - h_1 - (\Delta h_{\min} + 0.3)$$
$$= \frac{8\ 829}{992 \times 9.81} - 0.75 - 0.5 - 2 - 0.3$$
$$= 0.91 - 0.75 - 0.5 - 2 - 0.3 = -2.64 (\text{m})$$

计算结果 $[H_g]$ 为负值，故该泵的轴中心至少位于容器液面以下 2.64 m。可见，必须采用"倒灌式"安装。

六、离心泵的安装与运行

通过以上的研究，可以看出泵在安装与运行方面有一定的要求。

离心泵的吸升管段在安装上显然应当避免漏气，管内要注意不能积存空气。否则会破坏泵入口处的真空度，甚至导致断流。因此要特别注意水平段，除应有顺流动方向的向上坡度外，要避免设置易积存空气的部件。底阀应淹没于吸液面以下一定的深度。不能在吸入管段上设置调节阀门，否则将使吸入管路的阻力增加；在阀门关小时，会使得吸上真空度增大以致提前发生汽蚀。

有吸升管段的离心泵装置中，启动前应先向泵及吸入管段中充水，或采用真空泵抽除泵内和吸入管段中的空气。采用后一种方法时，可以不设底阀，以便减少该动阻力和提高几何安装高度。为了避免原动机过载，泵应在零流量下启动，而在停车前，也要使该量为零，以免发生水击。

第三节　离心风机的构造特点

离心风机输送气体时，一般的增压范围在 9.807 kPa（1 000 mmH₂O）以下。

根据增压大小，离心风机又可分为：

（1）低压风机：增压值小于 1 000 Pa（约 100 mmH$_2$O）；

（2）中压风机：增压值为 1 000 ~ 3 000 Pa（100 ~ 300 mmH$_2$O）；

（3）高压风机：增压值大于 3 000 Pa（300 mmH$_2$O 以上）。

低压和中压风机大多用于通风换气、排尘系统和空气调节系统。高压风机则用于一般锻冶设备的强制通风及某些气力输送系统。

我国还生产许多专门用于排尘、输送煤粉、锅炉引风、排酸雾和防爆、防腐用的各种专用风机。

最近国内又推出了一种外转子离心风机，它相当于将电动机的转子固定，定子直接嵌装风机叶轮而转动，这样就把电动机装入风机机壳内了。离心风机的整机构造可以参考图 13-1 所示的分解图。根据用途不同，风机各部件的具体构造也有所不同，分别介绍如下。

一、吸入口

吸入口可分圆筒式、锥筒式和曲线式数种（图 15-20）。吸入口有集气的作用，可以直接在大气中采气，使气流以损失最小的方式均匀流入机内。某些风机的吸入口与吸气管道用法兰直接连接。

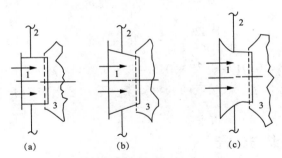

图 15-20　离心式风机的吸入口

（a）圆筒式；（b）锥筒式；（c）曲线式

1—吸入口；2—机壳；3—叶轮

二、叶轮

叶轮的构造曾在第十三章第一节中有所介绍。如前所述，它由前盘、后盘、叶片和轮毂所组成。还曾指出叶片可分为前向、径向和后向三种类型（参见图 15-21）。防爆风机是由有色金属制成的，防腐风机则以塑料板材为材料。

三、机壳

中压与低压离心风机的机壳一般是阿基米德螺线状的。它的作用是收集来自叶轮的气体，并将部分动压转换为静压，最后将气体导向出口。

机壳的出口方向一般是固定的。但新型风机的机壳能在一定的范围内转动，以适应用户对出口方向的不同需要。

四、支承与传动方式

我国离心式风机的支承与传动方式已经定型，共分 A、B、C、D、E、F 六种形式（表 15-3）。

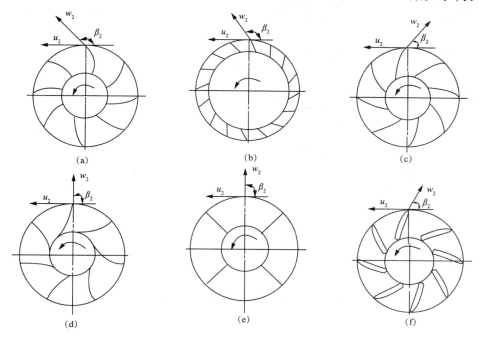

图 15-21　离心式风机的几种叶型

（a）前向叶型叶轮；（b）多叶前向叶型叶轮；（c）后向叶型叶轮；
（d）径向弧形叶轮；（e）径向直叶式叶轮；（f）机翼型叶轮

表 15-3　基本结构形式

型式	A 型	B 型	C 型	D 型	E 型	F 型
结构						
特点	叶轮装在电动机轴上	叶轮悬臂，皮带轮在两轴承中间	叶轮悬臂，皮带轮悬臂	叶轮悬臂，联轴器直联传动	叶轮在两轴承中间，皮带轮悬臂传动	叶轮在两轴承中间，联轴器直联传动

第四节　通风机的安装

通风机和风管系统的不合理的连接可能使风机性能急剧地变坏，因此在通风机与风管连接时，要使空气在进出风机时尽可能均匀一致，不要有方向或速度的突然变化。图 15-22 中比较了一些好的和不好的连接方式。

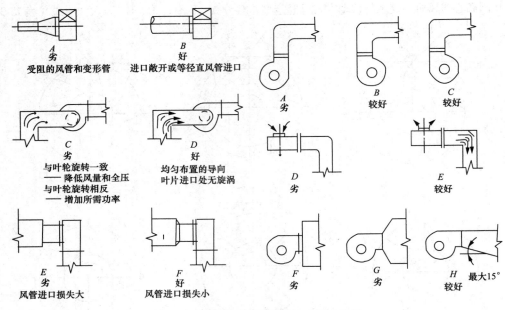

图 15-22　通风机进出口连接之优劣比较

安装风机的空间通常是有限的，有时就有可能不得不采用不太理想的连接方式。在这种情况下设计者必须预期到将发生的性能恶化。

第五节　风机通用性能曲线图与选择性能曲线图

一、风机的通用性能曲线图

在第十三章第九节中曾提到泵或风机的性能曲线换算方法（图 13-30），已经建立起相似工况点与等效率曲线的概念。但是根据相似律推导出来的等效率曲线是一簇交于原点的二次曲线（图 15-23 中的虚线）。事实上当转速增加时，水力损失必然上升；而转速降低时，消耗功率减少而机械损失相对增加。凡此种种都将影响风机的总效率。实践证明，对于同一型号风机的效率最高点只出现在某一定的转速下，而在其他转速时的效率均将较低。于是对于某一机号的风机而论，等效率曲线将如该图中的实线所示。此图就是在第十三章第五节中提到的风机的通用性能曲线图的原始状态。

在风机样本中，常将同一型号的风机，以最高效率点 ±10% 的范围所包括的一段 $Q—p$ 曲线，按不同的转速排列在同一张坐标图上。这种图采用对数尺度，等效率曲线就变成直线，如图 15-24 所示。在样本中把这样的通用性能曲线叫作"选择性能曲线"。图的用法与一般性能曲线相同。

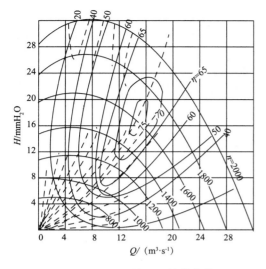

图 15-23　风机的通用性能曲线

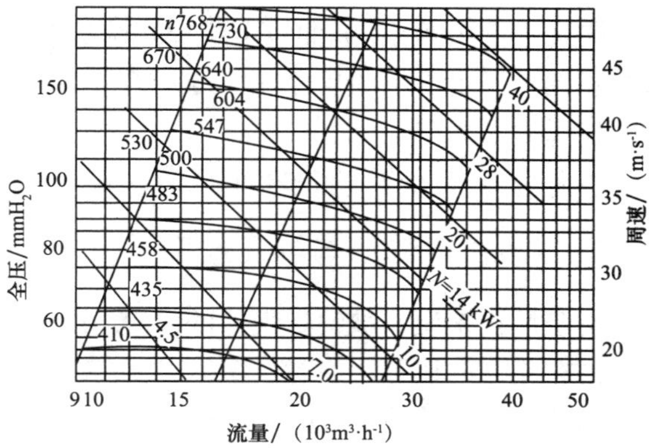

图 15-24　6-46-11No12 离心风机选择性能曲线

二、8-23-11No. 3～5 型离心式通风机选择性能曲线

风机样本中的选择曲线的另一种形式是将某一系列大小不同机号的风机在若干不同的转速下的最佳工况的用一段 $Q—p$ 曲线绘在同一张 $Q—p$ 坐标图上组成的。图上也是按对数尺度绘制的。某些选择曲线图直接将大小不同机号的通用性能曲线组合在同一图上，因而这种图又叫作"组合性能曲线图"（图 15-25）。

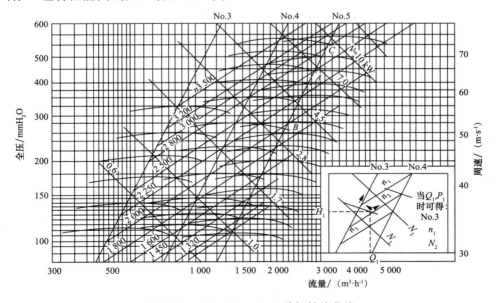

图 15-25　8-23-11No. 3～5 选择性能曲线

图中标有机号的直线就是最高效率的等效率曲线。此线与各 $Q—p$ 线的交点表明了某一风机在不同转速下具有的（最高）效率相等的相似工况点，如图中的 A、B 及 C 点。A 点的

转速为 2 500 r/min，B 点则为 2 000 r/min，C 点为 2 800 r/min。为了便于查找，图上将等效率线上转速相同的各点连接起来组成等速线；还加绘了等轴功率线；在图的右侧标有叶轮外径的圆周速度尺度。此图右下角绘有图的使用方法，不另说明。

实际上图中的 Q—p 曲线上所代表的各性能点都是与附录中的性能选用件表所列的性能参数相同的。由于图的尺寸往往过小，从图中查出的性能参数与性能选用件表中数据有出入时，应以后者为准。

水泵也有类似的选择性能曲线图。有的还绘有叶轮经过切削的性能曲线。

三、风机的静压与静压效率

对于风机来说，被输送气体的流速相对较高，以致动压头（速度水头）在总压（水）头中占有相当的比重，而静压头（压强水头）较少。某些风机的性能曲线图上，常绘有流量–静压曲线，即 Q—p_j 曲线。有的还绘有流量–静压效率（η_j）曲线（图 15-26）。

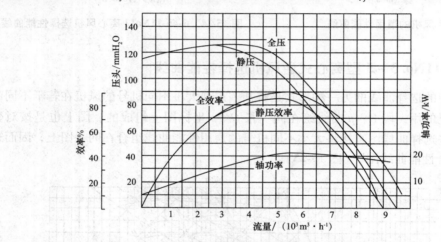

图 15-26　离心泵与风机的流量—静压曲线与流量—静压效率曲线

四、离心通风机的命名

离心通风机的完全称呼包括：名称、型号、机号、传动方式、旋转方向和出风门位置六个部分，一般书写顺序如下：

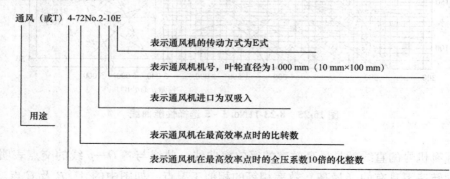

离心通风机出风口位置如图 15-27 所示。

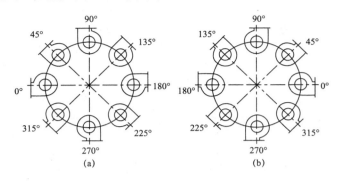

图 15-27　出风口位置

（a）右转风机；（b）左转风机

叶轮旋转方向代号从传动轮或电机位置看轮子顺时针转为"右"，否则为"左"。

第六节　泵或风机的选择

由于泵或风机装置的用途和使用条件千变万化，而泵或风机的种类又十分繁多，故合理地选择其类型或形式及决定它们的大小，以满足实际工程所需的工况是很重要的。

在选用时应同时满足功能性与经济性两方面的要求。具体方法步骤归纳如下：

一、类型选择

首先应充分了解整个装置的用途，管路布置、地形条件、被输送流体的种类性质以及水位高度等原始资料。

例如，在选风机时，应弄清被输送的气体性质（如清洁空气、烟气、含尘空气或易燃易爆及腐蚀性气体等），以便选择不同用途的风机。

同理，在选水泵时，也应弄清被输送液体的性质，以便选择不同用途的水泵（如清水泵、污水泵、锅炉给水泵、冷凝水泵、氨水泵等）。

常用各类水泵与风机性能及适用范围，见表 15-4 和表 15-5。

二、选机流量及压头的确定

根据工程计算所确定的最大流量 Q_{max} 和最高扬程 H_{max} 或风机的最高全压 p_{max} ，然后分别加 10% ～20% 的安全量（考虑计算误差及管网漏耗等）作为选泵或风机的依据，即

$$Q = 1.1Q_{max}(\text{m}^3/\text{h})$$

$$H = 1.1 \sim 1.2H_{max}(\text{m}) \text{ 或 } p = 1.1 \sim 1.2p_{max}(\text{Pa})$$

三、型号大小和转数的确定

当泵或风机的类型选定后，要根据流量和扬程或风机全压，查阅样本或手册，选定其大小（型号）和转数见表 15-4 和表 15-5。

表 15-4　常用水泵性能及适用范围表（示例）

型号	名称	扬程范围 /m	流量范围 / (m³·h⁻¹)	电机功率 /kW	适用范围
BG	管道泵	8 ~ 30	6 ~ 50	0.37 ~ 7.5	输送清水或理化性质类似的液体，装于水管上
NG	管道泵	2 ~ 15	6 ~ 27	0.20 ~ 1.3	输送清水或理化性质类似的液体，装于水管上
SG	管道泵	10 ~ 100	1.8 ~ 400	0.50 ~ 26	有耐腐蚀型、防爆型、热水型，装于水管上
XA	离心式清水泵	25 ~ 96	10 ~ 340	1.50 ~ 100	输送清水或理化性质类似的液体
IS	离心式清水泵	5 ~ 25	6 ~ 400	0.55 ~ 110	输送清水或理化性质类似的液体
BA	离心式清水泵	8 ~ 98	4.5 ~ 360	1.5 ~ 55	输送清水或理化性质类似的液体
BL	直联式离心泵	8.8 ~ 62	4.5 ~ 120	1.5 ~ 18.5	输送清水或理化性质类似的液体
Sh	双吸离心泵	9 ~ 140	26 ~ 1 250	22 ~ 1 150	输送清水，也可作为热电站循环泵
D，DG	多级分段泵	12 ~ 1 528	12 ~ 700	2.2 ~ 2 500	输送清水或理化性质类似的痕体
GC	锅炉给水泵	46 ~ 576	6 ~ 55	3 ~ 185	小型锅炉给水
N，NL	冷凝泵	54 ~ 140	10 ~ 510	10 ~ 100	输送发电厂冷凝水
J，SD	深井泵	24 ~ 120	35 ~ 204	22 ~ 75	提取深井水
4PA6	氨水泵	86 ~ 301	30		输送20%浓度的氨水，吸收式冷冻设备主机

表 15-5　常用风机性能及适用范围表（示例）

型号	名称	全压范围 /Pa	风量范围 / (m³·h⁻¹)	功率范围 /kW	介质最高温度/℃	适用范围
4 – 68	离心通风机	170 ~ 3 370	565 ~ 79 000	0.55 ~ 50		一般厂房通风换气、空调
4 – 72 – 11	塑料离心风机	200 ~ 1 410	991 ~ 55 700	1.10 ~ 30	80	防腐防爆厂房通风排气
4 – 72 – 11	离心通风机	200 ~ 3 240	991 ~ 227 500	1.1 ~ 210	60	一般厂房通风换气
4 – 79	离心通风机	180 ~ 3 400	990 ~ 17 720	0.75 ~ 15	80	一般厂房通风换气
7 – 40 – 11	排尘离心通风机	500 ~ 3 230	1 310 ~ 20 8X0	1.0 ~ 40	80	输送含尘量较大的空气
9 – 35	锅炉通风机	800 ~ 6 000	2 400 ~ 150 000	2.8 ~ 570	250	锅炉送风助燃
Y4 – 70 – 11	锅炉引风机	670 ~ 1 410	2 430 ~ 14 360	3.0 ~ 75	200	用于1~4 t/h的蒸汽锅炉
Y9 – 35	锅炉引风机	550 ~ 4 540	4 430 ~ 473 000	4.5 ~ 1 050	80	锅炉烟道排风
G4 – 73 – 11	锅炉离心式通风机	590 ~ 7 000	15 900 ~ 680 000	10 ~ 1 250	45	用于2~670 t/h汽锅或一般矿井通风
30K4 – 11	轴流通风机	26 ~ 516	550 ~ 49 500	0.09 ~ 10		一般工厂、车间办公室换气

　　现行的样本有几种表达泵或风机性能的曲线和表格。一般可先用综合"选择曲线图"进行初选。此种选择曲线已将同一类型各种大小型号转数的性能曲线，绘在一张图上，使用方便。对于风机还可用"无因次性能曲线"进行选择工作。

　　选择泵或风机的关键问题是把工程需要的工作点（Q、H）选落在机器性能的哪根曲线上的哪一点？回答是：工作点应落在机器最高效率 ± 90% η_{max}（η 线的顶峰值 ±10%）的高效区内，并在 $Q—H$ 曲线的最高点的右侧下降段上，以保证工作的稳定性和经济性。

　　目前，生产厂家多用表格给出该机在高效率和稳定区的一系列数据点，选机时，应使所需的 Q 和 H 与样本给出值分别相等，不得已时，允许样本值稍大于需要值（多指扬程值）。

四、选电动机及传动配件或风机转向及出口位置

用性能表选机时，在性能表上附有电动机功率及型号和传动配件型号，可一并选用。

用性能曲线选机时，因图上只有轴功率 N，故电动机及传动件需另选。

配套电动机功率 N_m 可按下式计算：

$$N_m = K \cdot \frac{N}{\eta_j} = K \cdot \frac{\gamma QH}{\eta_j \eta} = K \cdot \frac{Qp}{1\,000\eta_j\eta}(\text{kW})$$

式中 Q ——流量，m^3/s；

  H ——扬程，m；

  p ——风机全压，Pa；

  K ——电动机安全系数见表 15-6；

表 15-6 电机安全系数

电动机功率/kW	>0.5	0.5~1.0	1.0~2.0	2.0~5.0	>5.0
安全系数 K	1.5	1.4	1.3	1.2	1.15

  η_j ——传动效率，电动机直联 $\eta_j = 1.0$；联轴器直联传动 $\eta_j = 0.95 \sim 0.98$；三角皮带传动 $\eta_j = 0.9 \sim 0.95$；

  γ ——重度，按 SI 制为 kN/m^3，而 ρ 密度为 kg/m^3。

另外，泵或风机转向及进、出口位置应与管路系统相配合（风机叶轮转向及出口位置按图 15-27 代号表达）。

五、几点注意事项

（1）当选择采暖、空调循环水泵时，应验算水泵及轴封所能承受的工作压力（m），要大于泵入口压力（即水泵到水系统顶点位置高差）加上泵的扬程（m），以防停泵时压坏水泵轴封等。

（2）需多台设备并联运行时，应尽可能选用同型号、同性能的设备互为备用。在通风机选用时，应尽量避免采用并联或串联的工作方式，当不可避免地需要采用串联时，第一级通风机到第二级通风机间应有一定的管长。

（3）选水泵时，从样本上查出标准条件下的允许吸上真空高度 $[H_s]$ 或临界气蚀余量（NPSH）即 Δh，按式（15-9）或式（15-17）验算其几何安装高度，防止"气蚀"的发生。

此时，如输送液体温度及当地大气压强与标准条件（20 ℃清水，$p = 101.325 \text{ kPa}$）不同时，还须对 $[H_s]$ 按式（15-10）进行修正。

（4）对非样本规定条件下的流体参数的换算。泵或风机样本所提供的参数（Q、H）是在某特定标准状态下实测得出的，当所输送的流体温度或密度以及当地大气压强与规定条件不同时，应按第十三章有关公式进行参数换算，将使用工况状态下的流量、扬程（或压头）换算为标准状态下的流量、扬程（或压头），根据换算后的参数查找设备样本或手册进行设备选择。

如对于密度变化，依据相似定律：

$$Q = Q_0, \frac{p}{p_0} = \frac{\rho}{\rho_0} = \frac{p}{101.325} \frac{273 + t_0}{273 + t}, \frac{N}{N_0} = \frac{\rho}{\rho_0}$$

一般风机的标准条件是大气压强为 101.325 kPa，空气温度为 20 ℃，相对湿度为 50%；锅炉引风机的标准条件是大气压强为 101.325 kPa，气体温度为 200 ℃，相应的重度 γ = 0.745 kN/m³。

（5）对泵或风机的减振降低噪声的处理。对于有噪声要求的通风机系统，应尽量选用效率高、叶轮圆周速度低的风机，并根据通风系统产生噪声和振动的传播方式，采取相应的消声和减振措施。

（6）必要时尚需进行初投资与运行费的综合经济、技术比较。

【例 15-4】 某工厂供水系统由清水池往水塔充水，如图 15-28 所示。清水池最高水位标高为 112.00 m，最低水位为 108.00 m，水塔地面标高为 115.00 m，最高水位标高为 140.00 m。水塔容积 40 m³，要求一小时内充满水，试选择水泵。已知吸水管路水头损失 h_{w1} = 1.0 m，压水管路水头损失 h_{w2} 为 2.5 m。

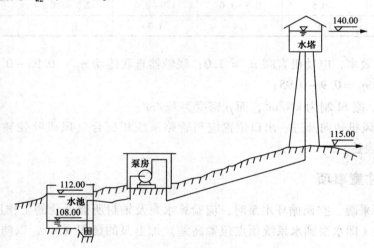

图 15-28　水塔充水工程

解：选择水泵的参数值应按工况要求的最大流量和最大扬程再乘以附加安全系数的数值作为依据。附加值取 10%，即

$$Q = 1.1 \times 40 = 44 (\text{m}^3/\text{h})$$
$$H = 1.1 \times [(140 - 108) + h_{w1} + h_{w2}]$$
$$= 1.1 \times (32 + 1.0 + 2.5)$$
$$= 39.05 (\text{mH}_2\text{O})$$

考虑选用 BL 型水泵，查相关设备性能表：3BA－6A 型的流量为 40 m³/h 时，扬程为 45 mH₂O。适合本工况要求。

从性能表可以看出，该泵的轴功率范围为 6.65 kW。根据表 15-6 选电动机备用系数 K = 1.15，则所需配用电动机功率 N_m = 6.65 × 1.15 = 7.6（kW）。样本配电机功率 13 kW。

该泵的效率 η = 55%，允许吸上真空高度 H_s = 7.5 m，转速 n = 2 900 r/min。

【例15-5】如图15-29所示，某空气调节系统需要从冷水箱向空气处理室供水，最低水温为10 ℃，要求供水量35.8 m³/h，几何扬水高度10 m，处理室喷嘴前应保证有20 m的压头。供水管路布置后经计算管路损失达7.1 mH₂O。为了使系统能随时启动，故将水泵安装位置设在冷水箱之下。试选择水泵。

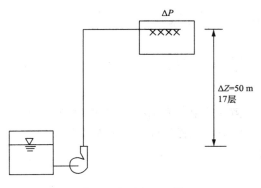

图 15-29　例 15-5 图

【解】根据已知条件可知，要求泵装置输送的液体是温度不高的清水，且泵的位置较低，不必考虑气蚀问题，可以采用占地较少、价格较廉的 BL 型直联式离心泵。选用时所依据的参数计算如下：

$$Q = 1.1 \times 35.8 = 39.38 \, (\mathrm{m^3/h})$$

$$H = 1.1 \times (10 + 20 + 7.1) = 40.81 \, (\mathrm{mH_2O})$$

可选用 3BL-6A 型水泵一台，当 $n = 2\,900$ r/min 时，其泵效率 $\eta = 62\%$，于是轴功率 N：

$$N = \frac{\gamma Q H}{\eta} = \frac{9.8 \times 39.38 \times 40.81}{3\,600 \times 0.62} = 7.06 \, (\mathrm{kW}) \ (\text{厂配电机 13 kW 偏大})$$

本章小结

本章主要介绍了泵或风机的安装方法与选择方法，重点内容小结如下：

1. 泵安装于各种管路时的扬程计算

（1）根据泵上压力表和真空计读数确定扬程：

$$H = \frac{p_M}{\gamma} + H_B + \frac{v_2^2 - v_1^2}{2g} + z'$$

（2）泵在管网中工作时所需扬程（认为上下水池流速 $v_3 = v_1 = 0$）：

1）泵向开式（与大气相通）水池供水时：$H = H_z + h_t$；

2）泵向压力容器供水时：附加扬程 $\dfrac{p - p_0}{\gamma}$；

3）泵在闭合环路管网上工作时：$H = h_t$。

2. 泵的气蚀现象

（1）气蚀现象的概念。

（2）产生"气蚀"的原因：

1）泵的安装位置高出吸液面的高差太大；

2）泵安装地点的大气压较低；

3）泵所输送的液体温度过高。

3. 泵的安装高度

（1）$H_g < [H_g] \leqslant [H_s] - \left(\dfrac{v_s^2}{2g} + \sum h_s \right)$。

（2）$[H_g] = \dfrac{p_0 - p_v}{\gamma} - \sum h_s - [\Delta h]$。

4. 泵或风机的选择

（1）类型选择：充分了解整个装置的用途，根据管路布置、地形条件、被输送流体的种类性质以及水位高度等原始资料选择不同用途的泵或风机。

（2）流量及压头的确定：

$$Q = 1.1 Q_{max} (\mathrm{m^3/h})$$

$$H = 1.1 \sim 1.2 H_{max}(\mathrm{m}) \text{ 或 } p = 1.1 \sim 1.2 p_{max}(\mathrm{Pa})$$

（3）型号大小和转数的确定：根据流量和扬程或风机全压，查阅样本或手册，选定其大小（型号）和转数。

（4）选电动机：配套电机功率 N_m：

$$N_m = K \cdot \frac{N}{\eta_j} = K \cdot \frac{\gamma Q H}{\eta_j \eta} = K \cdot \frac{Q p}{1\,000 \eta_j \eta} (\mathrm{kW})$$

本章习题

1. 试简述泵产生气蚀的原因和产生气蚀的具体条件。

2. 为什么要考虑水泵的安装高度？什么情况下，必须使泵装设在吸水池水面以下？

3. 已知水泵轴线标高 130 m，吸水面标高 126 m，上水池液面标高 170 m，吸入管段阻力 0.81 m，压出管段阻力 1.91 m。试求泵所需的扬程。

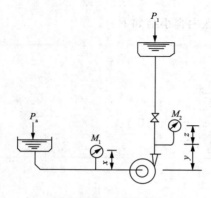

图 15-30 习题 4 图

4. 如图 15-30 所示，泵装置从低水箱抽送重度 $\gamma = 980 \ \mathrm{kgf/m^3}$ 的液体，已知条件如下：$x = 0.1$ m，$y = 0.35$ m，$z = 0.1$ m，M_1 读数为 124 kPa，M_2 读数为 1 024 kPa，$Q = 0.025 \ \mathrm{m^3/s}$，$\eta = 0.80$。试求此泵所需的轴功率为多少？（注：该装置中两压力表高差为 $y + z - x$）

5. 有一泵装置的已知条件如下：$Q = 0.12 \ \mathrm{m^3/s}$，吸入管径 $D = 0.25$ m，水温为 40 ℃（重度 $\gamma = 992 \ \mathrm{kgf/m^3}$），$[H_s] = 5$ m，吸水面标高 102 m，水面为大气压，吸入管段阻力为 0.79 m。

试求：泵轴的标高最高为多少？如此泵装在昆明地区，海拔高度为 1 800 m，泵的安装位置标高应为多少？设此泵输送水温不变，地区仍为海拔 102 m，但是一凝结水泵，制造厂提供的临界气蚀余单为 $\Delta h_{min} = 1.9$ m，冷凝水箱内压强为 9 kPa，泵的安装位置有何限制?

6. 某工业用气装置要求输送空气 1 m^3/s，$H = 3\,677.5\ N/m^2$，试用选择性能曲线图选用风机，并确定配用电机和配套用的选用件。

7. 某集中式空气调节装置要求 $Q = 24\,000\ m^3/h$，$H = 980.7\ Pa$，试根据无因次性能曲线图选用高效率 KT4-68 型离心式风机一台。

参考文献

［1］张也影. 流体力学［M］. 北京：高等教育出版社，1986.

［2］陈卓如. 流体力学［M］. 北京：高等教育出版社，1992.

［3］吴望一. 流体力学［M］. 北京：北京大学出版社，1982.

［4］潘文全. 工程流体力学［M］. 北京：清华大学出版社，1988.

［5］齐清兰，霍倩. 流体力学［M］. 北京：中国水利水电出版社，2012.

［6］西南交通大学水力学教研室. 水力学［M］. 北京：高等教育出版社，1983.

［7］杨凌真. 水力学难题分析［M］. 北京：高等教育出版社，1987.

［8］李大美，杨小亭. 水力学［M］武汉：武汉大学出版社，2004.

［9］付祥钊. 流体输配管网［M］. 2版. 北京：中国建筑工业出版社，2005.

［10］龙天渝，蔡增基. 流体力学［M］. 北京：中国建筑工业出版社，2004.

［11］毛根海. 应用流体力学［M］. 北京：高等教育出版社，2006.

［12］白桦. 流体力学泵与风机［M］. 北京：中国建筑工业出版社，2006.

［13］程军，赵毅山. 流体力学学习方法及解题指导［M］. 上海：同济大学出版社，2004.

［14］吴持恭. 水力学：上册［M］. 4版. 北京：高等教育出版社，2008.

［15］刘鹤年. 流体力学［M］. 2版. 北京：中国建筑工业出版社，2004.

［16］杨小龙，孙石. 工程流体力学［M］. 北京：中国水利水电出版社，2017.

［17］许玉望，陶进. 流体力学［M］. 北京：中国建筑工业出版社，1995.

［18］杨诗成，王喜魁. 泵与风机［M］. 3版. 北京：中国电力出版社，2007.

［19］禹华谦. 工程流体力学［M］. 北京：高等教育出版社，2004.

［20］蔡增基，龙天渝，流体力学泵与风机［M］. 5版. 北京：中国建筑工业出版社，2009

［21］张鸿雁，张志政，王元. 流体力学. 北京：科学出版社，2004.

［22］李玉柱，贺五洲. 工程流体力学：上册［M］. 北京：清华大学出版社，2006.

［23］丁祖荣. 流体力学［M］. 北京：高等教育出版社，2003.

［24］张维佳. 水力学［M］. 北京：中国建筑工业出版社，2008.

［25］赵振兴，何建京. 水力学［M］. 北京：清华大学出版社，2005.

［26］闻德苏. 工程流体力学：上册［M］. 2版. 北京：高等教育出版社，2003.

［27］刘亚坤. 水力学［M］. 北京：中国水利水电出版社，2008.

［28］莫乃榕. 水力学习题详解［M］. 武汉：华中科技大学出版社，2007.

［29］赵明登. 水力学学习指导与习题解答［M］. 北京：中国水利水电出版社，2009.

［30］龙北生，水力学［M］. 北京：中国建筑工业出版社，2000.

［31］柯葵，朱立明，李嵘. 水力学［M］. 上海：同济大学出版社，2001.

［32］ 许珊珊. 水力学与桥涵水文 ［M］. 北京：化学工业出版社，2015.

［33］ 叶镇国，彭文波. 水力学与桥涵水文 ［M］. 2 版. 北京：人民交通出版社，2011.

［34］ 安宁，殷克俭. 水力学与桥涵水文 ［M］. 2 版. 成都：西南交通大学出版社，2014.

［35］ Vennard J K，Street R J. Elementary fluid mechanics ［M］. 6th Edition. New York：John Wiley & Sons，1982.

［36］ Finnenaore E J，Franzini J R. Fluid mechanics with engineering application ［M］. 10th Edition. New York：McGraw-Hill Book Company，2002.

［37］ Pope S B. Turbulent Flow ［M］. Cambridge：University Press，2000.

［38］ Crowe C T，Eldge D F，Roberson J A. Engineering Fluid Mechanics ［M］. 7th Edition. New York：McGraw-Hill Book Company，2001.

［39］ 赵俊松，朱理东，孙润元. 流体力学 ［M］. 天津：天津科学技术出版社，2014.

［40］ 国家标准. GB 50014—2021 室外排水设计标准 ［S］. 北京：中国计划出版社，2021.

［41］ 徐正凡. 水力学（上、下册）［M］. 北京：高等教育出版社，1987.